Darwins Leben für die Pflanzen

M. Allan

Darwins Leben für die Pflanzen

Der Schlüssel zur "Entstehung der Arten"

Pawlak

Titel der englischen Originalausgabe:
Darwin and his Flowers
Original Verlag: Faber and Faber, London
Übersetzt von Alzbeta Lettowsky

Lizenzausgabe 1989 für
Manfred Pawlak Verlagsgesellschaft mbH,
Herrsching
© 1977 by Mea Allan
© Econ Verlag GmbH, Düsseldorf
Alle Rechte vorbehalten
Printed in Yugoslavia
Umschlaggestaltung: Bine Cordes, Weyarn
Umschlagbild: Bildarchiv preussischer Kulturbesitz
ISBN: 3-88199-647-8

Inhalt

Danksagungen

Mein aufrichtigster Dank gilt allen in Cambridge, die mir bei der Arbeit an diesem Buch entscheidend geholfen haben. Ich danke vor allem Dr. Sydney Smith, dem hervorragenden Darwin-Forscher, der mich auf die Leistungen Darwins auf botanischem Gebiet als Forschungsthema aufmerksam machte und mir während der ganzen Zeit mit Rat und Tat zur Seite stand. Lady Nora Barlow, die das Manuskript las und mir unzugängliche Bücher Darwins zur Verfügung stellte, bin ich für ihren wertvollen und ermutigenden Beistand zu Dank verpflichtet. Die Arbeit mit Darwins eigenen Handschriften ließ mich seinen Gedankengängen näherkommen. E. B. Ceadel, Bibliothekar der Universitätsbibliothek, und seinen Mitarbeitern bin ich für ihre Unterstützung zu Dank verpflichtet, darunter Margaret Pamplin und insbesondere Peter J. Gautrey für seine jederzeit bereitwillige und unermüdliche Hilfe, der mich von seinen Kenntnissen von Charles Darwin profitieren ließ und mich durch das von ihm verwaltete, umfangreiche Darwin-Archiv führte. Auf diesen Originalschriften, die Mitglieder der Darwinschen Familie zur Verfügung stellten, bauen weite Teile meines Buches auf. Ich danke darüber hinaus Dr. S. M. Walters, Direktor des University Botanic Garden, Dr. Peter Yeo und C. J. King; Peter D. Sell, Stellvertretender Kurator, für die Hilfe, die er mir bei Darwins Herbarium gab, sowie Mrs. Heap, Mitarbeiterin der Bibliothek, beide an der Botany School. Besonderen Dank schulde ich in Cambridge John S. L. Gilmour für die überaus freundliche Hilfe, die Bereitschaft, mich in botanischen Fragen zu beraten, und die Sorgfalt, mit der er das Manuskript durcharbeitete. Den Zugang zu unveröffentlichten Briefen Darwins verdanke ich Arthur V. Hooker und T. H. Rivers. Einsicht in andere unveröffentlichte Briefwechsel, die in der Bibliothek der Royal Botanic Gardens, Kew, aufbewahrt werden, erhielt ich dank der bereitwilligen Hilfe von V. T. H. Parry, Bibliothekar und Archivar, und Mrs. K. E. Mortimer. Mein Dank gilt außerdem den Bibliothekaren der Central Library, Edinburgh; in Shrewsbury, Norwich, Lowestoft und Ipswich sowie insbesondere Mrs. Elizabeth A. Atchison, Bibliothekarin am John Innes Institute, deren unermüdliche Unterstützung in den Jahren der Vorbereitung für dieses Buch von unschätzbarem Wert war. Für ihre Auskünfte in Spezialbereichen danke ich der Linnean Society, der Royal Geographical Society, der Royal Entomological Society, der Zoological Society und namentlich J. C. Thackray, Institute of Geological Sciences; Dr. John D. Bradley, Commonwealth Institute of Entomology; J. K. Burras, Verwalter des Botanic Garden, Oxford; sowie Dr. David M. Moore, Plant Science Laboratories, Department of Botany, University of Reading, für Informationen über südamerikanische Pflanzen. Mein Dank gilt außerdem E. David Kohn, Peter Robson, Ralph Gould in Hurst, Gunson, Cooper, Taber; David Stanbury für Auskünfte über die Besatzung der *Beagle*, H. E. Chipperfield für seine Unterstützung auf entomologischem Gebiet bei diesem und anderen Büchern sowie Thomas Hoog in Haarlem für Berichte über die Darwin-Tulpe und einen Brief an Francis Darwin. Für die Erlaubnis, Down House besichtigen zu können, schulde ich dem Royal College of Surgeons of England, meinem dortigen Führer Sir Hedley Atkins sowie Sydney Robinson und Philip Titheradge für ihre freundliche Hilfe Dank. Während der ganzen Zeit der Vorbereitung war es mir erlaubt, das John Innes Institute aufzusuchen, wo ich mit Hilfe des Direktors, Professor R. Markham, von Brian J. Harrison am Genetics Department ausgeführte Demonstrationen im Bereich der Pflanzengenetik beobachten konnte, die mit Darwins Löwenmaul-Experimenten in Verbindung standen. Letzterer war mir, als Schüler Darwins, stets ein wertvoller Helfer und Ratgeber. Ich danke außerdem Dr. Graham Hussey vom Department of Applied Genetics für das Interesse, das er an meinem Vorhaben zeigte. Besonderen Dank schulde ich schließlich dem Kuratorium der Leverhulme Research Awards für den Forschungskredit, den es 1973 an mich vergab und der mir in den ersten Phasen der Vorbereitung wesentlich half, sowie noch einmal meiner Freundin Grace Woodbridge, die durch ihre Mithilfe bei der Vorbereitung und ihre unermüdliche Mitarbeit diesem Buch und mir einen unschätzbaren Dienst erwiesen hat.

Vorwort

Charles Darwin zeichnete sich besonders dadurch aus, daß er übergeordnete Prinzipien suchte und fand, die nicht nur die bekannten und sichtbaren Naturgegebenheiten erklärten, sondern bereits Einsicht in Phänomene vermittelten, auf die wir erst noch stoßen sollten. Seine Arbeit setzt sich heute auf einer Ebene fort, die nur noch den in die geheimnisvollen und kostspieligen Techniken der Zytologie eingeweihten Fachleuten verständlich ist. Die Gesamtheit der Organismen, die Pflanzen und Tiere, die uns täglich begegnen, werden daher in unserer modernen Zeit nur allzu leicht vernachlässigt, einer Zeit, die auf der einen Seite mit den Geheimnissen des Universums und auf der anderen mit den submikroskopischen Aufbauteilen der Gene und ihrer zeitabhängigen Produktion verschiedener Proteine vertraut ist. So liegt es nicht nur an der zur Zeit herrschenden Nostalgie nach Viktorianischen Zeiten (obwohl Darwin 28 Jahre alt und bereits als Weltumsegler bekannt war, als Viktoria Königin wurde), daß der Zeitpunkt des Erscheinens von Mea Allans Buch so angemessen und glücklich erscheint, sondern an der uns alle betreffenden Notwendigkeit, das Leben als kontinuierliches Ganzes auf allen Ebenen der Entwicklung und zu jeder feststellbaren Periode zu sehen.

Seit 16 Jahren beschäftige ich mich mit der Durchsicht des umfangreichen Materials an Manuskripten, Büchern mit Anmerkungen, Briefen und losen Blättern, die sich während seines Forscherlebens angesammelt haben. Der größere Teil wurde im Jahre 1942 von Angehörigen der Darwinschen Familie und dem Pilgrim Trust der Cambridge University Library übergeben und befindet sich noch immer dort. Unterlagen, die sich eher auf das Familienleben und die Weltumseglung mit der *Beagle* beziehen, gingen zu derselben Zeit nach Down House, das heute vom Royal College of Surgeons verwaltet wird, der Institution, an die Darwin 1836 die während der Reise gesammelten Säugetierfossilien sandte. Seit 1962 ist zu diesem Material vieles hinzugekommen, und ich bin froh, Mea Allans Aufmerksamkeit auf diese Neuerwerbungen gelenkt zu haben. Ich war zu der festen, unwissenschaftlichen Überzeugung gelangt, daß die Forschungsarbeit Darwins auf dem Gebiet der Verbreitung, des Baus, der Bewegungen und Ernährungsweisen von Pflanzen durch die qualifizierte Darstellung einer Autorin von ihrem Wissen und ihrem Geschick, dem Laien die Logik und Faszination der wissenschaftlichen Forschung zu vermitteln, nur gewinnen kann.

Im Jahre 1875 begann Darwins Sohn Frank – wie sein Onkel Erasmus nach Abschluß des Medizinstudiums der Praxis abgeneigt –, als Assistent an den Pflanzenexperimenten mitzuarbeiten. Später veröffentlichte Frank drei umfangreiche Buchbände mit der Lebensbeschreibung und den Briefen seines Vaters. Da er aufs engste mit den Arbeitsmethoden Darwins und den experimentellen Vorhaben vertraut war, befassen sich mehrere Kapitel gegen Ende des dritten Bandes mit den botanischen Studien. Das Werk, unter dem deutschen Titel *Leben und Briefe von Charles Darwin* erschienen, erlebte schon lange keine Neuauflage mehr, und seine späteren Ausführungen zu diesem Thema in *More Letters* sind ohne Kenntnis der vorhergehenden kaum zu verstehen.

Dementsprechend blieben die Pflanzen in den üblichen Darwin-Biographien weitgehend unberücksichtigt. Generell verbindet man mit den Galapagosinseln die Vorstellung von Riesenschildkröten, Meeresleguanen und eigentümlichen, unterschiedlichen Finkenarten: Der ebenso außergewöhnlichen Vegetation kam nicht die Aufmerksamkeit zu, die sie aufgrund ihrer Fremdartigkeit verdiente.

Als Darwin die Naturgeschichte der *Beagle* verfaßte, verließ er sich auf Professor Henslow, der jedoch nicht in der Lage war, diese Pflanzen zu bestimmen. Aus diesem Grund gab es keine Botanik der Reise. Die Pflanzen blieben liegen, bis Joseph Hooker gut sieben Jahre später Darwins Sammlungen aus den südlichen Regionen Südamerikas in seiner kostbaren und aufwendigen *Flora Antarctica* beschrieb. Seinen Bericht über die Flora der Galapagosinseln verdankt er in erster Linie Darwin, dessen Sammlungen alle anderen auf der Inselgruppe unternommenen an Zahl und Vollständigkeit bei weitem übertrafen.

Mea Allan hat Darwins Beiträge aus den verschiedenen Quellen herausgezogen und ergänzt, indem sie sich mit unveröffentlicht gebliebenen Briefen zwischen ihm und Hooker, ihrer gemeinsamen Auflistung der Pflanzenpopulationen der südlichsten Regionen, Darwins weltweiter und umfangreicher Korrespondenz mit führenden Botanikern sowie seinen losen Notizzetteln befaßte. Kurz, es ist ihr auf faszinierende Weise gelungen, die Pflanzen, mit denen sich

Darwin beschäftigte, in seine Biographie einzufügen und wissenschaftliche Zusammenhänge übersichtlich und verständlich darzustellen.

Ende 1838, zwei Jahre nach der Rückkehr der *Beagle*, sah Darwin die allgemeine Richtung seiner Arbeiten deutlich vor sich. Längere Perioden schwerer Krankheit unterbrachen immer wieder sein Programm, aber sein Leistungswille blieb ungebrochen. Neue Pflanzenbeobachtungen, auf deren Grundlage Hypothesen aufgestellt und durch Experimente erwiesen oder verworfen wurden, erleichterten sein Werk. Darwin war vorschnellen Spekulationen ohne angemessene experimentelle Grundlage gegenüber stets abgeneigt (das war auch der eigentliche Grund für seine Ablehnung von Lamarck und Herbert Spencer), und die Betrachtung der sinnvollen Einrichtungen von Blütenorganen, Stengeln und Blättern scheint die sich überstürzenden Ideen seines außerordentlich aktiven Geistes in stabile Bahnen gelenkt zu haben. Am Ende standen klare, eindeutige Ergebnisse.

Heute gibt es keinen Zweifel, daß die sieben Hauptwerke, die sich mit Pflanzen befassen, die *Entstehung der Arten* und *Die Abstammung des Menschen* eng miteinander verknüpfte Elemente des Gesamtwerks eines hervorragend begabten Mannes darstellen. Dieser Bericht über Darwin als experimentierenden Botaniker zeigt seine Fähigkeit, detailgenau zu beobachten, ein Wesenszug, der sein Werk bestimmte, und ohne den der Wissenschaftler uns unbegreiflich bliebe, ein Wesenszug, ohne den sich seine revolutionierende, spekulative Vision, die in der *Entstehung der Arten* ihren Ausdruck findet, nie durchgesetzt hätte.

Mea Allan hat ihm einen großen Dienst erwiesen, und wir, ihre Leser, sollten ihr dankbar sein.

Sydney Smith

Einleitung

Vielleicht ist es kein Zufall, daß das erste Porträt, das wir von Charles Darwin haben, ihn als Jungen im Alter von sechs Jahren mit einem Blumentopf in den Händen zeigt. Denn Pflanzen sollten zum alles beherrschenden Inhalt seines Lebens werden: Für ihr Studium sollte er mehr Zeit aufbringen als für irgend etwas anderes. Mit ihrer Hilfe sollte es ihm gelingen, einige der wunderbarsten Geheimnisse der Natur zu entschleiern; den Kampf um das Dasein, der sich hinter der stillen Schönheit einer Schlüsselblume verbirgt, die dramatische Weise, in der sich Blumen – mit Hilfe komplizierter, im Zuge eines ständigen Evolutionsprozesses erworbener Anpassungsmechanismen – Insekten und Vögel, Winde und sogar Meeresströmungen zunutze machen, um ihre Bestimmung zu erfüllen und ihre Rasse fortzupflanzen. In Darwins Händen sollten Pflanzen den Schlüssel zur Evolution preisgeben.

Wenn der Name Darwin fällt, denken wir an den Autor der *Entstehung der Arten*, eines Werkes, das die Einstellung des Menschen zu der Welt, in der er lebte, revolutionierte, ihm im Austausch für einen Mythos die Wahrheit gab, ein globales Geschichtsbild, das lebendig, natürlich und damit verständlich war. Eine Revolution ist niemals bequem, denn sie impliziert Zerstörung. Aber wenn die *Entstehung der Arten* auch mit den überlieferten Denkweisen brach, so befreite sie doch gleichzeitig den Menschen. Er verfügte nun über eine Theorie, eine Wahrheit, auf der er aufbauen konnte, ein Werkzeug.

In uns herrscht die vage Vorstellung, Darwins Arbeit über die natürliche Auslese beziehe sich ausschließlich auf die durch erfolgreiche Modifikation bestimmte Abstammung von Tieren und Vögeln. Die Tatsache, daß er sich zur Absicherung seiner Theorie nicht nur um Expertenmeinungen aus der Praxis von Pferdezüchtern und Taubenliebhabern, sondern auch Blumenzüchtern bemühte, gilt nicht als wesentlich. Auch ist dieser Aspekt, außer in ein oder zwei Abhandlungen anläßlich der Hundertjahrfeiern seines Geburtstages und der Veröffentlichung der *Entstehung*, nie bis zu seinen späteren Arbeiten über Pflanzen verfolgt worden.

In der *Entstehung der Arten* wird vielfach kein Unterschied zwischen Tieren und Pflanzen gemacht. Aber Tiere ließen sich nicht so leicht beobachten wie Pflanzen; Pflanzen boten sich mit ihrem schnellen Wachstum und Reaktionsvermögen als Experimentiergut geradezu an; sie gediehen in seinem Garten, seinem Gewächs- und seinem Treibhaus; er fand sie überall in der Umgebung, unter Hekken, auf Feldern und Wiesen. Von Freunden und Briefpartnern konnte er Samen oder lebende Exemplare jeder beliebigen Pflanze erhalten. Wenn er sich mit dem Verhalten einer bestimmten Art befaßte, stand immer ein Topf oder Glas in seiner Nähe. So beobachtete er die Evolution unmittelbar, direkt auf seinem Arbeitstisch.

Nach der Veröffentlichung der *Entstehung der Arten* fuhr er fort, seine Theorie von der natürlichen Auslese in sieben umfassenden Werken darzulegen und zu erweitern, wobei er erklärte, wie Pflanzen leben und wachsen, ihre Rivalen ausspielen und überleben, um ihre Art fortzusetzen. So gesehen, trifft die Feststellung einer seiner Enkelinnen zu, derzufolge er »durch die Hintertür zur Botanik kam«. Aber Botanik bedeutete für Darwin nicht nur, Exemplare zu sammeln und zu pressen, in ein Herbarium einzuordnen und zu benennen. Ihn interessierten die lebenden Strukturen der Pflanzen, wie sie, von Eltern hervorgebracht, nach Licht, Feuchtigkeit und Nahrung streben und Hindernisse auf dem Weg ihres Fortschritts überwinden. Darwin fragte immer nach dem Wie und dem Warum. Während eines Sturms begab er sich ins Freie, um herauszufinden, was mit einer Zaunrübe geschah, die, obwohl vom Wind gebeutelt, sich sicher an ihrem Baum festklammerte. *Warum* wurde sie nicht davongeweht? *Wie* gelang es ihr, sich festzuhalten? Die Antwort war, daß sich die aufgerollten Ranken wie Spiralfedern verhielten, die dem Druck des Windes nachgaben und wieder in ihre ursprüngliche Form zurückschnellten.

»Es bereitete mir stets großes Vergnügen, Pflanzen auf der Stufenleiter der organisierten Lebewesen aufzuwerten«, heißt es in Darwins *Autobiographie*. Sein Sohn Francis, den er Frank nannte, beschrieb ihn, wie er eine ganze Zeit lang vor einer Pflanze zu stehen und sie liebevoll zu berühren pflegte: »Er erfreute sich sehr an der Schönheit von Blumen – beispielsweise den zahlreichen Azaleen, die normalerweise im Wohnzimmer standen. Ich glaube, manchmal konnte er seine Bewunderung für den Aufbau einer Blume nicht von der für ihre eigentliche Schönheit unterscheiden; so bei den Tränenden Herzen mit ihren großen, hängenden rosa und weißen Blüten. Dieselbe halb künstlerische, halb botanische Anziehungskraft übte die kleine blaue Lobelie auf ihn aus. Angesichts von Blumen spottete er oft über die trüben Farben der großen Kunstwerke und verglich sie mit den strahlenden Farbtönen der Natur. Ich habe immer gern gehört, wenn er von der Schönheit einer Blume sprach; es schwang stets ein Unterton von Dankbarkeit gegenüber der Blume selbst und persönlicher Liebe für ihre zarte Form und Farbe mit. Ich sehe noch heute, wie er eine geliebte Pflanze sanft berührte; es handelte sich um dieselbe einfache Art der Bewunderung, die ein Kind empfinden würde.«

Vielleicht lag es an seiner großen Liebe zu den Pflanzen, daß Charles Darwin sie als vollständige Lebewesen empfinden konnte, als Mitbewohner der Erde. Er untersuchte sie unter Einbeziehung ihrer Umgebung – und eröffnete ein neues Forschungsgebiet, die Ökologie. Er beobachtete die verschiedenen Blütenformen bei Schlüsselblume und Weiderich, von denen einige einen kurzen Griffel (der Schlauch, durch den der Pollen in die Samenanlage gelangt) und andere einen langen Griffel hatten, und verglich sie mit den »Männchen und Weibchen gewöhnlicher eingeschlechtlicher Tiere«. Er stellte fest, daß »legitime« Kreuzungen einen normalen Samenertrag hervorbrachten, während »illegitime« Verbindungen die Fruchtbarkeit beeinträchtigten – und leistete so einen wesentlichen Beitrag zur Hybridenzüchtung. Seine Forschungen in bezug auf das Phänomen der kreisenden Pflanzenbewegungen, vom Hang der Keimwurzeln, sich der Erde, und der Kotyledonen, sich dem Licht zuzuwenden, sobald sie aus einem Samen hervorkommen, bis zu dem Komplex des Bewegungsvermögens von Kletterpflanzen, setzen sich in der heutigen Erforschung der Tropismen fort – eines ihrer Ergebnisse war die Entdeckung des Wachstumshormons der Pflanzen. Er entwickelte die Vorstellung von den »Keimchen« als Vererbungsträgern – und nahm damit die Entdeckung der Gene im 20. Jahrhundert sowie die Genetik als eigene Wissenschaft vorweg. Daß viele Pflanzen, die auf durch Hunderte von Kilometern Flachland getrennten Berggipfeln wachsen, identisch sind, erklärte er mit den Wanderungen der Pflanzen während der kalten Perioden vor der Eiszeit – und griff damit der anerkannten Lehre von Edward Forbes vor. Doch er ging weiter als Forbes und dehnte die Theorie auch auf tropische Regionen aus.

Dies sind natürlich gröbste Vereinfachungen komplizierter Zusammenhänge, die in Jahren der beharrlichen Beobachtung und des Experimentierens erarbeitet wurden: Es kostete Darwin elf solcher arbeitsintensive Jahre, um *Die Wirkungen der Kreuz- und Selbst-Befruchtung im Pflanzenreich* zu schreiben. Es gibt nur wenige Bereiche der Pflanzenbiologie, in denen Darwin nicht einen bedeutenden Beitrag leistete, indem er entweder eine neue Entdeckung machte oder ein bekanntes Konzept so umdachte, daß es sich als Ausgangsmaterial für die Arbeit zukünftiger Forscher eignete. Sein Genie lag in der glücklichen Kombination von drei Komponenten: der Geduld, mit der er die Bedeutung eines jeden Details einer Pflanze erkundete; der Übersicht, mit der er das Wie und Warum dieser Details zu einem Ganzen zusammenfügte, und der philosophischen Betrachtungsweise, die ihn durch Induktion und Deduktion zu Wahrheiten gelangen ließ, die die Zeit überdauert haben.

Wir mögen uns fragen, warum Darwin diese Bücher schrieb. Nur als Wissenschaftler, der wissenschaftlichen Problemen im Reich der Pflanzenbiologie nachging? Allein die Bedeutung seiner botanischen Arbeit verschaffte ihm in der heutigen Zeit die Anerkennung als der Mann, der mehr als andere zu unserem Verständnis der Pflanzen beigetragen hat und uns noch vieles lehren wird. Als Biologe wird er immer zu den wenigen Großen eines Jahrhunderts gezählt werden. Aber Darwin dachte gar nicht daran, seine Ideen der kleinen Gruppe von Akademikern vorzubehalten. Er richtete sich an jene, die für seine Vorstellungen praktische Anwendung hatten. Schon früh begann er, Artikel für den *Gardeners' Chronicle* zu schreiben, damals wie heute eine Fachzeitschrift nicht nur für Wissenschaftler, sondern auch für praktische Gärtner, und damals wie heute von führenden Gärtnern und Züchtern gelesen. 1843 veröffentlichte er den Beitrag »Gefüllte Blüten – ihre Entstehung«, 1844 »Düngemittel und das Einweichen von Samen« sowie im selben Jahr »Panaschierte Blätter«. Doch schon früher, in der ersten Ausgabe der Zeitschrift, die 1841, also achtzehn Jahre vor der *Entstehung der Arten* erschien, schrieb er über »Hummeln« und ihre Gewohnheit, Löcher in die Basis der Blumenkrone zu schneiden, um an den Nektar zu gelangen, ohne langsam und mühevoll durch den Blütenschlauch zu müssen. Darwin hatte zuvor Hunderte solcher »verbrecherischen« Anschläge beobachtet. Er verfaßte regelmäßige Artikel zu so nützlichen Themen wie der »Keimfähigkeit von Samen« und »Die Wirkung der Bienen bei der Befruchtung von Schmetterlingsblütlern und der Kreuzung von weißen Bohnen«. Wenn er an einer neuen Theorie arbeitete, sandte er darüber hinaus, wie er es nannte, »Leckerbissen« dazu ein. Jedes frisch erschienene Buch von Charles Darwin wurde ausführlich besprochen, denn es richtete sich ebenso wie seine Artikel an den Praktiker. »Vom praktischen Gesichtspunkt her betrachtet, können Landwirte und Pflanzenzüchter etwas von den Schlußfolgerungen lernen, zu denen wir gelangt sind.« »Blumenzüchter können lernen . . . daß sie das Vermögen haben, jede flüchtige Varietät in der Färbung zu fixieren . . .«

Darwin betrachtete sich selbst nicht als Botaniker. In seinem zweiten Brief an Joseph Dalton Hooker, seinen späteren botanischen Mentor und engsten Freund, bezeichnete er sich als einen »botanischen Ignoramus«. In einem Schreiben an den Marquis de Saporta bedauerte er, daß »ich niemals eine gründliche Ausbildung in Botanik erhalten, sondern mich immer nur mit Spezialgebieten auseinandergesetzt habe«.

An Asa Grey, Professor der Naturgeschichte an der Harvard-Universität, schrieb er: »Ich bin mir bewußt, wie anmaßend es von mir, der ich selbst kein Botaniker bin, ist, einem Botaniker wie Ihnen auch nur den kleinsten Vorschlag zu machen.« (Bei seinem Vorschlag handelte es sich um eine Veröffentlichung über amerikanische alpine Pflanzen.) In seinem Buch *Die verschiedenen Einrichtungen, durch welche Orchideen von Insecten befruchtet werden* beschrieb er die Bestäubung des Großen Zweiblatts, *Listera ovata*, und erklärte: »Der Bau und die Tätigkeit des Rostellum sind der Gegenstand einer wertvollen Abhandlung Dr. Hookers in den ›Philosophical Transactions‹ gewesen, der bis ins kleinste und ganz genau seinen sonderbaren Bau beschrieben hat.« Er fügte hinzu: »Er beachtete jedoch nicht den Anteil, den die Insekten an der Befruchtung der Blüten nehmen.« Und weiter: »C. K. Sprengel sah wohl die Wichtigkeit der Insektentätigkeit ein, aber er hat sowohl den Bau als auch die Funktion des Rostellum mißverstanden.« Gerade in den Spezialgebieten lag also Darwins Stärke, und er sah in ihnen eine Philosophie, die weit über die Grenzen der Botanik hinausging. Er begriff Botanik immer als wachsende Pflanzen, sah sie auch im weiteren Zusammenhang der Evolution der Lebewesen im Laufe der Zeit. Sie waren schließlich, wie er sagte, die älteren Bewohner der Erde, da Pflanzen existierten, bevor die Tiere auftauchten und lange bevor der Mensch auf den Plan trat.

Demnach hat das Thema für uns alle vorrangige Bedeutung. Weder Mensch noch Tier, nicht einmal ein Insekt, kann ohne Pflanzen und ihre Blüten leben; Gras, Reis und Getreide, Bäume, die Schutz und Schatten spenden, Vegetation, die selbst noch im Tod Nahrung für den endlosen Kreislauf liefert.

1. Die Abstammung von Charles Darwin

1077, PINUS MALE. *Cal.* 4-leaved. *Cor.* *Stamens* moſt numerous. *Anthers* naked
FEM. *Cal.* of the ſtrobile: ſcale 2 flower'd. *Cor.* o. *Piſtil* 1 *Nut* received by a membranous wing *Pine*

* *Leaves numerous from the ſame ſheathing baſe.*

ſylveſtris 1. P. leaves double: primordial ones ſolitary ſmooth. *wood.*

Schon früh erwacht in Charles Darwin das Interesse für die Wunder der Pflanzenwelt –

»Ich versuchte, die Namen von Pflanzen ausfindig zu machen«, heißt es in dem Teil seiner Autobiographie, in dem er über seine Kindheit berichtet. Als Mittel diente ihm Linnés Werk Systema Vegetabilium, das sein Großvater Erasmus Darwin ins Englische übersetzt und 1783 durch die Botanical Society in Lichfield veröffentlicht hatte, einer Gesellschaft, deren Gründer er war.

Erasmus Darwin, als Arzt erfolgreich, war eine Autorität auf dem Gebiet der von Carl von Linné entwickelten binären Nomenklatur, einem System, bei dem das erste Wort die Gattung und das zweite die Art der betreffenden Pflanze kennzeichnet.

In der Tagesschule »beschäftigte« sich Charles »aus Liebhaberei mit Botanik«, und im Alter von elf Jahren erhielt er von seinem Vater das Botanical Lexicon von John Berkenhout. Als sein älterer Bruder ihn in einem Brief bat, »in der englischen Ausgabe von Systema Vegetab nachzuschlagen und die genaue Beschreibung von Pinus sylvestris zu schicken«, kannte er sich in botanischen Dingen also bereits aus.

(Zeichnung von Brian Hughes)

Vieles scheint darauf zu deuten, daß der Weg in die Botanik für Charles Darwin vorgezeichnet war.

Sein Großvater war Erasmus Darwin, ein Koloß von einem Mann, dem nichts zu schwer war, um es in Angriff zu nehmen, weder in seiner Eigenschaft als vielbeschäftigter Arzt (als solcher erwarb er sich einen so guten Ruf, daß ihm wiederholt die Stellung eines Leibarztes bei König George III. angeboten wurde, was er jedoch jedesmal ablehnte) noch in seiner Kapazität als genialer Erfinder; er entwickelte unter anderem ein Sprachrohr, eine Art horizontale Windmühle, eine Rakete, eine Kopiermaschine, eine Dampfturbine, ein automatisches Wasserklosett, eine Schleppfähre und eine Kanalschleuse. Alle genannten Erfindungen wurden gebaut und funktionierten. Er schrieb ein umfangreiches zweibändiges Werk mit dem Titel *Zoonomia* (ein medizinisches Werk, in dem er sich als einer der ersten für die humane anstelle der brutalen Behandlung von Geisteskrankheiten einsetzte) und verfaßte unter anderem *Phytologia* (eine 600 Seiten starke Abhandlung über das pflanzliche Leben, in der er die Ernährung von Pflanzen und die biologische Insektenbekämpfung behandelte und Vorschläge für Kläranlagen und ein System artesischer Brunnen mit technischen Zeichnungen für neuartige Bohrköpfe und Wasserpumpen machte). Er entwickelte wissenschaftliche Theorien zur Erklärung aller Phänomene, die ihm auffielen. Seine hervorragenden Kenntnisse in der Meteorologie ließen ihn als ersten die Gründe für die Wolkenbildung und die Existenz von Kalt- und Warmwetterfronten erkennen und die Zusammensetzung der äußeren Atmosphäre richtig voraussagen. Zusammen mit Matthew Boulton gründete er die Lunar Society of Birmingham, eine in der Geschichte der Wissenschaft einmalige Gesellschaft. Sie setzte sich aus einer Gruppe von Männern aus Wissenschaft und Technik zusammen, deren Leistungen eine der Triebkräfte der industriellen Revolution bildeten. Ihre Zusammenkünfte (sie fanden jeweils um die Zeit des Vollmonds statt) stützten sich auf kein formales Zeremoniell, und Protokolle wurden nicht geführt. Die Stärke der Gesellschaft lag in der persönlichen Freundschaft, die die einzelnen Mitglieder verband, und jeder half jedem. So machte Erasmus Darwin James Watt und Matthew Boulton (den größten Fabrikanten Englands und Mäzen der Stadt Birmingham) miteinander bekannt – und es entstand die Dampfmaschine. Unter den übrigen berühmt gewordenen Mitgliedern der Gesellschaft befanden sich Dr. Joseph Priestley, Josiah

Wedgwood, James Kerr, Dr. William Small und Richard Lovell Edgeworth.

Zu Erasmus Darwins Interessen zählte nicht zuletzt die Botanik. Er war ein hervorragender Kenner des Linnéschen Klassifikationssystems und legte sich nicht nur einen eigenen botanischen Garten an, sondern schuf unter diesem Titel auch ein enzyklopädisches Lehrgedicht, das zum Bestseller wurde. Sein Buch *Zoonomia* war als »das vielleicht originellste Buch, das je von einem Sterblichen verfaßt wurde«, begrüßt worden. Für *The Botanic Garden* erteilten ihm die Kritiker überschwengliches Lob und priesen ihn als Poeten, der an Größe Milton übertraf. Das Werk erschien in zwei Bänden: »The Economy of Vegetation« und »The Love of Plants«. Allerdings kam Teil II als erster heraus, denn er war leichter geschrieben und galt als das, was die Öffentlichkeit lesen wollte. Erasmus Darwin erzählte darin die Geschichte des Sexuallebens der Pflanzen, wobei er die eigentlichen Naturgegebenheiten so geschickt umschrieb, daß sie um so deutlicher hervortraten. So verglich er beispielsweise das Liebesleben von *Collinsonia* mit dem Werben zweier Männer um eine Frau (als Linné-Experte wußte er natürlich, daß *Collinsonia* mit zwei Staubblättern zur Klasse Diandria und mit einem Stempel zur Gruppe oder Ordnung Monogynia gehörte), in Linnés eigenen Worten *Mariti duo in eodem conjugio*, zwei Männer in derselben Ehe. Noch munterer ging es bei *Genista* zu, wo »zehn liebevolle Brüder sich um die hochmütige Maid bemühen«, also zehn Staubblätter, die, wie aus zwei Müttern, aus einer doppelten Basis hervorkommen und durch ihre Staubfäden vereinigt sind. Das Linnésche Sexualsystem erregte bei den Kritikern Anstoß, die sich weigerten, eine derartige »verachtungswürdige Hurerei« von mehreren Männern (Staubblättern) mit einer Frau (Stempel) als ein Werk des Schöpfers der Pflanzenwelt zu betrachten. Der Erotizismus aus der witzigen Feder des gebildeten Dr. Darwin dagegen rief bei seinen Lesern des 18. Jahrhunderts ein wohliges Schaudern hervor und lehrte sie vermutlich gleichzeitig einiges über die Pflanzenmorphologie.

Erasmus Darwin war ein großer Verehrer des Linnéschen Systems, das »alle anderen durch seine knappe und elegante Ordnung übertraf«. Es hatte darüber hinaus den Vorzug, »die große Übereinstimmung bei Pflanzen und Tieren aufzuzeigen«. Erasmus Darwin ging weiter: Er verwies auf die Übereinstimmung bei Pflanzen und Menschen.

Erasmus Darwin (1731–1802), berühmter Arzt, Dichter, Erfinder, geistreicher Un-
terhalter und Gärtner, der zahlreiche wissenschaftliche Theorien entwickelte, darunter
eine über die Evolution.
(Nach d. Portrait von Joseph Wright aus Derby)

Er starb 1802. Zwei Jahre später wurde sein zweites langes Lehrgedicht veröffentlicht. Es ist in diesem Zusammenhang ebenfalls interessant, denn in *The Temple of Nature* bewies er seine bemerkenswerte Weitsicht, als er die Entwicklung des organischen Lebens bis zu
seinem Höhepunkt, dem Menschen, verfolgte. Heute zweifelt kein
Wissenschaftler mehr an seiner Annahme, daß das Leben ursprünglich im Meer entstand. Erasmus Darwin schrieb:

Organisches Leben unter uferlosen Wellen
ward geboren und ernährt in des Ozeans tiefen Zellen;
erst winzige Formen, verborgen dem blauen Himmelszelt,
wandern auf Schlamm, durchdringen die Wasserwelt;
dann kommen weitere Generationen zuhauf
mit größeren Kräften und Gliedern herauf,
daraus Myriaden verschiedenster Pflanzen entstehen
und atmende Wesen, mit Flossen, Füßen und Flügeln versehen.

Es war die dichterische Wiedergabe eines Themas aus seinem Buch
Zoonomia, in dem er sich als Urahnen aller warmblütigen Tiere »eine
einzige lebendige Faser« vorgestellt und auf Beweise des Wandels im
Leben eines einzelnen Tieres hingewiesen hatte, oder auch auf Me-
tamorphosen wie bei »dem Schmetterling mit farbigen Flügeln, der
aus der erdgebundenen Raupe kam« oder »dem atmenden Frosch,
der aus der im Wasser lebenden Kaulquappe entstand«. Er zeigte außerdem Variationen auf, die sich nach längeren Zeiten zeigen, hervorgebracht »durch künstliche oder zufällige Züchtung, wie bei den
Pferden, die wir je nach Bedarf auf Kraft oder Schnelligkeit ausge-
richtet haben, damit sie Lasten tragen oder an Rennen teilnehmen«.
Über einen längeren Zeitraum gesehen, blieben infolge von Entwicklungen nutzlose rudimentäre Organe übrig. Er beschäftigte sich mit
der sexuellen Auslese in der Tierwelt, dem Bestreben des männlichen
Tiers nach ausschließlichem Besitz des Weibchens sowie den Stoß-
zähnen und Hörnern, die dem Kampf mit den Rivalen dienten, wor-
aus sich ergab, »daß jeweils das stärkste und aktivste Tier die Art
fortpflanzen und sie sich so verbessern sollte«. Er verwies auf Anpassungen, die es jedem Tier ermöglichten, seine eigene Art der Nahrung zu suchen: die kräftigen Schnauzen der Schweine, mit denen sie
nach Wurzeln graben, die Rüssel der Elefanten, mit denen sie in die
Baumkronen reichen, und die harten Schnäbel der Papageien, mit
denen sie Nüsse aufbeißen.

Damit beschrieb er nichts anderes als die Evolution. Aber Erasmus Darwin war nicht der erste Vertreter des Evolutionsgedankens – und nicht der letzte.

Als nächster in der Familie kam Erasmus Darwins Sohn Robert Waring, Vater von Charles Darwin. Bevor wir jedoch auf ihn eingehen, müssen wir uns zunächst einem anderen Robert Waring zuwenden, einem Bruder von Erasmus und Autor des Werks *Principia Botanica*, das 1787, genau ein Jahrhundert nach der Veröffentlichung von Sir Isaac Newtons *Principia Mathematica*, erschien.

Als Botaniker widmete sich dieser Darwin vor allem der Klassifikationssystematik. Auch er war tief von den Werken Linnés beeinflußt, und von ihm erfahren wir, daß sein Bruder Erasmus »Verbesserungen des Linnéschen Systems vorschlägt, um es ›natürlicher‹ zu gestalten«. »Natürlich« bezieht sich in diesem Zusammenhang auf die Evolution einer Rasse oder genetisch verwandten Tier- beziehungsweise Pflanzengruppe. Robert Waring ging nicht so weit wie sein Bruder, und sein Buch war eher einfallsreich als wissenschaftlich oder prophetisch, wenn es auch drei Auflagen erlebte. Dennoch schrieb sein Großneffe Charles anerkennend über dieses Werk, daß es »viele interessante Anmerkungen zur Biologie – einem im letzten Jahrhundert total vernachlässigten Thema« enthalte.

Erasmus Darwin hatte großen Einfluß auf seinen Sohn, den anderen Robert Waring, Charles Vater. Auch er war Arzt und als solcher erfolgreich, mit einem großen Klientenkreis in und um Shrewsbury. Charles schrieb über ihn: »Seine hervorragenden geistigen Eigenschaften waren seine Beobachtungsgabe und sein Mitgefühl, beide meiner Erfahrung nach weder erreicht noch übertroffen.« Er haßte Verschwendung, konnte aber äußerst großzügig sein. Eines Tages kam ein kleiner Fabrikant aus Shrewsbury zu ihm und erklärte, er müsse seinen Betrieb schließen, wenn er sich nicht sofort 10 000 Pfund beschaffen könne, er habe aber keinerlei rechtliche Sicherheit anzubieten. Robert Waring hörte sich die Geschichte an und lieh ihm das Geld – eine unerhörte Summe für einen jungen Arzt –, weil sein Gefühl ihm sagte, daß der Mann vertrauenswürdig sei. Er hatte sich nicht getäuscht und bekam sein Geld zurück.

Die bemerkenswerteste Eigenschaft Robert Warings war jedoch seine Fähigkeit, nicht nur den Charakter eines Menschen erkennen, sondern auch die Gedanken von Personen lesen zu können, auch wenn er sie zum ersten Mal und nur kurz traf. Manchmal wirkte diese

Gabe fast übernatürlich, und er überraschte, wie Charles es ausdrückte, mit seinen »zutreffenden Mutmaßungen«. Lord Shelburne,
später der erste Marquis of Lansdowne und berühmt als Kenner der
europäischen Politik, kam einmal zu ihm zur Konsultation und hielt
anschließend eine lange Rede über die politischen Verhältnisse in
Holland. Nun hatte Robert Medizin in Leyden studiert und war dort
während einer Wanderung über Land mit einem Freund in das Haus
eines älteren Geistlichen eingeladen worden, der mit einer Englän-
derin verheiratet war. Er war sehr hungrig, aber außer Käse, den er
sein Leben lang verabscheute, gab es nur wenig zum Essen. Mrs. A.
bedauerte das Mißgeschick und versicherte ihm, daß es sich um einen
ausgezeichneten Käse handele, der ihr aus Bowood, dem Sitz Lord
Shelburnes, zugeschickt worden sei. Robert wunderte sich zwar,
warum sie ihren Käse aus Bowood bezog, dachte aber nicht weiter
darüber nach, bis er Lord Shelburne über Holland reden hörte. Dann
sagte er: »Nach allem, was ich von Reverend A. weiß, würde ich ihn
für einen sehr klugen Mann und gut über die Verhältnisse in Holland
unterrichtet halten.« Lord Shelburne sah überrascht auf und wech-
selte sofort das Thema. Aber am nächsten Morgen kam er erneut
vorbei und erklärte, daß er unbedingt erfahren müsse, wie Robert
Darwin entdeckt habe, daß Reverend A. seine Informationsquelle
sei. Als er die Erklärung hörte, war er von diesem diplomatischen Re-
chenkunststück so angetan, daß er Darwins Vater nie vergaß. Jahre
später, als Charles als Mitglied in den Athenaeum Club aufgenommen werden wollte, schlug ihn Lord Shelburne unaufgefordert vor
und setzte seine Zulassung durch. »Eine eigenartige Verkettung der
Ereignisse«, kommentierte Darwin, »daß die Tatsache, daß mein Vater ein halbes Jahrhundert zuvor keinen Käse aß, zu meiner Aufnahme in den Athenaeum Club führte!«

Robert Darwin beschäftigte sich in seiner Freizeit am liebsten mit
Haustieren und Pflanzen. Er zog Vögel und Tiere auf, und seine Tau-
ben waren in der Stadt und weit darüber hinaus für ihre Schönheit,
Verschiedenartigkeit und Zahmheit bekannt. Für die Botanik zeigte
er ein fast ebenso großes Interesse wie sein Vater, und er bepflanzte
seinen Garten um The Mount – den Familiensitz, den er oberhalb des
Flusses Severn hatte errichten lassen – mit den erlesensten Blumen,
Büschen und Bäumen. Wie alle guten Gärtner war er nur allzu gern
bereit, Wurzeln und Ableger an andere weiterzugeben. In einem
Brief an ihren Bruder Josiah Wedgwood schrieb Roberts Frau im
Jahre 1808:

Erasmus Darwins Sohn Robert Waring (1766–1848), ebenfalls ein berühmter Arzt, dessen zweiter Sohn, geboren im Jahre 1809, einer der größten Denker aller Zeiten werden sollte.
(Nach einer Miniatur in Down House)

Der Doktor sendet Dir mit der Kutsche morgen einige Schößlinge der Silberpappel, und da sie gute Wurzeln haben, zweifelt er nicht, daß sie anwachsen werden. Wenn Du mehr brauchst, sag es nur, sie werden Dir dann zugeschickt. Es handelt sich um die gewöhnliche Silberpappel. Der Baum ist zur Zeit so beliebt, daß Lady Bromley um einige Ableger für Baroness Howe geschickt hat, zur Verschönerung von Popes Villa in Twickenham, denn alle seine bevorzugten Bäume wurden gefällt.

Auch Charles war Gärtner und hatte sein eigenes Beet. Nachdem er 1825 sein Elternhaus verlassen hatte, schrieb ihm seine Schwester Caroline: »Neulich wurde ich ganz melancholisch, als ich mir Deinen alten Garten und die Blumen, die hervorsprießen, ansah, an denen Du so gern gearbeitet hast.«

Der Garten war ein Lieblingsthema der ganzen Familie, und Caroline fungierte als Garten-Berichterstatterin. In einem anderen Brief an Charles, den sie im Februar 1826 schrieb, heißt es:

Wir haben viel im Blumengarten gearbeitet, Gartenwicken gepflanzt etc. Ich halte mir zugute, daß er viel fröhlicher wirken wird als zuletzt, wozu es, wie Du zweifellos denken wirst, nicht allzuviel bedurfte. Weil ich noch weiß, wie sehr Du die Steckrosen in Maer bewundert hast, habe ich einige gekauft, so daß wir zumindest an Blütenpracht nicht zu übertreffen sein werden. Im Blumengarten sollen Rohre verlegt werden, damit er mit Wasser versorgt ist, so daß Deine Gutmütigkeit im nächsten Sommer nicht mehr so oft auf die Probe gestellt werden wird mit den Worten »Charles, es ist sehr warm« (wirklich sehr warm, wie Du mit Sicherheit antwortest). »Lieber Bobby, der Boden ist so trocken, daß die Kannen mit Wasser, die du vor einer halben Stunde geholt hast, kaum etwas genützt haben, könntest du noch eine weitere holen?« Papa geht häufig in den Garten, um sich *Leucojum vernum* anzusehen, eine relativ seltene Pflanze, die jetzt in voller Blüte steht.

Da Robert Darwin eine Tochter des berühmten Keramikherstellers (ihr Bruder war Josiah II) geheiratet hatte, war es nur natürlich, daß sein Heim »einen Altar der Wedgwood-Kunst« darstellte, mit Gefäßen, Kacheln, Figuren und anderen bezaubernden Gegenständen. Nach seinem eigenen Entwurf war eine Kinderzimmerlampe aus

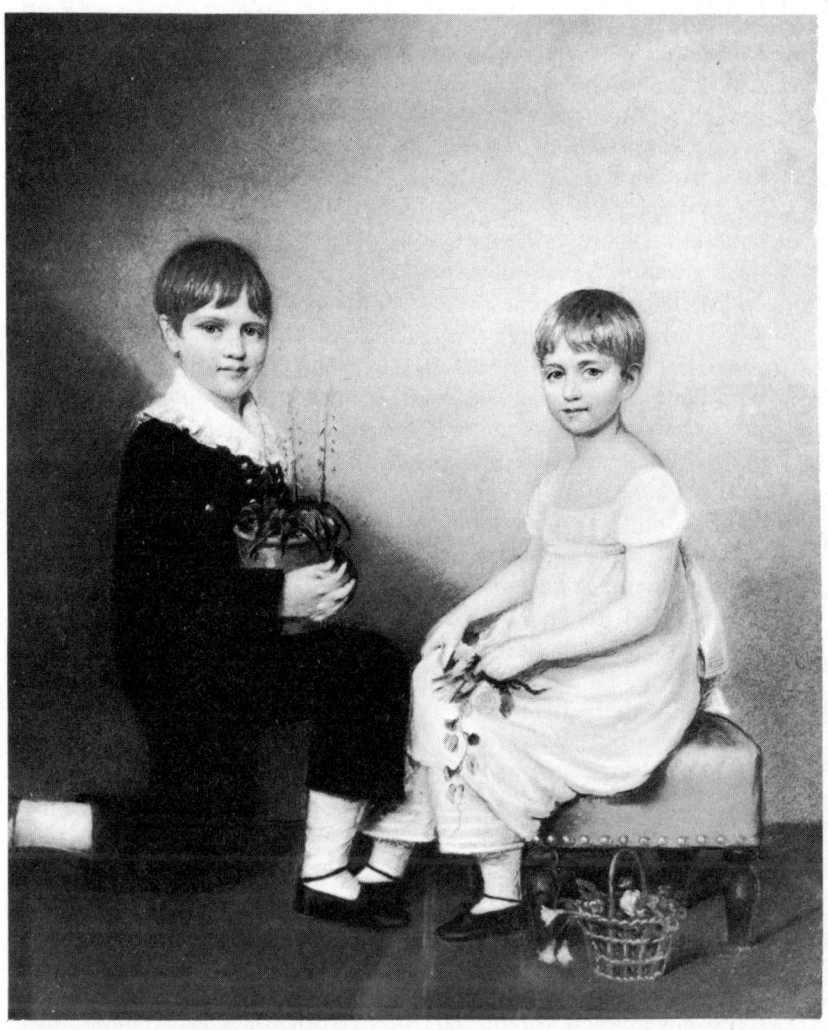

Charles Darwin im Alter von sechs Jahren mit seiner Schwester Catherine.
(Nach einer Kreidezeichnung von James Sharples)

Steingut in Etruria angefertigt worden (diesen Namen hatte Erasmus Darwin für die großartigen Wedgwood-Werke vorgeschlagen, die in den späten sechziger Jahren des 18. Jahrhunderts erbaut wurden, weil er der Meinung war, Wedgwood habe »eine Art der nichtgläsernen gebrannten Malkunst« wiederentdeckt, die zuvor nur den Etruskern bekannt war). Man konnte sie fast überall kaufen, aber in Shrewsbury hatte Robert Darwin den Verkauf ein paar Keramikhändlern namens Cook vorbehalten, die arm und unterstützungsbedürftig waren. Genau wie sein Vater Erasmus Darwin zeigte er einige schöpferische Anlagen.

Er heiratete Susannah Wedgwood im Jahre 1796, und am 12. Februar 1809 wurde Charles Robert geboren, das fünfte von sechs Kindern der Familie. Seine Kindheit verlief ohne besondere Ereignisse, und er berichtet, daß »meine früheste Erinnerung erst einsetzt, als ich einige Monate über vier Jahre alt war und wir in der Nähe von Abergele ans Meer zum Baden fuhren, und ich entsinne mich einiger Ereignisse und Orte mit ziemlicher Genauigkeit«. Im Juli 1817, als er acht Jahre alt war, starb seine Mutter. Mit ihrem freundlichen, mitfühlenden Wesen scheint sie sich ihm jedoch nicht besonders stark eingeprägt zu haben. Als er sich daranmachte, seine *Autobiographie* zu schreiben, konnte er sich an kaum etwas anderes erinnern als an »ihr Totenbett, ihr schwarzes Samtkleid und ihren eigenartig geformten Arbeitstisch«.

Im Frühling 1817 wurde Charles auf eine Tagesschule in Shrewsbury geschickt, die von Reverend G. Case, dem Geistlichen der Unitarier-Kirche in der High Street, geleitet wurde. Diese Schule besuchte er drei Jahre lang. Er lernte wesentlich langsamer als seine drei Jahre jüngere Schwester Catherine. Aber sein Interesse an Naturgeschichte und mehr noch am Sammeln von Gegenständen war bereits stark ausgeprägt. »Ich versuchte, die Namen von Pflanzen ausfindig zu machen, und sammelte alles mögliche, Muscheln, Siegel, Briefmarken, Münzen und Steine.« In seinen autobiographischen Aufzeichnungen lesen sich die Dinge etwas anders. »Ich erinnere mich, daß ich in der Schule sehr gern Molche im Steinbruchsee fischte. Bereits in diesem jungen Alter hatte ich einen ausgeprägten Sinn für das Sammeln, vor allem von Siegeln, Briefmarken usw., aber auch von Kieseln und Steinen – diese Neigung verdanke ich einem Jungen, der mir einen Stein schenkte. Ich glaube, kurz davor oder danach hatte ich mich aus Liebhaberei mit Botanik beschäftigt, aber zu der Zeit, als ich die Schule von Mr. Case besuchte, lag mir die Gartenarbeit schon sehr am Herzen, und ich dachte mir dicke Lügen aus über meine Fähigkeit, Krokusse so färben zu können, wie ich wollte.« Charles war manchmal richtig ungezogen. »Ein kleines Ereignis aus diesem Jahr hat sich besonders tief in mein Gedächtnis eingeprägt, und ich hoffe, daß der Grund darin liegt, daß mich mein Gewissen später tüchtig quälte; es ist eigenartig, weil es zeigt, daß ich schon in diesem jungen Alter an der Veränderlichkeit der Pflanzen interessiert war! Ich erzählte einem anderen Jungen (ich glaube, es war Leighton, später ein bekannter Lichenologe und Botaniker), daß ich unterschiedlich gefärbte Schlüsselblumen und Primeln ziehen könnte, indem ich sie mit entsprechend gefärbten Flüssigkeiten goß, was natürlich ein unverschämtes Märchen war und was ich natürlich nie versucht hatte.«

Reverend William Allport Leighton, Verfasser einer *Flora of Shropshire* und anderer Werke, darunter die *Lichen Flora of Great Britain*, berichtete später Darwins Sohn Francis, daß er sich daran erinnerte, wie sein ungezogener Schulfreund einmal eine Blume mit in die Schule gebracht und erzählt habe, er hätte von seiner Mutter gelernt, den Namen der Pflanze durch Untersuchung des Blüteninneren zu bestimmen. »Dies«, meinte Leighton, »erregte meine Aufmerksamkeit und Neugier aufs äußerste, und ich fragte ihn mehrmals, wie das denn möglich sei.« Aber diese Kunst ließ sich natürlich nicht vermitteln.

Darwin selbst bekannte, daß er als kleiner Junge »nur allzu gern Unwahrheiten erfunden habe, und zwar immer dann, wenn ich die Aufmerksamkeit auf mich lenken wollte. So pflückte ich einmal eine Menge teures Obst von den Bäumen meines Vaters und versteckte es im Gebüsch, um anschließend schnellstens nach Hause zu laufen und die Neuigkeit zu verbreiten, daß ich einen Schatz gestohlener Früchte entdeckt hätte.« Aber er konnte zu seinen eigenen Gunsten sagen, daß er sich als Junge niemals inhuman verhalten habe, »auch wenn ich dies ausschließlich der Lehre und dem Vorbild meiner Schwestern verdankte. Tatsächlich bezweifle ich, daß Humanismus eine natürliche oder angeborene Eigenschaft ist.« Er sammelte leidenschaftlich gern Vogeleier, nahm aber nie mehr als ein einziges Ei aus einem Nest. Nur einmal steckte er sie alle ein, aber nicht wegen ihres Wertes, sondern »aus einer Art Angeberei«. Die Leidenschaft für das Sammeln, »die einen Mann dazu bringt, ein systematischer Naturforscher, ein Künstler oder ein Geizhals zu werden, war in mir sehr ausgeprägt, und sie war zweifellos angeboren, denn weder meine Schwestern noch mein Bruder fanden Gefallen daran«.

Am 10. August 1818 kam Charles auf die bekannte Schule des Dr. Samuel Butler, auf die auch sein Bruder Erasmus ging, und er besuchte sie sieben Jahre lang bis zum Sommer 1825, seinem sechzehnten Lebensjahr. Er war Internatsschüler, was ihm gefiel, weil er »den großen Vorteil genoß, das Leben eines richtigen Schuljungen zu führen«. Andererseits lag die Schule kaum mehr als anderthalb Kilometer von The Mount entfernt, und er konnte in den längeren Pausen zwischen den Stunden und abends, bevor das Haus abgeschlossen wurde, schnell nach Hause laufen. »Ich glaube, daß dies für mich in vielerlei Hinsicht gut war«, schrieb er rückblickend, »weil auf diese Weise die Verbindungen mit meinem Elternhaus nicht abrissen.« Er erinnerte sich, daß er sich oftmals beeilen mußte, um rechtzeitig zurück zu sein, was ihm aber, da er ein guter Läufer war, meistens gelang. »Aber im Zweifelsfalle betete ich inständig zu Gott um Hilfe, und ich erinnere mich gut, daß ich es immer auf meine Gebete und nicht auf meine Schnelligkeit zurückführte, wenn ich es schaffte, und erstaunt war, daß mir eigentlich immer geholfen wurde.«

Für die Bildung seines Geistes hat Dr. Butlers Schule jedoch nicht viel getan. »Nichts«, so meinte Darwin selbst, »hätte für die Entwicklung meines Geistes unnützer sein können.« Abgesehen von etwas Geographie und Alter Geschichte bestand der Lehrplan ausschließlich aus klassischen Fächern. Die Lektionen des vorhergehenden Tages mußten auswendig gelernt werden. Während des Morgengottesdienstes prägte sich Charles mit Leichtigkeit vierzig oder fünfzig Zeilen Vergil oder Homer ein – um sie ebenso schnell wieder zu vergessen. Aber er arbeitete gewissenhaft und machte niemals von Spickzetteln Gebrauch. Das einzige, was ihm an der humanistischen Ausbildung Freude bereitete, waren die Oden des Horaz, die er sehr bewunderte. Nach der Schule widmete er sich der Naturgeschichte. In einem Brief fragte ihn seine Schwester Catherine: »Was machen Deine Studien der Mineralogie, Botanik, Chemie und Entomologie?« 1820, als Charles elf Jahre alt war, hatte ihm sein Vater ein Buch mit dem Titel *Clavis Anglica Linguae Botanicae or A Botanical Lexicon* von John Berkenhout geschenkt, in dem die »Terminologie der Botanik, insbesondere jene, die Linnaeus und andere moderne Schriftsteller in ihren Werken verwenden, angewendet, abgeleitet, erklärt, gegenübergestellt und exemplifiziert« wurde.

Gegen Ende seiner Schulzeit richtete sich Erasmus im Gartengeräteschuppen ein wissenschaftliches Labor ein. Er verfügte über eine sehenswerte Ausrüstung, und Charles durfte »Philos«, wie er seinen Bruder damals nannte, »als Diener« bei fast allen Experimenten helfen. »Er stellte all die Gase und viele Mixturen her, und ich las aufmerksam verschiedene chemische Fachbücher, zum Beispiel den ›Chemical Catechism‹ von Henry und Parkes.« Er selbst hat diesen Teil seiner Ausbildung immer als den besten betrachtet, denn durch die praktische Betätigung lernte er die Bedeutung der experimentellen Wissenschaft kennen. In der Schule jedoch trug sie ihm den Spitznamen »Gas« sowie einen öffentlichen Verweis seines Direktors ein, der ihm vorwarf, er verschwende seine Zeit mit »so nutzlosen Beschäftigungen«, und ihn *poco curante* nannte, was Charles, der nicht wußte, was das hieß, für einen schlimmen Tadel hielt.

Auf seine Schulzeit und seine damaligen Fähigkeiten zurückblickend, meinte Darwin, daß seine einzigen, für die Zukunft vielversprechenden Eigenschaften sich in »ausgeprägten und unterschiedlichen Neigungen, viel Eifer für alles, was mich interessierte, und einer echten Freude am Verständnis aller komplizierten Themen oder Dinge« zeigten. »Ich erhielt Unterricht in euklidischer Geometrie bei einem Privatlehrer, und ich erinnere mich noch genau an die besondere Befriedigung, die ich angesichts der klaren geometrischen Zeichnungen empfand. Mit derselben Klarheit entsinne ich mich der Freude, die mein Onkel mir machte (der Vater von Francis Galton), als er mir das Prinzip des Barometers erklärte.« Außer für wissenschaftliche Themen interessierte er sich für Literatur, und er saß oft stundenlang in einem Fenster der tiefen Schulhauswand und las die historischen Dramen von Shakespeare. Doch auch Gedichte, wie »The Seasons« (Die Jahreszeiten) von James Thomson, und die kurz zuvor erschienenen Werke von Lord Byron und Sir Walter Scott fesselten ihn. Später verlor sich zu seinem eigenen großen Bedauern alles Interesse an Shakespeare und Dichtung im allgemeinen. Langlebiger war seine Begeisterung für Landschaften, die 1822 bei einem Reitausflug in das Grenzgebiet von Wales erwachte. Den Wunsch, ferne Länder zu bereisen, hegte er seit seiner frühen Schulzeit, nachdem er ein Buch mit dem Titel *Wonders of the World* gelesen hatte, wenn er auch oft mit Mitschülern über den Wahrheitsgehalt einiger Aussagen des Buches stritt. Gegen Ende der Schulzeit erwachte seine Jagdleidenschaft. »Ich kann mir nicht vorstellen, daß irgend jemand mit mehr Eifer die heiligste Sache der Welt verfolgt haben könnte als ich die Vogeljagd. Wie gut erinnere ich mich an den Tag, an dem ich meine erste Schnepfe schoß, ich war so aufgeregt, daß mir die Hände zitterten und ich nur mit großer Mühe das Gewehr nachladen konnte.«

Angesichts seiner späteren Vorliebe für die Geologie ist es interessant, daß er Mineralien sammelte, »mit viel Eifer, aber völlig unwissenschaftlich – ich interessierte mich ausschließlich für die neu *benannten* Minerale, und ich habe kaum jemals versucht, sie zu bestimmen«. Er untersuchte Insekten »mit einiger Sorgfalt«. Als Zehnjähriger war er in die Ferien nach Plas Edwards an der walisischen Küste gefahren und hatte zu seiner Überraschung ein großes, schwarz-rotes Insekt aus der Gattung der Halbflügler entdeckt sowie viele Falter der Familie Zygaenidae, Schwärmer der Gattung Sphinx und einen Käfer *Cicindela*, alles Arten, die es in Shropshire nicht gab. »Ich entschloß mich beinahe, von nun an alle Insekten zu sammeln, die ich tot fand, denn nach Rücksprache mit meiner Schwester war ich zu der Überzeugung gekommen, daß es nicht recht wäre, Insekten zu töten, um eine Sammlung anzulegen.« Nachdem er Whites *Selborne* gelesen hatte, fing er an, Vögel zu beobachten und sich Notizen über ihr Verhalten zu machen. »Ich weiß noch«, so erinnerte er sich, »wie ich mich in meiner Einfalt wunderte, daß nicht jeder Mann Ornithologe wurde.«

1822 ging Erasmus nach Cambridge und hinterließ Charles, der weiter die Schule besuchte, die Aufsicht über das Labor im Geräteschuppen. Genaugenommen hatte er es ihm vollständig übergeben. »Lieber Bobby«, schrieb er im November, »ich glaube, es wäre gut, wenn man im Lab noch einige Regale anbrächte. Ich habe an die folgenden Standorte gedacht . . .« Hier folgt eine genaue Skizze. »Ich habe ein kleines Goniometer (ein Winkelmeßgerät) bestellt, so daß wir in der Lage sein werden, die verschiedenen Kristalle in Deinem Lab zu unterscheiden.« Charles hatte ihn in einem Brief gefragt, ob er ihm Minerale, die er brauchte, besorgen könnte. »Ich wage zu behaupten, daß ich einige Exemplare für Dich auftreiben kann, denn Prof. Sedgwick hat gesagt, daß es an den Gog-Magog-Hügeln (etwa sechs Kilometer von hier) eine große Anzahl von Steinen gibt, und dort werde ich bestimmt eines Tages hingehen und suchen.« Adam Sedgwick sollte später starken Einfluß auf Charles Darwin ausüben.

In einem anderen Brief berichtete Erasmus, daß »Prof. Henslow (in Mineralogie) uns zweimal einen Arsentest vorgeführt hat, bei dem er es mit einem Lötrohr verbrannte . . . Die Stunden sind sehr unterhaltsam, und dieses ist sein erster Kursus, so daß er noch viel besser sein wird, wenn Du zu uns kommst.«

John Stevens Henslow, zu der Zeit, als Charles dann nach Cambridge ging, Professor der Botanik, sollte sein Leben noch stärker beeinflussen.

Vorläufig arbeiteten die beiden Brüder in Eigeninitiative an einigen botanischen Themen. Philos schrieb: »Apropos Linnaeus, ich wäre Dir dankbar, wenn Du in der englischen Ausgabe von Systema Vegetab nachschlagen und mir die genaue Beschreibung von Pinus sylvestris schicken könntest!«

Als Charles sechzehn Jahre alt war, kam sein Vater zu der Überzeugung, daß er in der Schule nicht vorankam. Zwar war er für sein Alter »weder gut noch schlecht«, aber in der Rückschau meinte Charles Darwin, daß sowohl seine Lehrer als auch sein Vater ihn für einen durchschnittlichen bis unterdurchschnittlichen Schüler gehalten haben. Zu seinem größten Kummer erklärte ihm sein Vater: »Du interessierst dich für nichts anderes als Jagd, Hunde und Rattenfangen, und du wirst eine Schande für dich und deine ganze Familie sein.« Charles, der seinen Vater verehrte, »den freundlichsten Mann, den ich je gekannt habe, und dessen Andenken ich von ganzem Herzen ehre«, meinte, jener müsse wohl sehr ärgerlich und darum etwas ungerecht gewesen sein, als er diese Worte äußerte.

Zunächst hieß es, daß Charles zu seinem Bruder Erasmus nach Cambridge gehen sollte. Die Entscheidung wurde jedoch wieder rückgängig gemacht, und man beschloß, ihn statt dessen auf die Universität von Edinburgh zu schicken. Im Februar 1825 schrieb Erasmus an seinen Bruder: »Ich weiß nicht, ob ich über Deine Edinburgher Pläne froh oder traurig sein soll. Ich meine, es ist zehntausendmal schade, daß Du nicht nach Cambridge kommst (was der Fall zu sein scheint), und ich wage hinzuzufügen, daß es schade ist, daß Du die Schule so früh verläßt, aber diesem letzten Grundsatz wirst Du wohl kaum beipflichten.«

Charles haderte nicht mit dem Beschluß seines Vaters, ihn in so jungem Alter von der Schule zu nehmen. Wie seine Tochter Henrietta in der Biographie ihrer Mutter schrieb: »Was sein Vater tat oder dachte, war für ihn absolut wahr, richtig und weise.«

Es wurde nunmehr entschieden, auch Erasmus nach Edinburgh zu schicken, damit er dort, an der damals besten Universität, seine medizinischen Studien beenden und Charles sie beginnen konnte. Denn Robert Darwin glaubte, daß auch sein jüngerer Sohn sich zum Arztberuf eignete. Erasmus war über die Änderung der Pläne begeistert. »Unser Zusammensein wird sehr angenehm werden. Wir werden es uns so bequem wie möglich machen, und ich glaube fast, daß ich Dir nicht mehr überlegen sein werde, wenn Du erst in den würdevollen Stand eines ›Uni‹-Studenten getreten bist. Wir werden allerhand Spaß haben, wenn wir im nächsten Sommer Pläne schmieden.«

Doch der Sommer brachte für Charles Arbeit. Sein Vater stellte ihn auf die Probe, indem er ihm erlaubte, einige seiner ärmeren Patienten zu behandeln, vor allem Kinder und Frauen. In Darwins *Autobiographie* heißt es dazu: »Ich schrieb von jedem Fall eine so ausführliche Krankengeschichte, wie ich konnte, mit allen Symptomen, und las sie laut meinem Vater vor, der weitere Untersuchungen vorschlug und mir sagte, welche Medikamente ich zu verschreiben hätte, die ich dann selbst anfertigte. Einmal hatte ich mindestens ein Dutzend Patienten, und ich war mit großem Interesse bei der Arbeit.« Robert Darwin fühlte sich in seiner Meinung bestätigt. »Mein Vater, bei weitem der beste Menschenkenner, den ich je gesehen habe, erklärte, ich würde ein erfolgreicher Arzt werden – worunter er einen mit großem Patientenkreis verstand. Er behauptete, das Hauptelement des Erfolgs sei die vertrauenerweckende Wirkung; was er aber in mir sah, das ihn auf den Gedanken brachte, ich könnte Vertrauen erwecken, weiß ich nicht.«

Es war ein glücklicher Umstand, daß Charles Darwin sein Universitätsstudium in Edinburgh begann. Die Zeit war noch nicht reif für Cambridge.

2. Erste Entdeckungen

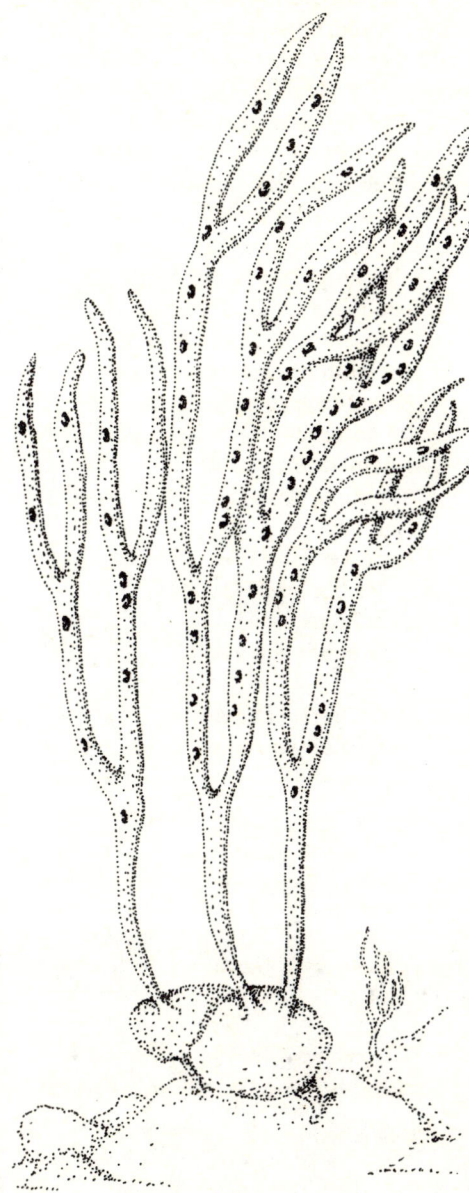

Im Alter von sechzehn Jahren begann Charles Darwin sein Medizinstudium an der Universität von Edinburgh. In seiner Freizeit ging er seinen naturgeschichtlichen Interessen nach. Er freundete sich mit den Fischern in Newhaven an und fuhr gelegentlich mit ihnen aufs Meer, wenn sie auf Austernfang gingen. Bei diesen Gelegenheiten sammelte er Meeresexemplare.

Die Botaniker glaubten, daß die kleinen, schwarzen kugelförmigen Gebilde an der Braunalge Fucus lorius die Knospen der Pflanze waren. Charles entdeckte, daß es sich um die Eier des Egels Pontobdella muricata handelte. Er hielt darüber einen Vortrag vor der Plinian Society.

Fucus lorius, oder auch F. loreus, trägt inzwischen den botanischen Namen Himanthalia lorea.

(Zeichnung von Keith Roberts)

Die beiden Brüder fanden in der Lothian Street Nr. 11 eine komfortable Unterkunft, bequemerweise nicht einmal 200 Meter von den Toren der Universität entfernt. Ihre Vermieterin, Mrs. Mackay, war »eine nette, saubere alte Dame – überaus höflich und aufmerksam«, wie Charles an seinen Vater schrieb. Ihre Räume lagen nur vier Treppen über dem Erdgeschoß, was »sehr zivil« war, verglichen mit anderen Unterkünften, die er sich mit Erasmus angesehen hatte. Ihnen standen »zwei sehr hübsche und helle Schlafzimmer und ein Wohnzimmer« zur Verfügung, wie sie dankbar anerkannten, denn es gab nur wenige helle Zimmer in Edinburgh. Meistens handelte es sich um »kleine Löcher ohne Licht und Luft«. Am Samstag, dem 22. Oktober, immatrikulierte sich Charles Darwin, im Studentenverzeichnis unterschrieb er mit »Charles Darwin – Shropshire«. Er und Erasmus versäumten keine Zeit. Bereits am folgenden Dienstag machten sie sich auf den Weg, um für die Benutzung der Bibliothek »ihren Obulus zu zahlen«, und aus der Kartei geht hervor, daß beide mehr Bücher entliehen haben als unter Studenten damals gemeinhin üblich. Am folgenden Tag besuchte Charles die ersten Vorlesungen – *Materia medica* um 8 Uhr, Chemie um 10 Uhr und Anatomie um 13 Uhr. Er war einer von 902 Medizinstudenten des Semesters, und einer von 250, die aus England kamen.

Was immer er sich von Edinburgh versprochen hatte, und er war mit ernsten Vorsätzen gekommen, er wurde bitter enttäuscht – jedenfalls was die Vorlesungen betraf, denn außer denen von Dr. Thomas Charles Hope in Chemie und Pharmazie (»Ich finde sowohl ihn als auch seine Vorlesungen *sehr* gut«, teilte er seiner Schwester Caroline mit) empfand er alle als unerträglich langweilig. Die Vorlesungen von Dr. Andrew Duncan jun. »um 8 Uhr an einem Wintermorgen sind mir in gräßlicher Erinnerung geblieben«, schrieb er in seiner *Autobiographie*, und in einem Brief an seine Schwester heißt es: »Dr. Duncan ist so überaus gelehrt, daß seine Weisheit keinen Raum für seine Vernunft läßt. Die Materia medica, wie er sie lehrt, ist so dämlich, daß es gar keinen Ausdruck dafür gibt« und »Die Vorlesungen über menschliche Anatomie von Doktor . . . sind so langweilig wie er selbst.« Letzterer war Alexander Monro *tertius*, der dem großartigen Ruf, den sein Großvater und Vater als Vorgänger in seinem Amt des Anatomieprofessors erworben hatten, nicht gerecht werden konnte. »Ich verabscheue ihn und seine Vorlesungen«, schrieb Charles, »und zwar so sehr, daß ich mit Anstand nicht über sie berichten kann.« Die

Anatomie stieß ihn ab. Besser ertrug er den klinischen Teil der Ausbildung, der ihn zweimal wöchentlich zu den Patienten der Royal Infirmary führte und ihm Spaß machte. Er hatte eine »Dauerkarte« für das Krankenhaus und besuchte die medizinischen Abteilungen regelmäßig. Anders verhielt es sich mit der Chirurgie. Sir James Simpson sollte erst 20 Jahre später das Chloroform erfinden, und was sich in den Operationssälen abspielte, war teilweise grauenvoll. Charles erlebte zwei besonders schwere Operationen, davon eine an einem Kind, eilte jedoch hinaus, bevor sie beendet waren. Er hatte das Bild noch jahrelang vor Augen und nahm nie wieder an einer Operation teil.

In seinem zweiten Studienjahr wurde das Leben in Edinburgh interessanter. Erasmus befand sich inzwischen in London, und Charles suchte nach neuen Freunden unter seinen Kommilitonen. Einer von ihnen war William Francis Ainsworth, der später als Chirurg und Geologe an der Euphrat-Expedition teilnahm. Er vertrat den Neptunismus, eine von Abraham Gottlob Werner aufgestellte Theorie, derzufolge alles Gestein als Ablagerungen aus dem Wasser entstanden ist. (Im Gegensatz dazu behaupteten die Anhänger des Plutonismus, es sei vulkanischen Ursprungs.) Charles hielt ihn für oberflächlich und arrogant. Sympathischer war ihm John Coldstream, der sich für marine Zoologie interessierte. »Korrekt, formell und überaus religiös sowie äußerst weichherzig«, so beschrieb er ihn. Zu den weiteren Freunden gehörten William Kay, William Alexander Browne und George Fyfe. Die beiden letzteren und John Coldstream schlugen ihn als Mitglied der Plinian Society vor, einer Gesellschaft, die ganz nach Darwins Herzen war, weil er hier seinen naturwissenschaftlichen Neigungen nachgehen konnte. Am 28. November 1826 wurde er aufgenommen und eine Woche später in den fünfköpfigen Rat gewählt.

Die Gesellschaft traf sich jeden Dienstagabend in einem Zimmer im Erdgeschoß der Universität und hatte ungefähr 150 Mitglieder, von denen allerdings gewöhnlich nicht mehr als etwa 25 bei den Versammlungen anwesend waren. Aus dem Protokollbuch geht hervor, daß Charles nur eins der neunzehn Treffen versäumte, die vom Datum seiner Wahl bis zum 3. April 1827, dem Tag seiner Abreise aus Edinburgh, stattfanden. Er fand sie anregend, und die Vorträge, die bei den letzten fünf Treffen des Jahres 1826 gehalten wurden, zeigen den großen Kreis der behandelten Themen. Dazu gehörten: die angebliche Eiablage des Kuckucks in den Nestern anderer Vögel; extrauterine Schwangerschaft; ozeanische und atmosphärische Strömungen; die Anatomie des Ausdrucks; Instinkt und die verschiedenen Gründe für die Vakuumbildung im Tierreich. Im Januar 1827 lauteten zwei der von der Gesellschaft diskutierten Themen »Die Saftgefäße von *Solanum tuberosum*, behandelt auf der Grundlage einer beginnenden Experimentreihe in der Abteilung Physiologische Botanik«, vorgetragen von Allen Thomson, der später als Embryologe weithin bekannt wurde; das andere befaßte sich mit den Grundsätzen der natürlichen Klassifikation unter Berücksichtigung der Artmerkmale und wurde von Ainsworth vorgetragen. Im Februar hörten sie einen Vortrag über eine eigenartige Formveränderung beim Blatt von *Laurus nobilis*. Im März beschrieb Allen Thomson die Saftzirkulation in Pflanzen. Aus den Protokollen geht hervor, daß Charles an vier Abenden an den Diskussionen teilgenommen hat. Es wäre besonders interessant zu erfahren, wie er sich über die Grundsätze des natürlichen Systems der Klassifikation und vor allem die Artmerkmale äußerte, als er einen Beitrag zu diesem Thema leistete.

Im westlichen Flügel des Universitätsgebäudes befand sich das von Robert Jameson gegründete Natural History Museum. Es war für den außerordentlich guten Zustand der dort ausgestellten Exemplare und ihre wissenschaftliche Anordnung bekannt. Außerdem verfügte es über eine stattliche Vogel- und Fossiliensammlung. Insgesamt gesehen war die Museumssammlung so umfangreich und bedeutend, daß es hieß, sie werde nur noch vom British Museum übertroffen. Zu den Mitarbeitern gehörten zwei erfahrene Naturwissenschaftler, nämlich Robert Edmund Grant, der 1827 Professor der Vergleichenden Anatomie und Zoologie an der London University wurde, und William MacGillivray, später Professor der Naturgeschichte in Aberdeen. Charles lernte beide gut kennen. Mit dem sechzehn Jahre älteren Grant, den er als »trocken und förmlich im Umgang, aber mit viel Enthusiasmus unter der äußeren Schale« beschrieb, unternahm er gelegentlich kleine Ausflüge, auf denen er viel lernte. Im März 1827 wanderten sie zu den Black Rocks bei Leith, wo Charles einen großen *Cyclopterus lumpus*, den Seehasen, fand. Vom Maul bis zum Schwanz maß er 59,7 Zentimeter, und sein Umfang betrug 49,3 Zentimeter, wie er am 16. in seinem Tagebuch vermerkte. »Mit Dr. Grant seziert.«

Er freundete sich mit den Kapitänen der Schleppnetzfischer in

Newhaven an und bat sie, ihm alle interessanten Dinge, die sie fänden, zu überlassen. Am 19. erhielt er von einem einige Exemplare von *Flustra carbasea*, dem Moostierchen. Als er sie unter dem Mikroskop untersuchte, machte er »eine interessante kleine Entdeckung«, wie er sich ausdrückte. Er stellte fest, daß die sogenannten Eier der *Flustra* sich mit Hilfe von Wimpern, haarartigen Fortsätzen, selbständig fortbewegen konnten, indem sie sie peitschend hin- und herbewegten; und daß die Eier in Wahrheit Larven waren. Er machte eine zweite Entdeckung, wie aus der Eintragung vom 27. im Protokollbuch der Plinian Society hervorgeht.

Mr. Darwin teilte der Gesellschaft zwei Entdeckungen mit, die er gemacht hatte:
1. daß die Eier der Flustra Bewegungsorgane besitzen.
2. daß es sich bei den kleinen, schwarzen kugelförmigen Gebilden, die bisher fälschlicherweise für die Nachkommen von Fucus lorius gehalten wurden, tatsächlich um die Eier von Pontobdella muricata handelt.

Von der Gesellschaft darum gebeten, sagte er zu, eine Zusammenfassung der Tatsachen zu erstellen und der Gesellschaft bei der nächsten Versammlung zusammen mit den Exemplaren vorzulegen.
Dr. Grant erläuterte eine Reihe von Tatsachen hinsichtlich der Naturgeschichte der Flustra.

Das Protokoll der nächsten Versammlung verzeichnet

Ein Exemplar von Pontobdella muricata, mit Eiern und Jungen
vorgelegt von Mr. Darwin

Charles hatte sich zudem mit einigen der Fischer in Newhaven angefreundet und begleitete sie gelegentlich beim Austernfang. Auf diese Weise erhielt er auch die Exemplare, mit denen sich sein zweiter Vortrag bei der Versammlung im März beschäftigte. Als er sie am 3. April den Mitgliedern der Plinian Society vorlegte, wies er darauf hin, daß die kleinen, schwarzen kugelförmigen Gebilde (die Fischer nannten sie Pfefferkörner), die man für die Nachkommen der Braunalge gehalten hatte, in Wirklichkeit die Kokons waren, in denen der wurmartige Egel seine Eier ablegte.

Im Anschluß daran erarbeitete Grant eine Beschreibung der Ei-
hülle beziehungsweise des Kokons für das *Edinburgh Journal of
Science*, in der er ausführte, daß »das Verdienst, ihre Zugehörigkeit
zu den Tieren als erster erkannt zu haben, meinem eifrigen jungen
Freund Mr. Darwin aus Shrewsbury zukommt, der mir freundlicher-
weise Exemplare der Eier zur Verfügung stellte, die das Tier in verschiedenen Entwicklungsstadien zeigen«.

Die Wernerian Society, wie die Plinian Society von Robert Jameson
gegründet, war eine weitere Quelle der naturwissenschaftlichen Informationen. Professor Grant, Mitglied dieser Gesellschaft, nahm ihn
gelegentlich zu den Versammlungen mit. Charles hörte zwei Vorträge von John James Audubon über nordamerikanische Vögel, bei
welcher Gelegenheit sich dieser allerdings »etwas ungerecht mokier-
te« über Charles Waterton, den Naturkundler, Reisenden und Autor
des Buches *Wanderings in South America*. Mit Waterton umhergezo-
gen war ein Schwarzer, der nun in Edinburgh lebte und seinen Lebensunterhalt mit dem Ausstopfen von Vögeln verdiente. Charles,
der ihn für einen sympathischen und intelligenten Mann hielt, nahm
bei ihm bezahlten Unterricht im Präparieren und Ausstopfen von
Tieren und besuchte ihn mehr oder weniger regelmäßig.
Darwin war außerdem Mitglied der Royal Medical Society of
Edinburgh und ging mit einiger Regelmäßigkeit zu den Versammlungen, obwohl ihn die ausschließlich medizinischen Themen nicht son-
derlich interessierten. »Es wurde dort viel Unsinn verzapft, aber es
gab einige gute Redner«, so lautete sein späterer Kommentar. Leonard Horner, Pädagoge und Geologe, bot ihm die großartige Chance,
an einem Treffen der Royal Society of Edinburgh teilzunehmen. Sir
Walter Scott, der den Vorsitz übernommen hatte, entschuldigte sich
vor der Versammlung, daß er sich für eine derartige Position nicht
kompetent fühle. Der berühmte Dichter und die ganze Szene erfüllten Charles mit Ehrfurcht und Respekt (wenn diese Versammlung
vor dem 23. Februar 1827 stattfand, hatte Scott sich noch nicht als
Autor der »Waverley«-Romane zu erkennen gegeben), und im Jahre
1876 schrieb er dazu: »Ich glaube, weil ich in meiner Jugend diese
Veranstaltung und die Royal Medical Society besuchte, empfand ich
es als Ehre, daß ich vor einigen Jahren zum Ehrenmitglied der beiden
Gesellschaften ernannt wurde, mehr als jede vergleichbare Ehre.
Wenn man mir zu jener Zeit gesagt hätte, daß ich eines Tages in die-

ser Weise ausgezeichnet würde, hätte ich das als lächerlich und unwahrscheinlich zurückgewiesen, so als hätte man mir gesagt, ich
würde zum König von England ausgerufen.«

Edinburgh rühmte sich eines Lehrstuhls für Naturgeschichte, den
Robert Jameson 22 Jahre lang innehatte. In dieses Fach gehörten
damals auch Geologie und Zoologie, und während seines zweiten
Studienjahres besuchte Charles die Vorlesungen, fand sie aber unglaublich langweilig. »Als einziges bewirkten sie bei mir, daß ich fest
entschlossen war, niemals in meinem Leben ein Buch über Geologie
zu lesen oder mich in irgendeiner Weise mit dieser Wissenschaft zu
beschäftigen.«

Dabei hatte er große Erwartungen in die Geologie gesetzt. Zu
Hause hatte ihn ein alter Mann namens Cotton zu einem großen
Findling geführt, den die Bewohner Bell Stone nannten. Der Alte
kannte sich mit Gesteinen gut aus und hatte Charles erklärt, daß nirgendwo in der Umgebung noch so ein Stein zu finden sei, sondern erst
wieder in Cumberland oder Schottland, wobei er ihm hoch und heilig
versicherte, die Welt würde aufhören zu existieren, bevor irgendeiner
in der Lage wäre, zu erklären, wie der Bell Stone nach Shrewsbury
gekommen sei. Er sagte dieses einem Jungen, der in seinem späteren
Leben viele Probleme im Zusammenhang mit Findlingen erklären
sollte. Zunächst aber hatte ihn das Geheimnis, das den Bell Stone
umgab, tief beeindruckt, doch Professor Jameson war und blieb eine
echte Enttäuschung. Eines Tages, bei einem Ausflug zu den Salisbury
Crags, hielt er einen Vortrag über eine Trappspalte und behauptete,
daß es sich um einen mit Sediment gefüllten Riß handele, wobei er
verächtlich hinzusetzte, daß es Leute gäbe, die darauf bestünden, sie
hätte sich von unten mit geschmolzenem Gestein gefüllt. Charles war
überrascht. Ringsum befand sich vulkanisches Gestein: Der Trapp
selbst hatte Ränder aus vulkanischem Mandelstein, und die Schichten
waren auf jeder Seite durch vulkanischen Druck gehärtet. »Wenn ich
an diese Stunde denke, wundert es mich nicht, daß ich entschlossen
war, mich niemals mit Geologie zu beschäftigen«, meinte er zurückblickend.

Manchmal kommt es anders, als man denkt.

Während der zwei Jahre in Edinburgh widmete er sich in den Ferien, wie er schrieb, ausschließlich dem Vergnügen, wenn er sich auch
mit Literatur beschäftigte und immer ein interessantes Buch zur
Hand hatte. Im Juni 1826 unternahm er zusammen mit Nathan Hub-

bersty, Stellvertretender Direktor der Schule von Shrewsbury, eine ausgedehnte Fußwanderung nach Nordwales. Fast jeden Tag legten sie gut 45 Kilometer zurück und bestiegen schließlich den Snowdon. Im Oktober machte er sich mit seiner Schwester Caroline und einem Diener, der ihre Kleidung in Satteltaschen mitführte, zu einer einwöchigen Tour zu Pferde auf, die sie ebenfalls nach Nordwales führte. Caroline war eine angenehme Reisebegleiterin, da sie ein Auge für alles Schöne und Freude an den wechselnden Landschaftsszenen hatte. Im April 1827 nahm er sie auf eine weitere Tour mit, nachdem er von einer Reise nach Dundee, St. Andrews, Stirling, Glasgow, Belfast und Dublin nach Edinburgh zurückgekehrt war. In seinem Tagebuch folgt dann die Eintragung: »Anschließend London und Paris mit Onkel Jo.« Gemeint war der jüngere Josiah Wedgwood, den sie im allgemeinen Onkel Jos nannten. Seine Töchter Fanny und Emma hatten acht Monate bei ihrer Tante Jessie Sismondi in Genf verbracht, und ihr Vater wollte sie auf der Heimfahrt begleiten. Charles sollte mit ihm bis nach Paris fahren und dann umkehren. Während der Überfahrt nach Dieppe verzehrte er ein herzhaftes Mahl mit viel Roastbeef, obwohl er sich »nicht ganz wohl« fühlte – eine Vorwegnahme seines Zustandes während der jahrelangen Fahrt der *Beagle*. Es war das einzige Mal in seinem Leben, daß Charles Darwin den Kontinent betrat.

Am meisten genoß er die Besuche bei Onkel Jos in Maer Hall in Staffordshire, insbesondere wegen der Jagden im Herbst. Charles pflegte nachts seine Jagdstiefel direkt neben seinem Bett stehen zu lassen, um am Morgen keine Minute Zeit mit dem Anziehen zu verlieren. Er zählte die Vögel, die er in einer Saison schoß, indem er in einen am Knopfloch befestigten Bindfaden Knoten machte.

Einige Kilometer außerhalb von Shrewsbury lag Woodhouse, in dem die Owens lebten, eine mit den Darwins eng befreundete Familie. Sarah, die älteste Tochter, war »eine wunderbare Freundin« von Charles Schwester Susan. Die Owens hatten viele Kinder, und zwei von ihnen spielten eines Tages bei einem Jagdausflug Charles einen Streich. Ihnen war aufgefallen, mit welcher Befriedigung Charles jedesmal einen Knoten in seinem Bindfaden anbrachte, und nach einer Weile rief einer von ihnen: »Den Vogel darfst du nicht rechnen, ich habe zur gleichen Zeit geschossen!« Gemeinerweise verfuhren sie so eine ganze Zeit lang, bevor sie ihn über den Spaß aufklärten. Charles fand das ganze gar nicht lustig, denn er wußte nun, daß er eine große

Zahl Vögel geschossen hatte, aber nicht wie viele, und konnte daher seine wertvolle Liste nicht vervollständigen. »Wieviel Spaß mir das Schießen machte«, erinnerte er sich, »aber ich glaube, daß ich mich unbewußt wegen meines Eifers wohl geschämt habe, denn ich versuchte mich selbst zu überzeugen, daß die Jagd eine fast intellektuelle Beschäftigung sei; es erforderte ja so viel Können, zu beurteilen, wo das meiste Wild zu finden war, und die Hunde richtig zu lenken.«

Doch auch außerhalb der Jagdsaison bereiteten ihm die Besuche in Maer immer große Freude, wo eine viel freiere Atmosphäre herrschte als in The Mount, einem Haushalt, in dem allein Dr. Darwin und seine Vorstellungen den Ton angaben. Im umliegenden Land konnte man bequeme Ausflüge zu Fuß oder zu Pferde unternehmen, und an den Abenden gab es »sehr angenehme Unterhaltungen, nicht so von persönlichen Angelegenheiten geprägt, wie das in großen Familien generell der Fall ist, und Musik«. Im Sommer saß die ganze Familie gewöhnlich auf den Stufen des Portikus, von wo sich der Blick über den Blumengarten und einen See, in dem sich das gegenüberliegende Steilufer spiegelte, erstreckte. Hier und da sprang ein Fisch aus dem Wasser, oder ein Wasservogel paddelte umher. Kein anderes Bild hat sich ihm so nachhaltig eingeprägt wie diese Abende in Maer, und er liebte und verehrte Onkel Jos, einen ruhigen und zurückhaltenden Mann, über alles. Manchmal sprachen die beiden offen miteinander, und Charles meinte, daß »er der Prototyp eines aufrechten Mannes mit überaus klarem Urteilsvermögen war«, und »ich glaube nicht, daß irgendeine Macht der Welt ihn auch nur einen Zoll von einem einmal als recht erkannten Weg abbringen kann«.

Mit seiner klaren Urteilsfähigkeit sollte Josiah Wedgwood dem Leben von Charles Darwin eine entscheidende Wende geben.

Doch vorläufig stellte sich die Frage, welchen Berufsweg Charles einschlagen sollte. Er verließ die Universität von Edinburgh im April 1827 ohne Abschluß seiner medizinischen Studien. Schon kurze Zeit, nachdem er dort angefangen hatte, war er zu der Überzeugung gelangt, daß sein Vater ihm ein genügend großes Vermögen hinterlassen würde, um ihm ein angenehmes·Leben zu sichern, und nach seinem eigenen Bekenntnis verhinderte diese Überzeugung jede ernsthafte Beschäftigung mit dem Medizinstudium. Dr. Darwin brauchte nicht allzu viel Einfühlungsvermögen, zu erkennen, was in Charles vorging, wenn er nicht schon lange zuvor den Briefen seines Sohnes an seine Schwestern entnommen hatte, daß dieser den Gedanken haßte, Arzt zu werden. Aber dem hart arbeitenden Dr. Darwin lag es fern, Müßiggang zu unterstützen. Er schlug nun vor, daß Charles Geistlicher werden sollte, wenn auch vielleicht nur als Gegenmittel zu der Tendenz, ein »müßiger Sportsmann« zu werden, die sich bei ihm zeigte. Sonst wäre dieser Vorschlag, angesichts des liberalen Gedankenguts, das in der Darwinschen Familie herrschte – Erasmus Darwin und seine Evolutionstheorie, die als Angriff auf die Religion galt, Robert Darwin, der sich selbst als Freidenker ohne jeden Glauben an das Wunderbare bezeichnete –, wohl absurd gewesen. Charles selbst konnte sich nicht zu sämtlichen Dogmen der Kirche von England bekennen, wenn ihm andererseits der Gedanke, Geistlicher auf dem Lande zu werden, in einiger Hinsicht durchaus zusagte. Er bat sich Bedenkzeit aus und las voller Interesse Pearsons Ausführungen über das Glaubensbekenntnis und einige andere theologische Schriften, und da er damals die einzige und buchstäbliche Wahrheit jedes Wortes der Bibel nicht im mindesten anzweifelte, war er auch bald davon überzeugt, daß das Glaubensbekenntnis in vollem Umfange zu bejahen sei. »Es fiel mir niemals ein«, schrieb er über diese Entscheidung, »wie unlogisch es war, zu sagen, daß ich glaubte, was ich nicht verstehen konnte und was tatsächlich unverständlich ist. Ich hätte voller Überzeugung sagen können, daß ich kein Dogma anzufechten wünschte; aber ich war niemals so dumm, zu meinen und zu sagen ›credo quia incredibile‹.«

Vorbereitungen wurden getroffen. Er sollte auf eine der Universitäten Englands gehen und einen Abschluß machen. Vorher mußte er jedoch noch ziemlich arbeiten, denn seit der Schule hatte er kein Buch in klassischer Sprache mehr aufgeschlagen, und er stellte zu seinem Entsetzen fest, daß er in den zwei dazwischenliegenden Jahren alles, was er einmal konnte, vergessen hatte, einschließlich einiger griechischer Buchstaben. Sein Vater verpflichtete einen Privatlehrer, und Charles frischte sein verlorenes Wissen schnell und unverdrossen wieder auf. Bald war er erneut in der Lage, Homer und das Neue Testament in griechischer Sprache zu lesen. Nachdem er am 15. Oktober als Student aufgenommen worden war, zog er am Weihnachtstag 1827 im Christ's College im Cambridge ein.

In Cambridge sollte er drei Jahre bleiben. Doch genau wie in Edinburgh und an der Schule hielt Charles die Zeit hier für »vergeudet, soweit es die Universitätsausbildung betraf«. Er beschäftigte sich mit

Mathematik und ging im Sommer 1828 mit dem nur vier Jahre älteren George Ash Butterton als seinem Tutor (»ein äußerst langweiliger Mensch«) nach Barmouth. Mit der Arbeit kam er nur sehr langsam voran. Sie lag ihm überhaupt nicht, insbesondere, da er in den Anfängen der Algebra keinerlei Sinn entdecken konnte. In späteren Jahren bedauerte er zutiefst, daß er nicht mehr Geduld aufgebracht und sich einen Überblick über die großen Grundprinzipien der Mathematik verschafft hatte, denn er glaubte, daß Menschen mit mathematischem Verständnis über einen zusätzlichen Sinn verfügen. Gleichzeitig meinte er jedoch, daß er kaum jemals über eine relativ niedrige Stufe herausgekommen wäre. In den humanistischen Fächern besuchte er lediglich einige Pflichtvorlesungen im College. Im zweiten Jahr mußte er etwa einen oder zwei Monate arbeiten, um das Vorexamen zu bestehen, was ihm Ende März 1829 mit Leichtigkeit gelang. Und in seinem letzten Jahr bereitete er sich, wieder »mit einigem Engagement« auf die Prüfung zum Baccalaureus Artium vor, indem er seine Sprach- und Algebrakenntnisse einschließlich Euklid auffrischte. Letzteres bereitete ihm ebenso viel Freude wie zu seiner Schulzeit. Darüber hinaus mußte er sich mit *View of the Evidences of Christianity* und *Principles of Moral and Political Philosophy* von William Paley befassen. Charles tat dies so gründlich, daß er die gesamten *Evidences* aus dem Gedächtnis hätte aufschreiben können, wenn auch nicht in der klaren Sprache Paleys, die Charles unter anderem an ihm bewunderte. Der logische Aufbau dieses und eines anderen Werks, nämlich *Natural Theology*, fesselte ihn genauso wie Euklid. Die ausführliche Argumentation faszinierte und überzeugte ihn. Tatsächlich bildete die gründliche Auseinandersetzung mit Paleys Werken den einzigen Teil seines Studiums in Cambridge, den Charles damals, und auch später noch, als nutzbringend empfand. (Er rühmte sich einer persönlichen Beziehung zu seinem Helden, die darin bestand, daß seine Zimmer im College einst von Paley bewohnt waren – in der mittleren Etage des ersten Hofs, auf der rechten Seite.) Charles schrieb eine gute Arbeit über Paley, kannte seinen Euklid und versagte nicht kläglich in den humanistischen Sprachen, so daß er sich einen guten Rang unter den Studenten schaffte, die ihren B. A. ablegten. Er schloß als Zehntbester von 178 erfolgreichen Kandidaten ab.

Seine Freizeit verbrachte er nach demselben Muster wie auf der Schule und in Edinburgh, nur daß jetzt die Botanik den Platz der Meerestierkunde einnahm, so wie dieses Fach die von ihm und Erasmus im Gartengeräteschuppen betriebene Chemie abgelöst hatte. Aber er nahm sich auch die Zeit für Vergnügen. Zu seiner Zeit war Christ's ein gemütliches, einigermaßen ruhiges College, wenn auch »mit einigen Tendenzen zum Pferdesport«. Aufgrund seiner Vorliebe für die Jagd und das Schießen sowie, wenn die Saison für diese Beschäftigungen vorüber war, die Reiterei, fand er sich mit einer Gruppe von Sportsleuten zusammen, zu denen einige »ausschweifende junge Männer von niedriger Gesinnung« gehörten. Oft aßen sie zusammen, tranken gelegentlich zuviel und verbrachten den Rest des Abends mit Singen und Kartenspielen. Wenn er später aus der Sicht eines alten Mannes an diese Zeiten zurückdachte, wußte er, daß er sich der so verbrachten Tage und Abende eigentlich schämen müßte, doch er konnte sich, da einige seiner Freunde sehr angenehm und sie alle in gehobener Stimmung waren, nur mit freundlichen Gefühlen daran erinnern. Vermutlich handelte es sich sowieso nur um ein harmloses Vergnügen, denn als Francis Darwin später sein Buch *Leben und Briefe von Charles Darwin* vorbereitete und einige seiner Zeitgenossen befragte, fand er, daß sein Vater die ausschweifende Art jener Begegnungen bei weitem übertrieben hatte.

Er hatte viele andere Freunde mit höchst unterschiedlichen Interessen. Zu ihnen gehörte Charles Whitley, später Senior wrangler* und Ehrenkanonikus von Durham. Von ihm lernte Charles Gemälde und gute Radierungen schätzen, und dieses Interesse an der Kunst – das, wie er bekannte, keineswegs in ihm angelegt war – beschäftigte ihn mehrere Jahre. Viele der Gemälde in der National Gallery in London zogen ihn an, und besonders der *Lazarus* von Sebastiano del Piombo vermittelte ihm ein Gefühl der Erhabenheit.

Durch seinen gutmütigen Freund John Maurice Herbert, später Richter am Grafschaftsgericht von Cardiff und dem Gerichtsbezirk Monmouth, kam er in Kontakt mit einer Gruppe von Musikern. Indem er sich ihrem Kreis anschloß und ihnen beim Musizieren zuhörte, entwickelte er eine echte Liebe zur Musik. So kam es, daß er seine täglichen Spaziergänge zeitlich oft so einrichtete, daß er gerade zur rechten Zeit zur Kapelle des King's College kam, wenn dort wochentags das anglikanische Anthem gesungen wurde. Es ergriff ihn derart, daß er so manches Mal eine Gänsehaut bekam. Von Zeit zu Zeit ließ

---

* Student, der bei der höchsten math. Abschlußprüfung den 1. Grad erhalten hat (Anm. d. Ü.).

er die Chorknaben in seine Räume kommen und vorsingen. Dabei war er eigenartigerweise überhaupt nicht musikalisch und konnte weder eine Disharmonie erkennen noch den Takt halten oder gar eine Melodie summen. Später wurde daraus eine Art Familienwitz, doch wenn es ihm auch unmöglich war, eine Melodie von der anderen zu unterscheiden, so verfehlte die Musik niemals ihren Einfluß auf ihn.

Sein Vetter zweiten Grades, William Darwin Fox (Robert Darwin aus Elston war ihr gemeinsamer Urgroßvater) studierte ebenfalls am Christ's College, und von ihm übernahm Charles die Leidenschaft, Käfer zu sammeln. Um zu zeigen, wie ernst er die Sache nahm, erzählte er eine Geschichte, wie er eines Tages von einem alten Baum ein Stück Rinde abzog und darunter zwei seltene Käfer entdeckte, die er sofort ergriff. Mit einem Käfer in jeder Hand, sah er plötzlich einen dritten, der ihm unbekannt war, und da er ihn nicht entwischen lassen wollte, steckte er den, den er in der rechten Hand hielt, in den Mund. Dieser gab daraufhin eine ätzende Flüssigkeit von sich, die Charles auf der Zunge brannte, so daß er ihn wieder ausspucken mußte. Der Käfer entkam ihm, ebenso der dritte. Aber er widmete sich weiter seiner Sammelleidenschaft, und im Winter stellte er sogar einen Arbeiter an, der Moos von alten Bäumen kratzte und in einen großen Sack steckte, um es ihm zu bringen, ebenso wie den Abfall am Boden der Bargen, die Ried aus den Mooren holten. Auf diese Weise gelangte er an eine Reihe von seltenen Arten. Sein großer Tag kam, als er James Francis Stephens *Illustration of British Entomology* aufschlug und die magischen Worte las: »Gefangen von C. Darwin, Esq.« Selbst in hohem Alter erinnerte er sich noch genau an das Aussehen von bestimmten Pfählen, alten Bäumen und Ufern, wo er reiche Schätze gefunden hatte. So sehr hat ihn diese Zeit des Käfersammelns beeindruckt.

Er freundete sich mit zwei Studenten am Trinity College an, nämlich Albert Way, einem späteren Archäologen, und Harry Stephen Meysey Thompson, später Mitglied des Parlaments und führender Landwirt. Mit ihnen unternahm er entomologische Streifzüge. Als beide einmal abwesend waren, schrieb er an Fox: »Ich sterbe Stück für Stück, weil ich niemanden habe, mit dem ich über Insekten sprechen kann.«

Zu diesem Zeitpunkt ahnte er noch nicht, wie sehr ihm seine Kenntnis der Insekten einmal zugute kommen sollte.

Drei Männer nahmen Einfluß auf den beruflichen Weg des jungen Charles Darwin.
Der erste war John Stevens Henslow, Professor der Botanik in Cambridge, der ihn als
Naturforscher für die Expedition der H. M. S. *Beagle* vorschlug.
(Nach dem Portrait von T. H. Maguire)

Nicht lange, nachdem Charles nach Cambridge gekommen war, machte sein Vetter Fox ihn mit Reverend John Stevens Henslow bekannt, jenem Mann, der entscheidenden Einfluß auf sein Leben nehmen sollte. Mit seinem Bericht über dessen »sehr unterhaltsame« Vorlesungen hatte bereits Erasmus das Interesse für Henslow in Charles geweckt, den seine eigenen Erfahrungen in Edinburgh enttäuscht und unbefriedigt gelassen hatten. Henslow, von 1822 bis 1827 Professor der Mineralogie, hatte 1825 auch den Lehrstuhl für Botanik übernommen, einen Posten, den er für den Rest seines Lebens innehaben sollte.

Bevor er den Lehrstuhl erhielt, spielte die Botanik in Cambridge praktisch gar keine Rolle mehr. Henslows bejahrter Vorgänger, Professor Thomas Martyn, hatte sich in den vorangegangenen 29 Jahren außerstande gefühlt, seine Vorlesungen zu halten. Die Zeit für ein Wiedererwachen des Interesses an der Botanik war günstig. Martyn war ein überzeugter Anhänger des »künstlichen« Klassifizierungssystems von Carl von Linné gewesen, das gerade infolge des von de Jussieu vertretenen »natürlichen« Systems in seinen Grundfesten erschüttert wurde. John Edward Gray, Dozent der Botanik an der Londoner Borough School of Medicine, hatte (unter dem Namen seines Vaters) 1821 ein Buch mit dem Titel *Natural Arrangement of British Plants* herausgegeben und sich vor verschiedenen anderen Gremien in London für die Ansichten de Jussieus eingesetzt. In demselben Jahr veröffentlichte William Jackson Hooker, Professor der Botanik in Glasgow, seine *Flora Scotia*. Teil I, der ausschließlich Blütenpflanzen behandelte, war nach dem Linnéschen, und Teil II mit Blütenpflanzen, Kryptogamen und anderen Ordnungen nach dem Natürlichen System geordnet. Es handelte sich um die erste Flora, der das neue System zugrunde lag.

Henslow interessierte sich für alle Bereiche der Naturwissenschaft. Er hatte mit Geologie begonnen und zusammen mit Adam Sedgwick, seit 1818 Professor der Geologie in Cambridge, die Cambridge Philosophical Society gegründet, die ihn zu ihrem Sekretär wählte. An zweiter Stelle seines Interesses rangierten Konchologie und Entomologie. Die zweischalige Muschel *Cyclas henslowiana* war nach ihm benannt worden, und seine Insektensammlung wurde der Philosophical Society vorgelegt, deren Gründungsmitglied er war. Beim Tode von Dr. E. C. Clarke bewarb er sich um den Lehrstuhl für Mineralogie, wobei er sich gleichzeitig dem Studium der Chemie widmete.

Er war erst 26 Jahre alt und immer noch B. A., als er die Professur erhielt. Bei der Übernahme des Lehrstuhls für Botanik wußte er »tatsächlich nur sehr wenig über Botanik«, wie er später gestand, obwohl er hinzufügte, daß er »vermutlich genauso viel von dem Thema verstand wie jeder andere in Cambridge«. Sein Standpunkt war unorthodox. Ohne sklavische Beachtung des systematischen Aspekts interessierte ihn das, was wir heute Ökologie nennen, also die Beziehungen einer Pflanze zu ihrem Lebensraum, und die Beziehungen der Pflanzenarten eines Landes zu denselben Arten in anderen Ländern wesentlich mehr. »Denn es ist sehr viel aufschlußreicher«, so schrieb er 1827, »die geographische Verbreitung einer wohlbekannten Art festzustellen, als nach seltenen Exemplaren zu jagen.«

Zu den ersten Handlungen Henslows nach Übernahme des Lehrstuhls gehörte die Planung eines neuen botanischen Gartens. Sein Vorgänger hatte ihm eine Anlage von ungefähr zwei Hektar hinterlassen; der Boden war schlecht, und es gab keine Möglichkeit, sie zu vergrößern. Henslow fand sie »äußerst ungeeignet angesichts der Voraussetzungen der modernen Wissenschaft« und fragte bei William Jackson Hooker an, welche Größe der botanische Garten und die Gewächshäuser in Glasgow hätten und wie hoch das Gehalt eines Kurators beziehungsweise Gärtners zu veranschlagen sei. Erst 1831 ging sein Traum in Erfüllung, als ein gut 16 Hektar großes Gelände zwischen Trumpington Road und Hills Road erworben wurde. Doch gab es noch eine Verzögerung, denn es bestand ein Pachtvertrag, der erst 1844 auslief. Anschließend mußte das Gelände gerodet werden, so daß der Umzug der Pflanzen an ihren neuen Bestimmungsort erst 1846 beginnen konnte. Ende 1852 waren die Umpflanzungsarbeiten beendet. Aber schon zu Henslows Lebzeiten wurde der Botanische Garten von Cambridge zum Mekka für Botaniker aus aller Welt.

Da er von seinem Bruder wußte, daß Henslow sich in allen wissenschaftlichen Bereichen auskannte, war Charles »entsprechend bereit, ihn zu verehren«. Er wurde nicht enttäuscht und berichtete Fox später, daß der Tag, an dem sie sich kennenlernten, »der glücklichste in meinem Leben« war.

Während des Semesters fanden jeden Freitagabend im Hause Henslows Zusammenkünfte statt, zu denen er alle Studenten, die sein großes Interesse an der Naturgeschichte teilten, wie auch ältere Mitglieder der Universität willkommen hieß. Fox gehörte oft dazu, und durch ihn erhielt Charles eine Einladung. Von da an stattete er dem gastfreundlichen Haus regelmäßige Besuche ab. Obwohl es einem Mann gehörte, der, wie es ein anderer Student ausdrückte, »alles wußte«, verlor sich schon beim Betreten des Hauses jegliche Befangenheit. Bereits am ersten Abend zeigte sich Charles beeindruckt von der uneingeschränkten Aufrichtigkeit und Freundlichkeit seines Gastgebers. Mit dem umfangreichen Wissen, das sich in der brillanten Diskussionsleitung und bei jedem hervorragenden Beitrag zeigte und das Charles zutiefst bewunderte, spielte er sich jedoch nie in den Vordergrund, und er verhielt sich älteren und höherstehenden Besuchern gegenüber nicht anders als den jüngsten Studenten: Er behandelte alle mit derselben gewinnenden Höflichkeit.

Charles verließ das Haus mit dem Entschluß, Henslows Vorlesungen in Botanik zu hören.

3. Der Begleiter Henslows

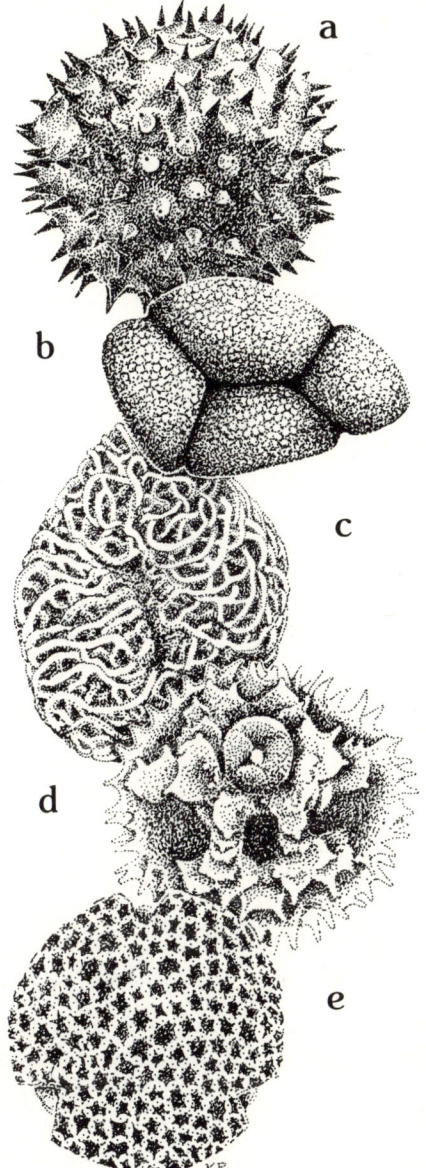

a

b

c

d

e

Im Jahre 1828 ging Charles nach Cambridge, um anstelle von Medizin nunmehr Theologie zu studieren. Er hörte regelmäßig die botanischen Vorlesungen von John Stevens Henslow, obwohl sie im Rahmen seines Studiums nicht obligatorisch waren.

Er untersuchte Pflanzen unter dem Mikroskop. Dabei fiel ihm zunächst auf, daß die Pollenkörner von Orchis morio, dem Gemeinen Knabenkraut, keilförmig waren. Dann sah er, daß die Pollenkörner anderer Blumen jeweils unterschiedliche Form aufwiesen. Später sollte Darwin ein Buch über Orchideen und die phantastischen Mechanismen ihrer Blüten schreiben.

Henslow, der Charles als Naturforscher für die Expedition der Beagle vorschlug, hielt ihn nach seinen eigenen Worten für »den bestqualifizierten Mann, den ich kenne ... nicht, weil ich Sie als einen fertigen Naturforscher betrachte, sondern weil ich glaube, daß Sie reichlich qualifiziert sind, alles Neue, das einer Aufzeichnung auf dem Gebiet der Naturwissenschaft wert ist, zu sammeln, zu beobachten und zu notieren«.

Die faszinierenden Formen von Pollenkörnern:
(a) Baumwollpflanze
    (Gossypium sp.)
(b) Gemeines Knabenkraut
    (Orchis morio)
(c) Moschus-Reiherschnabel
    (Erodium moschatum)
(d) Löwenzahn
    (Taraxacum officinale)
(e) Wiesen-Storchschnabel
    (Geranium pratense)

(Zeichnung von Keith Roberts)

Medizinstudenten jener Tage hörten botanische Vorlesungen, um sich Kenntnisse über die Pflanzen anzueignen, die in der *Materia medica* Verwendung fanden. Bei Theologiestudenten wie Charles gehörte das Fach nicht in den Studienplan. Dennoch schrieb er sich während der drei Jahre, die er in Cambridge verbrachte, regelmäßig für Botanik ein und nahm an allen Vorlesungen teil.

Die früheren Dozenten, die Botanik in Cambridge gelehrt hatten, hatten einen rein schulmäßigen Betrieb aufgezogen, was für die Studenten bedeutete, daß sie pflichtschuldigst Fakten auswendig lernten. Henslow ging von anderen Voraussetzungen aus. Er vertrat die Ansicht, daß Studenten durch selbständiges Erforschen lernen, also ihr Wissen selbst bereichern sollten, indem sie Pflanzenstrukturen untersuchten, analysierten und ihre Beobachtungen aufzeichneten. Jeder hatte eine runde Holzplatte vor sich, an der er arbeiten konnte. Die Studenten befaßten sich mit lebenden Exemplaren, vor allem mit Blumen. Da Henslow auf dem Standpunkt stand, daß sich Lektionen mit Hilfe von Anschauungsmaterial leichter einprägten, fertigte er selbst große Zeichnungen der einzelnen Pflanzenorgane an. Wenn sich seine Studenten für die Prüfungen meldeten, waren sie absolut in der Lage, die Organe von Pflanzen systematisch zu beschreiben und ihre Verwandten, Anwendungsbereiche und Bedeutungen sowohl vom physiologischen als auch vom klassifikatorischen Gesichtspunkt zu erläutern, was, wie Joseph Hooker schrieb, bewies, »daß sie Augen, Hände und Geist ebenso gebraucht hatten wie ihre Bücher«. Untersucht wurden die Phänomene des pflanzlichen Lebens, beispielsweise die verschiedenen Farben der Blüten; die Gesetze der Phyllotaxis, die die Stellung der Blätter am Stiel oder der Schuppen am Zapfen regeln; Hybridisierung; Veränderungen bei Blättern und sogenannten »Monstern« oder Pflanzen, die in Form oder Struktur von den normalen Vertretern der Art abwichen. Als besonderer Bereich kam die geographische Verbreitung der Pflanzen hinzu und die Wirkungen, die eine neue Umgebung auf sie ausübte.

Er beschränkte seine Vorlesungen auch nicht auf die Räume der Universität. In jedem Semester unternahm er mit seinen Studenten zwei oder drei Exkursionen: Einmal wanderten sie zu dem Ort, an dem eine seltene Pflanze gedieh, ein andermal fuhren sie mit dem Boot flußabwärts in die Moore oder mit Pferdekutschen zu einem entfernteren Gebiet wie Gamlingay, wo sie die wilde Lily of the Valley suchten oder im umliegenden Heideland eine seltene Kreuzkröte verfolgten. Diese Exkursionen behielt Charles in angenehmer und bleibender Erinnerung. Henslow genoß die Gelegenheit immer wie ein kleiner Junge, er war guter Stimmung und lachte herzhaft über kleine Mißgeschicke, wenn seine Studenten einen schönen Schwalbenschwanz im sumpfigen und gefährlichen Moor jagten. Immer wieder hielt er mit der Gruppe an, um Auskunft über eine Pflanze oder einen anderen Gegenstand zu geben; zu jedem Beutestück eines Tages, ob Insekt, Muschel oder Fossil, hatte er etwas Interessantes zu sagen. Am Ende der Exkursion kehrten sie im nächstgelegenen Gasthaus ein,»und dann ging es höchst vergnüglich zu«, wie sich Charles erinnerte.

Aus den Tagebüchern, die Charles seit seinem Studienbeginn in Edinburgh führte (Notizbüchern mit marmoriertem Einband und braunem Lederrücken), geht eindeutig hervor, daß ihn die Botanik ernsthaft interessierte. Seine Eintragungen waren grundsätzlich kurz gehalten und bestanden manchmal aus wenig mehr als dem Datum der wichtigen Ereignisse in seinem Leben, so daß ein Jahresbericht nur eine Seite oder weniger füllte. Aber der Botanik widmete er in seinem Cambridger Tagebuch fünf ganze Seiten. Sorgfältige Eintragungen machte er von den Experimenten, die er an Pollenkörnern unternahm: So notierte er, daß die Pollenkörner des Gemeinen Knabenkrauts, *Orchis morio*, die er unter dem Mikroskop betrachtete, von grüner Farbe, keilförmig und an den spitzen Enden durch einen hochelastischen Faden miteinander verbunden waren. Die Pollenkörner des Storchschnabels waren dagegen gelb und rund. Außerdem untersuchte er die Epidermis oder äußere Haut der Kronblätter des Storchschnabels. Ihm fiel als eigenartig auf, daß sie aus sechs- oder gelegentlich siebenseitigen Zellen bestand. Es folgt ein Gedankensprung, der für Darwin in seinen späteren Jahren typisch, für einen Neunzehnjährigen dagegen erstaunlich umsichtig ist:»Es wäre ein interessantes Experiment, einen Karton mit *gekochter* Erde auf das Haus zu stellen und zu sehen, nach welcher Zeit dort irgendwelche Pflanzen herauskommen.«

So zeigte Darwin schon damals Voraussetzungen, die für einen Entdecker unerläßlich sind.

In Henslow fand er den besten aller Lehrer, der über die Begabung verfügte, auf Grund von langen und peinlich genauen Beobachtungen Schlußfolgerungen zu ziehen. Seine Urteilsfähigkeit war ausgezeichnet und sein Temperament unerschütterlich, obwohl Grausamkeit ihn heftig erregen und zum Eingreifen veranlassen konnte. In einer Gedenkschrift, die Leonard Jenyns nach seinem Tode herausgab, schrieb Charles Darwin in einem Beitrag:

> Kein Mann konnte besser geeignet sein, das volle Vertrauen der Jugend zu gewinnen und sie in ihren Vorhaben zu ermutigen. Er schenkte jeder noch so bescheidenen naturwissenschaftlichen Beobachtung sein Interesse; und egal, welch törichte Fehler man machte, stets wies er einen so klar und freundlich darauf hin, daß man ihn nie entmutigt verließ, sondern nur entschlossen, beim nächstenmal sorgfältiger zu arbeiten.

Hierzu gab er ein Beispiel in seiner *Autobiographie*.

> Als ich einige Pollenkörner auf einer feuchten Arbeitsfläche untersuchte, entdeckte ich, daß die Schläuche herausragten, und eilte auf der Stelle davon, um ihm meine erstaunliche Entdeckung mitzuteilen. Nun kann ich mir nicht vorstellen, daß irgendein anderer Professor der Botanik sich das Lachen hätte verkneifen können, wenn ich in derartiger Hast zu ihm gekommen wäre, um eine derartige Mitteilung zu machen. Er aber pflichtete mir bei, wie interessant dieses Phänomen sei, und erklärte mir seine Bedeutung, machte mir aber gleichzeitig klar, daß es sich um absolut keine neue Entdeckung handelte; auf diese Weise verließ ich ihn ohne jede Beschämung, sondern voller Genugtuung, daß ich selbst eine so bedeutsame Tatsache erkannt hatte, andererseits aber fest entschlossen, meine Entdeckungen in Zukunft nicht mehr so vorschnell verbreiten zu wollen.

An Fox schrieb er im November 1830: »Henslow ist mein Lehrer, und zwar ein besonders *bewundernswerter*, die Stunde mit ihm ist die angenehmste des ganzen Tages. Ich glaube, er ist mit Abstand der vollkommenste Mann, den ich je getroffen habe.«

Mit der Zeit lernte er Henslow sehr gut kennen und fühlte sich von ihm als Freund akzeptiert. Er erhielt sehr oft die Einladung, der Familie beim Abendessen Gesellschaft zu leisten, doch, wie er Fox mitteilte: »Du hast mir nicht halb so deutlich gesagt, was du von Mrs. Henslow hältst, wie es nötig gewesen wäre. Sie ist eine verteufelt eigenartige Frau. Ich habe immer Angst, wenn ich mit ihr spreche, und kann doch nicht umhin, sie zu mögen.«

In der zweiten Hälfte seines Universitätsstudiums unternahm Charles fast täglich einen langen Spaziergang mit Henslow, was ihm bei den Dozenten den Namen »der Begleiter Henslows« einbrachte. Die beiden unterhielten sich über alles mögliche, einschließlich religiöse Themen. Henslow war äußerst strenggläubig und erklärte ihm, daß er es bedauern würde, wenn auch nur ein einziges Wort der Neununddreißig Artikel geändert würde. Neben seiner Universitätsarbeit war er Kurator von Mary-the-Less, der hübschen kleinen Kirche neben Peterhouse in der Trumpington Street. Das Licht, das durch ihre blaßgrünen Fenster fällt, erweckt den Eindruck, daß man sich unter einer herabstürzenden Welle auf schimmerndem Strand befindet.

Henslow leistete sein Leben lang wichtige Beiträge für den Fortschritt in Industrie und Landwirtschaft. Seine geologischen Kenntnisse verhalfen ihm zur Entdeckung von knotenförmigen Einschlüssen in den Klippen bei Felixstowe, den versteinerten Ausscheidungen früherer Reptilien und Fische. Sie enthielten, wie er vermutete, Kalkphosphat und gelangten als Koprolith in den Handel, ein wertvolles Düngemittel. In verschiedenen Grafschaften hatte man wiederholt und vergeblich versucht, Kohle zu finden. Henslow zeigte, welche Erleichterung es bedeutete, wenn man sich bei der Unterscheidung der möglichen von den unmöglichen Lagerstätten der Hilfe von Geologen bediente. Er stellte fest, daß die Bauern die Blätter der Mangoldwurzel abzustreifen pflegten, weil sie fälschlicherweise annahmen, daß die Wurzeln die »Knollen« hervorbrächten. Henslow machte Schluß mit dieser verschwenderischen Praxis, indem er bewies, wieviel wertvoller die Blätter waren. Darüber hinaus befaßte er sich eingehend mit Weizenkrankheiten.

Und er war der Botaniklehrer von Charles Darwin.

In seinem letzten Jahr in Cambridge las Charles mit großem Interesse den Bericht Alexander von Humboldts über seine Südamerikareise. Dieses Werk und Sir John Herschels *Introduction to the Study of Natural Philosophy* (in Deutsch unter dem Titel »Über das Studium der Naturwissenschaft« erschienen) weckten in ihm »das glühende Bestreben, einen Beitrag, wenn auch nur den allerbescheidensten, für das erhabene Gebäude der Naturwissenschaften zu liefern«. Der Stil Humboldts faszinierte ihn. Seine Beschreibungen der exotischen Naturwelt und Szenerie zogen Charles so in ihren Bann, daß er lange Passagen über Teneriffa abschrieb. Henslow und sein Schwager

Leonard Jenyns unternahmen von Zeit zu Zeit mit einigen ihrer Freunde längere Exkursionen in die Umgebung. Zu ihnen gehörten Marmaduke Ramsay, Dozent am Jesus College, und Richard Dawes, der spätere Dean of Hereford, der wegen seiner Bemühungen um die Bildung und Erziehung der armen Bevölkerungsschichten berühmt wurde. Beide waren bereits bekannte Persönlichkeiten, und Charles war stolz, daß er sie jeweils begleiten durfte. Bei einer dieser Exkursionen las er den Bericht Humboldts über Teneriffa, den er besonders liebte, vor, was dazu führte, daß einige Mitglieder der Gruppe spontan erklärten, dorthin reisen zu wollen, wenn Charles auch vermutete, es sei ihnen nicht ganz ernst damit. Er selbst hingegen nahm die Angelegenheit überaus ernst.

Es war ihm unmöglich, nicht an die Kanarischen Inseln zu denken, von ihnen zu reden und zu träumen, und er hoffte sogar, daß Henslow ihn begleiten werde. Immer und immer wieder las er Humboldt, »und ich bin sicher, nichts wird uns davon abhalten, den großen Drachenbaum zu besichtigen«, schrieb er aus Shrewsbury. Die Rede war von dem riesigen *Dracaena draco* mit seinem Umfang von gut 14 Metern, der im Garten von Dr. Franqui stand. Charles fuhr nach London, um sich nach den Kosten für die Überfahrt zu erkundigen. Sie beliefen sich auf 20 Pfund, und Schiffe befuhren die Strecke ständig zwischen Juni und Februar. Er machte sich daran, Spanisch zu lernen, und arbeitete »wie ein Tiger daran«.

Im Januar 1831 bestand er sein Abschlußexamen, über das er später an Fox schrieb: »Ich weiß nicht, warum man sich bei Erlangung des akademischen Grades immer so elend fühlt – sowohl vorher als auch hinterher. Ich weiß noch, daß Du vorher unheimlich niedergeschlagen warst, und ich kann Dir versichern, ich bin es jetzt.« Er kannte den Grund nicht, nahm aber an, daß es »eine gütige Vorsorge der Natur« sei, die dazu diente, die Trennung von einem so angenehmen Ort wie Cambridge und seinen zahlreichen Freunden (»vor allem Henslow«) zu kompensieren. Noch war das akademische Jahr nicht zu Ende, aber er freute sich auf das Frühjahrs-Semester, »mit Spaziergängen und botanischen Exkursionen mit Henslow«.

Er hatte »von einem anonymen Spender ein phantastisches Geschenk in Form eines Mikroskops« erhalten – wie er glaubte, von irgendeinem Dozenten in Cambridge. Er hätte zu gerne gewußt, um wen es sich handelte, um sich ihm zumindest verpflichtet fühlen zu können. »Hast Du jemals von einem solchen Glücksfall gehört?«

Was in dem Begleitschreiben zu dem Geschenk stand, machte er jedoch nicht publik: *Wenn Mr. Darwin beigefügtes Coddington-Mikroskop annehmen würde, wäre ihm jemand besonders verbunden, der lange Zeit Zweifel darüber hegte, ob Mr. Darwins Talent oder seine Ernsthaftigkeit mehr zu bewundern seien, und der hofft, daß das Instrument in gewissem Maße jene Forschungen erleichtern werden, die er so eifrig und erfolgreich betreibt.*
Aber über seine Pläne für die Zukunft war noch nicht entschieden. Seine Freunde hofften aus tiefster Seele, daß sich seine Reise nach den Kanarischen Inseln realisieren ließe, so sehr plagte er sie mit Gesprächen über dieses Thema.

Henslow erkannte die Unsicherheit, unter der Darwin litt, und riet ihm, sich ernsthaft dem Studium der Geologie zu widmen. Wieder in Shrewsbury, nahm Charles sich also einzelne Stadtteile vor und kolorierte Karten der Umgebung; außerdem kaufte er ein Klinometer. »In Holzausführung kostete es 25 Schillinge, aber der Bogen bestand aus einer Messingplatte mit Gradeinteilung. Cary fand einen Stab als Pendel nicht gut; so bekam ich statt dessen eine *schwere* Kugel.« (Cary war vermutlich der Sohn von William Cary, dem Instrumentenhersteller.) In diesem an Henslow gerichteten Brief schrieb er weiter: »Ich rückte alle Tische in meinem Zimmer in alle möglichen Winkel und Richtungen. Ich glaube behaupten zu können, daß ich sie so exakt vermessen habe wie ein Geologe.« Aber er meinte, daß er am Ende der ersten Expedition, die er mit Klinometer und Hammer in der Hand unternähme, wohl wenig schlauer und entschieden verwirrter dastehen würde als am Anfang. »Bis jetzt habe ich mich nur Hypothesen hingegeben, aber sie sind so überzeugend, daß ich glaube, die Erde würde stillstehen, wenn sie auch nur einen Tag lang in die Wirklichkeit umgesetzt würden.« Darwin konnte sich immer über sich selbst lustig machen, egal, wie ernst es ihm war.
Die geologische Karte von Shrewsbury diente als vorbereitende Übung für eine geplante Exkursion mit Adam Sedgwick, dem er von Henslow vorgestellt worden war. Charles hatte es einzig und allein den Überredungskünsten Henslows zu verdanken, daß Sedgwick ihn mitnehmen wollte, denn er hatte während seiner gesamten Zeit in Cambridge nicht ein einziges Mal eine seiner geschliffenen und beliebten Vorlesungen gehört. In den zurückliegenden Jahren hatte Sedgwick geologische Exkursionen in Schottland, den Alpen, Cum-

berland und Südwales unternommen. Jetzt beabsichtigte er, Studien in Nordwales zu betreiben, und da Shrewsbury auf halbem Wege dorthin lag, verbrachte er eine Nacht in The Mount. Am Freitag, dem 5. August, brachen die beiden von dort in Sedgwicks Gig auf.

Am Abend zuvor hatte Charles ihm erzählt, daß ein Arbeiter in einer ehemaligen Kiesgrube in der Nähe der Stadt die alte Muschel einer großen tropischen Faltenschnecke gefunden hatte. Er glaubte, daß Sedgwick sich dafür interessieren werde. Zu seiner Überraschung meinte jener jedoch sofort, daß sie von irgend jemandem dort hineingeworfen worden sein nüsse, und er fügte hinzu, daß es ein großes Unglück für die Geologie wäre, wenn sie tatsächlich in der Grube eingebettet gewesen wäre, weil dies alle bekannten Tatsachen über die Oberflächenablagerungen in den Grafschaften Mittelenglands über den Haufen werfen würde. Charles war aufs äußerste erstaunt, als Sedgwick nicht mit mehr Begeisterung auf die wunderbare Nachricht einging, derzufolge mitten in England eine tropische Muschel nahe der Erdoberfläche gefunden worden war. Statt dessen mußte er sich einen Vortrag über die Gefahr anhören, die darin lag, Schlußfolgerungen aus Ohrenzeugenberichten und Einzelvorkommnissen zu ziehen. Der Vorwurf enthielt für Charles jedoch eine Lehre. »Nichts«, so schrieb er in seiner *Autobiographie*, »hatte mir vorher so deutlich klargemacht, obwohl ich verschiedene wissenschaftliche Bücher gelesen hatte, daß Wissenschaft von der Anhäufung von Tatsachen lebt, aus denen allgemeine Gesetze oder Schlüsse abgeleitet werden können.«

Ihr Weg führte sie am folgenden Tag nach Llangollen und weiter über Ruthven, Conway, Bangor nach Capel Curig. In Llangollen trafen sie mit dem Zeichner des britischen Landvermessungsamtes, Robert Dawson, zusammen, der topographische Karten anfertigte. Er gab ihnen einige Informationen über die Geologie des Gebiets, und am nächsten Tag wanderten sie nordwärts in Richtung auf St. Asaph und Abergele. Um einen Geologen aus ihm zu machen, schickte Sedgwick Darwin wiederholt auf einen parallel verlaufenden Kurs und forderte ihn auf, Proben des Gesteins zu sammeln und die Schichtfolge auf einer Karte zu markieren. In Capel Curig trennten sie sich, und Charles trat einen einsamen, 43 Kilometer langen halbkreisförmigen Marsch in südsüdwestlicher Richtung über die zerklüfteten Bergmassive in Snowdonia und Merioneth nach Barmouth an.

Beide machten selbstverständlich Aufzeichnungen. Charles' Notizen füllen 20 Seiten und zeigen nicht nur seine gründlichen Kenntnisse geologischer Zusammenhänge, sondern sie stecken auch voller Folgerungen und Spekulationen. Er stellte empirische Verallgemeinerungen an und kombinierte auf Grund von Kenntnissen in verschiedenen Fachbereichen. So beobachtete er, daß die Art der Vegetation von den Gesteinsarten abhing. Er beschrieb die Formation der großen Antiklinale Harlech Dome in Merioneth zwischen Maentwrog, Harlech, Barmouth und Dolgellau. Seine Arbeit war die erste genauere, die in dieser Region unternommen wurde.

Sedgwick gehörte zu den besten und angesehensten Geologen in England. Seine Vermessungsmethoden, seine sorgfältigen Berichte, die Gründlichkeit, mit der er Proben sammelte und katalogisierte, waren von unschätzbarem pädagogischen Wert. Dennoch versäumten sowohl er als auch sein Schüler, bei Cwm Idwal Glazialgräben in den Felsen zu entdecken.

In Barmouth befanden sich einige Freunde aus Cambridge, die dort dozierten. Robert Lowe, später Viscount Sherbrooke, verdanken wir die Beschreibung der Ankunft Darwins, der zusätzlich zu seinem übrigen Gepäck einen gut zwölf Pfund schweren Hammer mitführte. Er erinnerte sich an ihn als einen außerordentlich bescheidenen Mann und sah in ihm etwas, das ihn über alle anderen seines Bekanntenkreises hinaushob. Er schrieb: »Ich persönlich war dafür ein – etwas hündischer – Beweis, denn ich folgte ihm. Als er weiterzog, begleitete ich ihn 35 Kilometer lang, was ich weder vorher noch nachher für irgend jemanden sonst getan habe.«

Ende August kam Charles zu Hause an, voller Vorfreude auf die Jagdsaison in Maer. »Denn zu jener Zeit«, schrieb er, »hätte ich mich selbst für verrückt erklärt, wenn ich die ersten Tage der Rebhuhnjagd wegen der Geologie oder irgendeiner anderen Wissenschaft versäumt hätte.«

Es erwartete ihn ein Brief mit der Aufschrift *Wenn verreist, bitte nachsenden*. Er kam von Henslow und war datiert »24. Aug. 1831«.

Mein lieber Darwin,

Bevor ich zu dem eigentlichen Thema dieses Briefes komme, lassen Sie uns gemeinsam den Verlust unseres unersetzlichen Freundes, des armen Ramsay, beklagen, von dessen Tod Sie zweifellos schon lange vor diesem Brief erfahren haben: Ich will bei dem schmerzlichen Thema nicht lange verweilen, zumal ich hoffe,

Sie bald zu sehen, denn ich gehe mit Sicherheit davon aus, daß Sie das Angebot, das Ihnen gemacht werden soll, nämlich nach Feuerland und zurück über die ostindischen Inseln zu fahren, gerne annehmen werden – Peacock, der diesen Brief lesen und von London aus an Sie weiterleiten wird, hat mich gebeten, ihm einen Naturforscher zu empfehlen, der Capt. FitzRoy begleitet, der im Auftrag der Regierung die südliche Spitze von Amerika vermessen soll. Ich habe gesagt, daß ich Sie für den bestqualifizierten Mann halte, den ich kenne, und der eine derartige Situation am ehesten übernehmen wird – ich sage dies nicht, weil ich Sie als einen *fertigen* Naturforscher betrachte, sondern weil ich glaube, daß Sie reichlich qualifiziert sind, alles Neue, das einer Aufzeichnung auf dem Gebiet der Naturwisschenschaft wert ist, zu sammeln, zu beobachten und zu notieren. Peacock ist ermächtigt, die Stellung zu vergeben, und wenn er keinen finden kann, der gewillt ist, sie zu übernehmen, ist die Gelegenheit vermutlich verspielt. Capt. F. sucht (soviel ich verstanden habe) eher nach einem Begleiter als nur einem Sammler, und er würde keinen noch so guten Naturforscher akzeptieren, wenn er ihm nicht gleichzeitig als *Gentleman* empfohlen würde. Einzelheiten über Gehalt etc. kenne ich nicht. Die Reise soll 2 Jahre dauern, und wenn Sie viele Bücher mitnehmen, läßt sich alles nach Ihrem Geschmack arrangieren. – Sie werden eine Fülle von Gelegenheiten haben – kurz, ich glaube, daß es nie eine bessere Chance für einen eifrigen und unternehmungslustigen Mann gegeben hat. Capt. F. ist ein junger Mann. – Bitte kommen Sie umgehend in die Stadt, und besprechen Sie sich mit Peacock (Suffolk Street Nr. 7, Pall Mall East oder sonst im University Club) und lassen sich über die übrigen Fakten informieren. – Tragen Sie sich nicht mit irgendwelchen bescheidenen Zweifeln oder Befürchtungen über Ihre Untüchtigkeit, denn ich versichere Ihnen, daß ich Sie für genau den Mann halte, nach dem sie suchen – betrachten Sie sich als auf die Schulter geklopft von Ihrem Büttel und herzlich ergebenem Freund

J. S. Henslow

(bitte umblättern)
Die Exped. soll am 25. September beginnen (frühestens):
so daß es keine Zeit zu verlieren gilt

In seinem Tagebuch notierte Charles dazu nur kurz: »Angebot der Reise abgelehnt.«

Hinter diesen Worten verbarg sich eine schwere Entscheidung. Charles selbst war auf der Stelle bereit, das Angebot anzunehmen, traf aber auf entscheidende Einwände seines Vaters. Es handelte sich im wesentlichen um die folgenden, wie wir auf Grund einer Liste wissen, die Charles aufstellte:

1. Unvereinbar mit dem Beruf eines späteren Geistlichen.
2. Ein phantastisches Unterfangen.
3. Daß sie den Posten des Naturforschers schon vielen anderen vor mir angeboten haben müssen.
4. Und daß es, weil diese nicht angenommen hätten, einige schwerwiegende Einwände gegen das Schiff oder die Expedition geben müsse.
5. Daß ich mich später niemals mehr an ein seßhaftes Leben gewöhnen werde.
6. Daß meine Unterbringung höchst unbequem sein werde.
7. Daß Sie, d. h. Dr. Darwin, es als einen weiteren Berufswechsel meinerseits betrachten müssen.
8. Daß es ein nutzloses Unternehmen sein werde.

Charles sah die Einwände seines Vaters durchaus ein, wie er Henslow in seiner Antwort mitteilte, zu denen noch ein weiterer kam, den er nicht in seine Liste aufgenommen hatte. Es war »*die Kürze der Zeit*« (von Charles unterstrichen), die ihm noch verblieben sei, was auf eine Art Erpressung von seiten Dr. Darwins hinauslief, der mit seinen 65 Jahren außerordentlich rüstig war und noch siebzehn weitere, erfüllte Jahre vor sich hatte. Charles fügte hinzu: »Aber wenn mein Vater nicht wäre, hätte ich alle Risiken auf mich genommen.«

Der Mann, den Henslow in seinem Schreiben erwähnte, war Reverend George Peacock vom Trinity College, Professor der Astronomie und ein Freund von Kapitän Francis Beaufort, dem Hydrographen der Königlichen Marine. Peacock schrieb an Charles, daß er Henslows Brief zu spät am Abend empfangen habe, um ihn weiterzuleiten, daß er aber in der Zwischenzeit mit Kapitän Beaufort von der Admiralität zusammengetroffen sei, der die Empfehlung vollkommen unterstützte. »Ich vertraue darauf, daß Sie es als eine Gelegenheit sehen, die auf keinen Fall ungenutzt bleiben darf«, meinte er, »und ich warte mit großem Interesse auf die Bereicherung, die unsere naturwissenschaftlichen Sammlungen durch Ihre Bemühungen erfahren werden.«

Der zweite, der den Lebensweg des jungen Darwin besonders beeinflußte, war Robert FitzRoy, Kapitän der *Beagle*. Er akzeptierte Darwin als begleitenden Naturforscher – trotz der Form seiner Nase.
(Nach der Zeichnung von Kapitän Philip Parker King)

Er beschrieb Kapitän FitzRoy als einen offenen und ehrgeizigen Offizier, mit angenehmem Auftreten und bei allen seinen Offizierskollegen sehr geschätzt. »Sie können daher sicher sein, daß Sie einen sympathischen Begleiter haben, der sich allen Ihren Ansichten mit großer Aufrichtigkeit widmen wird.« Das Schiff solle Ende September auslaufen, und er dürfe keine Zeit verlieren, Kapitän Beaufort und den Herren der Admiralität seine Zustimmung mitzuteilen. Ebenso wie Henslow drückte er die große Hoffnung aus, daß Charles mitreisen werde und daß keine anderen Pläne dagegen sprächen. Die Admiralität sei nicht in der Lage, ein Gehalt zu zahlen, könne ihm aber eine offizielle Anstellung und freie Unterkunft an Bord bieten. Falls jedoch ein Gehalt erwünscht wäre, so ginge er doch davon aus, daß es gewährt würde. Er wies außerdem darauf hin, daß die Expedition ausschließlich wissenschaftlichen Zielen diente, »und das Schiff wird im großen und ganzen Ihren Vorstellungen von naturwissenschaftlichen Forschungen etc. entsprechen«.

In seiner Antwort teilte Charles Henslow mit, er habe an Peacock geschrieben und ihn gebeten, mit Kapitän FitzRoy in Verbindung zu treten. Er fügte hinzu: »Selbst wenn ich fahren sollte, so würde mir der Umstand, daß mein Vater es nicht gerne sieht, jegliche Energie rauben, und davon dürfte ich wohl eine ganze Menge brauchen. – Noch einmal muß ich Ihnen danken; damit trage ich wieder etwas schwerer an der angenehmen Last der Dankbarkeit, die ich Ihnen schulde. –«

Damit schien die Angelegenheit erledigt zu sein. Aber es gab noch einen Hoffnungsschimmer. Dr. Darwin hatte zwar entschieden von der Reise abgeraten, aber »er verbietet sie mir nicht endgültig«, indem er die für Charles glücklichen Worte hinzufügte: »Wenn du einen Mann mit gesundem Menschenverstand findest, der dir den Rat gibt, zu gehen, so will ich meine Zustimmung erteilen.« Aber es stand so viel dagegen, daß Charles der Angelegenheit keine Chance mehr gab. Er schrieb seine Absage und begab sich am nächsten Morgen nach Maer, um rechtzeitig zu Beginn der Jagd am 1. September anwesend zu sein. Dort angekommen, schilderte er seinem Onkel, was geschehen war.

Er war auf der Jagd, als Onkel Jos nach ihm schickte und ihm anbot, ihn nach Shrewsbury zu begleiten, um mit seinem Vater zu sprechen. Charles vertrat die Ansicht, daß es besser sei, zunächst den Weg durch einen Brief zu bereiten. Dementsprechend setzte sich Josiah

hin und nahm zu den Einwänden seines Schwagers Stellung, wobei er
die Liste Punkt für Punkt durchging und vernünftige und klare Ge-
genargumente formulierte. Wie geschickt er dabei seine Meinung
vortrug, zeigt sich in seinen Bemerkungen zu Einwand Nummer 5.
Sie lauteten:

Du bist ein wesentlich besserer Kenner von Charles' Charakter als
ich es sein kann. Wenn Du diese Art seines Lebens in den nächsten
paar Jahren mit der Art und Weise vergleichst, in der er sie vermutlich verbringen wird, wenn er dieses Angebot ablehnt, und
dann meinst, daß er eher ruhelos und zu einem geregelten Leben
unfähig sein wird, ist dies zweifellos ein gewichtiger Einwand. – Ist
es aber nicht so, daß Seeleute dazu neigen, später ein häusliches
und ruhiges Leben zu führen?

In seinem eigenen Brief an den Vater äußerte Charles zunächst die
Befürchtung, daß er ihn schon wieder verärgern werde, indem er
noch einmal seine Meinung zu dem Reiseangebot darlege, daß er
aber nach einiger Überlegung zu der Überzeugung gekommen sei, er
werde ihm verzeihen. Er bat dann um eine klare Antwort – ja oder
nein. Bei einem Nein würde er das Thema nie wieder zur Sprache
bringen. Wenn er jedoch zustimme, dann wolle er direkt zu Henslow
fahren, um sich mit ihm zu beraten, und anschließend nach Shrewsbury kommen. Welche Entscheidung Charles sich erhoffte, zeigt sich
darin, daß er erst die negative, dann die positive Möglichkeit erwog.
   Die Briefe wurden am 31. August mit der Post geschickt, und
Charles bat um eine Antwort auf demselben Wege am folgenden Tag.
Onkel Jos meinte jedoch, daß sie Dr. Darwins Entscheidung ebenso-
gut persönlich entgegennehmen könnten, wobei er zweifellos davon
ausging, daß er auf diese Weise, falls notwendig, noch einmal seine
Überzeugungskünste ins Spiel bringen könnte. Am 1. September
fuhren sie nach Shrewsbury.
   Die Angelegenheit regelte sich auf höchst unproblematische Weise. »Da mein Onkel meinte, es wäre richtig, wenn ich das Angebot
annähme, und mein Vater meinen Onkel für einen der vernünftigsten
Männer der Welt hielt, stimmte er sofort aufs freundlichste zu«, so
beschrieb Charles Darwin später in seiner *Autobiographie* diesen entscheidenden Augenblick.
   Ein Gedanke beunruhigte ihn jedoch nach wie vor. Die Tatsache,

daß er während der Reise kein Gehalt empfangen würde, bedeutete für seinen Vater eine zusätzliche Belastung, und in Cambridge war er ziemlich verschwenderisch mit seinen Mitteln umgegangen. (»Der Governor hat mir 200 Pfund gegeben, damit ich meine Schulden bezahlen kann, und ich muß sparsamer wirtschaften«, hatte er im Mai an Fox geschrieben.) Um seinen Vater zu beruhigen, erklärte er ihm, er müsse schon »verteufelt klug sein, um an Bord der *Beagle* mehr als meine monatliche Zuwendung auszugeben«, worauf Dr. Darwin mit einem Lächeln antwortete: »Aber ich habe gehört, daß du sehr klug sein sollst.«

Die Sache hatte noch einen anderen Haken. Aus der Londoner Wohnung seines Bruders in Spring Gardens Nr. 17 schrieb Charles an Fox: »Am 2. nach Cambridge aufgebrochen: Dann gab ich nach einem entmutigenden Brief von meinem Kapitän die Sache wieder auf. Aber gestern ging alles wieder glatt: –« (er hatte FitzRoy getroffen) »und ich glaube, daß ich höchstwahrscheinlich mitfahren werde.«

William Darwin Fox war zu der Zeit Kurator in Epperstone in der Grafschaft Nottingham.

Ein am 5. September an Henslow adressierter Brief begann mit den Worten:

> Sehr geehrter Herr,
> Gloria in excelsis, das ist die bescheidenste Einleitung, die mir einfällt.

Das Schiff sollte am 10. Oktober auslaufen, und er sollte dabeisein! Als Naturforscher.

Von nun an gab es keine Atempause mehr, denn es galt, Vorbereitungen für eine Reise zu treffen, die nicht zwei, sondern drei Jahre dauern sollte (tatsächlich wurden es fünf). In Cambridge erfuhr Charles die Antwort auf den fünften Einwand seines Vaters: Der Posten war vor ihm bereits drei Männern angeboten worden. Der erste war Leonard Jenyns, der, wie Charles seiner Schwester Susan schrieb, »schon so entschlossen war anzunehmen, daß er seine Sachen packte. Aber er besitzt zwei Güter und hielt es nicht für richtig, sie unbeaufsichtigt zu lassen – sehr zum Bedauern seiner ganzen Familie.« Der nächste: »Henslow selbst hätte um ein Haar zugesagt, denn Mrs. Henslow gab ihre Zustimmung äußerst großzügig und unaufgefordert, aber sie sah so elend aus, daß Henslow den Gedanken sofort be-

Josiah Wedgwood, Charles Darwins Onkel, gab die entscheidende Stimme für die Teilnahme an der Schiffsreise.
(Nach dem Portrait von William Owen)

grub.« Der dritte war ein Freund von FitzRoy, und er bildete auch den Grund für den entmutigenden Brief, den der Kapitän Darwin geschrieben hatte. Aber auch diesmal wendete sich alles zu seinen Gunsten. Er erfuhr davon bei seinem ersten Treffen mit FitzRoy, wie er Henslow in seinem Brief vom 5. September sofort mitteilte: »Was Capt. FitzRoy veranlaßte, die Angelegenheit erneut zu überdenken, war die Tatsache, daß Mr. Chester, der ihn als Freund begleiten sollte, nicht mitsegeln kann: so daß ich seinen Platz in jeder Hinsicht einnehmen soll.«

Der Weg war nun frei. Charles schrieb voller Begeisterung: »Die Dinge entwickeln sich günstiger, als ich es je für möglich gehalten hätte – Capt. FitzRoy ist in jeder Hinsicht wunderbar, wenn ich ihn nur halb so überschwenglich loben würde, wie ich möchte, würden Sie mich für verrückt erklären, da ich ihn erst einmal gesehen habe. – Ich glaube, er will mich wirklich. – Er bietet mir an, die Kabine mit ihm zu teilen, und er wird dafür sorgen, daß ich soviel Platz bekomme wie möglich. – Hinsichtlich der Kisten muß ich mich jedoch einschränken, sagt er: Aber man muß bedenken, daß seine Raumvorstellungen die eines Seemanns sind: Capt. Beaufort erklärte, daß ich volle Verpflegung erhalten werde, und dann bezahle ich nur so viel wie die anderen Offiziere.« Was ebenfalls zu seiner Beruhigung beitrug. Darüber hinaus: »Capt. FitzRoy hat eine reichhaltige Bibliothek mit vielen Büchern, die auf meiner Liste standen, und Gewehre etc. Somit wird die Ausrüstung wesentlich billiger, als ich dachte.« Er fügte hinzu: »Sie können sich niemand anderes vorstellen, der so angenehm, herzlich und offen ist wie Capt. FitzRoy in seinem Verhalten mir gegenüber. – Ich bin sicher, daß mir die Schuld zuzuschreiben sein wird, wenn wir nicht harmonieren.«

Aber FitzRoy, der gelegentlich etwas exzentrisch war, hatte etwas an Darwin bemerkt, das ihm nicht gefiel. Charles ahnte damals nicht im mindesten, daß FitzRoy ihn selbst bei dem Gespräch, das so prächtig zu verlaufen schien, nach den physiognomischen Grundsätzen beurteilte, die Johann Kaspar Lavater aufgestellt hatte. Es war Charles Darwins Nase, hinsichtlich derer er Vorbehalte hatte. Nach den von Lavater formulierten Regeln deutete die Nasenlinie nicht auf die Entschlossenheit und die Energie, die erforderlich waren, um Härten durchzustehen, und Härten würde es auf der vor ihnen liegenden Reise geben.

Laut äußerte FitzRoy dagegen seine Meinung, daß ihm nichts so unangenehm sein würde wie das Zusammensein mit einem Mann, der über Unbequemlichkeiten klagte, denn auf einem kleinen Schiff gäbe es keine Möglichkeit, sich aus dem Weg zu gehen. Er hielt es für seine Pflicht, alles äußerst negativ zu schildern, und Charles erfuhr, daß er, wenn er die Kabine mit ihm teilte, keinen Aufwand zu erwarten habe, keinen Wein und nur die einfachsten Gerichte. Er wurde aufgefordert, sich nicht sofort zu entscheiden, obwohl FitzRoy hinzufügte, daß er glaube, die Reise würde ihm wesentlich mehr Freude bringen als Entbehrung. Alles klang ungewiß. Es war noch nicht einmal ganz klar, ob sie tatsächlich einmal um die Welt segeln würden, so daß am folgenden Tag, dem 6., als Charles an seinen Vetter schrieb, um ihm mitzuteilen, daß er aller Wahrscheinlichkeit nach mitfahren würde, er vorsichtig dazusagen mußte: »Aber es ist noch nichts entschieden, also erzähle niemandem davon.« In gleicher Weise unterrichtete er auch seine Familie.

Dennoch gab es für Charles eigentlich keinen Zweifel. Susan vertraute er an: »Ich fühle, daß es mir bestimmt ist, mitzufahren.« Er stellte eine Liste aller notwendigen Dinge auf und bat sie: »Sag Nancy [ihrem alten Kindermädchen], sie soll mir statt 8 lieber 12 Hemden anfertigen, sag Edward, er soll mir in meiner Stofftasche . . . meine Hausschuhe, ein Paar leichtere Wanderschuhe herüberschicken – Mein Spanischbuch . . . mein neues Mikroskop . . . meinen geologischen Kompaß . . . ein kleines Buch, das sich in meinem Schlafzimmer befinden müßte – *Taxidermy* . . .« Er brauchte einen Niederschlagsmesser, schrieb er Henslow, und ob er ihm wohl ein Fangnetz für Muscheln besorgen könnte? Er hoffte, daß Henslow ihm die Mühe verzieh, die er ihm bereitete. Selbst am Tag des zweifelhaften Gesprächs hatte er Susan geschrieben, daß er beabsichtigte, am Sonntag nach Plymouth zu fahren, um sich das Schiff anzusehen. In seinem Tagebuch vermerkte er an jenem Tag, dem 11. September: »Mit Capt. FitzRoy im Dampfer nach Plymouth gefahren, um die Beagle zu besichtigen.« Sie kamen am Mittwochabend an, und Charles schrieb, er habe kaum jemals drei angenehmere Tage verbracht.

Am nächsten Morgen blickte er in den Docks von Devonport auf die kleine *Beagle* hinab, die für die nächsten fünf Jahre sein Zuhause sein sollte.

4. Die Pflanzen der Beagle

a. Die Pampa und Feuerland

In den Wäldern Brasiliens sammelte Charles Darwin die ersten Eindrücke von der Großartigkeit der Tropen. Für ihn war es nicht mehr und nicht weniger als »ein Blick auf Tausendundeine Nacht«, mit dem Vorzug, daß sie Wirklichkeit war. »Ich sammelte eine große Zahl leuchtend gefärbter Blumen, genug, um einen Blumenzüchter mit Begeisterung zu erfüllen.«

Zwischen dem Meer und unberührten Salzlagunen erstreckten sich ausgedörrte Ebenen, auf denen phantastisch geformte Kakteen und andere Sukkulenten wuchsen. Sie bildeten Vorratsbehälter für ihren eigenen Wasserbedarf, und ihre Dornen schützten sie vor Räubern.

Mehr als alles andere beeindruckten ihn jedoch die »wundervollen, herrlichen blühenden Schmarotzer«. Voller Eifer trug er alles zusammen, was neu für ihn war.

Im Wald fielen ihm die Lianen auf, die sich umeinander und um die Bäume wickelten. »Schlingpflanzen umschlingen Schlingpflanzen – Flechten wie aus Haar«, schrieb er. Sie sollten das Thema eines Buches bilden.

(Zeichnung von Brian Hughes)

Die H.M.S. *Beagle* war nur 27,40 Meter lang, und als Charles sie auf Holzblöcken im Trockendock liegen sah, ohne Masten und Schotten, erschien sie ihm eher wie ein Wrack als wie ein Schiff, das für eine Weltumsegelung ausersehen war. Es hatte sich herausgestellt, daß ein großer Teil des Holzrumpfes bei der vorhergehenden Fahrt verrottet war, und vor dem erneuten Auslaufen sollten nicht nur Reparatur-, sondern auch Verbesserungsarbeiten durchgeführt werden. Die *Beagle* war eine mit zehn Kanonen ausgerüstete Brigg (in der Marine nannte man Boote dieser Klasse »Särge«, wegen ihres Verhaltens in rauher See), und es war geplant, die Aufbauten zu erhöhen, um einerseits die Tonnage von 235 auf 242 BRT zu steigern und andererseits die Sicherheit bei schwerem Wetter zu erhöhen.

Als sie dann schließlich repariert und, wie eine Bark betakelt, fertig für die Reise am Kai lag, fand Darwin sie »ganz herrlich« anzusehen. »Selbst eine Landratte muß sie bewundern, *wir* finden, sie ist das vollkommenste Boot, das die Docks jemals verlassen hat«, schrieb er begeistert an Henslow. »Eins ist sicher, nämlich daß noch nie ein Schiff mit soviel Aufwand an Geld und Sorgfalt ausgestattet wurde. – Wo immer es möglich war, wurde Mahagoni als Material verwendet, und nichts kann die Unterkünfte an Ordnung und Schönheit übertreffen.« Die Ecke der Heckkabine, die ihm zugeteilt wurde, empfand er jedoch als »beklagenswert klein«. Er hatte gerade Raum genug, sich darin umzudrehen, und das war alles. Darwin war gut 1,80 Meter groß, und er mußte die Kommode, in der er seine Kleidung verwahrte, zur Seite schieben, wenn er seine Hängematte befestigen wollte (Kapitän FitzRoy zeigte ihm, wie man das machte), um zusätzliche 30 Zentimeter oder so für die Hahnepots am Fußende zu gewinnen. Wenn man bedenkt, daß zur Besatzung 67 Männer gehörten und dazu noch drei Passagiere mit überaus umfangreichem Gepäck kamen, braucht man sich nicht darüber zu wundern, daß der Raum beschränkt war, wenn Charles auch zu seinem großen Erstaunen feststellte, daß ein Schiff sich »in einzigartiger Weise für allerlei Arbeiten eignet. – Alles liegt so dicht bei der Hand, und die Tatsache, daß Raummangel herrscht, macht einen so methodisch, daß ich am Ende nur daraus gewinne.« Ordentlich und systematisch vorgehen zu müssen war jedenfalls eine gute Vorbereitung für einen zukünftigen Wissenschaftler.

Robert FitzRoy schätzte Präzision über alles, und die Chronometer, die er an Bord brachte, waren sein besonderer Stolz. »Kein

Schiff«, so erklärte Darwin, »verließ England je mit einer solchen Anzahl von Chronometern, nämlich 24, und alles sehr gute.« Sie gehörten zur Instrumentenausrüstung des Schiffs, das im Auftrage der Regierung die von der *Beagle* und ihrem Schwesterschiff *Adventure* fünf Jahre zuvor begonnenen Vermessungsarbeiten vollenden sollte. Der Weg führte an der brasilianischen und argentinischen Küste entlang und um das stürmische Kap Hoorn nach Chile. Es folgte eine Reihe von Längenmessungen um die Erde. FitzRoy übertrug Darwin die Verantwortung für die Chronometer, nachdem ihm die drei Tage dauernde Fahrt von London nach Plymouth alle Zweifel hinsichtlich seiner Qualifikation genommen hatte.

Die *Beagle* sollte am 10. Oktober 1831 auslaufen. Am Montag, den 19. September, fuhr Darwin mit der Postkutsche nach Cambridge, um sich von Henslow zu verabschieden, reiste von dort auf dem schnellsten Wege weiter nach Shrewsbury, um seiner Familie Lebewohl zu sagen, und verließ am 2. Oktober sein Elternhaus mit dem Ziel London. Aber der Oktober ging vorbei. Es wurde nunmehr ein Tag des folgenden Monats für die Abreise festgesetzt, und Charles schrieb an FitzRoy: »Welch ein glorreicher Tag wird der 4. November für mich sein! Ich werde ein zweites Leben beginnen, und der Tag wird ein Geburtstag für den Rest meines Lebens sein.«

Aber auch der November ging vorbei. Charles nutzte die Zeit, soviel wie möglich zu lernen und sich mit seinen Kameraden auf dem Schiff vertraut zu machen. Allmählich konnte er aus der Gruppe unbekannter Gesichter die einzelnen Offiziere unterscheiden. Er nannte sie »eine Gruppe von sehr intelligenten, aktiven und entschlossenen jungen Männern«, wenn auch etwas ungeschliffen. Henslow wies diese Einschätzung zurück und forderte ihn auf, immer daran zu denken, daß es unter jeder rauhen Schale fast immer einen guten Kern gäbe. John Lort Stokes war der Landmesser, der zur Unterstützung FitzRoys an Bord gekommen war. Sein Vater hatte die *Beagle* vor FitzRoy kommandiert, und im Jahre 1841 sollte er selbst das Kommando über das Schiff erhalten. Darwin beobachtete ihn bei den Vorbereitungen für die astronomischen Messungen und half Kapitän FitzRoy, die verschiedenen Neigungswinkel anhand der Inklinationsnadel abzulesen. Das Essen nahm er gemeinsam mit den Kings ein: Mittschiffsmann Philip Gidley King und seinem Vater, Kapitän Philip Parker King, der während der vorigen Reise die *Adventure* kommandiert hatte. Regelmäßig jeden Morgen mußte er nun

Owen Stanley

Die H.M.S. *Beagle* im Hafen von Sydney.
(Nach dem Aquarell von Owen Stanley)

die Veränderungen der Barometeranzeigen aufzeichnen und vergleichen. Als Arzt war Robert Maccormick an Bord, der im Jahre 1839 mit James Clark Ross in die Antarktik fahren sollte. (»Mein Freund, der Doktor, ist ein Dummkopf, aber wir kommen sehr gut miteinander aus.«)

Mit Montag, dem 21. November, kam der große Tag, an dem Charles seine Bücher und Instrumente an Bord schaffte – und angesichts des alten Problems, Raummangel, in Panik geriet. Wo und wie sollte er sie verstauen? FitzRoy zeigte es ihm, »ein derart effektiver und gutmütiger Praktiker, bei dessen Auftauchen sich die Schubladen selbst vergrößern und alle Schwierigkeiten sich in Nichts auflösen«.

Am 23. verließ die *Beagle* ihren Ankerplatz und segelte eine Meile weiter nach Barnet Pool, wo sie bis zum Tag der Abreise bleiben sollte. Erasmus kam dort am 2. Dezember an, und er und Charles verbrachten einige glückliche Tage miteinander, bevor die *Beagle* am Morgen des 10. auslief. Erasmus verließ das Schiff an der Hafenausfahrt, wo die *Beagle* in einem schweren Sturm zu rollen begann und Charles zum erstenmal seekrank wurde. Am nächsten Tag kehrten sie zu ihrem Ankerplatz in Barnet Pool zurück. Den zweiten Versuch unternahmen sie am 21. Dezember. Am Morgen war es windstill, und die Sonne tauchte wie ein roter Ball aus dem Nebel auf. Aber sie hatten kein Glück, denn als sie Drake's Island umfuhren, liefen sie auf einen Felsen auf. Glücklicherweise brauchten sie nur eine halbe Stunde, um wieder loszukommen. Als sie nur knapp zehn Seemeilen von Lizard entfernt waren, trieb sie ein weiterer südwestlicher Sturm nach Barnet Pool zurück. Erst am 27. Dezember füllten sich die Segel der *Beagle* mit dem langersehnten östlichen Wind, und sie verließen die Küste Englands.

In seinem Brief an Kapitän Beaufort hatte FitzRoy geschrieben, daß vieles ihm an Darwin gefiele, und darum gebeten, daß er »ihn als Naturforscher für die Reise vorschlage«. Es stellt sich nun die Frage, was er wohl von Darwin erwartete. George Peacock hatte ihn als »Wissenschaftler« empfohlen, und wir wissen, daß er über das hinaus, was er sich in jugendlichem Alter selbst über Gesteine und Minerale beigebracht hatte, bei Sedgwick eine gute geologische Grundausbildung erhalten hatte; auf zoologischem Gebiet brachte er Erfahrungen im Sezieren von Meerestieren mit, das er bei Grant in Edinburgh gelernt hatte, und konnte auf zwei Entdeckungen verweisen; wir wissen darüber hinaus, daß er seit frühester Kindheit ein mehr als durchschnittliches Interesse an Vögeln und Insekten gehabt und in Cambridge seine Neigung zur Entomologie so weit entwickelt hatte, daß er sich sowohl mit normalen als auch seltenen Arten auskannte. Uns ist bekannt, daß er schon immer ein Sammler aller möglichen Dinge gewesen ist, insbesondere naturwissenschaftlicher Objekte, und wir wissen, daß er Pflanzen sammelte und in John Stevens Henslow einen der besten Botanikprofessoren hatte. Wenn Darwin später schrieb, er sei ein Ignoramus auf botanischem Gebiet, so verglich er sich mit so hervorragenden Systematikern wie Joseph Dalton Hooker, dem späteren Direktor von Kew Gardens und einem der höchstgeschätzten Botaniker aller Zeiten, oder Asa Gray, der in Amerika führend war. Genug für einen Naturforscher auf der *Beagle*, daß er, was ihm, dem nach Henslows Worten noch nicht »*fertigen* Naturforscher«, an Erfahrung fehlte (und er war ja erst 22 Jahre alt), dadurch wettmachte, daß er, wie Henslow ebenfalls schrieb, der »bestqualifizierte Mann« war, »den ich kenne und der eine derartige Situation am ehesten übernehmen wird« und dazu »reichlich qualifiziert, alles Neue, das einer Aufzeichnung auf dem Gebiet der Naturwissenschaft wert ist, zu sammeln, zu beobachten und zu notieren«. Wichtiger noch war seine Neugier, die ihn veranlaßte, beständig Antworten auf Fragen zu suchen, und schon zu diesem Zeitpunkt zeigte er Anlagen, mit denen er seine Zeitgenossen übertraf.

Aber das war nicht alles, was Kapitän FitzRoy von dem ihn begleitenden Naturforscher erwartete. Aus seiner Sicht sollte die Reise noch einen zweiten Zweck erfüllen. Er war ein tief religiöser Mann und glaubte fest an die wortwörtliche Wahrheit der Bibel, insbesondere der Schöpfungsgeschichte. Mit Entdeckungen auf naturwissenschaftlichem Gebiet, davon war er überzeugt, mußte sich beweisen lassen, daß dieser Bericht in allen Punkten zutraf. Wie entsetzt wäre er gewesen, wenn er vorausgeahnt hätte, daß der junge Naturforscher, in den er sein Vertrauen setzte, eines Tages die einzelnen Akte der Schöpfung widerlegen würde, an die er so fest glaubte. Welch eine Ironie, daß gerade er Charles Darwin den Posten verschaffte, der diesem eine fünfjährige und in jeder Beziehung ideale Ausbildung sicherte, in deren Verlauf er einen globalen, aber gründlichen Einblick in die Welt und ihre lebenden und ausgestorbenen Lebewesen erhalten sollte und die ihn, wie kaum etwas anderes es hätte tun können, zu einem jener »falschen Philosophen« werden ließ, gegen die FitzRoy so erbittert zu Felde zog.

Doch vorläufig gab es keinerlei Hinweis auf solche Entwicklungen. In den Tagen vor dem Auslaufen, die wegen der Verzögerungen für ihn ebenso nervenaufreibend waren wie für Darwin, hatte er an Beaufort geschrieben: »Darwin ist ein sehr vernünftiger, hart arbeitender Mann und ein äußerst angenehmer Kamerad. Ich habe noch nie erlebt, daß sich eine ›Landratte‹ so schnell und gründlich an das Leben auf einem Schiff gewöhnt wie Darwin.« Und nach einigen Wochen auf See schrieb er: »Darwin ist ein echter Pfundskerl.« Charles selbst vergötterte FitzRoy als sein »schönes Ideal eines Kapitäns«, wie er Susan mitteilte. Mit seinen 26 Jahren war FitzRoy zwar nur wenig älter als er selbst, aber bereits bekannt als erfahrener Navigator.

Auf dem Weg zu den Kanarischen Inseln kämpfte sich die *Beagle* durch stürmische See, so daß Darwin in seiner Hängematte bleiben mußte. Erst am 6. Januar, als sie in den Hafen von Santa Cruz einliefen, fühlte er sich wieder wohl genug, um an Deck zu gehen. Er hatte die Zeit genutzt, Humboldts Reisebeschreibung zu lesen (er besaß inzwischen eine eigene wundervolle Ausgabe, ein Abschiedsgeschenk von Henslow), und genoß bereits innerlich den herrlichen Anblick von frischen Früchten in hübschen Tälern, als ein Küstenboot querab festmachte und ein kleiner blasser Mann verkündete, sie müßten zwölf Tage in Quarantäne bleiben, weil man fürchtete, daß sie Cholera mitbringen könnten. So lange konnten sie nicht warten, und darum hieß es »Segel setzen«. Sie nahmen Kurs auf Sao Tiago auf den Kapverdischen Inseln.

Zu Darwins Aufgaben gehörte die Untersuchung von Meereswirbellosen, und an den neun Tagen bis zu ihrem ersten Anlegen fing er in dem Schleppnetz, das er achtern befestigt hatte, so große Mengen kleinster Lebewesen, daß er voll beschäftigt war. John Clements Wickham, der Erste Offizier, war für Ordnung und Sauberkeit an Bord verantwortlich, und als sich die Exemplare auf Darwins Tisch und in Flaschen und Kisten zu häufen begannen, fluchte er regelmäßig und beschimpfte den »Fliegenfänger« oder »Philosophen«, wie Charles genannt wurde. »Wenn ich Kapitän wäre, würde ich Sie und Ihre verdammte Unordnung bald von Bord geschafft haben«, grollte er. »Wickham ist ein fabelhafter Bursche«, meinte Darwin trotz alledem. Der gute Henslow hatte sich angeboten, die Kisten in Empfang zu nehmen und alle Exemplare bis zu Darwins Rückkehr sorgfältig zu verwahren.

Am 16. Januar gingen sie im Hafen von Praia vor Anker. Vom Meer her wirkte die Umgebung absolut unfruchtbar, auf der ausgedehnten Lavaebene war kaum ein grünes Blatt zu entdecken. Vulkanausbrüche einer vergangenen Zeit und die sengende Tropensonne hatten den Boden für jegliche Vegetation untauglich gemacht. Darwin ging mit einigen Begleitern an Land, um dem *Governador* ihre Ankunft zu melden, doch bevor er zum Schiff zurückkehrte, unternahm er noch einen Spaziergang durch die Stadt und gelangte an ein tiefes Tal, wo er sich zum erstenmal der Üppigkeit der tropischen Vegetation gegenübersah. Tamarinden, Bananenbäume und Palmen gediehen zu seinen Füßen. Wilde Blumen wuchsen in verschwenderischer Fülle ringsum. Nach den Beschreibungen Humboldts hegte er so hochgesteckte Erwartungen, daß er befürchtet hatte, enttäuscht zu werden. »Wie absolut absurd eine derartige Angst ist, kann niemand sagen, der nicht erlebt hat, was ich heute sah«, schrieb er überschwenglich. Nicht nur die graziösen Formen der Pflanzen und die Palette ihrer Farben, sondern auch die zahllosen und unkontrollierbaren Assoziationen verwirrten ihn. Er kehrte zur Küste zurück, lauschte dem Gesang nie zuvor gesehener Vögel und entdeckte unbekannte Insekten, die um ebenfalls unbekannte Blumen schwirrten. »Es war ein einzigartiger Tag für mich, so als hätte man einem Blinden sein Augenlicht wiedergegeben, der von dem, was er sieht, überwältigt ist und es nicht ganz verstehen kann. Derart sind meine Gefühle, und derart werden sie bleiben.« Am folgenden Tag machte er sich auf, um zu sammeln – ausgefallene Steine, Meerestiere und Pflanzen, worauf er »zum Schiff zurückkehrte, schwer beladen mit meiner reichen Beute, und ich war den ganzen Abend ununterbrochen mit der Sichtung der Ergebnisse beschäftigt«.

In seinem ersten Brief nach Hause sprach er von nichts anderem als der Exkursion. Er empfahl seinem Vater, einige tropische Pflanzen zu besorgen, weil sie ihm viel Vergnügen bereiten würden. Einige Zeit später erhielt er die Antwort: »Ich habe einen Bananenbaum bekommen, er ist so gut angegangen, daß er vermutlich bald das ganze Teibhaus einnehmen wird. Ich sitze darunter und stelle mir Dich in ähnlichem Schatten vor.«

Sie verbrachten drei Wochen auf den Kapverdischen Inseln und unternahmen täglich irgendeine Expedition – zur Insel Quail, wo er und Maccormick entlang einem breiten Fluß ins Landesinnere vordrangen und mit etwas Glück auf die berühmten Baobab-Bäume stießen. Darwin kannte sie aus Büchern: Einige sollten 6000 Jahre alt sein. Mit zwei anderen Offizieren ritt er nach Ribeira Grande, einem 15 Kilometer westlich von Praia gelegenen Ort, und nach Santa Domingo. Am Ende seines Aufenthalts umfaßte seine Sammlung 40 Blütenpflanzen, darunter viele üppige tropische Arten, eigenartige Früchte wie die Lablab- oder Helmbohne *(Dolichos lablab)* und zwei Formen der Judenkirsche *(Physalis alkekengi)* sowie bezaubernde Sträucher wie *Caesalpinia pulcherrima*, deren lange Staubblätter wie Damenohrringe herabhingen. Er hatte schöne Winden und bei Santa Antonia eine aparte kleine Pflanze gefunden, deren schneeweiße Blüten die Felsen bedeckten – es war *Paronychia gorgonocoma*, deren europäische Verwandte bei uns in Steingärten gedeihen.

Aber noch beschäftigte Darwin vor allem die Geologie, was sich für die Entwicklung der Evolutionstheorie als gut und richtig erweisen sollte, denn auf diesem Gebiet fand er den ersten Schlüssel zur Vergangenheit. Er schrieb an Henslow, die geologische Formation von Sao Tiago sei seiner Meinung nach relativ jung, und es gäbe einige Fakten, die Mr. Lyell interessieren würden. Der erste Band von Charles Lyells *Principles of Geology* (deutsch unter dem Titel »Grundzüge der Geologie« erschienen) gehörte inzwischen immer zu seiner Ausrüstung (das Buch war ihm von Henslow mit dem Rat empfohlen worden, es zu lesen, aber unter keinen Umständen zu glauben, was darin stehe). Und jetzt war er selbst unterwegs und machte seine eigenen geologischen Entdeckungen. Ein Lavastrom hatte sich einst über den Meeresboden aus jungen zermahlenen Muscheln und Korallen ergossen und ihn zu einem harten, weißen Gestein zusammengepreßt. Aber die weiße Gesteinslinie zeigte, daß es später zu einer Absenkung um den Krater gekommen war, der danach seine Tätigkeit wieder aufgenommen und neue Lava ausgestoßen hatte. Es handelte sich um eine neue, wichtige Entdeckung, und Darwin spielte mit dem Gedanken, einmal ein Buch über die Geologie der verschiedenen Länder zu schreiben, die sie auf der Fahrt anliefen. An jenem Abend vertraute er beim Essen seine Hoffnung Kapitän FitzRoy an, der ihn sofort ermutigte, sorgfältige und ausführliche Notizen aller seiner Beobachtungen zu machen. Daraus entstanden später drei Bücher: *Über den Bau und die Verbreitung der Korallen-Riffe*, 1842, *Geologische Beobachtungen über die vulkanischen Inseln*, 1844, und *Geologische Beobachtungen über Südamerika*, 1846.

Auf dem Weg nach Bahia (heute Salvador) legten sie kurz an der

Insel S. Paulo an (»ein eigenartig verhexter Felsen«, wie Darwin meinte). »Es handelt sich um eine Serpentin-Formation«, erklärte er. »Ist dies nicht die einzige Insel im Atlantik, die nicht vulkanischen Ursprungs ist?« Seine Vermutung sollte sich bestätigen. Der auffallende, kegelförmige Berg auf der Insel Fernando de Noronha, ihrer nächsten Station, war tatsächlich vulkanisch. Seine Höhe betrug etwa 300 Meter, und während der paar Stunden, die sie an Land verbrachten, hatte Darwin Zeit genug, um ihn zu besteigen. Auf halber Höhe des Berges waren die riesigen, säulenförmigen Gesteinsmassen von lorbeerähnlichen und anderen Bäumen überschattet, die über und über mit den schönen, rosafarbenen Blüten einer Kriechpflanze bedeckt waren. Die Kletterpflanzen auf Fernando de Noronha überzogen mit ihren Girlanden jeden Baum, selbst die herrlichen Magnolien, des die ganze Insel bedeckenden Waldes, und sie waren so dicht ineinander verschlungen, daß man nur mühsam vorankam. Neun Pflanzen von der Insel sind in Darwins Herbarium erhalten, das sich heute in der Botany School von Cambridge befindet. Eine war neu. Henslow nannte sie *Pisonia darwinii*. Sie hatte unauffällige Blüten. Darwin erklärte: »Wir sahen weder irgendwelche auffallenden Vögel noch Kolibris oder große Blumen.« Er freute sich auf Brasilien, ihr nächstes Ziel: Dort erwartete ihn die wahre Pracht der Tropen.

Um neun Uhr am Morgen des 28. Februar gelangten sie in die Nähe der brasilianischen Küste und sahen vor sich eine tiefgrüne, unterbrochene Baum- und Pflanzenkette. Als sie in Bahia ankerten, stellte Darwin fest, daß die von ihm so bewunderten Beschreibungen von Alexander von Humboldt der Wirklichkeit in keiner Weise gerecht wurden. »Das Entzücken, das mich ergriff«, schrieb er, »verwirrt die Sinne; wenn man versucht, mit den Augen dem Flug eines glänzenden Schmetterlings zu folgen, verweilt der Blick unwillkürlich an irgendeinem fremdartigen Baum oder einer Frucht; wenn man ein Insekt beobachtet, vergißt man es angesichts der unbekannten Blüte, über die es kriecht; wenn man sich umsieht, um die Szenerie zu bewundern, fesselt der besondere Charakter des Vordergrunds die Aufmerksamkeit. Die Sinne befinden sich in einem Aufruhr des Entzückens . . .«

Am folgenden Tag notierte er: »Indes ist selbst Entzücken nur ein schwacher Ausdruck für derart faszinierende Erlebnisse. Ich bin allein durch einen brasilianischen Wald gewandert: In der Vielfalt ist es schwer zu sagen, welche Dinge die auffallendsten sind; die Üppigkeit der Vegetation im allgemeinen trägt den Sieg davon, die Eleganz der Gräser, die Fremdartigkeit der Schmarotzerpflanzen, die Schönheit der Blüten, das glänzende Grün des Laubes, alles wirkt zusammen und ruft diesen Eindruck hervor.« Ein paradoxes Nebeneinander von Geräuschen und Stille herrschte in den schattigen Teilen des Waldes, das Summen der Insekten war so laut, daß man es abends vom Schiff aus hören konnte, das mehrere hundert Meter vor der Küste lag. Und doch waltete in der Abgeschiedenheit des Waldes ein allgemeines Stillschweigen. Am nächsten Tag vermochte er »dem Entzücken von gestern nur neues Entzücken hinzuzufügen«. Er drang einige Kilometer ins Landesinnere vor, und jedes neue Tal, das er betrat, erschien ihm schöner als das vorige. »Ich sammelte eine große Zahl leuchtend gefärbter Blumen, genug, um einen Blumenzüchter mit Begeisterung zu erfüllen.« Die brasilianische Landschaft war für ihn nicht mehr und nicht weniger als »ein Blick auf Tausendundeine Nacht, mit dem Vorzug, daß sie Wirklichkeit war«.

Zu den Pflanzen, die er sammelte, gehörten die elegante *Maranta porteana* mit ihren Blättern, die auf der Oberseite strahlend grün, auf der Unterseite tiefrot gefärbt und mit weißen Streifen durchzogen waren – eine Neuentdeckung; zwei Leberbalsame mit himmelblauen Blüten; zwei strauchartige Exemplare von Desmodium, die es mit roten, blauen, rosa und weißen Blüten gibt; die dekorative *Polygala paniculata*; zwei verschiedene Pavonien (Malvengewächs), deren Blütenköpfe wie zierliche Seeanemonen aussahen; *Lantana fucata* mit rosaroten Blüten zwischen immergrünen Blättern; drei Wolfsmilchgewächse: Rechnet man Kletterpflanzen und Gräser wie *Eleusina indica* mit büscheligen Ähren, ein rostfarbenes Flattergras und eins mit dem griechischen Namen Olyra dazu, so kamen mehr als fünfzig Pflanzen zusammen.

Sein Interesse an der Geologie trat in dieser Zeit in den Hintergrund, auch wenn er am 14. März auf einige auffallende geologische Strukturen stieß und mehrere angenehme Stunden am Strand verbrachte.

Am Monatsende erreichten sie die Abrolhos-Bänke, eine Gruppe von fünf kleinen Felseninseln, die nur von einer riesigen Zahl von Vögeln besiedelt waren. Zwei Gruppen der Besatzung gingen nach dem Frühstück an Land, und Darwin machte sich sofort an die Erforschung des Gesteins sowie der Insekten und Pflanzen. Als sie weiterfuhren, hatte er sein Herbarium um neun Exemplare bereichert. Darunter befand sich eine ungewöhnliche Iresine (Fuchsschwanzgewächs) mit unauffälligen Blüten, dafür aber um so prächtigeren Blättern.

Ihr nächstes Ziel war Rio de Janeiro mit seinem kegelförmigen Zuckerhut. Während die *Beagle* nach Bahia zurückkehrte, weil sich in der Vermessung der Längengrade ein Fehler herausgestellt hatte, beschlossen Darwin und Augustus Earle, der die Expedition als Künstler begleitete, die Wochen ihrer Abwesenheit zu nutzen und die Umgebung zu erforschen. In einem einige Kilometer von Rio entfernten Dorf an der Bucht von Botafogo fanden sie in einem schönen Haus am Strand Unterkunft. Hier verlor Darwin bei einem Unglück fast seine gesamte Ausrüstung, denn als sie mit dem Beiboot an Land gingen, rollten riesige Wellen über das Boot hinweg und schwemmten zu seinem Entsetzen seine wertvollen Bücher, Instrumente, Gewehrfutterale und alles andere, was er besaß, in die Brandung. Zum Glück gelang es, die Dinge zu retten, bevor sie vollständig verdorben waren.

Sofort nach ihrer Ankunft erkundigte er sich nach Möglichkeiten, ins Landesinnere zu gelangen. Er hatte Glück, denn ein Ire, Patrick Lennon, plante gerade eine Inspektionsreise zu seiner etwa 240 Kilometer nördlich der Hauptstadt gelegenen Kaffeeplantage am Rio Macae. Am 8. April machte sich die Gruppe von sechs Männern mit Pferden auf den Weg. Der Tag war überaus warm, und als sie durch die Wälder ritten, regte sich rundum nichts außer einigen großen, prächtig gefärbten Schmetterlingen, die träge umherflatterten.

Darwin hatte von Beginn der Reise an alles niedergeschrieben, was ihn besonders beeindruckte, und zwar in kleinen Notizbüchern. Die Eintragung vom 9. April zeigt zum erstenmal seine Begeisterung über die Pflanzen. »Aufbruch etwa halb sieben, durchquerten ausgedörrte Ebenen – Kakteen und andere Sukkulenten: Auf den verkümmerten und absterbenden Bäumen herrliche Schmarotzerpflanzen – Orchideen mit köstlichem Duft.« Die Ebenen lagen zwischen der Küste und unberührten Salzlagunen, wo futtersuchende Reiher und Kraniche einen wunderbaren Anblick boten. Die Sukkulenten traten in einer Vielzahl von phantastischen Formen auf, aber vor allem beeindruckten ihn die »wunderbaren und sehr schön blühenden Schmarotzerpflanzen«. Er sammelte gewissenhaft alles Neue, auf das er stieß: »einen Frosch und verschiedene Planorbis, Helix und Puccinea«. Er sah einen Schwarm von mehr als hundert Bussarden. Dann kamen sie in einen endlosen Wald, wo sie Kilometer um Kilometer in derart bedrückender Hitze ritten, daß er sich fiebrig und übel fühlte. Am Ende des Tages war er richtig krank, aber er notierte gewissenhaft: »Am Morgen Blick auf K. Frio, infolge von Lichtbrechung wie umgedrehte Weingläser ohne Stiel aussehend. Gneis, nach Süden (und dann nach Norden) abfallend.« Nach einer unruhigen Nacht kurierte er seine Krankheit mit Hilfe von Zimt und Portwein einigermaßen aus, war dann aber doch erleichtert, als sie am Abend Socego erreichten, das Haus von Manoel Joaquem da Figuireda, dessen Schwiegersohn sich der Gesellschaft angeschlossen hatte. Seine *fazenda* bestand aus einem gerodeten Stück Land, auf dem Maniok – aus dem Tapioka gewonnen wird –, Zuckerrohr, Reis und Bohnen angebaut wurden. Noch gab es keine Gesetze gegen den Sklavenhandel, und auf der *fazenda* lebten mehr als hundert Negersklaven. Eines Morgens, als Darwin vor Tagesanbruch aufstand, um die Stille des Waldes zu genießen, hörte er plötzlich eine katholische Morgenhymne, die von den Schwarzen gesungen wurde. Die Wirkung war erhebend, wie er notierte.

Darwin verabscheute die Sklaverei. Dagegen war FitzRoy ein entschiedener Befürworter des Systems. Er erzählte Darwin, daß er in Bahia einen reichen Sklavenhalter besucht habe, der einen großen Teil seiner Sklaven zu sich gerufen und sie gefragt hatte, ob sie glücklich seien oder ob sie die Freiheit vorzögen, worauf sie alle mit Nein geantwortet hätten. Darwins Frage, ob er glaube, daß der Antwort der Sklaven in Anwesenheit ihres Herrn irgendeine Bedeutung beigemessen werden könnte, löste bei FitzRoy einen seiner Wutanfälle aus, und er erklärte, sie könnten nicht länger zusammenbleiben, wenn Darwin an seinen Worten zweifelte. Doch einige Stunden später schickte er einen Offizier mit einer Entschuldigung und der Bitte, Darwin möge weiterhin mit ihm die Kabine teilen. Die beiden sollten auf der Reise noch mehrere ernsthafte Meinungsverschiedenheiten austragen, aber jeder achtete und mochte den anderen. So glättete mal FitzRoy mit seiner Großzügigkeit die Wogen, mal Darwin mit seinem gesunden Menschenverstand.

Die Männer blieben einige Tage in Socego, und Darwin nutzte die willkommene Gelegenheit, allein durch den Wald zu streifen. Henslow hatte ihm einen Stich geschickt, der einen tropischen Wald zeigte, nach Darwins Meinung aber die Üppigkeit eher unter- als übertrieb. »Nur die Wirklichkeit kann eine Vorstellung davon vermitteln, wie

EIGHT PRINCIPAL INLAND
EXPEDITIONS

1. El Carmen or Patagones – Bahia Blanca
August 11-17, 1833. pp.153-166
2. Bahia Blanca – Buenos Ayres (400 miles)
September 8-20, 1833. pp.174-183.
3. Buenos Ayres – Sta Fé (nearly 300 miles)
Sept. 27-Oct. 2, 1833. pp.183-186),
(returned down the river)
4. Monte Video – Mercedes and return.
November 14-28, 1833. pp.191-197.
5. Captain's expedition up Santa Cruz R.
April 18 – May 8, 1834. pp.221-226.
6. CHILOE, San Carlos-Castro-Cucao
Castro – San Carlos.
Jan. 22 Jan. 28, 1835. pp.264-271.
7. Valparaiso – Mendoza – Santiago.
March 18-April 10, 1835. pp.288-306
8. Valparaiso – Coquimbo – Copiapó (420 miles)
April 27 – June 22, 1835. pp.306-321.

Der südliche Teil von Südamerika mit den Exkursionen, die Charles Darwin ins
Landesinnere unternahm.
(Aus: *Charles Darwin's Diary of the Voyage of H.M.S. Beagle,* hg. Nora Barlow)

wunderbar, wie großartig die Szenerie ist«, schrieb er an Henslow. Er liebte es, sich zum Essen auf einen der verrotteten, infolge ihres Alters umgestürzten Bäume zu setzten. Die eigenartigen weißen Stämme der lebenden Bäume begeisterten ihn immer wieder, denn sie waren die einzigen hellen Flecken in dem dichten Schatten, der nur hin und wieder von einem durch die hohen Baumkronen fallenden Lichtstrahl erhellt wurde. Von unten unsichtbar, erstrahlten weit über ihm die Blätter in der tropischen Sonne. Er bemerkte die Lianen, die die Bäume wie Seile zusammenhielten und sich umeinanderwickelten. »Schlingpflanzen umschlingen Schlingpflanzen – Flechten wie aus Haar«, notierte er. So poetisch diese Worte auch klingen, sie beschreiben präzise eine wissenschaftliche Beobachtung; und es ist interessant, daß Kletterpflanzen so früh seine Aufmerksamkeit erregten, denn wir wissen ja, daß er später ein Buch über sie schrieb. Eine von ihnen maß er aus. »Eine Kletterpflanze, Umfang 40,64 Zentimeter.« Diese Szenen im brasilianischen Urwald sollten ihm von allen Erlebnissen der ganzen Reise am deutlichsten im Gedächtnis bleiben.

Bis zur Ankunft der *Beagle*, die Ende Juni zurückkehrte und ihn wieder an Bord nahm, unternahm er mehrere Exkursionen: eine lange Wanderung zum Berg Gavia, auf dem üppige Liliengewächse gediehen, einen Ritt nach Tijeuka zu den Wasserfällen, wo er sich an der Vielfalt der Farne erfreute, und immer wieder Ausflüge in die Tiefe der Wälder. Er stieß auf so viele Neuheiten, daß die in einer Stunde gesammelte Ausbeute ihn gelegentlich für den Rest des Tages voll beschäftigte.

Aber er hatte auch Sorgen, und von Montevideo aus teilte er sie Henslow mit. Vor allem glaubte er, daß Henslow mit der Zahl der übersandten Exemplare nicht zufrieden sein könnte. »Aber ich bin nicht untätig gewesen, und Sie müssen bedenken, wie wenig Staat optisch mit Hunderten von Arten zu machen ist.« Die neue Sendung enthielt zahlreiche geologische Proben; er hatte sich bemüht, alle Gesteinsarten zu berücksichtigen. »Wenn Sie glauben, daß es sich lohnt, einige von ihnen zu untersuchen, wäre ich für Auskünfte über die mineralische Zusammensetzung von ihnen sehr dankbar, insbesondere bei den Nummern zwischen 1 und 254.« Er hatte ein Zweitschrift des Katalogs angefertigt und behalten. Hinsichtlich seiner Pflanzenexemplare fühlte er sich beschämt und mutlos, weil er davon ausging, daß die Zusammenstellung einer Sammlung eigentlich sinnlos sei, wenn er nichts davon verstand. »Es ist wirklich entmutigend, inmitten solcher Schätze durch den herrlichen Wald zu wandern und zu meinen, sie nicht richtig würdigen zu können«, schrieb er voller Verzweiflung. Aber gleich darauf meinte er, daß seine Sammlung von den Abrolhos-Bänken doch interessant und, wie er annahm, hinsichtlich der Blütenpflanzen fast vollständig wäre. Dasselbe dürfte für die Sammlung gelten, die er auf Sao Tiago erstellt habe, wenn auch nur aus dem Grund, daß die Flora dort spärlich war. Mit diesem Brief bat er Henslow um Rat und Hilfe.

Da es viele Monate dauerte, bis Briefe das Schiff erreichten, mußte er lange darauf warten, zu erfahren, daß seine Pflanzen von den Botanikern mit Ungeduld erwartet wurden.

Am 26. Juli kamen sie in Montevideo an, und nach vierzehn vollen Tagen an Bord des Schiffes war Darwin froh, es verlassen zu können. Die Landschaft war uninteressant: Es gab kaum ein Haus, ein eingezäuntes Stück Land oder auch nur einen Baum, an denen sich das Auge erfreuen konnte. Doch empfand er gerade jetzt den besonderen Reiz der Freiheit, ungehindert über unbegrenzte Grasebenen wandern zu können; und bei genauerem Hinsehen entdeckte er, daß das hellgrüne Gras, von Rindern kurzgefressen, voller zwerghafter Blumen stand. Eine sah aus wie ein Gänseblümchen, und er begrüßte es wie einen lieben alten Freund. Und in seinem Reisebericht fragte er, was wohl ein Blumenliebhaber sagen würde, wenn er ganze Landstriche so dicht mit *Verbena melindres* bedeckt fände, daß sie einen ununterbrochenen Teppich aus dem strahlendsten Scharlachrot bildeten? (Er konnte jedoch keinen Anspruch auf die Entdeckung dieser Pflanze erheben, denn sie war im Jahre 1827 von dem schottischen Landschaftsgärtner John Tweedie beschrieben worden, der inzwischen in Buenos Aires lebte.)

Buenos Aires bildete auch das Ziel ihrer Fahrt flußaufwärts, die sie am folgenden Tag antraten. Kapitän FitzRoy hatte von einigen interessanten alten Karten gehört, die sich dort befinden sollten und die er sich ansehen wollte. Die ungeheure Größe des Rio de la Plata beeindruckte Darwin: Von der Flußmitte aus konnte man gerade noch das nördliche und das südliche Ufer sehen. Als sie ein paar Tage später zurückkehrten, wurden sie von Gefechten überrascht. Zwar war im Jahre 1828 Uruguay als Pufferstaat zwischen Argentinien und Brasilien errichtet worden, aber beide Staaten stritten sich noch immer um

Besitzansprüche, und erst am 13. August galt die Lage als sicher genug, daß man sich ins Landesinnere begeben konnte. Die Zeit für Expeditionen war jedoch knapp, denn die Vermessung des umliegenden Gebiets war abgeschlossen, und FitzRoy drängte darauf, weiter nach Süden zu segeln.

Bei gutem Wetter fuhren sie die Küste entlang und kamen Anfang September in Bahia Blanca an, wo sie zwischen Untiefen und Schlammbänken aufliefen und von einem Schoner befreit werden mußten, der sie sicher in eine geschützte Bucht geleitete. Kapitän und Miteigentümer des Schoners war Mr. Harris, der weiter südlich in Rio Negro noch zwei kleinere Schoner besaß. FitzRoy beschloß, sie zur Unterstützung bei seinen Vermessungsarbeiten zu mieten, was den Aufenthalt an der Ostküste Südamerikas verkürzen würde. Die Nachricht wurde von jedermann mit Begeisterung begrüßt. Während die Arbeiten vorangetrieben wurden, hatte Darwin Gelegenheit, den Rest des Monats September und den halben Oktober an Land mit Exkursionen zu verbringen.

Er erkundete die gewellte Sandebene der Umgebung, die gerade mit grobem Gras bedeckt war, sich aber, wie Darwin vermutete, im Sommer in Wüste verwandelte. Auf der südlichen Hemisphäre war Frühling, und alle Blumen hatten Blütenknospen. Den 14. September verbrachte er im Freien und erweiterte seine Sammlung um 20 Pflanzen. Ihm fiel auf, daß es viele immergrüne Sträucher gab, die sich vor dem Vertrocknen schützten, indem sie die Feuchtigkeit in ihren Blättern speicherten. Der dekorative Pfefferbaum *Schinus dependens* präsentierte sich mit hellgrünen Blättern und herabhängenden gelblich-weißen Blüten, die später zu schwarzen Beeren reiften. *Colletia longispina* gab ein Beispiel für Maßnahmen, die Pflanzen zum Schutz vor Gefahren entwickelten, in diesem Fall vor beutehungrigen Tieren; ebenso der dornige *Margyricarpus setosus*, dessen grüne Blüten sich in außerordentlich hübsche weiße Beeren verwandelten. Er fand eine aparte kleine Alpine, das Felsenblümchen *Draba patagonica*, deren polsterförmige Stauden mit leuchtend goldenen Blüten bedeckt waren. Zu den Kletterpflanzen gehörte *Lathyrus tomentosus*, eine Verwandte der Gartenwicke. Bevor er Bahia Blanca verließ, fand er noch drei weitere Erbsenarten. In späteren Jahren, als er sich auf sein Buch *Die Bewegungen und Lebensweise der kletternden Pflanzen* vorbereitete, legte er die faszinierende Lebensgeschichte dieser Leguminosen dar, wobei er, wie bei vielen anderen

Experimenten, davon ausging, daß seine Evolutionstheorie auch auf die Welt der Pflanzen zutraf.

Bevor die *Beagle* Bahia Blanca verließ, hatte er seine Sammlung um fast 80 Pflanzen erweitert. Dazu gehörten einige dekorative Gräser, darunter eine zarte Festuca mit dem Namen *Vulpia tenella, Melica papilionum* und das Kanarienglanzgras *Phalaris*, das Kanariensamen liefert. Der Frühling hatte inzwischen seinen Höhepunkt erreicht: Die Vögel legten Eier, und die Blumen standen in voller Blüte. Stellenweise war der Boden mit den rosa Blüten eines Sauerklees und denen einer wilden Erbse – einer seiner *Lathyrus*-Arten – sowie einer Zwergpelargonie bedeckt.

Samstag, der 22. September 1832, begann wie ein ganz gewöhnlicher Tag. Am Morgen war es ruhig, hell und klar, nachdem am Tag zuvor der Wind kräftig geweht hatte – doch das war nicht ungewöhnlich, denn das Wetter änderte sich schnell. FitzRoy schlug eine Fahrt um die Bucht vor, und Darwin sowie Sullivan, der Zweite Offizier (später Admiral Sir James Sullivan), stimmten zu. Nicht, daß die Landschaft besonders interessant gewesen wäre: Zwischen Himmel und Wasser lag eine undeutlich sichtbare Kette von Schlammbänken. Sie gingen etwa 16 Kilometer vom Schiff entfernt in Punta Alta an Land, und hier fand Darwin einige Gesteinsformationen, über die er in seinem Reisebericht mitteilte: »Diese sind die ersten, die ich gesehen habe, und sie sind sehr interessant, denn sie enthalten zahlreiche Muscheln und die Knochen großer Tiere.« Am nächsten Tag ging er noch einmal zurück, um nach weiteren Fossilien zu suchen, »und zu meiner großen Freude fand ich den Kopf eines großen Tiers, eingebettet in einen weichen Stein. Ich brauchte fast drei Stunden, um ihn zu befreien. Soweit ich es beurteilen kann, handelt es sich um einen Verwandten des Rhinozeros.«

Etwas weiter stieß er auf eine rötliche Lehmschicht, »die weitaus weniger Muscheln enthielt – aber ein Gürteltier«, wie er in sein Notizbuch schrieb. Gürteltiere waren in der Gegend sehr zahlreich. Bei einem Jagdausflug hatte er sie aus der Nähe betrachten können, denn die Gauchos hatten eines gefangen und auf dem Feuer geröstet. So bereitete es ihm keine Schwierigkeiten, das ausgestorbene Riesentier mit seinem gegliederten Knochenpanzer zu identifizieren. Er war äußerst erregt und zutiefst beeindruckt und beherrscht von dem sehr starken Gefühl, über die Schulter zurück auf den Anfang aller Dinge zu blicken.

Sie segelten wieder nach Norden zum Rio de la Plata. In Montevideo erreichten ihn die letzten Neuigkeiten aus England in fünf Monate alten Briefen. Zwischen seiner Post befand sich der gerade veröffentlichte zweite Band von *Principles of Geology* (Grundzüge der Geologie), in dem Charles Lyell Lamarcks Theorie verwarf, daß die Welt in Urzeiten Tiere und Pflanzen beherbergt habe, die sich fundamental von den modernen Arten unterschieden. Lamarck hatte keinen Beweis für seine These: Lyell verwies auf die Säugetiere und Dikotyledonen (Pflanzen der höchsten Ordnung), die er in alten Kohlelagern gefunden hatte. Charles Darwin verfügte jetzt ebenfalls über einen Beweis – in seinem Gürteltier.

Fast ein Jahr war seit dem Auslaufen der *Beagle* aus England vergangen, als sie am 16. Dezember 1832 die stürmischen Küsten Feuerlands und die Magellanstraße erreichten. Darwin konnte es kaum erwarten, die südlichen Grenzen des großen Kontinents zu sehen; der erste Eindruck, den er jedoch erhielt, war der eines von Tälern durchzogenen, bewaldeten Landes, das als schön hätte gelten können, wäre der Himmel nicht so düster und das Land nicht von Wolkenfetzen bedeckt gewesen. Weit im Süden erhob sich eine hohe Bergkette, deren schneebedeckte Gipfel glitzerten.

Am 19. Januar brachen drei Walfängerboote und das Beiboot mit dem zweiteiligen Auftrag auf, den Beagle-Kanal zu vermessen und die drei Passagiere, die aus England mitgekommen waren, in ihr Heimatland zurückzubringen: York Minster, Jemmy Button und ein neun Jahre altes Mädchen, Fuegia Basket. Alle drei waren Feuerländer, die FitzRoy bei seiner vorigen Reise an Bord genommen und mit den wunderlichen Namen versehen hatte (button = Knopf; Jemmy hatte er für einen einzigen Perlmuttknopf erhalten), um sie ein Jahr lang auf seine Kosten in England unterrichten zu lassen. Wie die vielgepriesene indianische Prinzessin Pocahontas waren sie in England dem König und der Königin vorgestellt worden. Nun sollten sie in ihre Heimat zurückkehren und unter ihren Landsleuten die Zivilisation und das Christentum verbreiten. In dieser Richtung bewegten sich jedenfalls FitzRoys Hoffnungen. Er schickte eine Abteilung aus, um die Verwandten der drei ausfindig zu machen, und schon bald tauchte eine Reihe von Wilden auf. Ein alter Mann hielt eine lange Rede und lud sie ein, bei ihm zu bleiben. Der arme Jemmy, der sich zu einem eitlen jungen Mann entwickelt hatte, der immer Kalbslederhandschuhe trug und sich nicht wohlfühlte, wenn seine blankgeputz-

links: In Tierra del Fuego, Feuerland, fand Darwin einen »parasitären Strauch« *(Myzodendron brachystachyum),* der auf den Südamerikanischen Buchen wuchs.

rechts: Chlorea magellanica fand er auf der Elisabeth-Insel im östlichen Teil der Meeresstraße, wo sich, wie er schrieb, die Floren von Feuerland und Patagonien vermischen.

(Photos: David M. Moore)

ten Schuhe einen Schmutzfleck abbekamen, schämte sich offensichtlich seiner halbnackten, abgerissenen Landsleute sehr und verstand kaum mehr ein Wort in seiner eigenen Sprache. Darwin überlegte, was wohl aus ihm werden sollte.

Am nächsten Tag versuchte er, sich ins Landesinnere vorzuarbeiten. Da er durch das ständige Auf und Ab der Landschaft und die dicht bewaldeten Hügel nicht vorankam, folgte er dem Lauf eines Gebirgsbaches und wurde für seine Anstrengungen reichlich belohnt durch den Anblick einer großartigen Schlucht, deren düstere Tiefen die gewaltigen Kräfte der Natur ahnen ließen, die hier am Werke waren. In welche Richtung er auch sah, immer fiel sein Blick auf Gesteinsmassen und umgestürzte Bäume, und einen Augenblick lang erinnerte ihn das enge Nebeneinander von Gedeihen und Verderben an Brasilien. Doch es bestand ein Unterschied. »Denn«, so schrieb er, »an diesen stillen einsamen Orten schien der Tod anstatt des Lebens der vorherrschende Geist zu sein.«

Die Bäume gehörten alle zu einer einzigen Art, *Nothofagus betuloides*, eine immergrüne Buche mit birkenartigen Blättern, deren Laub eine eigentümlich bräunlich-grüne Färbung mit einem Stich ins Gelbe aufwies und die ganze Landschaft in diesen trüben, traurigen Farbton tauchte. In einem Brief an Henslow erwähnte er ein »parasitäres Gestrüpp«, das er zwischen den Buchen entdeckte. Es handelte sich um eine Art von *Myzodendron (brachystachyum)*, eine bemerkenswerte Gattung und der einzige Vertreter der Familie. Darwins Exemplar befindet sich im Herbarium von Kew Gardens. Zu den weiteren Entdeckungen aus Feuerland gehörte ein Pilz, den die Eingeborenen ungekocht aßen: Er wurde von Reverend Miles Joseph Berkeley, dem hervorragenden Mykologen, der sich mit allen Pilzen, die Darwin von dieser Reise mitbrachte, beschäftigte, *Cyttaria darwinii* genannt. Phantastisch erhaltene Exemplare befinden sich in Cambridge.

Am nächsten Tag folgte Darwin zuerst derselben Route, ließ dann aber die düsteren Bäume hinter sich und kam zu seiner großen Freude in offenes Land. Hier, zwischen dem Wald und der Grenze des ewigen Schnees, der die Gipfel in leuchtendes Weiß tauchte, stieß er überraschend auf ein Stück Torfmoor, das mit winzigen Hochgebirgspflanzen bedeckt war. Es handelte sich teilweise um immergrüne Pflanzen wie die kleine *Acaena magellanica* mit ihren rostbraunen und dunkelroten Blütenköpfen; eine kleine Myrte mit geldstückarti-

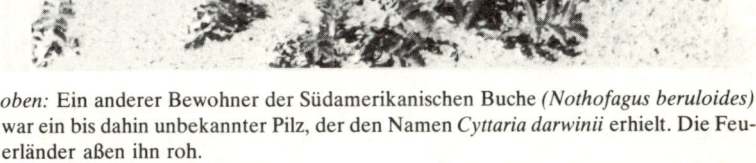

oben: Ein anderer Bewohner der Südamerikanischen Buche *(Nothofagus beruloides)* war ein bis dahin unbekannter Pilz, der den Namen *Cyttaria darwinii* erhielt. Die Feuerländer aßen ihn roh.

unten: Acaena magellanica, eine Entdeckung aus der Good Success Bay in der Magellanstraße, ist heute eine Zierpflanze.

(Photos: David M. Moore)

gen Blättern und die aparte kriechende *Pernettya pumila* mit ihren Einzelblüten in Form von Glockenblumen. Zwei andere *(Cardamine geranifolia* und *C. glacialis)* hatten Blätter, die nicht größer waren als die von Kresse, und dann gab es noch ein Vergißmeinnicht, so winzig, daß es gerade in den Garten einer Puppenstube gepaßt hätte, und eine kleine Butterblume, die dreizählige Blätter aufwies wie Klee (sie erhielt später den Namen *Ranunculus biternatus*). Die zierliche *Gunnera magellanica* bildete Teppiche aus zwergenhaften rhabarberähnlichen Blättern; ihre ungewöhnlich große Verwandte, *Gunnera manicata*, die unsere Teichufer schmückt, wurde erst 1967 entdeckt. Er fand einen zauberhaften neuen Enzian, zwei entzückende Veilchen *Senecio candicans* mit weißen flaumigen Blättern und zwei insektenfressende Pflanzen – die eine ein Fettkraut, die andere ein Sonnentau. Später sollte Darwin auch über die insektenfressenden Pflanzen ein Buch schreiben. Zählt man die Gräser, andere alpine Pflanzen und Sträucher hinzu, darunter zwei Berberitzen *(Berberis buxifolia* und *B. ilicifolia)*, so belief sich seine Sammlung auf volle 40 Pflanzen.

Er setzte seinen ganzen Ehrgeiz in das Trocknen und Pressen der Exemplare, so wie Henslow es ihm gezeigt hatte, aber im April blieb ihm nichts anderes übrig, als verdrossen nach Cambridge zu schreiben, daß »fast das gesamte Papier zum Trocknen der Pflanzen verdorben ist und dazu die Hälfte dieser interessanten Sammlung«. Während eines der in Feuerland häufigen, mörderischen Stürme hatten die Seen eins der Boote leckgeschlagen, und über die Decks war soviel Wasser hinweggegangen, daß das ganze Schiff vollgelaufen war – einschließlich der Heckkabine, wo sich Papier und Pflanzen befanden. Es gab keinen an Bord, der Feuerland nicht verabscheute.

Und doch erneuerte er gerade hier sein Versprechen, das er sich beim Verlassen Englands gegeben hatte. Wie er in seiner *Autobiographie* schrieb, entschloß er sich jetzt, »daß ich mein Leben nicht besser erfüllen könnte als mit kleinen Beiträgen zur Naturwissenschaft«.

Beziehungsreich ist der Name, an dem er diesen Entschluß faßte – Good Success Bay.

Vor ihnen lagen nun die Falklandinseln. Am Morgen des 1. März gingen sie in Port Louis vor Anker, dem östlichsten Ort. Es erwartete sie die Nachricht, daß England die Inseln in Besitz genommen hatte. Kurz zuvor hatte Argentinien Anspruch auf die lange Zeit unbewohnte Inselgruppe erhoben. England schickte daraufhin die *Clio*, mit dem Erfolg, daß nun die britische Fahne über dem Land wehte. Darwin fand Ostfalkland äußerst langweilig. Das Land, niedrig gelegen, wellig und von felsigen Gipfeln und kahlen Bergrücken durchzogen, war fast ausschließlich von braunem Hartgras bewachsen. Andere Pflanzen gab es kaum. Der größte Busch, den er entdeckte, hatte gelblich-weiße, glockenblumenartige Blüten und erreichte kaum die Höhe von Stechginster. Es gab kein Moos und keinen einzigen Baum – was ihn überraschte, angesichts der Tatsache, daß Feuerland so dicht bewaldet war. Der Boden war torfig, und doch gediehen auf ihm kaum alpine Pflanzen. Der Unterschied zwischen Ostfalkland und den Inseln Feuerlands war auffallend.

Im April segelten sie wieder zum südamerikanischen Festland, und Darwin ließ sich in Maldonado an der Mündung des Rio de la Plata absetzen. Hier sollte er zehn Wochen verbringen. Er nahm eine Wohnung im Hause einer bekannten alten Dame, Donna Francisca, und ritt gleich am nächsten Tag in die Umgebung. Die Landschaft glich der um Montevideo, war aber hügeliger. Vor ihm lagen die gleichen Grasebenen mit ihren herrlichen Blumen und Vögeln, die gleichen Kakteenhecken. Und wieder gab es keinen einzigen Baum. Es schien, als ob sich die Ebenen der Pampa nicht für das Wachstum von Bäumen eigneten. Er nahm sich vor, den Grund dafür zu erforschen. Vielleicht wehten zu starke Winde, oder lag es daran, daß Wasser zu schnell versickerte? Keiner der Gründe traf offenbar zu: Die felsigen Berge um Maldonado boten Schutz; es gab unterschiedliche Bodenarten; in fast jedem Tal befanden sich kleine Wasserläufe, und die lehmartige Zusammensetzung des Bodens schien durchaus geeignet, Feuchtigkeit zu bewahren. Im allgemeinen ging man davon aus, daß zwischen dem Entstehen von Wäldern und der jährlichen Niederschlagsmenge ein Zusammenhang bestand, doch in dieser Gegend fiel im Winter mehr als genug Regen, während der Sommer zwar trocken, aber nicht übermäßig trocken war. Darwin stand vor einem Rätsel, das ihn während der langen Jahre seiner Reise weiterhin beschäftigen sollte. Stück für Stück trug er Material zusammen, während er bewaldete und wüstenartige Regionen, Bodenbeschaffenheit, feuchte Winde und sogar geologische Formationen untersuchte, was ihm schließlich dazu verhalf, die faszinierende Geschichte der geographischen Verbreitung darzulegen. So verglich er die spärliche Vegetation von Ostfalkland mit den dichten Waldbeständen von Feuerland, dann Feuerland mit Westfalkland, und schrieb: »Sowohl die

Richtung der heftigen Stürme als auch die der Meeresströmungen begünstigen den Transport von Samen aus Feuerland, wie Kanus und Baumstämme beweisen, die von jenem Land weggetrieben und häufig an den Ufern von Westfalkland angespült werden. Vielleicht ist das der Grund dafür, daß in beiden Ländern so viele Pflanzen gemeinsam sind.«

Jahre später sollte er in einem Brief an Joseph Hooker erklären, er halte die geographische Verbreitung für »jene Fast-Stütze der Schöpfungsgesetze«.

4. Die Pflanzen der Beagle

b. Flüsse und Berge

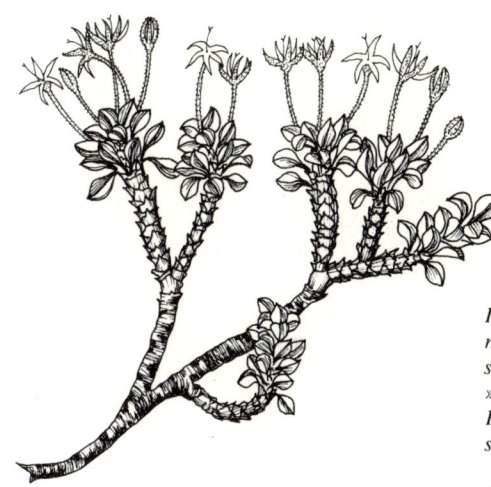

(Zeichnung von Victoria A. Matthews)

In Patagonien entdeckte Darwin 220 Kilometer von der Küste entfernt Pflanzen, die seiner Ansicht nach dort nicht hingehörten. »Handelt es sich nicht um Kordilleren-Pflanzen, die herunterwandern?« fragte er sich.

Eine von ihnen war Cruckshanksia glacialis, *eine chilenische Pflanze, die die Nummer 2042 in seiner Sammlung erhielt.*

Ein Jahr später erhielt er Gelegenheit, die Kordilleren zu besteigen, und verschaffte sich auf diese Weise eine Vorstellung davon, wie sich das prähistorische Südamerika gebildet hatte. Die Ebenen waren einst Binnenseen; Wasserstraßen verbanden den Pazifischen mit dem Atlantischen Ozean. Die Pflanzen aus Chile und Patagonien bildeten den Beweis für seine Theorie. Es handelte sich um »absolut dieselben«.

In einer Höhe von 2100 Metern, oberhalb der Baumgrenze, stieß er auf eine Gruppe verkieselter Bäume, die ihn davon überzeugten, daß sie einst vom Meer überspült waren, bevor das Land sich hob und diese Berge bildete. So entwickelte er aufgrund der Vegetation eine Theorie über die Entstehung eines Kontinents.

Am 24. Mai 1833 kehrte die *Beagle* von ihrer Vermessungsfahrt zurück, und Darwin vernahm voller Freude FitzRoys Absicht, Kap Hoorn im folgenden Sommer zu umfahren. »Mir geht das Herz über vor Freude, wenn ich an all die großartigen Aussichten denke, die die Zukunft enthält«, schrieb er, und: »Es lachte mir das Herz im Leibe, als ich die Anordnung vernahm, Proviant für die nächsten zwölf Monate unserer Reise zu besorgen.«

Am Abend des 24. Juli traten sie die Fahrt zum Rio Negro an, und zwar in Begleitung der beiden Schoner, von denen FitzRoy inzwischen einen gekauft und in Erinnerung an das erste Schwesterschiff der *Beagle Adventure* getauft hatte (er hoffte, daß ihm die Admiralität die Auslage ersetzen werde). An der Mündung des Rio Negro ging Darwin an Land, um weitere Teile der Landschaft zu erkunden, während die *Beagle* ihre vorgesehene Fahrt fortsetzte. Mit ihm ging Syms Covington (»Allerweltskerl und Steward für die Heckkabine«), der inzwischen zu seinem persönlichen Diener avanciert war. Die Zeiten waren so unsicher, daß FitzRoy ihnen untersagt hatte, ohne Begleitung oder Bewaffnung loszuziehen, und auf ihrem Ritt nach Patagonien kamen sie tatsächlich an Ruinen einiger schöner *estancias* vorbei, die von den Indianern in Schutt und Asche gelegt worden waren.

Darwin beabsichtigte, das Gebiet von Patagonien bis Bahia Blanca und weiter bis Buenos Aires zu durchqueren. Der Weg führte ihn durch ein von Indianern unsicher gemachtes Territorium, und er mußte zugeben, daß ihre Feindseligkeiten in gewissem Grade berechtigt waren, denn Jahr für Jahr annektierten die Weißen neue Teile ihres Landes für die Rinderzucht. Die argentinische Regierung hatte General Juan Manuel Rosas entsandt, um sie auszurotten, und mit Hilfe einer skrupellosen Armee, zusammengestellt aus Mischlingen, Indianern und Spaniern, war er auf dem besten Wege, seinen Auftrag auszuführen. Wo immer er auftauchte, hinterließ er bewaffnete Außenposten. Von General Rosas, der sich augenblicklich in Bahia Blanca befand, mußte sich Darwin die Erlaubnis für seine Reise ins Landesinnere holen. Am 6. August machte er sich mit Syms Covington, Harris (von den kleinen Schonern), einem Führer, fünf Gauchos und einer Gruppe von Pferden auf den Weg.

Zunächst kamen sie über eine ausgedehnte Ebene, die an Vegetation wenig zu bieten hatte: Sie war fast ausschließlich mit dornigen Büschen bewachsen. Aber in der Nähe des großen Salzsees Salinas (»mehr Salz als See«, wie er notierte) wuchsen Meerespflanzen. Am folgenden Tag stießen sie auf ihren ersten Baum. Auffallend, wie er auf der weiten Ebene war, galt er den Indianern als Altar ihres Gottes Walleechu. Da es Winter war, trug er keine Blätter. Statt dessen hingen von vielen seiner Zweige Fäden herab (die die Indianer aus ihren Ponchos zogen), sowie *yerba*, Fleisch und andere Gaben. Ringsum lagen ausgebleichte Knochen von Pferden, die als Opfer geschlachtet worden waren. Diese Nacht war die erste, die Darwin unter freiem Himmel verbrachte. Er empfand das Leben der Gauchos als aufregend – »jeden Augenblick das Pferd halten lassen zu können und zu sagen: ›Hier wollen wir die Nacht zubringen‹«. Sie deckten sich mit den Satteldecken zu. Eines Morgens, nach einer Nacht, in der viel Tau gefallen war, war das Tuchwerk steifgefroren.

Als sie sich dem Rio Colorado näherten, lösten Rasenflächen, die von hohem Klee überwuchert waren, die kahle Ebene ab. Weiden markierten den Verlauf des Flusses, und als sie ihn überquerten, stießen sie auf das Lager von General Rosas, der ihnen ohne Zögern den notwendigen Paß und die Ordre für die Regierungspferde aushändigte. Nach einem kurzen Aufenthalt machten sie sich auf den Weg nach Bahia Blanca, wo Darwin mit Kapitän FitzRoy zusammentreffen sollte. Darwin hoffte, daß er keine Einwände gegen seine Weiterreise zu Land nach Buenos Aires machen würde.

Während sie auf die Ankunft der *Beagle* warteten, ritt Darwin noch einmal nach Punta Alta, der Stelle, an der er im September des vorhergehenden Jahres, 1832, die fossilen Knochen eines Gürteltiers gefunden hatte. Als er nun sorgfältige Grabungen vornahm, entpuppte sich der Ort geradezu als Katakombe, in der die Ungeheuer ausgestorbener Arten versammelt waren. Sie lagen in Schichten aus Kies und rötlichem Ton begraben, und er gelangte zu dem Schluß, daß diese Tiere in lang vergangener Zeit die umliegenden Gebiete bewohnt haben mußten. In den Flüssen, die damals einzeln in eine große Bucht entwässerten und heute in dem großen Strom Plata vereinigt sind, waren ihre Kadaver heruntergespült und ihre Skelette in dem sich allmählich auffüllenden Mündungsschlamm eingeschlossen worden.

Als erstes fand er Teile von drei Schädeln und anderen Knochen, die zu einem Megatherium gehörten, dem größten am Boden lebenden Faultier, das mit einer Länge von fünf Metern mächtiger war als ein Elefant; dann kamen Knochen eines Megalonyx zutage, eines anderen erdlebenden Faultiers. Skelette dieser beiden Edentaten waren bereits zuvor entdeckt und im Jahre 1804 von Georges Cuvier, dem hervorragenden Kollegen von Jean Baptiste de Lamarck, detailliert beschrieben worden. Bei beiden handelte es sich um riesige, wollig behaarte Tiere von eigenartiger Gestalt – mit einem bärenartigen Körper und einer spitz zulaufenden Schnauze wie beim Kamel –, die hier gut 350 000 Jahre zuvor gelebt hatten.

Darwins dritter aufregender Fund bestand aus einem nahezu vollständigen Skelett eines Scelidotheriums, einer Art Ameisenfresser, der zu der Größe eines Rhinozeros heranwuchs. Dies war eine neue Entdeckung. Einen Fund nach dem anderen gab die Vergangenheit preis, als neunten und letzten die Überreste eines Toxodons, eines riesigen sumpfbewohnenden Huftiers. Alle Tiere waren von eindrucksvoller Größe. Darwin machte sich Gedanken darüber, wovon sie sich wohl ernährt hatten. Die Zähne der megatheroiden Tiere zeigten, daß ihnen vermutlich Blätter und Zweige von Bäumen als Nahrung gedient hatten, während die kolossale Breite und Schwere ihrer Hinterteile darauf hindeuteten, daß die Bäume schon fest verwurzelt gewesen sein mußten, um dem Anprall standzuhalten, dem sie ausgesetzt waren, wenn diese Tiere mit ihren kräftigen Armen und großen Klauen in die Äste reichten. Unter den Naturforschern herrschte allgemein die Ansicht, daß große Tiere nur in einer üppigen Vegetation leben konnten. Darwin hielt diese Meinung für durch und durch falsch und verwies darauf, daß in jedem Buch über Reisen in die südlichen Teile von Afrika auf fast jeder Seite Hinweise auf entweder den wüstenartigen Charakter des Landes oder die Zahl der großen Tiere zu lesen seien, die in ihm lebten. Außerdem berief er sich auf das Kamel, ein Tier von nicht geringem Umfang, das als Sinnbild der Wüste galt und ohne viel Nahrung auskam. Er folgerte daraus, daß, was allein die Quantität des Pflanzenwuchses betraf, die großen Vierfüßer der späteren tertiären Epochen wohl an den Stellen gelebt haben konnten, an denen ihre Überreste dann gefunden wurden, selbst in den Steppen Sibiriens. Aber, so führte er aus, »ich spreche hier nicht von der *Art* der Vegetation, die zu ihrem Unterhalt nötig ist, weil wir, da Beweise physischer Veränderungen vorliegen und die Tiere ausgestorben sind, wohl vermuten können, daß die Pflanzenarten sich gleichfalls verändert haben«.

Stück für Stück nahm Darwins Evolutionstheorie konkrete Formen an.

Am 8. September, nach einer fröhlichen Wiedersehensfeier mit seinen Schiffsgefährten und nachdem FitzRoy seine Zustimmung zu der geplanten Expedition gegeben hatte, brachen Darwin und Syms Covington zusammen mit einem Führer zu einer 650 Kilometer langen Reise auf, die sie durch das von Indianern unsicher gemachte Land führen sollte. Aus diesem Grund ließen sie sich nach jedem Pferdewechsel an einer *posta* von jeweils einem oder zwei Soldaten zur nächsten begleiten.

Die Vegetation änderte sich schlagartig, nachdem sie den Fluß Salado überquert hatten. Von dem groben Pflanzenbewuchs auf der einen Seite gelangten sie auf einen Teppich aus üppigem grünen Gras auf der anderen. Darwin nahm als Grund dafür die Beschaffenheit des Bodens an, doch die Bewohner der Stadt Guardia del Monte versicherten ihm, daß allein die riesigen Herden von Rindern dafür verantwortlich seien, die den Boden abgrasten und düngten. In der Nähe von Guardia stieß er auf die südliche Grenze des Verbreitungsgebiets von zwei europäischen Pflanzen; es waren Fenchel und die spanische Artischocke, *Cynara cardunculus*. Weiter nördlich, in der Umgebung von Montevideo und anderen Städten, hatte er Fenchel dicht an dicht an den Grabenufern wachsen und die distelartige Artischocke Meilen über Meilen überwuchern gesehen.

Nach einem langen Tagesritt über die saftige grüne Ebene, die nur hier und da von einer einsamen *estancia* und ihrem Ombu-Baum, einer *Phytolacca dioica* mit immergrünen Blättern und verstrebtem Stamm, unterbrochen wurde, kamen sie zu einem Posten, der ihnen die Übernachtung verwehren wollte, wenn sie keinen gültigen Paß vorweisen konnten. Es wären so viele Räuber unterwegs, daß er keinem trauen könnte. Als er jedoch die magischen Worte »El naturalista Don Carlos« las, den Titel, den General Rosas Darwin verliehen hatte, behandelte er sie ebenso grenzenlos höflich und zuvorkommend wie zuvor argwöhnisch. Darwin meinte, daß der Mann nicht die geringste Ahnung hatte, was ein Naturalista, also Naturforscher, sei.

Buenos Aires präsentierte sich ihnen wie eine englische Stadt im Frühling. In den Außenbezirken wuchsen zahlreiche Pfirsichbäume und Weiden, die junge grüne Blätter trieben. Sie ritten zum Haus eines befreundeten Kaufmanns mit Namen Edward Lumb, und dort genossen sie fünf Tage lang die Bequemlichkeiten eines englischen Heims, bevor sie sich auf eine Exkursion nach Santa Fé begaben, nahezu 480 Kilometer entfernt an den Ufern des Parana gelegen. Nachdem sie Areco passiert hatten, stießen sie auf immer weniger *estan-*

cias, die nunmehr kilometerweit voneinander getrennt lagen, da gutes Weideland selten war. Über weite Strecken der Landschaft wuchs nur bitterer Klee, und Riesendisteln bedeckten den Boden, die, wenn sie ihre volle Höhe erreicht hatten (sie wurden etwa mannshoch), den Räuberbanden als Versteck dienten – wie Darwin erfuhr, als er an einem Haus nach der Zahl der eventuell herumstreichenden Banditen fragte und die Antwort erhielt: »Die Disteln sind noch nicht ausgewachsen.« Trotzdem vermerkte er vorsichtig: »In Zukunft Pistole zur Hand haben; Führer nicht verlassen.«

Die Üppigkeit seiner Gärten machte das Dorf Corunda zu einem der hübschesten, die er in Südamerika sah; von hier jedoch bis Santa Fé, so warnte ihn sein Führer, trieben plündernde Indianer ihr Unwesen. Aus ihren Verstecken im offenen, aus dornigen Mimosen gebildeten Waldland fielen sie über unglückliche Reisende her. Darwin war froh, als er Santa Fé erreichte, und überrascht, daß die Stadt ein viel wärmeres Klima hatte als Buenos Aires, von wo sie nur drei Breitengrade trennten. Die prächtig gefärbten Vögel und Blumen erinnerten ihn an Brasilien. Es gab Orangen- und riesige Ombu-Bäume, und voller Eifer erweiterte er seine Sammlung um eine Anzahl neuer Kaktus- und anderer Pflanzenarten. Einige hatten schon Samen. Eingedenk der neuen Schönheiten, die auf diese Weise in die englischen Gärten gelangen konnten, hatte er es sich zur Gewohnheit gemacht, nach Möglichkeit Pflanzensamen zu sammeln. Doch seine Jagd auf Neuheiten fand ein vorzeitiges Ende, als unerträgliche Kopfschmerzen ihn für zwei Tage ans Bett fesselten. Eine gutmütige alte Frau kam, um ihm zu helfen, aber ihre Mittelchen erinnerten ihn in unangenehmer Weise an Hexerei, so daß er es vorzog, weiter an Kopfschmerzen zu leiden.

Er hatte Fieber, und nach der Überquerung des Rio Parana, einer qualvollen, vier Stunden langen Überfahrt durch die sich windenden Flußarme, war er glücklich, sich in das Haus eines alten katalonischen Spaniers zurückziehen zu können, für den er ein Empfehlungsschreiben hatte. Er hatte beabsichtigt, die Provinz Entre Rios zu durchqueren und über Banda Oriental nach Buenos Aires zurückzukehren. Aber ein Spaziergang zur Barranca ermüdete ihn derart, daß er beschloß, die Expedition vorzeitig zu beenden. Da er glaubte, daß die *Beagle* früher auslaufen würde, als es tatsächlich der Fall war, wollte er auf dem Wasserwege zurückkehren. Darwin maß die Größe eines Flusses immer an seinem heimatlichen Severn in Shrewsbury. Vom

Parana sagte er, er sei »im ganzen so breit wie der Severn und viel tiefer und strömungsreicher«.

Sie hätten den Weg eigentlich in kürzester Zeit zurücklegen sollen,
aber der Kapitän der *Balandra*, eines einmastigen Lastkahns, war ein
übervorsichtiger Mann. Kaum waren sie aufgebrochen, da verschlechterte sich das Wetter, und er beschloß, das Boot am Ast eines
Baumes festzumachen, der auf einer der zahlreichen schlammigen,
aus Weiden und anderen durch Kletterpflanzen verbundenen Bäumen gebildeten Insel wuchs. In diesen Dschungeln fanden Capybaras
und Jaguare Zuflucht. Kurz nachdem Darwin sich entschlossen hatte,
die Insel zu erforschen, stieß er auf eine frische Jaguarspur und kehrte
nach einigem Zögern zum Boot zurück. Ein Sturm hielt sie einen weiteren Tag lang auf, doch kam ihm die Verzögerung dieses Mal nicht so
ungelegen, weil er entdeckt hatte, daß die Flußklippen reiche Vorkommen an wichtigen Knochen enthielten.

Die Fahrt zur Mündung des Parana dauerte acht lange Tage. In Las
Conchas, einem Dorf unmittelbar vor Buenos Aires, verließ Darwin
mit seinen Begleitern die *Balandra* in der Absicht, das letzte Stück
des Weges in die Stadt zu Pferde zurückzulegen. Bei ihrer Landung
wurden sie von rebellierenden Soldaten umringt, und Darwin entdeckte zu seiner Verärgerung, daß sie ihn und Covington praktisch als
Gefangene betrachteten. Eine blutige Revolution war im Gange, und
sämtliche Häfen waren mit Embargo belegt worden. Er konnte weder
zum Boot zurückkehren noch nach Buenos Aires weiterreiten. Aus
Angst, daß die *Beagle* nun doch ohne sie auslaufen könnte, verschaffte er sich nach langem Hin und Her Zugang zum Führer der
Rebellen, der schließlich einwilligte, ihm sicheres Geleit bis zur
Brücke zu gewähren, nicht aber seinem Diener, dem Führer und den
Pferden. Wie Darwin seinen Weg an den Wachposten vorbei fand,
indem er ihnen seinen abgelaufenen Paß zeigte und dann einen Mann
bestach, damit er Syms Covington nach Buenos Aires schmuggelte,
war eine aufregende Geschichte, die er seinen Schiffsgefährten erzählte, als er am 4. November nach einer stürmischen Überfahrt in
einem überladenen Schiff, das nach Montevideo fuhr, erleichtert die
Masten der *Beagle* entdeckte und an Bord kletterte.

Es sollte noch einen Monat dauern, bis die *Beagle* auslief. Mit Hilfe
der beiden Schoner hatte Kapitän FitzRoy so viele neue Werte gesammelt, daß er Zeit brauchte, die neuen Erkenntnisse in die Karten
einzutragen. Darwin ergriff die Gelegenheit, zum Rio Uruguay und

dessen Nebenfluß Rio Negro zu reiten, einem schönen blauen Gewässer, so groß wie sein Namensvetter weiter im Süden. Geologisch gesehen war die Exkursion interessant; doch auch der Botaniker kam zu seinem Recht. Darwin kam zunächst durch ausgedehnte Distel- und Artischockenfelder, wie er sie in der Pampa gesehen hatte. Es folgten Wiesen mit gutem, grobem und so hohem Gras, daß es den Bauch seines Pferdes erreichte. Dennoch entdeckte er auf seinem Ritt quer durch das Land kilometerweit kein einziges Stück Vieh. Seiner Ansicht nach war die Provinz Banda Oriental geeignet, eine ungeheure Zahl von Tieren zu ernähren, wenn man es richtig anstellte, und die Entwicklung hat ihm inzwischen ja auch recht gegeben.

Er verbrachte mehrere Tage im Haus eines sehr gastfreundlichen Engländers, für den er einen Empfehlungsbrief von seinem Freund Edward Lumb erhalten hatte, und auf dessen und anderen *estancias* lernte er das Leben auf dem Lande mit Viehzucht und Häutehandel kennen. Die ganze Zeit über hatte er Samen gesammelt und verpackt, um sie an Henslow zu schicken. Ihm war aufgefallen, daß sich unter den ihm unbekannten Pflanzen einige befanden, die er in England an Hecken und auf Wiesen wachsen gesehen hatte, und die die Gärtner mühsam aus ihren Anlagen fernzuhalten versuchten. Auf irgendeine Weise mußten sie ihren Weg nach Südamerika gefunden haben. Dieser Gedanke ließ ihn nicht los, und in einem Brief an Henslow schrieb er am 24. November: »Die Botanik wird sich mit der Frage zu befassen haben, zu welchem Land die Unkrautarten gehören. Es dürfte interessant sein, festzustellen, ob die europäischen Unkrautarten durch ihren Aufenthalt in diesem Land irgendeine Wandlung erfahren haben.«

Hier zeigten sich die ersten Früchte der Lehren Henslows über die geographische Verbreitung, die Darwin später meisterhaft erklären sollte. Aber es handelte sich um noch mehr: Es war ein früher Vorstoß in das Reich der Variation von Arten unter veränderten Existenzbedingungen.

Am 6. Dezember verließen sie den Rio de la Plata, um nie wieder in seine schlammigen Wasser einzulaufen. Die folgenden 17 Tage gehörten zu den faszinierendsten, die Darwin auf der ganzen Reise erlebte. Das Wetter war schön und ruhig. Eines Abends, als sie etwa neun Seemeilen vor San Blas dahinsegelten, umgab sie plötzlich eine Wolke von Schmetterlingen »in Gruppen oder Schwärmen von zahllosen Myriaden, soweit nur das Auge reichte«. Selbst mit Hilfe eines Teleskops konnte man nichts als Schmetterlinge entdecken. Die Matrosen riefen: »Hier schneit es Schmetterlinge«, und so schien es tatsächlich. Ein andermal, in einer sehr dunklen Nacht, bot das Meer einen wunderbaren, großartigen Anblick. Eine frische Brise war aufgekommen, und das bewegte Wasser glühte rundum in phosphoreszierendem Licht. Vor seinem Bug trieb das Schiff zwei Wellen aus flüssigem Feuer her, in seinem Kielwasser folgte ein milchiger Schweif. Jede Wellenkrone war erleuchtet. Es schien, als sei das ganze Meer von weißlichen Flammen erhellt.

Vor ihnen lag Feuerland. In S. Julián (in Patagonien – d. Ü.) sollten sie mit der Küstenvermessung beginnen, und Mannschaft sowie Offiziere widmeten sich energisch ihren täglichen Pflichten in der Hoffnung, in wenigen Monaten die endlos scheinende Ostküste und die verhaßten Gebiete Feuerlands kartographiert zu haben. Den Namen Feuerland erhielt das Land auf Grund der Lagerfeuer, die die dort heimischen Indianer, die sogenannten Kanu-Völker, abends entzündeten, um sich zu wärmen. Vom Schiff aus konnte man nachts die Lichter überall entlang der Küste sehen. Ebenso wie die Eingeborenen litt die Besatzung der *Beagle* unter den wütenden Stürmen, der Kälte und Nässe des desolaten Landes.

Sie fuhren in den Hafen von Desire (heute Deseado) ein, da es sich herausgestellt hatte, daß die *Adventure* nicht gut unter Segel lief und die Segel infolgedessen geändert werden sollten. Wie immer ergriff Darwin die Gelegenheit, an Land zu gehen. Unter dem Kommando von Edward Main Chaffers, dem Ersten Offizier der *Beagle*, wurde das Beiboot ausgeschickt, um das Innere der Bucht zu vermessen.

Der erste Landgang war für Darwin immer interessant, insbesondere, wenn das neue Gebiet einen individuellen Charakter aufwies. Vor ihm erstreckte sich, in einer Höhe von 60 bis 90 Metern über roten Porphyrgesteinsmassen, eine weite, von Tälern durchschnittene Ebene. In der Woche, die er an Land verbrachte, fand er sechs *Adesmia* (Schmetterlingsblütler) – Sträucher mit erbsenartigen Blüten –, neun verschiedene Grasarten, einen Ginster, einen stattlichen Farn *(Polystichum adiantiforme)* mit bis zu 90 Zentimeter langen Wedeln, eine Pelargonie und eine Pantoffelblume, die dort als winterfeste Felsblume wuchs, später jedoch in England in Gewächshäusern gezogen werden sollte, sowie eine Nachtkerze, *Oenothera dentata*. Vier Pflanzen waren neu und wurden nach Darwin benannt: *Panagyrum*

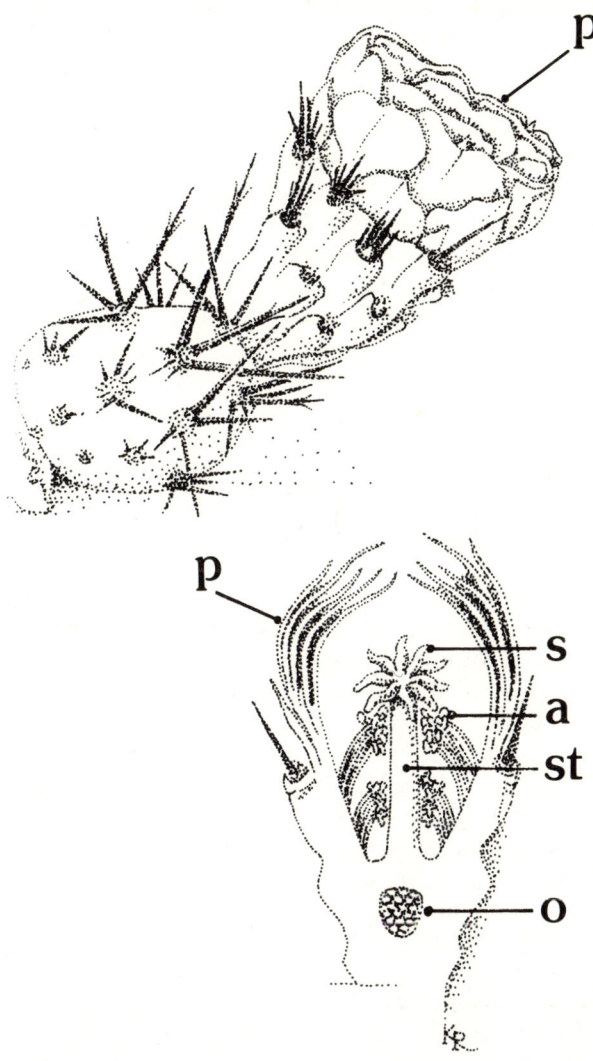

Für sein allererstes Experiment diente dem jungen Darwin die Opuntie, die Henslow nach ihm benannte. Er simulierte mit einem Strohhalm die Berührung durch ein bestäubendes Insekt.
(Zeichnung von Keith Roberts)

darwinii mit gänseblümchenartigen Blüten; *Chiliotrichum darwinii*, ebenfalls aus der Familie der Korbblütler; der strauchartige *Baccharis darwinii* und die Kaktusart *Opuntia darwinii*, die Henslow im *Magazine of Zoology and Botany*, Band I, Seite 466 beschrieb. Darwin entdeckte sie auf der ausgedörrten, kiesbedeckten Ebene Patagoniens, nicht weit von der Küste entfernt. Ihre gelben Einzelblüten standen in Spiralen um den fleischigen Stamm. Daß Darwin durchaus schon an botanischen Einzelheiten und am Verhalten von Pflanzen interessiert war, zeigt sein Bericht über die Versuche, die er mit der Opuntie unternahm. Er stellte fest, daß sie »wegen der Reizbarkeit ihrer Staubblätter interessant war, die sich zeigte, sobald ich entweder ein Stückchen Holz oder meinen Finger in die Blüte steckte. Auch die Segmente des Perianths schlossen sich um das Pistill, aber langsamer als die Staubblätter.« Darwin simulierte die Berührung durch ein bestäubendes Insekt. Ebenso wie die von ihm gesammelten Pilze und Kakteen wurde die Opuntie in Weinspiritus aufbewahrt, die einzige Möglichkeit, Sukkulenten zu erhalten. Sie befindet sich heute in Cambridge.

Nicht weniger Aufmerksamkeit als den ihm unbekannten und neuen Pflanzen schenkte Darwin der Tatsache, daß er eine Grasnelke entdeckte, die auch an der Küste Englands gedieh, und den kleinen, kriechenden Fremden Ehrenpreis *(Veronica peregrina)*, der in der Tat fremd und weitgereist war. In Europa weit verbreitet und in England zum erstenmal um das Jahr 1680 entdeckt, stammt der Ehrenpreis ursprünglich aus Nordamerika.

Da die Arbeiten an der *Adventure* am 4. Januar noch nicht beendet waren, entschloß sich FitzRoy, weiter nach Süden zu dem etwa 180 Kilometer entfernten S. Julián zu segeln, um Teile der dazwischenliegenden Küste zu vermessen. Es handelte sich um das gleiche Tafelland wie bei Desire, uninteressant und ziemlich unergiebig. Darwin sammelte 17 Pflanzen, darunter zwei Grasarten, nichts, das neu oder bemerkenswert gewesen wäre.

Am 22. Januar 1834 stachen dann die *Beagle* und die *Adventure* in See. Vier Tage später passierten sie die weißen Klippen von Kap Virgenes und fuhren in die Magellanstraße ein, die gefährliche Wasserstraße, die Feuerland vom südamerikanischen Festland trennt, fast 650 Kilometer lang und zwischen 4 und 27 Kilometer breit. Nach Tagen des Aufkreuzens gegen heftige westliche Stürme gingen sie in Gregory Bay vor Anker, wo Darwin der enorme Gezeitenhub auffiel

– 12 bis 15 Meter betrug der Unterschied zwischen Ebbe und Flut. Wer, so fragte er, kann sich über die Angst wundern, die die frühen Seefahrer beim Passieren dieser Straße empfanden?

Von der Elisabeth-Insel brachte er *Anemone decapetala* mit, eine Art, die er schon ein Jahr zuvor bei Kap Negro gesehen hatte. Ein echter Fund war dagegen die gelbe »Tabaksbeutel«-Blume, die wir alle kennen, mit kastanienbraunen Flecken auf der unteren Lippe. Sie erhielt den Namen *Calceolaria darwinii* (s. Abb. S. 225).

Sie beabsichtigten, in der Lando-Bucht zu ankern und von dort aus ihren Aufgaben nachzugehen, konnten dort aber kein gutes Trinkwasser finden und segelten weiter nach Port Famine. Die Umgebung war desolat, doch als sich bei der Untersuchung der Pflanzen herausstellte, daß sie eine Mischung aus patagonischen und feuerländischen Arten darstellten, war Darwins Interesse geweckt. Das Klima glich sich im wesentlichen, und viele der Pflanzen gediehen in beiden Gebieten.

Für Darwin hatten Berge eine unwiderstehliche Anziehungskraft. In Port Famine verließ er das Schiff um vier Uhr am Morgen, um den Berg Tarn zu besteigen, dessen höchster Punkt 800 Meter über dem Meeresspiegel liegt. In 600 Meter Höhe stieß er auf das Hornkraut *Cerastium arvense*, eine kleine Pflanze mit schmalen, flaumbedeckten Blättern und weißen Blüten, die in England weit verbreitet ist. Es handelte sich um den zweiten Wanderer, den Darwin entdeckte.

Vom 14. Februar bis zum 21. desselben Monats wurde die Ostküste Feuerlands vollständig vermessen. Sie gingen nur einmal an Land, und zwar in einer großen wilden Bucht, wo das Land in seiner Weite und Baumlosigkeit Patagonien ähnelte, doch einen hübschen, parkähnlichen Anblick bot. Der Ponsonby-Sund, wo sie am 4. März vor Anker gingen, zeigte sich von einer vollkommen anderen Seite. Schneebedeckte Berge, die an ihren unteren Hängen dicht bewaldet waren, erhoben sich direkt aus dem Meer bis in gut 900 Meter Höhe. Ihre zerklüfteten Spitzen ragten in den Himmel. Sie wirkten erhaben und großartig, wenn die Nachmittagssonne den Schnee in rosarotes Licht tauchte. Der mit 2133 Metern höchste Gipfel hatte noch keinen Namen, und FitzRoy nannte ihn zu Ehren seines Begleiters Mount Darwin.

Sie segelten weiter nach Woolya, dem Gebiet, in dem Jemmy Buttons Stamm lebte. Es war ein bevölkerter Landesteil, und sieben Kanus folgten ihrem Schiff. Als sie an die Stelle kamen, wo sie fast 15

Monate zuvor ihre drei Passagiere abgesetzt hatten, entdeckten sie zu ihrer Beunruhigung einige Feuerländer, die sich mit Pfeil und Bogen bewaffneten. Dann kam ein Kanu mit einer kleinen Flagge auf sie zu. In ihm befand sich der arme Jemmy Button – mager, blaß und seiner Kleider beraubt bis auf ein Stück Tuch, das er um die Leisten geschlungen hatte. Sein Haar hing über die Schultern herab, und er schämte sich so sehr, daß er dem Schiff den Rücken zuwandte. An Bord erzählte er, daß York Minster ihm alle seine Besitztümer gestohlen habe und mit Fuegia Basket auf und davon gegangen sei. Aber er nahm seine Probleme nicht allzu schwer: Er hatte eine junge, gutaussehende Frau gefunden und wollte keinesfalls nach England zurückkehren. Als die *Beagle* den Ponsonby-Sund verließ und Kurs auf die östlichen Falklandinseln nahm, entzündete er zum Abschied ein Feuer.

Auf Ostfalkland begab sich Darwin eines frühen Morgens mit zwei Gauchos und sechs Pferden auf eine Expedition. Die Landschaft war gleichförmig: welliges Moorland, bedeckt mit hellbraunem, vertrocknetem Gras und einigen sehr niedrigen Büschen, die sich von dem leichten Torfboden ernähren konnten. Es gab Flechten in großer Zahl und zu seinem Entzücken eine Aster, deren »blasse, überaus schöne« Blüten »aurikel-rot« waren. Drei andere Korbblütler hatten »ziegelrote«, »tief orangebraune« und »herrlich zinnoberrote« Blüten. Er sammelte 14 Pflanzen, darunter eine mit silbrigen Blättern, die William Jackson Hooker in Glasgow *Senecio darwinii* taufte. Während sie zum Schiff zurückritten, setzte anhaltender Regen ein, der den Torfboden in einen gefährlichen Sumpf verwandelte. Darwins Pferd stürzte mindestens ein dutzendmal, und gelegentlich lagen alle sechs Pferde auf einmal im Schlamm. Sie nahmen eine Abkürzung und durchritten eine Meeresbucht, in der die Pferde bis zum Hals versanken, wodurch alles nur noch schlimmer wurde. Ein heftiger Wind wehte, und die Wellen schlugen über ihnen zusammen. Selbst die abgehärteten Gauchos waren glücklich, als sie wieder zu Hause angekommen waren.

Nach den vielen Monaten auf See, während derer die *Beagle* mehrfach auf Grund gelaufen war, beschloß Kapitän FitzRoy, sie aufzudocken, um den Rumpf zu untersuchen. Sie segelten in die Mündung des Santa Cruz und zogen das Schiff an Land. Bei zwei Tagesmärschen in die Umgebung stellte Darwin fest, daß sich die Pflanzen, Vögel und Tiere nicht von denen in anderen Teilen Patagoniens unterschieden. Das Land mit seinen trockenen, kiesbedeckten Ebenen, auf denen die gleichen verkümmerten Zwergpflanzen wuchsen, war ebenso uninteressant wie die Täler, die auch hier nur dornige Büsche ernährten. Selbst die Fluß- und Bachufer waren kaum von einem helleren Grün belebt. Darwin schrieb: »Der Fluch der Unfruchtbarkeit liegt auf dem Land.«

Es folgte eine lange Exkursion, als FitzRoy beschloß, mit drei Walfängerbooten den Santa Cruz so weit wie möglich hinaufzufahren. Sie waren 18 Tage unterwegs und erreichten am 4. Mai einen etwa 220 Kilometer vom Atlantik und fast 100 Kilometer von der nächstgelegenen Bucht des Pazifik entfernten Punkt, nachdem sie am 29. April ins Hochland vorgedrungen waren und voller Freude die schneebedeckten Gipfel der Kordilleren begrüßt hatten, die sie gelegentlich durch die trüben Wolkenschichten aufblitzen sahen.

Der Hinweg war beschwerlich gewesen. Der Rückweg war rasant. Am 5. Mai schossen sie mit einer Geschwindigkeit von 16 Kilometer pro Stunde stromabwärts und legten an einem Tag dieselbe Strecke zurück, für die sie stromaufwärts fünfeinhalb Tage gebraucht hatten. Am 8. gelangten sie wieder in die Flußmündung, wo sie die *Beagle* neu gerigt und gestrichen und munter wie eine Fregatte erwartete. Kurz nach Mittag gingen sie an Bord, enttäuscht von der Expedition, auf der sie viel Zeit vergeudet und wenig gesehen oder gewonnen hatten – mit Ausnahme von Darwin, dem der Ausflug zu einer entscheidenden Erkenntnis über die große moderne Formation Südamerikas verholfen hatte. Seine Entdeckung bestand in Meeresmuscheln, die er im Flußbett und auf den steppenartigen Ebenen entdeckt hatte. Damit konnte er beweisen, daß Südamerika in grauer Vorzeit von einer Wasserstraße durchschnitten war, die den Pazifischen mit dem Atlantischen Ozean verband. Seine kühne Theorie, die er aufgrund von unzähligen geologischen Beobachtungen aufstellte, wurde später von Geologen als die Erklärung eines bis dahin unlösbaren Rätsels gerühmt. Die Pflanzen lieferten einen entscheidenden Beweis. Darwin hatte es sich zur Gewohnheit gemacht, jedes Exemplar zu numerieren und mit Notizen zu versehen, soweit er es für wichtig hielt. Zu Nummer 2042, *Cruckshanksia glacialis* (heute *Oreopolus glacialis)*, ein Rubus, der nach dem Andensammler Alexander Cruckshank benannt worden war, schrieb er: »Pflanzen 140 Meilen flußaufwärts: Charakter der Landschaft genau wie an Küste; die Pflanzen betref-

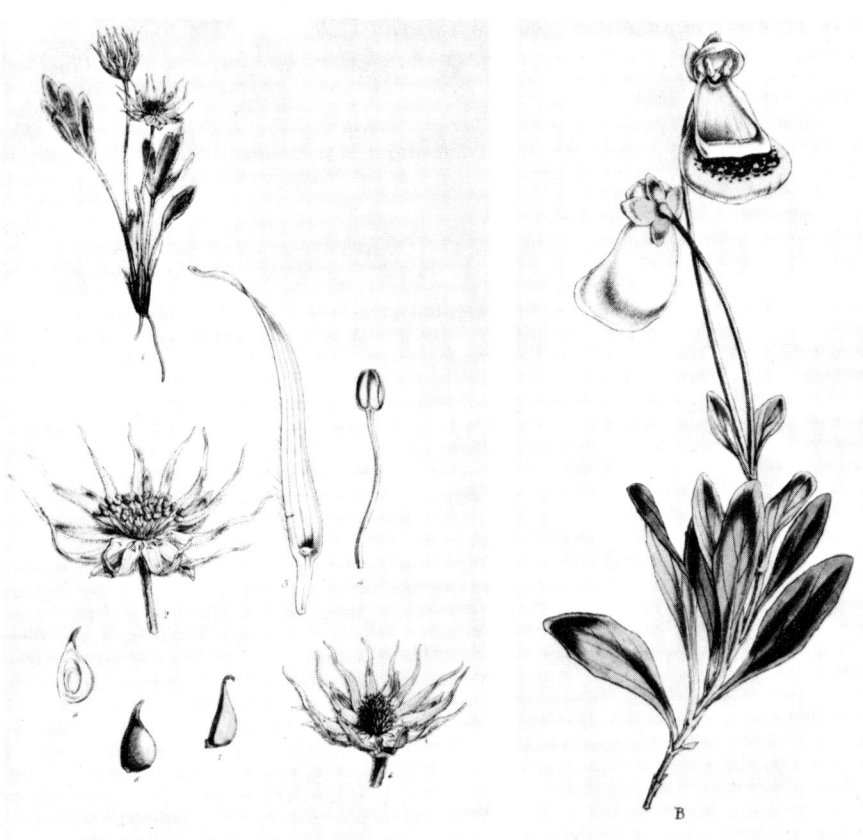

Vier der von Darwin gesammelten Pflanzen, die in Hookers *Flora Antarctica* abgebildet sind:
(links) Hamadryas tomentosa
(rechts) Calceolaria darwinii
(gegenüber, oben) Muhlenbergia rariflora
(gegenüber, unten) Asterina darwinii
(gezeichnet von W. H. Fitch)

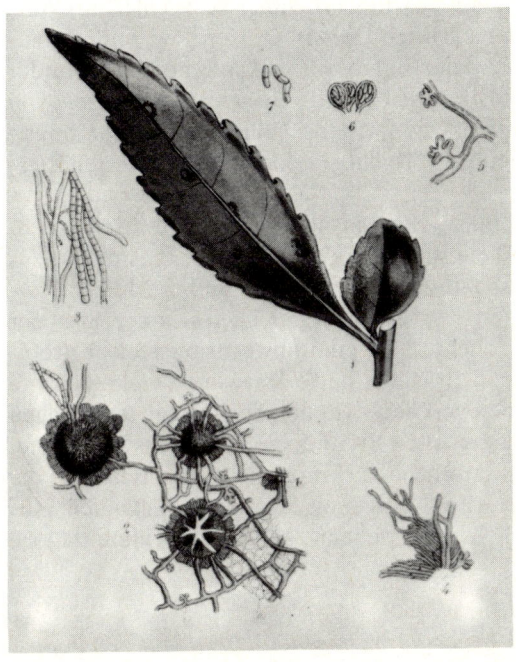

fend, die ich an dieser Küste noch nie gesehen habe – handelt es sich nicht um Kordilleren-Pflanzen, die herunterwandern?«

Später sollte er feststellen, daß diese Frage durchaus begründet war.

Wieder in Kap Virgenes, erfuhren sie, daß es Unruhen unter den Gauchos gegeben hatte und fünf englische Bewohner Feuerlands kaltblütig von ihnen ermordet worden waren. Kurz nachdem sie den Berkeley-Sund verließen, kam ein britisches Kriegsschiff an. An Bord befand sich Post aus England. Die an Darwin gerichteten Briefe waren im Oktober und November des vergangenen Jahres geschrieben worden.

Die Arbeit drängte, und am 8. Juni lichteten sie die Anker, während dunkle Wolkenfetzen die Berge fast bis zum Fuß umhüllten. Zwei Tage später verließen sie die Magellanstraße zwischen den Ost- und West-Furies und kamen in den Pazifischen Ozean mit seiner langen Dünung. Am 28. Juni ankerte die *Beagle* sicher im Hafen von Santo Carlos auf der Insel Chiloe.

Es gibt bei uns Gärten, die allein von der Schönheit von Sträuchern bestimmt sind. In solchen Anlagen findet man meistens einen Busch mit winzigen, stechpalmenähnlichen Blättern, der im Frühling dicht mit kleinen goldgelben Blüten besetzt ist. Später zeigen sich zwischen den Blüten dunkelrote, traubenartige Früchte. »Sehr schlechtes Wetter trieb uns nach Chiloe«, schrieb Darwin an Henslow, seinen »Vater der Naturgeschichte«. Hier, auf dieser vulkanischen Insel vor der Küste von Chile, machte er seinen Fund. »Darwins Berberitze«, von dem späteren Direktor von Kew Gardens, William Hooker, *Berberis darwinii* genannt, gilt heute mit Recht als einer der beliebtesten Ziersträucher.

Von weitem zeigte Chiloe, eine bewaldete, hügelige Insel, auffallende Ähnlichkeit mit Feuerland. Aber die Wälder, bestehend aus »Sassafras mit aromatisch duftenden Blättern« und prächtiger Winters-Rinde *(Drimy winteri)*, waren unvergleichlich schöner. Statt der grauen Eintönigkeit herrschte hier eine abwechslungsreiche tropische Szenerie, und nur in Brasilien hatte Darwin so viele elegante Blumen- und Blattformen gesehen. Auf den hochgelegenen Hängen des San Pedro traf er seinen alten Freund, die Buche aus Feuerland, wieder, doch es waren »ärmliche verkrüppelte kleine Bäume«, die hier »in einer Höhe von etwas weniger als 300 Metern« standen. Angesichts ihres kümmerlichen Aussehens zog er den Schluß, daß sie nicht weit von ihrer nördlichen Verbreitungsgrenze wuchsen. Es sei denn, es handelte sich um eine neue Art.

Sie hatten anfangs wundervolles Wetter, aber schon wenige Tage später fragte sich Darwin, ob es wohl irgendeinen Teil der Erde gäbe, an dem es so viel regnete. Und als sie Mitte Juni abfuhren, bedauerte dies keiner, denn zu dieser Jahreszeit konnte »nichts außer einem amphibischen Wesen« das Klima ertragen. Kein Wunder, daß dort herrliche Farne gediehen! Darwin sammelte *Asplenium optusatum*, die herrliche *Alsophila quadripinnata* und *Polypodium ignaminia*. Spät in der Nacht warfen sie vor Valparaiso Anker. Am Morgen war der Himmel so klar und blau, die Luft so trocken und die Sonne so strahlend, daß die Natur vor Kraft zu strotzen schien.

Zu ihrer aller Freude erwartete sie in Valparaiso Post. Darwin erhielt eine ganze Briefladung, darunter auch zwei von Henslow. Er setzte sich sofort hin, um sie zu beantworten. Man schrieb den 24. Juli 1834.

Sie können nicht wissen, wie glücklich Sie mich gemacht haben. – Einer ist vom 12. Dezember 1833, der andere vom 15. Januar *desselben* Jahres! Infolge welcher fatalen Umstände er nicht früher ankam, kann ich mir nicht vorstellen: Ich bedaure es sehr: denn er enthielt die Information, an der mir am meisten gelegen war, über die Art der Verpackung etc. etc.: Wurzeln, mit Exemplaren der Pflanzen etc. etc.: Ich nehme an, Sie haben dies nach Empfang der Sendung der ersten Exemplare geschrieben. – Da ich bis März dieses Jahres nichts von Ihnen gehört hatte, begann ich tatsächlich zu befürchten, daß meine Sammlungen so lächerlich waren, daß Sie nichts dazu zu sagen wüßten: Die Sache verhält sich nicht völlig anders: denn Sie sind *schuld* daran, in mir alle selbstgefälligen Gefühle auf einen höchst angenehmen Höhepunkt gesteigert zu haben; wenn harte Arbeit diese Gedanken wettmachen kann, so schwöre ich, soll es daran nicht mangeln.

Auf seine Sammlung aus dem Gebiet um Buenos Aires eingehend, fragte er: »Haben irgendwelche der Samen aus Buenos Aires Pflanzen hervorgebracht?« Die Samen und getrockneten Pflanzen wurden auf Henslows Bitte hin für das Herbarium des Botanischen Gartens von Cambridge gesammelt, dessen Einrichtung ihm besonders am Herzen lag. Die Anweisungen, auf die Darwin so lange hatte warten müssen, waren auf der folgenden Seite von Henslows Januar-Brief enthalten:

Alles andere als enttäuscht von der Sendung – ich glaube, Sie haben Wunder vollbracht, zumal ich weiß, daß Sie sich nicht auf das Sammeln beschränken, sondern auch sorgfältige Beschreibungen anfertigen. Die Mehrzahl der Pflanzen ist für *mich* sehr zufriedenstellend. Schicken Sie möglichst keine *Bruchstücke*. Achten Sie darauf, daß die Exemplare möglichst vollständig erhalten bleiben, *Wurzel, Blüten* und *Blätter*, und Sie können nichts falsch machen. Große Farne und Blätter müssen Sie auf einer Seite des Exemplars falten, dann passen sie auf das normale Papierformat. Bemühen Sie sich nicht, sie anzuheften – denn (sie) überstehen die Reise so wirklich besser, und ein einziges Etikett *monatlich* für alle aus einem Gebiet reicht, es sei denn, Sie hätten viel Zeit und genügend Hilfe, um ausführlicher zu schreiben.

Er fertigte eine Skizze an, um zu zeigen, wie ein großes Blatt an den Kanten einer Seite richtig umgeschlagen wurde.

In einem Brief vom 31. August 1833, der Darwin schon früher auf Ostfalkland erreicht hatte, hatte Henslow geschrieben: »Über die Pflanzen freue ich mich außerordentlich, obwohl ich sie bisher noch nicht bestimmt habe – aber mit Hilfe von Hooker und seinem Werk werde ich hoffentlich bald soweit sein.« Er meinte den Glasgower Botanikprofessor Dr. William J. Hooker (der im Jahre 1836 für seine Leistungen auf botanischem Gebiet in den Adelsstand erhoben wurde). Im Januar hatte Henslow an Hooker geschrieben und ihm mitgeteilt, daß er einige Pflanzen von seinem Freund Darwin erhalten habe, darunter Pilze und ein paar Algen, vorwiegend aus Rio de Janeiro und Montevideo. »Ich muß versuchen, sie auf irgendeine Weise zu bestimmen«, schrieb er. In einem anderen Brief hieß es: »Ihre Flora wird bei der Bestimmung von hervorragender Bedeutung sein.« Auf dieses Werk bezog sich Henslow auch in seinem Brief an Darwin, nämlich *Contributions to a Flora of South America and the Pacific Islands*, eine regelmäßige Artikelserie, die Hooker und George Arnold Walker Arnott für die Zeitschrift *Botanical Miscellany*, dann für *The Journal of Botany* und später für *Companion to the Botanical Magazine* verfaßten. Hooker unterhielt einen weltweiten

An dieser Stelle betrachtete Charles Darwin die unbekannte Vegetation und fragte sich: »Handelt es sich nicht um Kordilleren-Pflanzen, die herunterwandern?« (Radierung nach Conrad Martens, aus: *Narrative of the Surveying Voyages of H.M.S. Beagle and Adventure between the years 1826 and 1836*)

Briefwechsel mit Botanikern und Reisenden und erhielt auf diese Weise viele wertvolle Informationen; sein Herbarium, bereits das größte der Welt, enthielt zahllose Pflanzen, die der Wissenschaft unbekannt waren. Um diese bekannt zu machen, gründete er die drei Zeitschriften.

Im März 1834 fand Henslow schließlich die Zeit, Darwins Pflanzen durchzusehen. Aber er kam nicht sehr weit, nicht einmal mit Hilfe des *Botanical Miscellany*. »Ich stelle fest, daß einige darunter sind, die Sie nicht gefunden haben«, berichtete er Hooker. Da war ein sehr kleiner *Ranunculus*, den er für neu hielt, einige gute Exemplare von *Anemone triternata* und mehrere unbekannte Kreuzblütler.

Von Ostfalkland antwortete Darwin im März 1834 auf Henslows Brief vom August 1833, in der Annahme, daß alles gut vonstatten gehe:

Ich bin sehr froh, daß die Pflanzen für Sie überhaupt von Bedeutung sind, ich versichere Ihnen, ich habe mich ihretwegen so geschämt, daß ich sie schon wegwerfen wollte; aber wenn Sie damit zufrieden sind, bin ich wirklich verpflichtet und erkläre mich bereit zu sammeln, wann immer wir in Landesteile kommen, die von Schiffen und Sammlern selten aufgesucht werden. – Ich habe alle die Pflanzen gesammelt, die an der Küste bei Port Desire und St. Julian in Blüte standen; ebenfalls in den östlichen Teilen von Feuerland, wo Klima und Bedingungen von Feuerland und Patagonien übereinstimmen. Mit ihnen zusammen schicke ich so viele Samen, wie ich finden konnte (Sie sollten besser all das Zeug anpflanzen, das ich abschicke, denn einige der Samen sind sehr klein). – Der Boden Patagoniens ist sehr trocken, kiesig und leicht – auf Ostfeuerland ist er kiesig – torfartig und feucht.

Ihm lag daran, daß die Pflanzen in ihren natürlichen Bedingungen gezogen würden.

Da von Ostfalkland kein Schiff nach England segelte, hatte er hinzugefügt: »Es gibt keine Möglichkeit, Fracht zu senden. Ich schicke nur dies mit den Samen, von denen hoffentlich einige angehen werden und die Art der Pflanzen viel besser zeigen als mein Herbarium.« Er interessierte sich wesentlich mehr für lebende Pflanzen als für getrocknete Exemplare. Doch nachdem er nun Henslows nächsten Brief erhalten hatte, vertraute er darauf, daß sein Herbarium einigen wissenschaftlichen Wert haben würde.

Während die *Beagle* und die *Adventure* ihre Vermessungsarbeiten in den Gewässern um Valparaiso fortsetzten, konnte Darwin Pläne für die Zeit machen, die er an Land verbringen würde. Er bat Henslow, die nächsten Briefe dorthin zu schicken, und zwar an die Adresse von Richard Corfield, einem Schulfreund aus Shrewsbury, den er zu seiner Freude in dem Vorort Almendral entdeckt hatte. Am 2. September zog er zu Corfield ins Haus. In demselben Brief teilte er Henslow mit, daß sich in der Kiste, die er abschickte, »drei kleine Päckchen mit Samen befinden: die in dem länglichen habe ich mit dem Etikett T. del Fuego versehen. Sie kommen aus Chiloe: (Klima etc. etc. wie T. del Fuego, aber wesentlich wärmer). – Ich habe nicht viel Hoffnung, daß einer der Samen keimen wird.«

Nicht alle Samen überlebten, vor allem dann nicht, wenn sie zusammen mit Häuten in einer Kiste verpackt wurden, die mit arsenhaltiger Seife oder Kampfer behandelt worden waren. Aber einige gingen an, und von diesen heißt es auf seinen Herbarbogen: »geblüht am 11. August 1836«, »geblüht am 24. Sept. 1836« usw.

Darwin unternahm Exkursionen in die unmittelbare Umgebung von Valparaiso, fand sie aber unergiebig. Während des langen heißen Sommers fiel kein Regentropfen, und die Vegetation war dementsprechend dürftig. Weiter außerhalb der Stadt wurde er jedoch für seine Bemühungen belohnt. »Es gibt sehr viele sehr schöne Blumen«, heißt es in seiner Reisebeschreibung, »und wie in den meisten trokkenen Klimazonen strömen die Pflanzen und Sträucher einen starken und eigenartigen Duft aus; selbst die Kleider werden davon parfümiert, wenn man beim Vorübergehen die Pflanzen berührt.«

Als sie den Santa Cruz hinaufgefahren waren, hatte er von der östlichen Seite einen Blick auf die erhabenen Anden werfen können. Nun betrachtete er sie von der anderen Seite, und er beschloß, sie zu besteigen. Diese Expedition sollte besondere Bedeutung auf dem Gebiet der Geologie erlangen. Den Schlüssel zu seinen Entdeckungen bildeten fossile Pflanzen, auf die er im Zuge von zwei Expeditionen stieß: nämlich als er am 14. August aufbrach, um die Gegend am Fuß der Gebirgskette zu erforschen und den 1950 Meter hohen Campana oder Glockenberg zu besteigen; und dann, als er nach seiner Rückkehr aus Valparaiso im März 1835 noch einmal in die Anden vordrang, diesmal im Verlauf einer Expedition, während der er mehr als 800 Kilometer zurücklegte (s. Abb. S. 226).

Sein Begleiter und Führer war Mariano Gonzales. Sie hatten vier

Pferde und zwei Maultiere bei sich und übernachteten meistens unter freiem Himmel, gelegentlich aber auch auf der *Hazienda* eines gastfreundlichen Einwohners.

Am ersten Tag ritten sie an der Küste entlang nach Norden bis Quintero. Darwin hatte von großen Muschelansammlungen gehört, die die Einwohner zu Kalk brannten. Die Lager erstreckten sich in einer Höhe von einigen Metern über dem Meeresspiegel. Ein paar Dutzend Meter höher lagen immer noch große Mengen dieser altaussehenden Muscheln verstreut, und als sie weiter aufstiegen, entdeckte er sie sogar in fast 400 Meter Höhe – Beweis für die Erhebung der ganzen Küstenstrecke. Einen zusätzlichen Beweis lieferte ihm der Blick vom Gipfel des Glockenbergs auf den schmalen Landstreifen, der sich zwischen den Anden und dem Pazifischen Ozean erstreckte und von Gebirgsketten durchzogen war, die parallel zu der Hauptkette der Anden verliefen. Darwin gelangte zu dem Schluß, daß die Reihe von flachen Ebenen, die dazwischen lagen, einst Meeresarme und tiefe Meerbusen gewesen sein mußten. An seinen historischen Aufstieg erinnert eine Plakette auf dem Berggipfel.

Der südlichste Punkt, den er auf dieser Tour erreichte, war San Fernando, 200 Kilometer von Santiago entfernt. Hier wandte er sich wieder der Küste zu und kam durch große Roblé-Wälder, chilenische Eichen, die sich, wie er anmerkte, von den Roblés auf Chiloe unterschieden. Er befand sich hier an der nördlichen Verbreitungsgrenze des Baumes.

Obwohl er sich körperlich nicht wohl fühlte, kämpfte er sich – ständig seine Sammlung vervollständigend – weiter bis Casa Blanca vor. Dort angekommen, forderte er aus Valparaiso eine Kutsche an und erreichte zu seiner Erleichterung am folgenden Tag das Haus von Richard Corfield. Bis Ende Oktober blieb er ans Bett gefesselt, ein bedauerlicher Zeitverlust, wie er beklagte. Während seiner Abwesenheit hatten sich in der Planung der *Beagle*-Expedition einige Änderungen ergeben. Infolge der Mithilfe der *Adventure* war bei den Vermessungen viel Zeit eingespart worden, und FitzRoy vertraute darauf, daß er das Schiff auch weiterhin behalten könnte. Aber die Admiralität weigerte sich, das Geld dafür bereitzustellen, und FitzRoy mußte die *Adventure* gezwungenermaßen verkaufen. Enttäuscht wie er war, verzögerte er das Auslaufen der *Beagle* bis zum 10. November. Zu dieser Zeit befand sich Darwin wieder bei bester Gesundheit.

Sie kamen erst im darauffolgenden Jahr, am 11. März 1835, wieder nach Valparaiso. In der Zwischenzeit hatte Darwin die Gelegenheit genutzt, die Insel Chiloe gründlich zu erforschen, indem er einmal rundherum wanderte und sie zweimal in verschiedenen Richtungen durchquerte. Es gab viel zu sehen. Auf der großen Insel Tanqui fand er eines Tages auf den weichen Sandsteinklippen einige ausgezeichnete Exemplare einer von den Inselbewohnern Pangi genannten Pflanze. Es handelte sich um *Gunnera chilensis (scabra)*, Vertreter einer Gattung, von der eine dekorative Art die Ufer unserer Flüsse und Teiche ziert. Die Pflanze wurde erst 1849 beschrieben, denn Darwin fertigte aus gutem Grund keinen Herbarbogen an: Mit einem Durchmesser von fast 2,40 Meter, einem Umfang von 7,30 Meter und einem Stengel von mehr als einem Meter Länge, hatten die Blätter gigantisches Ausmaß. Auf einem runden felsigen Hügel in der Nähe von Punta Huantamó wuchs dicht an dicht eine Pflanzenart, die die Inselbewohner Chepones nannten. Darwin nahm an, daß es sich um eine zu den *Bromeliaceae* gehörende Pflanze handelte. Ihre Frucht, die einer Artischocke ähnlich sah, war mit Samenbehältern gefüllt und enthielt süßes Fruchtfleisch, aus dem die Inselbewohner *chichi* oder Wein bereiteten. Als sie durch die Pflanzenkolonie kletterten, zerkratzten sie sich an den stacheligen Blättern die Hände. Darwin beobachtete amüsiert, wie ihr indianischer Führer die Hosenbeine hochkrempelte, so als ob sie schutzbedürftiger waren als seine abgehärtete Haut.

Vom Kap Tres Montes (auf der Halbinsel Taitao, d. Ü.) segelten sie an der Küste entlang und fanden einen natürlichen Hafen, der sich nach Darwins Meinung für Schiffe als nützlich erweisen konnte, die an der gefährlichen Küste in Not gerieten. Seine Position ließ sich gut an einem vollkommen kegelförmigen Berg erkennen, der den berühmten Zuckerhut von Rio de Janeiro an Perfektion der Form noch übertraf. Es gelang ihm, den 490 Meter hohen Berg zu ersteigen, ein mühseliges Unterfangen, da seine Hänge so überaus steil waren. Aber indem er die Baumstämme als Leitern benutzte und sich auf allen vieren durch dichtes, über und über mit hübschen roten Blüten bedecktes Fuchsiengestrüpp kämpfte, erreichte er den Gipfel.

Auf dem Chonos-Archipel fand er überall in Küstennähe wilde Kartoffeln. Die Knollen waren oval und im allgemeinen recht klein, schmeckten aber gut, wenn sie auch beim Kochen zusammenschrumpften. Er entdeckte eine neue Segge, die später den Namen *Carex darwinii* erhielt, und in den Wäldern *Myrtus luma* mit den aro-

matisch duftenden Blättern. Dieser herrliche Baum mit seinem zimt-
farben leuchtenden Stamm ist heute – jedenfalls in Gegenden mit
mildem Klima – eine der schönsten Zierpflanzen unserer Gärten;
auch er gehört zu den Entdeckungen Darwins, aber die Samen müssen verlorengegangen sein, denn als Beschreibungsdatum gilt das
Jahr 1843. Er stieß auf Farne, Binsen und einen neuen Strauch, *Lo-
matia ferruginea*, mit – wie sich in Cornwall herausstellte – guter Win-
tereigenschaft. Seine Triebe waren mit rostfarbenem Flaum bedeckt,
die Blüten goldgelb und dunkelrosa mit einem Hauch von Scharlachrot. Eine wunderbare Entdeckung war auch *Mitraria coccinea* mit
hellroten, röhrenförmigen Blüten und Samenhülsen in Form einer
Bischofsmütze, ein attraktives Immergrün, daß bei uns in geschützten
Gärten gedeiht. Eine weitere Pflanze vom Chonos-Archipel, die nach
Darwin benannt wurde, ist die Nessel *Urtica darwinii*.

Zu jener Zeit interessierte sich Darwin bereits ebensosehr für das
Wachstumsgebiet einer Pflanze wie für die Pflanze selbst. Als er im
zentralen Teil des Chonos-Archipels zwei kleine Arten fand *(Astelia
pumila* und *Donatia magellanica)*, die durch ihren Zerfall Torf bildeten und jeden Flecken ebener Erde bedeckten, dachte er an Feuerland, wo er die ersten Vertreter dieser Art gesehen hatte, und wo sie
ebenfalls einen elastischen Torfboden hervorgebracht hatten. Bei
Kap Tres Montes stieß er auf die Strand-Platterbse *(Lathyrus mariti-
mus)*, eine Art, die eigentlich auf die nördliche Hemisphäre einschließlich einiger Orte in England beschränkt ist, aber plötzlich und
unerwartet im Süden Chiles auftauchte.

Am 4. Februar (1835) segelten sie nach Valdivia, wo sie am 20.
desselben Monats das schwerste Erdbeben erlebten, an das sich selbst
der älteste der dort lebenden Menschen erinnern konnte. Die ganze
Stadt wurde schwer erschüttert, wenn auch keines der Häuser ein-
stürzte. Darwin schrieb:»Ein Erdbeben wie dieses zerstört auf einmal unsere ältesten Bindungen. Die Erde, das wahre Sinnbild all dessen, was fest ist, bewegt sich unter unseren Füßen wie eine dünne
Kruste auf einer Flüssigkeit, eine einzige Sekunde vermittelt ein ei-
genartiges Unsicherheitsgefühl, das Stunden des Nachdenkens nicht
erzeugen könnten.« Concepcion, wohin sie einen Monat später kamen, hatte die Wucht des Erdbebens am stärksten zu spüren bekommen. Die Küste war mit Holz und Einrichtungsgegenständen übersät,
so als ob tausend große Schiffe gestrandet wären. Nicht ein Haus war
stehengeblieben. Als ob der Bevölkerung durch das Beben nicht

schon genügend Schaden zugefügt worden sei, war anschließend eine große Flutwelle über die Stadt hinweggegangen.

Als bedeutendste Auswirkung des Erdbebens betrachtete Darwin die bleibende Erhebung des Landes. Rund um die Bucht hatte sich der Erdboden um 60 bis 90 Zentimeter gehoben, wie er an einer felsigen Untiefe erkannte, die sich vorher unter dem Wasserspiegel befunden hatte. 50 Kilometer weiter betrug die Erhebung drei Meter. Durch frühere Erdbeben ausgelöste riesige Wellen hatten Muscheln auf das Land geworfen, das sich nun 180 Meter über dem Meeresspiegel erstreckte. Bei Valparaiso war Darwin in 400 Meter Höhe auf Muscheln gestoßen.

Am 7. März gingen sie wieder in Valparaiso vor Anker, und Darwin traf Vorbereitungen zur Überquerung der Anden. Am 18. brach er mit seinem Begleiter Mariano Gonzales, einem *arriero* (Maultiertreiber d. Ü.), zehn Maultieren und ihrer *madrina* auf. Letztere war eine Stute, die eine kleine Glocke um den Hals trug und eine Art Mutterfunktion erfüllte, indem sie die Maultiertruppe nachts und auch tagsüber beim Grasen zusammenhielt. Sie machten sich auf den Weg zum 3650 Meter hohen Portillo-Paß, hinter dem ihr erstes Ziel, Mendoza, lag.

Die Anden bestanden an dieser Stelle aus zwei Hauptketten. Eine von beiden, der Peuquenes-Rücken, stellte die Wasserscheide zwischen den Flüssen und die Grenze zwischen den Republiken Chile und Mendoza dar. Östlich davon lag ein welliges Gebiet mit mäßigem Gefälle und dahinter die zweite Gebirgskette, der Portillo-Rücken. Darwin machte sich zunächst an die Besteigung des Peuquenes-Rükkens, ein mühevoller Aufstieg, für den er jedoch durch den Fund von versteinerten Muscheln an der höchsten Stelle belohnt wurde. Anschließend durchquerte er das dazwischenliegende Gebiet zum Fuß der zweiten Bergkette, auf deren Höhen er ebenfalls Muscheln entdeckte.

Vom höchsten Punkt aus konnte er die unendlichen Ebenen überblicken, die sich ohne Unterbrechung bis zum Atlantischen Ozean erstreckten. Diese weite Aussicht, durch die außerordentliche Klarheit der Luft begünstigt, hat seit jeher Reisende begeistert.

Darwin hatte sich schon über den deutlichen Unterschied zwischen der Vegetation in den Tälern Chiles und denen auf der Ostseite gewundert. Nun aber, als er vom Portillo-Paß abstieg, überraschte ihn die Ähnlichkeit der dort wachsenden Pflanzen mit denen Patagoni-

ens. Es wurde bereits darauf hingewiesen, daß er während der Boots-
expedition auf dem Santa Cruz auf fremde Pflanzen gestoßen war und
sich die Frage gestellt hatte: »Handelt es sich nicht um Kordilleren-
Pflanzen, die herunterwandern?« Jetzt schrieb er: »Sehr viele Pflanzen ... waren absolut dieselben wie die von Patagonien, oder äußerst
nahe mit ihnen verwandt.« Die Tiere waren typisch für die patagonischen Ebenen. »Außerdem wachsen hier (nach Ansicht eines Mannes, der kein Botaniker ist) viele derselben dornigen, verkümmerten
Sträucher, verdorrten Gräser und zwerghaften Pflanzen.«

Seine Beobachtungen fügten sich allmählich zu einem Bild zusammen wie die Teile eines Puzzles.

Ihr Weg führte sie in einem großen Kreis von Mendoza nach We-
sten und wieder nach Valparaiso, zurück durch eine ansprechende
Gegend, in der die unteren Bereiche der Berghänge über und über
mit blaßgrünen Quillai- oder Seifenrindenbäumen *(Quillaja sapona-
ria)* und stattlichen Kandelaber-Wolfsmilchgewächsen bestanden
waren. Der Uspallata-Paß, den sie auf dem Rückmarsch überquerten, unterschied sich geologisch grundlegend vom Portillo-Paß. Er
bestand aus verschiedenen Arten submariner Lava, die mit vulkanischem Sandstein und anderen sedimentären Ablagerungen abwech-
selte, und sah einigen der tertiären Schichten an der Pazifikküste sehr
ähnlich. Er war überzeugt, daß es irgendwo den sicheren Beweis dafür geben mußte, daß dieser Teil der gewaltigen Andenkette sich in
grauer Vorzeit ebenfalls allmählich aus dem Meer erhoben hatte.
Zwei Tage lang erforschte er die Gegend.

Er befand sich im zentralen Teil der Anden in etwa 2100 Meter
Höhe, als er auf einem kahlen Hang einige schneeweiße Säulen entdeckte. Es handelte sich um einen Hain versteinerter Bäume, deren
Äste noch in die Höhe ragten. Elf von ihnen waren verkieselt, und 30
bis 40 bestanden aus kristallisiertem, kalkigem Spat. Hier hatte er
seinen geologischen Beweis. Darwin konnte seinen Augen kaum
glauben, denn er stand an einem Ort, an dem »eine Gruppe schöner
Bäume einstmals ihre Zweige an den Küsten des Atlantischen Ozeans wiegte, als dieses Meer (jetzt 1100 Kilometer zurückgedrängt) bis
an den Fuß der Anden reichte«. Die Bäume waren vulkanischem Boden entsprungen, der sich aus dem Meer erhoben hatte. Später wurde
das trockene Land mit seinen stattlichen Bäumen wieder in die Tiefen
des Ozeans gesenkt und dort von Schlamm und Strömen submariner
Lava bedeckt. Noch einmal traten die unterirdischen Kräfte in Ak-

tion, und jetzt blickte er auf das Bett jenes Ozeans, das heute eine Bergkette bildete.

Er nahm Proben von dem versteinerten Wald und sandte sie nach England. Robert Brown, Leiter des Botany Department am British Museum, untersuchte das Holz und befand, daß der Baum »zu der Familie der Fichten gehört, etwas von der Araukarie hat, aber einige merkwürdige Ähnlichkeiten mit der Eibe aufweist«.

4. Die Pflanzen der Beagle

c. Galapagos und die lange Heimreise

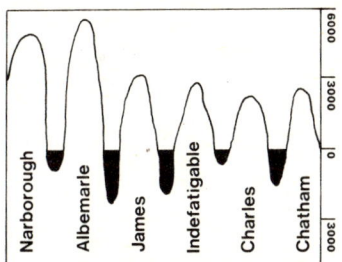

Höhen und Tiefen in Fuß (0,30 Meter)

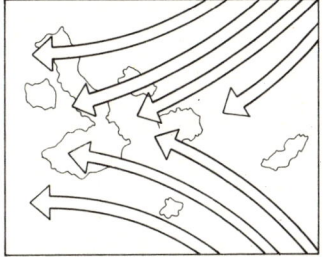

Vorherrschende Winde

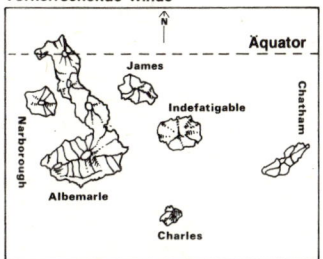

Hauptinseln

Meeresströmungen

Auf den Galapagos- oder Verzauberten Inseln fiel Darwin auf, daß jede von ihnen über eine eigene Flora verfügte. Mit 100 neuen von insgesamt 175 Blütenpflanzenarten stellte die Inselgruppe einen unabhängigen botanischen Verbreitungsbezirk dar.

Wie war das zu erklären? Darwin befand sich auf einem Vermessungsschiff und kannte die Tiefen des Meeres zwischen den Inseln und auch die Kraft der launischen Gegenströmungen, die vereint dazu beitragen, die Inseln voneinander und vom 800 bis 950 Kilometer entfernt liegenden Festland Südamerika zu trennen.

Dennoch hatten die Pflanzen gewisse Ähnlichkeit mit denen von Südamerika. Darwin entdeckte darin einen Beweis für die Veränderlichkeit, mit dem er später seine Evolutionstheorie untermauerte.

(Zeichnung von Brian Hughes)

Am Abend des 4. Juli 1835 verabschiedete sich Darwin von Mariano Gonzales, mit dem er so viele Meilen zu Pferde zurückgelegt und so viele Entdeckungen gemacht hatte. Am nächsten Morgen brach er auf, um, wie verabredet, in Copiapó auf die *Beagle* zurückzukehren. Er hatte sich seit dem 27. April an Land befunden und zwei Monate lang Nordchile erforscht, während die Schiffsbesatzung die Vermessungen fortsetzte.

Darwin und sein Begleiter waren von Valparaiso nach Coquimbo gekommen, wo Darwin eine Sendung Exemplare nach Cambridge aufgab, wie immer mit genauen Angaben für Henslow versehen.

In Paket B befinden sich zwei Säckchen mit Samen, ein Etikett, Kordillerentäler, 1500–3000 Meter hoch; Boden und Klima außerordentlich trocken; Boden sehr leicht und steinig, extreme Temperaturen: Die anderen stammen vor allem von der trockenen, sandigen Traversia in Mendoza, 900 Meter mehr oder weniger. – Wenn einige der Sträucher angehen, aber nicht gut gedeihen, bestäuben Sie sie *leicht* mit Salz- und Salpeterlösung. – Die Ebene ist salzhaltig. – Alle Blütenpflanzen in den Kordilleren scheinen im Herbst zu blühen. – Sie standen alle in Blüte und hatten Samen – viele von ihnen sehr schön –, ich sammelte sie, als ich an den Hängen entlangritt: Wenn sie nur angehen, bin ich überzeugt, daß viele echte Raritäten darunter sind. – In dem Paket aus Mendoza befinden sich Samen oder Beeren von einer Pflanze mit weißlichen Blüten, anscheinend eine kleine Kartoffel. Sie wachsen in einem Gebiet, das meilenweit von jeder möglichen derzeitigen oder ehemaligen menschlichen Behausung entfernt liegt, denn es gibt dort kein Wasser. – Unter den getrockneten Pflanzen von Chonos finden Sie ein prächtiges Exemplar der wilden Kartoffel. – Es muß eine andere Art als die in den niedrigeren Kordillerenregionen etc. sein. – Vielleicht sind echte Arten jetzt nicht mehr nach ihren Varietäten zu unterscheiden, die durch Kultivierung entstanden sind, wie bei der Banane.

Darwin hielt sich durchaus nicht für einen Künstler, aber dem Brief legte er eine absolut präzise Skizze des Busches bei, den er während der Andenüberquerung gefunden hatte, zusammen mit einer besonderen Information. »Umherziehende Indianer bringen die Samen (Hülsen) aus Bolivien und verkaufen sie zu einem hohen Preis als

Mittel gegen Zahnschmerzen.« Da Henslow im *Botanical Miscellany* keine Beschreibung der Pflanze fand, schickte er sie an Hooker. Auf dem Blatt stand auch Darwins Frage:»Können Sie mir mitteilen, zu welcher Gattung die Samenhülse gehört?« Er beschrieb sie als von »hellem, sattem Rötlichgelb«, eigentümlich gedreht wie eine Muschel. Oder wie die Exkremente eines ausgestorbenen Reptils? Henslow sollte seine große Entdeckung der Koprolithen zwar erst im Jahre 1843 machen, aber er muß wohl schon vorher über einige fossile Ausscheidungen dieser Art berichtet haben, denn dieser Satz Darwins ist eine Anspielung darauf. Vielleicht handelte es sich bei seiner Samenhülse um »Legumen coprolitiforme«!

Auf dem Weg nach Coquimbo, wo das Land immer kahler wurde, schrieb Darwin in sein Tagebuch:»Es ist recht eigenartig, in welcher Weise die Vegetation *weiß*, wieviel Regen sie zu erwarten hat.« In der ersten Auflage seiner Reisebeschreibung *Die Reise eines Naturforschers um die Welt* lautet dieser Satz:»Es ist eigenartig zu sehen, wie die Samen der Gräser, gleichsam durch einen erworbenen Instinkt, zu wissen scheinen, welche Menge Regen sie zu erwarten haben.« In der zweiten Auflage änderte er ihn erneut:»Es ist eigenartig zu sehen, wie die Samen der Gräser und anderer Pflanzen sich gleichsam durch eine erworbene Gewohnheit an die Regenmenge anzupassen scheinen, die an den verschiedenen Teilen dieser Küste fällt.« Ein interessanter Satz, der zeigt, wie sich Darwin Schritt für Schritt der Theorie von der natürlichen Auslese näherte.

Von Coquimbo waren sie nach Guasco (heute Huasco, d. Ü.) und von dort nach Copiapó geritten, eine 580 Kilometer lange Strecke entlang der Küste nach Norden. Rechnet man die Abstecher ins Inland hinzu, waren es noch wesentlich mehr.

Und nun lagen vor Darwin die legendären Galapagosinseln.

Am 12. Juli gingen sie in Iquique an der peruanischen Küste (heute chilenisch, d. Ü.) vor Anker. Die Stadt hatte etwa 1000 Einwohner und lag auf einer kleinen Sandebene am Fuß einer gewaltigen Felswand, die 600 Meter senkrecht in die Höhe ragte. Die Gegend hatte ausgesprochen wüstenartigen Charakter. Da nur einmal innerhalb von vielen Jahren ein leichter Regenschauer niederging, mußten die Menschen alles einführen, was sie zum Leben brauchten. Wasser holten sie mit Booten aus Pisagua, einer etwa 60 Kilometer weiter nördlich gelegenen Stadt. Zu den Pflanzen, die Darwin in den felsigen Höhen oberhalb der Küste fand, gehörten einige Kakteen, die in den

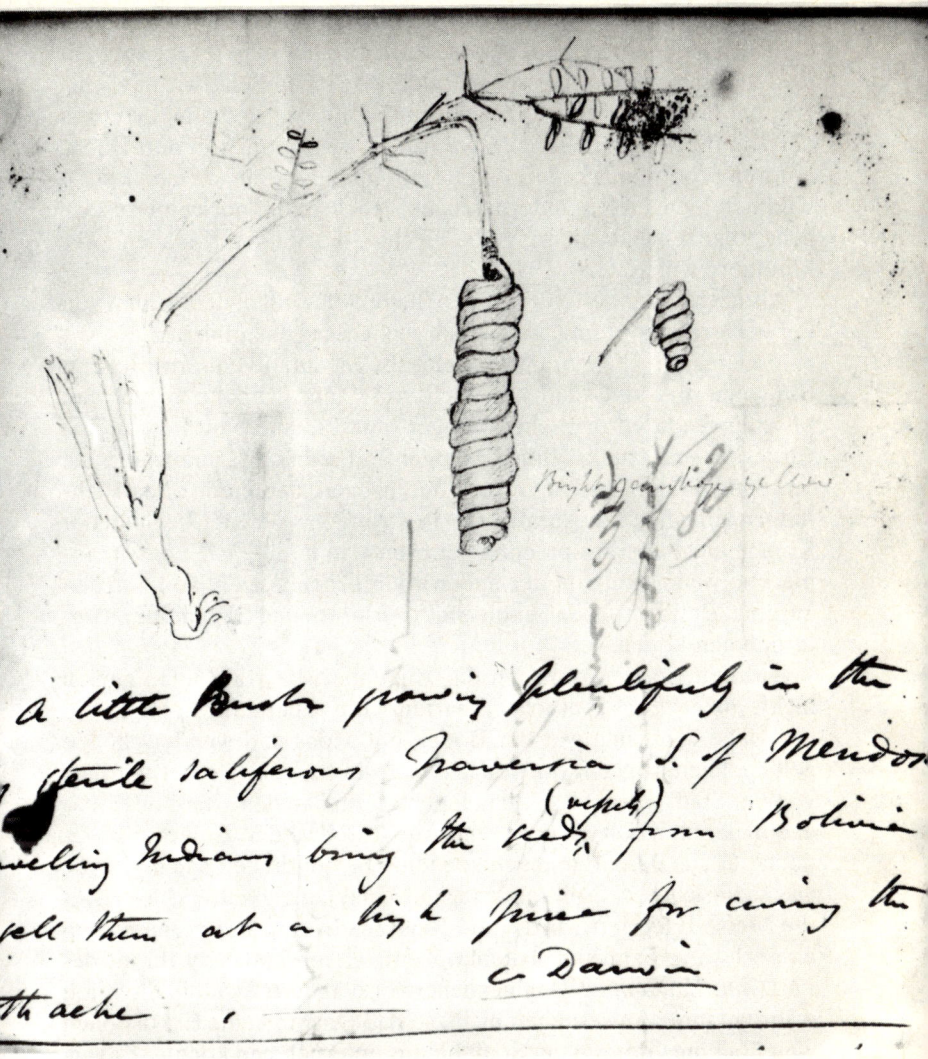

Die Samenkapsel, die die Indianer als Mittel gegen Zahnschmerzen benutzten, entrollt sich, wenn die Samen reif sind, und befreit und verstreut dabei die Samen. Ein weiterer für die geographische Verbreitung wichtiger Mechanismus.
(Nach Darwins eigener Zeichnung)

Steinspalten wuchsen, und eine eigentümliche, grünliche Flechte, die, über den lockeren Sand der Berge ausgebreitet, unbefestigt auf dem Boden lag. Von weitem gesehen, bildete sie einen Belag wie aus gelbgrünem Gras. Sie gehörte zur Gattung *Cladonia* und ähnelte etwas der Rentierflechte *C. rangiferina*, die Darwin wohl von den Hochmooren Schottlands kannte. Weiter im Inland, wohin er einen fast 70 Kilometer langen Ritt unternahm, entdeckte er nur noch eine zusätzliche Pflanze, eine winzige gelbe Flechte, die auf den Knochen toter Maultiere wuchs.

Als nächstes ankerten sie in der Bucht von Callao, dem Hafen von Perus Hauptstadt Lima, wo sie sich sechs Wochen aufhielten. Es war eine kleine, dreckige Stadt mit schlecht gebauten Häusern. Bei den Einwohnern von Callao wie auch von Lima handelte es sich um Mischlinge mit europäischem, Neger- und Indianerblut. Es war eine verderbte und trunksüchtige Menge, und selbst in Lima waren die Straßen von dem faulen Geruch durchzogen, den die in allen Richtungen aufgehäuften Abfallberge ausströmten – obwohl die Stadt der Könige einst überaus prächtig gewesen sein mußte, wie Darwin anmerkte, wenn man von der außerordentlichen Anzahl von Kirchen ausging. Er war froh, daß er die Stadt verlassen und Expeditionen unternehmen konnte.

Auf den Ebenen rund um die Außenbezirke von Callao gedieh nichts außer etwas spärlichem, hartem Gras; aber auf den Hügeln in der Nähe von Lima war der Boden mit Moos und wunderschönen gelben, lilienartigen *Hymeocallis amancaes* bedeckt. Weiter nördlich von der Stadt wurde das Klima feuchter, und an den Ufern des Guayaquil dehnten sich die üppigsten Äquatorialwälder. Er lernte sie jedoch nur aus Beschreibungen kennen: Die politische Lage im Lande war so unsicher, daß am Jahrestag der Unabhängigkeitserklärung, als die Messe zelebriert wurde, alle Regimenter statt der peruanischen eine schwarze Fahne mit Totenkopf entrollten – und das während des *Te Deum Laudamus!* Unglücklicherweise änderte sich die Situation während ihrer Anwesenheit nicht, so daß Darwin keine Exkursionen weit über die Grenzen der Stadt hinaus unternehmen konnte. Er verbrachte die meiste Zeit an Bord und arbeitete seine Notizen über Chile auf.

Am 7. September lief die *Beagle* aus und nahm Kurs auf die Galapagosinseln. Am Morgen des 17. ankerten sie vor der Chatham-Insel (heute San Cristobal, d. Ü.). Die Spanier, die 1535 auf die Inseln gekommen waren, hatten ihnen den Beinamen Las Islas Encantadas gegeben, die Verzauberten Inseln – jedoch nicht wegen ihrer Schönheit, sondern wegen der unberechenbaren Gegenströmungen im Bereich ihrer Küsten, die die Schiffe wie durch Zauberei abwechselnd anzuziehen und abzustoßen schienen. »Nichts«, so berichtete Darwin, »könnte weniger einladend sein als der erste Eindruck. Ein zerklüftetes Feld schwarzer basaltischer Lava, welche in die verschiedenartigst zerrissenen Wellen geworfen und von großen Spalten durchsetzt ist, wird überall von verkümmertem, sonnenverbranntem Buschholz bedeckt, welches nur wenige Zeichen von Leben von sich gibt. Die trockene und ausgedörrte, von der Mittagssonne erhitzte Oberfläche machte die Luft schwül und drückend wie von einem Ofen; wir bildeten uns sogar ein, daß die Gebüsche unangenehm röchen.«

Bei seinem ersten Landgang konnte er nur eine Stunde an der Küste verbringen, denn das Schiff segelte um die Chatham-Insel herum. Aber er sollte mehrmals Gelegenheit für längere Exkursionen erhalten. Pflichtbewußt sammelte er so viele Pflanzen, wie es ihm in der kurzen Zeit möglich war, fand aber nur wenige, die blühten (ein für ein Herbarium geeignetes Exemplar sollte vorzugsweise eine Blüte haben), und bei diesen handelte es sich um derart elend aussehende, häßliche, kleine krautige Pflanzen, daß er der Ansicht war, sie würden einer arktischen Flora eher anstehen als einer äquatorialen. Aus geringer Entfernung betrachtet, sahen die Sträucher aus, als hätten sie, wie die Bäume im europäischen Winter, ihre Blätter abgeworfen. Dennoch präsentierten sich fast alle Pflanzen nicht nur im vollen Blattschmuck, sondern die Mehrzahl stand sogar in Blüte, was er aber erst nach einiger Zeit feststellte, denn Blätter und Blüten waren über die Maßen unauffällig.

Die verbreitetsten Sträucher waren Euphorbiaceen. Manche hatten so kleine Blätter, daß sie sich nur nach botanischen »Linien« messen ließen. Wenn man bedenkt, daß eine Linie nicht mehr als zwei Millimeter beträgt und die Blätter an einem der von Darwin beschriebenen Sträucher, *Euphorbia recurva*, nur eine halbe Linie lang und zwei Linien breit waren (zudem noch gering an Zahl und von brauner Farbe), so kann man sich vorstellen, daß er sie nur mit Mühe entdeckte. Eine Akazie und ein großer, merkwürdig aussehender Kaktus waren die einzigen Bäume, die diesen Namen verdienten.

Die *Beagle* ankerte in mehreren Buchten, und Darwin, wie gewöhnlich von Syms Covington begleitet, verbrachte einen Tag und eine Nacht auf einem Teil der Insel, wo sich hier und da schwarze Vulkankegel erhoben, keiner höher als 30 Meter. Der Tag war glühend heiß, und sie hatten Mühe, sich über das unzugängliche Terrain und durch das dichte Gestrüpp vorzuarbeiten. Aber die zyklopische, fremdartige Szenerie entschädigte Darwin reichlich für die Anstrengungen. Auf seinem Weg traf er auf zwei riesige Schildkröten, deren Gewicht er auf mindestens 200 Pfund schätzte. Eine fraß ein Stück Kaktus. Die andere stieß ein tiefes Zischen aus und zog den Kopf ein. »Diese ungeheuren Reptilien«, schrieb er, »in dieser Umgebung von schwarzer Lava, blattlosen Sträuchern und großen Kakteen erschienen meiner Phantasie wie irgendwelche vorsintflutlichen Tiere.« Die wenigen dunkel gefärbten Vögel, die ruhig auf den Bäumen saßen, nahmen keinerlei Notiz von ihm.

Die Insel Charles (heute Santa María, d. Ü.) war die einzige, die von Menschen bewohnt war. Fünf oder sechs Jahre zuvor hatten sich mehr als 200 Personen, fast ausschließlich Farbige, die aus politischen Gründen aus Ecuador verbannt worden waren, auf der Insel niedergelassen, wo sie lebten, so gut es eben ging. Ein Engländer namens Lawson übte die Funktion eines Gouverneurs aus. Er kam gerade zum Strand, um nach einem Walfängerboot zu sehen, das er erwartete, und erbot sich, Darwin zu der Siedlung zu führen. Sie lag fast genau im Herzen der Insel, sieben Kilometer von der Küste entfernt und in einer Höhe von ungefähr 300 Metern.

Der erste Teil des Weges führte durch ein Gestrüpp aus denselben Sträuchern, wie sie auf der Chatham-Insel wuchsen. Als sie jedoch in größere Höhen gelangten, wurde die Landschaft allmählich grüner. Sie gingen rund um den höchsten Berg und erfreuten sich einer erfrischenden südlichen Brise, als sich die ganze Szenerie plötzlich in so saftigem Grün präsentierte wie seine Heimat im Frühling. Direkt unter ihnen lag die Siedlung. Ein Stück ebenes Land war gerodet und mit Bataten und Bananen bepflanzt worden. Unregelmäßig verstreut standen einige Häuser. Lawson stellte Darwin einigen der Bewohner vor, die sich ausnahmslos über ihre Armut beklagten, obwohl die Insel alles, was sie zum Leben brauchten, in reichlichem Maße zur Verfügung stellte. Schweine und Ziegen durchstreiften die Wälder, und die Hauptnahrungsquelle der Menschen bildeten die hilflosen Riesenschildkröten. Ihre Zahl war jedoch schon damals stark im Schwinden begriffen, denn immer wieder kamen Schiffe, deren Besatzungen sie zu Hunderten fortschafften. Diesen großen gepanzerten Reptilien verdanken die Inseln aber ihren Namen: Das spanische Wort *galápago* bedeutet Schildkröte.

Die Charles-Insel war die kleinste, zugleich aber vegetationsreichste des Archipels, die Darwin besuchte. Seit seiner Abreise aus Brasilien hatte er keine so tropisch anmutende Landschaft mehr gesehen, obwohl er hier die hohen, verschiedenartigen und überaus schönen Bäume vermißte, an die er sich so lebhaft erinnerte. Dennoch meinte er: »Man wird sich kaum vorstellen können, wie angenehm uns der Anblick des *schwarzen Schlamms* war, nachdem wir so lange an den ausgedörrten Boden von Peru und dem nördlichen Chile gewöhnt waren, als wir die Wege entlanggingen und an den Bäumen Moose, Farne, Flechten und Schmarotzerpflanzen hängen sahen.« Es gab viele verschiedene Gräser. Ein wilder Baumwollbaum erreichte lediglich die Höhe eines Strauches. Der größte Baum überhaupt hatte einen Durchmesser von nur 30 bis 60 Zentimetern und wenige Blätter an verwachsenen Zweigen. Er duftete wie ein Balsamstrauch. Dann entdeckte er nicht nur eine neue Pflanzenspezies, sondern eine neue Gattung mit zwei verschiedenen Arten. Joseph Hooker gab später einer den botanischen Namen *Galapagoa darwinii*, die andere, deren Stengel und Blätter von schmutzigbrauner Farbe waren, nannte er *G. fusca*.

Die Insel Albemarle (heute Isabela, d. Ü.) liefen sie als nächste an. Zwischen ihr und Narborough (heute Fernandina, d. Ü.) geriet die *Beagle* in eine Flaute, und Darwin hatte viel Zeit, die einander gegenüberliegenden Küsten zu erforschen. Beide waren mit erstarrten Strömen aus schwarzer, unbewachsener Lava bedeckt, die entweder über den Rand der großen Krater geflossen waren wie Pech, das beim Kochen über den Topf schwappt, oder aus Öffnungen an den Vulkanflanken hervorgetreten waren. Bei den Eruptionen hatten sich die Lavaströme kilometerweit an den Küsten ausgebreitet.

Am nächsten Morgen ging er an Land und stellte fest, daß die Felsen von großen schwarzen Echsen bevölkert waren, die eine Länge von 90 bis 120 Zentimetern erreichten. »Kinder der Finsternis« nannte sie einer seiner Kameraden an Bord. Es waren die berühmten Meeresleguane der Galapagosinseln.

Dem Botaniker bot die Insel herzlich wenig. Doch es gab ein interessantes Berufskraut. Im Jahre 1962 schrieb Gunnar Harling in seinem Buch *Acta Horti Bergiani*, daß es *(Erigeron lancifolium)* zusam-

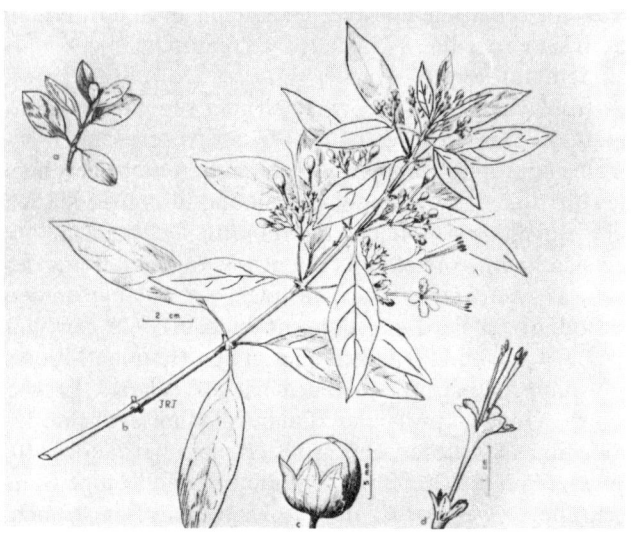

Vier der Pflanzen, die Darwin auf den Galapagosinseln fand:
oben: Clerodendron molle
unten: Opuntia galapageia
gegenüber, oben: Phoradendron henslovii
gegenüber, unten: Darwiniothamnus lancifolius
(Zeichnung aus: *Flora of the Galapagos Islands.* Photos: Uno Eliasson)

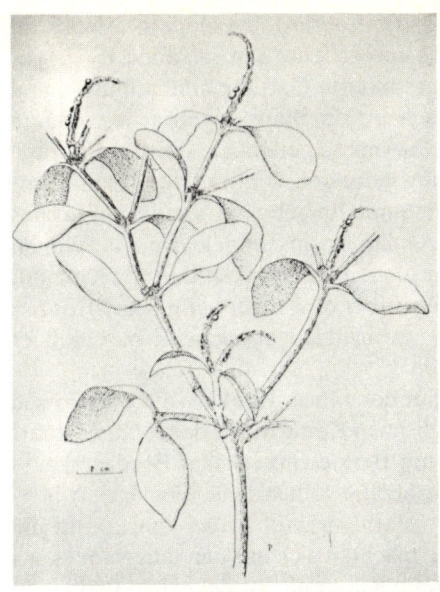

men mit einer weiteren Art *(E. tenuifolium)*, die Darwin sowohl auf der Charles- als auch der James-Insel (heute San Salvador, d. Ü.) gefunden hatte, eigentlich eine gesonderte Gattung bilden müßte, und zwar *Darwiniothamnus.* »Es scheint durchaus angebracht«, meinte er, »auf diese Weise Charles Darwins zu gedenken, der nicht nur die Typen beider Arten der Gattung gefunden, sondern durch seine umfassenden und ausgezeichneten Sammlungen die Grundlagen für unser Wissen von der Flora der Galapagosinseln gelegt hat.« William Hookers Sohn Joseph fiel zwar die Andersartigkeit der Pflanzen auf, als er die Sammlung aufarbeitete, aber obwohl er beim Klassifizieren eher dazu neigte, genau statt großzügig vorzugehen, beschloß er doch, sie zu *Erigeron* zu zählen.

Am 8. Oktober kamen sie auf der James-Insel an, die ebenso wie die Charles-Insel nach den englischen Königen aus dem Hause Stuart benannt war. Darwin, Benjamin Bynoe (inzwischen Bordarzt) und drei weitere Mitglieder der Besatzung sollten eine Woche dort bleiben, während die *Beagle* zur Chatham-Insel zurückkehrte, um die Wasservorräte aufzufüllen. Sie machten sich auf den langen Weg ins Inselinnere. Erst als sie etwa zehn Kilometer zurückgelegt und einen Höhenunterschied von ungefähr 600 Metern überwunden hatten, bot das Land Anzeichen grünen Bewuchses, denn weiter unten war es ausgedörrt und wie gewöhnlich mit blattlosen Bäumen bestanden, wenn einige Arten hier auch wesentlich größer wurden. In Darwins Augen verdienten die Bestände in den Höhen durchaus die Bezeichnung Wald. Sie setzten sich vorwiegend aus einer einzigen Baumart zusammen, und die wiederum war nicht nur neu, sondern gehörte auch zu einer neuen Gattung der Familie der Korbblütler. Joseph Hooker gab ihr den Namen *Scalesia darwinii.* Der größte Baum hatte einen Umfang von 2,40 Meter, mehrere andere erreichten 1,80 Meter.

Der verbreitetste Baum hatte blasse, hellgrüne Blätter sowie gänseblümchenartige Blüten und gehörte ebenfalls zur Familie der Korbblütler. Darwin gab ihm die Nummer 3294 in seiner Sammlung. Hooker machte eine interessante Bemerkung über die »sehr eigenartigen Vegetationsformen« auf den Galapagosinseln und verwies auf die acht dort heimischen, baumgroßen Kompositae. Er erwähnte außerdem den Loosbaum *Clerodendron* und die »Schneebeere« *Chiococca*, beide baumgroß und von tropischer Üppigkeit.

Weitere 300 Meter höher kamen sie an einige kleine Quellen, deren gutes und köstlich kühles Wasser ihnen sehr willkommen war. Die Region in dieser Höhe lag fast den ganzen Tag über in den Wolken. Der Nebel kondensierte an den Bäumen und fiel in Tropfen zu Boden – Grund für die saftig grüne und feuchte Vegetation und den matschigen Boden. »Nach einem heißen Tag im trockenen Land weiter unten ist der Gegensatz für Augen und Sinne erhebend«, schrieb Darwin. Er genoß die zwei Tage, die er hier sammelnd verbrachte. Es gab zahlreiche Pflanzen, insbesondere Farne, wenn auch kein Baumfarn darunter war. Ebenso fehlten die Palmen. Auf der James-Insel sammelte Darwin 21 Farne, von denen sieben neu waren. Einige ließen sich nur schwer, andere gar nicht auf einem Herbarbogen unterbringen. Zu Darwins gepreßtem Exemplar von *Polypodium pleiosoros* schrieb Joseph Hooker: »Nur der obere Teil, etwa 15 Zentimeter lang, eines offenbar sehr langen Wedels befindet sich in Mr. Darwins Sammlung«, und er fügte hinzu, »und er scheint weder zu irgendeiner bereits beschriebenen Art noch zu einer aus dem Hooker-Herbarium zu gehören.« (Als er dies im Jahre 1849 schrieb, bezog er sich auf das umfangreiche Herbarium seines Vaters, das größte und vollständigste der Welt. Zu jener Zeit war Sir William Hooker Direktor der Royal Botanic Gardens in Kew, und sein Herbarium nahm 13 Räume seines Privathauses ein. Nach seinem Tod im Jahre 1865 kaufte es der Staat als Nationaldenkmal für Kew Gardens.) Darwins Sammlung umfaßte noch einen neuen Riesenfarn, *Polypodium paleaceum*, mit sehr langen, eleganten Wedeln (von denen nur ein 60 Zentimeter langer Teil vorhanden ist) und das kleine *Adianthum parvulum* mit gekerbten Blattwedeln. Ein sehr dekorativer Farn derselben Gattung wurde zu Ehren von Darwins »Vater der Botanik« *Adianthum henslovianum* genannt.

In den höheren Regionen der Insel war es so feucht, daß dort große Bestände eines groben Zyperngrases gediehen, einer wasserliebenden Pflanze und Verwandten des ägyptischen Papyrus, in denen Schwärme kleiner Wasserrallen nisteten. Auch die Riesenschildkröten bevorzugten das feuchte Gebiet: Sie kamen scharenweise zu den Quellen, um ihren Wasserbedarf zu stillen. Auf dem Marsch zu und von den Quellen hatten sie Pfade ausgetreten, und es mutete Darwin sehr komisch an, als er die riesigen Wesen sah, wie sie mit vorgestrecktem Hals zielstrebig voraneilten. »Ich nehme an«, so notierte er, »daß sie mit einer Geschwindigkeit von 330 Metern pro Stunde marschieren; sie legen etwa sechseinhalb Kilometer in 24 Stunden zurück.« Wenn ein Fischer auf der Suche nach Wasser war, brauchte er nur ihren Pfaden zu folgen, so wie es Darwin und Syms Covington getan hatten. In den niedrigeren und trockenen Regionen der Insel hielten sich nur wenige Schildkröten auf. Ihren Platz hatten große, gelbe Echsen eingenommen, die ausschließlich von Früchten und Blättern lebten. Darwin beobachtete, wie sie die Mimosenbäume hinaufkletterten, um an ihre Nahrung zu gelangen. Einer dieser Bäume war *Acacia tortuosa*. Darwin nahm Teile davon für seine Sammlung mit. Die gelbe Echse, ein auf den Galapagosinseln heimischer Landleguan, ernährte sich zudem von einem saftigen Kaktus mit gelben Blüten und einem verzweigten, zylinderförmigen Stamm, auf dem büschelweise kräftige Stacheln wuchsen. Er wurde bis zu drei Meter hoch und war auf dem felsigen Boden häufig anzutreffen.

Die Galapagosinseln waren nicht nur wegen ihrer »vorsintflutlichen Bewohner« bemerkenswert, sondern auch wegen einer einzigartigen Gruppe von Finken, deren Schnäbel sich je nach Nahrungsgewohnheit der betreffenden Art unterschieden. So gab es einen mit einem kräftigen, kurzen Schnabel, der sich von großen Samen ernährte; ein anderer, der kleinere Samen bevorzugte, hatte einen kleineren, kräftigen Schnabel; und wieder ein anderer, der von Insekten lebte, verfügte über einen dünnen, feinen Schnabel. »Wenn man diese Abstufungen und strukturellen Verschiedenheiten innerhalb einer einzigen kleinen Gruppe von eng miteinander verwandten Tieren betrachtet, so könnte man wirklich auf den folgenden Gedanken kommen: Weil ursprünglich dieser Archipel so arm an Vögeln war, sei eine einzelne Art in verschiedener Weise für verschiedene Zwecke abgewandelt worden.« Diesen Satz schrieb Darwin in seinem Reisebericht *Journal of researches into the natural history and geology of the countries visited during the voyage of H.M.S. Beagle round the world* (Titel der deutschen Übersetzung: *Die Reise eines Naturforschers um die Welt*), der 1839 erschien, 20 Jahre vor seinem Werk *Über die Entstehung der Arten*.

Doch dann fügte er hinzu: »Die Botanik dieser Inselgruppe ist mindestens so interessant wie ihre Zoologie.«

Er hielt die Sammlungen, die er auf den einzelnen Inseln machte, sorgfältig voneinander getrennt, ein glücklicher Umstand, denn als er die Herbarbogen verglich, stieß er auf eine erstaunliche Tatsache. Während viele Pflanzen auf allen Inseln heimisch waren, wies jede Insel zusätzlich eine Reihe von eigenen Pflanzen auf, die auf keiner anderen anzutreffen waren. Es gab außerdem Pflanzen, die er, wie er sich erinnerte, bereits in Südamerika gesehen hatte, wenn auch nicht sehr viele. Diese Tatsache überraschte ihn, zumal die Galapagosinseln nur 800 bis 900 Kilometer vor dem Kontinent lagen. Da es keinen Landvogel gab, der sowohl auf den Inseln als auch auf dem amerikanischen Festland lebte, hatten Samen und Beeren nicht auf diese sehr verbreitete Weise auf den Archipel gelangen können. Was die einzelnen Floren anging, so kam es nicht unerwartet, daß die einzige bewohnte Insel, nämlich Charles, über die größte Zahl von nichtendemischen Pflanzen verfügte. Aber die meisten Inseln lagen in Sichtweite voneinander. Die kürzeste Entfernung zwischen der Charles- und der Chatham-Insel betrug nicht mehr als 80 Kilometer, die zwischen der Charles-Insel und Albemarle 53 Kilometer usw., während nur 16 Kilometer die James-Insel vom nächstgelegenen Teil Albemarles trennten.

Weder die Art des Bodens noch die Höhe des Landes über dem Meeresspiegel noch das Klima oder der allgemeine Charakter der zusammenlebenden Wesen (Tiere, Insekten und Vögel) und damit ihre wechselseitige Beeinflussung unterschieden sich wesentlich voneinander. Wenn es irgendeinen deutlich erkennbaren Unterschied in den klimatischen Bedingungen gab, dann mußte er zwischen dem Klima der windwärts gelegenen Inseln (nämlich Charles- und Chatham-Insel) und dem Klima der vom Winde abgelegenen bestehen, so führte Darwin aus; doch schien kein entsprechender Unterschied zwischen den Pflanzenpopulationen der beiden Inselgruppen zu existieren.

Mit der folgenden meisterhaften Erklärung versuchte Darwin das Rätsel zu lösen:

Das einzige Licht, welches ich auf diese merkwürdige Verschiedenheit unter den Bewohnern der einzelnen Inseln werfen kann, ist, daß ich darauf aufmerksam mache, wie sehr starke Meeresströmungen, welche in einer westlichen und westnordwestlichen Richtung laufen, soweit der Transport durch das Meer in Betracht kommt, die südlichen Inseln von den nördlichen trennen müssen; und zwischen diesen nördlichen Inseln ist eine starke Nordwestströmung beobachtet worden, welche James- und Albemarle-Insel sehr wirksam voneinander trennen müssen. Da der Archipel in einem äußerst merkwürdigen Grade von heftigen Stürmen frei ist, so werden weder die Vögel und Insekten noch die leichteren Samen von Insel zu Insel geweht werden. Endlich machen es auch einmal die große Tiefe des Ozeans zwischen den Inseln und ihre allem Anscheine nach neuere (im geologischen Sinne) vulkanische Entstehung im hohen Grade unwahrscheinlich, daß sie jemals miteinander verbunden gewesen wären; und dies ist wahrscheinlich eine viel bedeutungsvollere Betrachtung als irgendeine andere, wenn wir die geographische Verbreitung ihrer Bewohner im Auge haben. Überblickt man die hier mitgeteilten Tatsachen, so ist man über den Betrag an schöpferischer Kraft, wenn ein derartiger Ausdruck gestattet ist, erstaunt, der sich auf diesen kleinen, nackten und felsigen Inseln entfaltet hat; und noch mehr über deren verschiedenartige, aber analoge Wirkung auf so nahe beieinander gelegene Punkte. Ich habe oben gesagt, daß der Galapagos-Archipel ein Amerika angehängter Satellit genannt werden könnte; man sollte ihn aber lieber eine Satellitengruppe nennen, deren einzelne Glieder physikalisch einander ähnlich, organisch verschieden, aber aufs innigste miteinander verwandt und sämtlich in einem ausgesprochenen, wenn schon viel geringeren Grade mit dem großen amerikanischen Kontinent verwandt sind.

Diese Erklärung bildete den zweiten Schritt auf dem Weg zur Artentheorie, die Darwin später entwickeln sollte.

Einen Monat nach ihrer Ankunft im Galapagos-Archipel waren die Vermessungsarbeiten dort beendet, und die *Beagle* trat am 20. Oktober 1835 ihre 2750 Seemeilen lange Fahrt über den Pazifischen Ozean mit Kurs auf Tahiti an. Dank der Tag und Nacht wehenden Passatwinde lag ihr Tagesetmal (Strecke, die ein Schiff von 12 Uhr mittags bis 12 Uhr mittags zurücklegt, d. Ü.) auf der Strecke ständig zwischen 130 und 135 Seemeilen. Am 1. November hatten sie die wolkenverhangenen Bereiche vor der Küste von Südamerika hinter sich gelassen, die sich weit in den Ozean erstreckten. Von nun an schien die Sonne Tag für Tag strahlend aus einem wolkenlosen Himmel. So gestaltete sich ihre Überfahrt über das blaue Meer, mit auf jeder Seite gesetztem Leesegel, aufs angenehmste.
Daß sie in Landnähe gelangten, erkannten sie zunächst an der zunehmenden Zahl von Seevögeln, darunter vor allem zwei Seeschwalbenarten. Dann tauchte ein Fleck auf, erst kaum mehr als eine Linie,

die sie dann als die ebene grüne Fläche von Dog oder Doubtful Island erkannten. Die Insel wirkte in der endlosen Weite des Ozeans so unbedeutend, daß sie ihnen wie ein Eindringling erschien. Am Abend des 13. November hatten sie den gesamten Touamotu-Archipel durchquert, den man damals gelegentlich auch Gefährliche oder Niedrige Inseln nannte. Als sie an zwei Inseln kamen, die nicht auf ihren Karten verzeichnet waren, nahmen sie eine Positionsbestimmung vor.

Darwin fand den Anblick der meisten Inseln höchst uninteressant, nichts als einen langen, glänzend weißen Strand, gekrönt von einem Saum grüner Vegetation. Das vom Meer nicht überspülte Land war überaus schmal: Vom Masttopp aus konnte man bei Noon Island über die unbewegte Lagune, eine große Wasserfläche von gut 15 Kilometer Breite, geradewegs auf die gegenüberliegende Inselseite sehen. Es handelte sich ausschließlich um Koralleninseln, deren rätselhafte Entstehung Darwin später erklären sollte.

Tahiti wurde allen Vorstellungen gerecht, die er sich aufgrund der Erzählungen von Captain Cook und Sir Joseph Banks gemacht hatte: Kanus fuhren ihnen entgegen, und Männer, Frauen und Kinder strömten mit fröhlichen, lachenden Gesichtern herbei, bereit, sie freundlich zu empfangen. Jenseits des weißen Sandstrands und eines Landstreifens, auf dem Gärten mit tropischen Früchten angelegt waren, winkten wilde steile Gipfel. Am Dienstag, den 17. November, machte sich Darwin zu seiner ersten Besteigung auf. Die Berge waren von erschreckenden Schluchten zerschnitten. Er kletterte auf einen der Bergrücken bis in eine Höhe von 600 bis 900 Meter und hielt seine Eindrücke folgendermaßen fest: »Herrlicher Blick; Kordilleren dagegen ein Nichts – bestieg einen farnbewachsenen Hang – äußerst steil – Tagesmitte – Sonne im Zenith – brütend heiß – Kaskaden überall, enorme Steilhänge – säulenförmig – bewachsen mit Lilien, Bananen und Bäumen.« Während am Hang fast nur Zwergfarne wuchsen, gediehen am höchsten Punkt, den er erreichte, Baumfarne. Am meisten beeindruckte und interessierte ihn der Reichtum an tropischen Früchten. Bei einem zwei Tage dauernden Ausflug in das Landesinnere, den er mit dem dort ansässigen Missionar unternahm, hatte er Gelegenheit, den Überfluß der Natur zu bewundern: Bananenwälder und Früchte, die haufenweise am Boden verfaulten, Dickichte aus wildem Zuckerrohr, wildes Arum, dessen Wurzeln gebakken ausgezeichnet schmeckten und dessen junge Blätter einen besse-

ren Geschmack hatten als Spinat, Ti, eine lilienartige Pflanze, die ihnen zum Nachtisch serviert wurde und süß wie Sirup war, Kokosnüsse
und Ananas.

Aber Tahiti war botanisch bereits gut erforscht und die Zeit, die sie
in Neuseeland, ihrem nächsten Ziel, an Land verbringen konnten, auf
sieben Tage beschränkt. Darwin unternahm so viele Exkursionen wie
möglich, wenn er auch gleich am ersten Tage feststellte, daß er in diesem Land zu Fuß nicht gut vorankam: Die Hügel waren über und
über mit hohem Farnkraut und niedrigen Büschen bedeckt, die die
Form von Zypressen hatten. Er versuchte, die Küste entlangzuwan-
dern, mußte aber feststellen, daß zu beiden Seiten Buchten und tiefe
Flüsse sein Weiterkommen behinderten. In Waimate, etwa 24 Kilometer von der Bay of Islands entfernt, lud ihn der britische Resident
ein, mit einem Boot in eine Bucht zu fahren und einen schönen Was-
serfall zu besichtigen. Nach einiger Zeit verließen sie das Boot, um
auf einem gut ausgetretenen Pfad weiterzugehen, der auf beiden Seiten von dem über das ganze Gebiet verstreuten Farnkraut gesäumt
war. Einige Kilometer weiter bot die Landschaft noch immer denselben Anblick, wenn auch gelegentlich Bäume die Flußufer säumten
und an den Hängen hin und wieder kleine Baumgruppen standen.
»Der Anblick von so viel Farnkraut«, schrieb Darwin, »ruft uns die
Idee der Unfruchtbarkeit in den Sinn.« Später erfuhr er, daß das
Land durchaus fruchtbar wurde, wenn man es umpflügte.

Ein andermal wurde er zu einem Wald geführt, in dem die berühmte Kaurifichte wuchs. Er vermaß einen dieser stattlichen Bäume. Sein Umfang betrug 9,45 Meter. Die glatten, zylindrisch geformten Stämme erhoben sich ohne Zweige bis in eine Höhe von 27,40
Meter. Die großen Bäume, die zwischen den anderen wuchsen, ragten wie gigantische Säulen empor. Außerhalb des Waldes entdeckte
er größere Bestände von *Phormium tenax*, dem neuseeländischen
Flachs, mit langen, schwertförmigen Blättern, deren Unterseite mit
robusten, seidigen Fasern bedeckt waren. Die Frauen schabten sie
mit zerbrochenen Muscheln ab und verarbeiteten sie zu Stoff. Darwin
entdeckte herrliche Baumfarne und an vielen Stellen ein Unkraut,
das er aus seiner Heimat kannte: der Gemeine Ampfer, Beweis für
die Skrupellosigkeit eines Engländers, der dessen Samen für den der
Tabakspflanze ausgegeben und verkauft hatte.

Die ganze Besatzung war froh, als sie Neuseeland wieder verließen,
das sie als nicht sehr angenehm empfunden hatten. Den Eingebore-

nen fehlte die liebenswürdige Einfältigkeit der Tahitianer, und die Mehrzahl der englischen Bewohner gehörte zum »Abschaum der Gesellschaft«. Auch die Landschaft als solche bot nichts Besonderes. Aber Darwin hatte auch nicht viel davon zu sehen bekommen. An seinen Besuch erinnert ein bezaubernder kleiner Strauch mit dem Namen *Hebe darwiniana.* »Ein zarter, eleganter immergrüner Zwergstrauch mit Myriaden von kleinen spitzen Blättern«, so beschreibt ein Züchter von Alpenpflanzen unserer Tage, Joe Elliot, eine panaschierte Varietät – heute ein begehrter Strauch von alpinem Wuchs in unseren Gärten.

An den Spitzen seiner Triebe zeigen sich im Juli und August dichte Trauben mit weißen Blüten.

Auf dem Weg nach Sydney legten sie früh am Morgen des 12. Januar 1836 in Port Jackson an, und die vor ihnen liegende gerade Küstenlinie aus gelblichen Riffen erinnerte Darwin an die Küste von Patagonien. Der Hafen selbst war schön und groß, und verstreut am Strand standen prachtvolle Villen und hübsche Häuschen, weiter im Inland dagegen hohe Steinhäuser. In Sydney lebten zu jener Zeit bereits 23000 Menschen, und die Stadt strahlte industrielle Betriebsamkeit und Reichtum aus. Darwin nahm sich einen Führer und zwei Pferde, um nach Bathurst zu reiten, damals noch ein Dorf inmitten eines ausgedehnten Weidelands. Er hoffte, auf der 200 Kilometer langen Strecke einen allgemeinen Eindruck von der Landschaft zu erhalten. Die Kolonie befand sich noch im Stadium des Aufbaus, und er sah Gruppen von Sträflingen, die in Ketten unter der Aufsicht von Wachen mit geladenen Gewehren arbeiteten.

Das auffallendste Merkmal der Landschaft war die Eintönigkeit der Vegetation. Überall fand er offenes Waldland, und die Bäume gehörten fast ausschließlich zur Familie Eukalyptus. Er machte einen Abstecher zu den Blue Mountains, einer allmählich ansteigenden Ebene, die fast unmerklich eine Höhe von 900 Metern erreichte, anstelle der hohen Bergkette, die er erwartet hatte und die sich quer durch das Land ziehen sollte. Er besichtigte eine Schaffarm und ging auf Känguruhjagd, sah aber kein einziges Tier. Die englischen Siedler hatten keinen besonderen Wert darauf gelegt, den australischen Bäumen die richtigen Namen zu geben: Die Eichen, von denen Darwin gehört hatte, entpuppten sich als Kasuarinen, als er sie besichtigte.

Sie segelten nach Tasmanien weiter, ein grüneres und attraktiveres

Land, wie Darwin empfand. Er bestieg den Mount Wellington, wenn er bei seinem ersten Versuch auch an dem undurchdringlichen Wald scheiterte. Am nächsten Tag nahm er einen Führer, der jedoch über so wenig Kenntnis verfügte, daß er ihn an der südlichen beziehungsweise Regenseite hinaufführte. Hier war die Vegetation üppig, und abgestorbene Bäume und herabgefallene Äste machten den Aufstieg fast so schwierig und anstrengend wie in Feuerland oder Chiloe. Nach fünfeinhalb Stunden mühevollster Kletterei hatten sie den Gipfel erreicht. An vielen Stellen wuchsen die Gummibäume zu bedeutender Höhe heran und bildeten stattliche Wälder. In einigen der feuchteren Schluchten gediehen enorm hohe Baumfarne: Darwin entdeckte einen, dessen Wedel sich erst in einer Höhe von 7,60 Meter entfalteten. Sein Umfang betrug 1,80 Meter. Die Wedel dieser Bäume bildeten elegante Sonnenschirme und spendeten dämmerigen Schatten.

Am 6. März erreichte das Schiff King George Sound, und vor Darwin lagen acht Tage der Erforschung. Das Land war eintönig, der unfruchtbare sandige Boden ernährte nur dünnes niedriges Gestrüpp und drahtartiges Gras oder Wälder aus verkümmerten Bäumen. Aber in den offenen Landesteilen fand Darwin eine große Zahl von Grasbäumen, *Xanthorrhoea preissii*, eine bemerkenswerte Pflanze mit dem Aussehen von Palmen; an ihrer Spitze bringt sie jedoch anstelle einer Krone aus prächtigen Wedeln ein Büschel grober, grashalmähnlicher Blätter hervor. Darwin verließ die Ufer Australiens ohne Betrübnis oder Bedauern.

Die Keeling- oder Kokosinseln präsentierten sich so, wie man sich das Paradies auf Erden vorstellt: ein niedriges, ringförmiges Riff, auf das sich riesige Brandungswellen ergossen, und Gruppen von eleganten Kokospalmen, die sich hier und da wie Punkte abzeichneten. Durch eine einzige Öffnung im Riff gelangte das Schiff aus dem wogenden blauen Ozean in eine mehrere Kilometer breite Lagune mit smaragdgrünem Wasser, so ruhig und klar, daß man die dunklen Korallenbänke auf dem Grund sehen konnte.

Auf den Kokosinseln lebten etwa 100 Menschen, in der Mehrzahl entlaufene malaiische Sklaven und nur einige Engländer. Wirtschaftlich waren sie von der Kokospalme, ihrem Öl und ihren Nüssen, abhängig, und ihr Einkommen war entsprechend gering. Den Boden bildeten rundgeschliffene Fragmente von Korallen, und außer der Kokospalme gab es nur noch fünf oder sechs Baumarten. Dazu gehörte die Kohlpalme, *Andira inermis*, die eine Höhe von etwa neun

Metern erreichte und, wie Darwin aus Erzählungen erfuhr, zwischen
ihren immergrünen gefiederten Blättern Rispen aus dunkelroten
Blüten hervorbrachte. Sie galt als einer der »Regenbäume«, die immer wieder von Insekten wie den Zikaden heimgesucht wurden.
Durch Verletzungen, die sie ihrer Rinde zufügten, trat ständig Saft in
dicken Tropfen aus, so daß die Legende entstand, von den Bäumen
falle ununterbrochen Regen. Die Wälder waren so dicht wie ein
Dschungel, und die Vegetation schien üppig. Dennoch gab es auf den
Kokosinseln nicht mehr als 23 Pflanzenarten. Darwin sammelte alle
mit Ausnahme der Kohl- und Kokospalme, die zur Zeit seiner Anwesenheit nicht in Blüte standen. Die Malaien versicherten ihm, daß
seine Sammlung bis auf die beiden komplett war. Sie kannten jede
Pflanze auf diesen abgelegenen Inseln, wo sie ganz allein auf sich angewiesen waren.

In den Bäumen nisteten Tölpel, Fregattvögel und Seeschwalben,
da es keine Klippen gab, in denen sie ihr Nest hätten bauen können.
Darwin beobachtete entzückt eine kleine, schneeweiße Seeschwalbe,
die ihn zu ihrem Gefährten machte und nur einen Meter von seinem
Kopf entfernt herumkreiste, wobei sie ihm mit großen schwarzen
Augen voll ruhiger Neugier prüfend ins Gesicht sah. Er meinte: »Es
gehört nur wenig Einbildungskraft dazu, sich vorzustellen, daß ein so
leichter und zarter Körper von irgendeinem wandernden, feenartigen
Geiste bewohnt wird.«

Zu der Gruppe gehörten 23 Inseln, und Darwin erforschte sie fast
alle. Da der Boden aus Korallen bestand und auf Grund der Art der
Korallen selbst erwartete er, eine reine Küstenflora zu entdecken, deren Samen mit Baumstämmen und anderem Treibgut des Wassers
und der Luft an die Ufer geworfen worden waren. Im Gegensatz zu
den Galapagosinseln gab es hier keine echten Landvögel, wenn auch
ein oder zwei Watvogelarten. Bei den übrigen handelte es sich um
Seevögel, die ebenfalls Samen transportieren konnten. Dann gab es
noch die Möglichkeit, daß Samen, die im Meer schwammen, hier angespült worden waren, vorausgesetzt, daß das Salzwasser ihre Keimfähigkeit nicht beeinträchtigt hatte.

Die Pflanzen der Kokosinseln wurden von Henslow klassifiziert
und beschrieben. Er vertrat die Ansicht, daß alle nichtendemischen
Arten vom Ostindischen Archipel oder dem benachbarten Kontinent
stammten, obwohl nicht alle dort entdeckt worden waren. Mindestens zwei der von Darwin mitgebrachten Pflanzen waren zuvor noch

nicht beschrieben worden, und eine oder zwei andere erregten Interesse, denn sie waren selten und man wußte wenig von ihnen. Alle übrigen hatten ein ausgedehntes Verbreitungsgebiet zwischen den Wendekreisen.

Als Joseph Hooker für die Linnean Society seine umfangreiche Abhandlung über die Pflanzen der Galapagosinseln verfaßte, wies er darauf hin, daß eine Gruppe wie die Kokosinseln, deren Flora fast ausschließlich von anderen Orten stammte, selten über zwei Arten von ein und derselben Gattung verfügte. In diesem Zusammenhang führte er aus, daß die Flora einer Insel um so unvollständiger ist, je mehr sie auf den Zugang von Pflanzen aus einem benachbarten Kontinent angewiesen ist, denn auf Wanderschaft begeben sich in der Regel nur einzelne Individuen, die in keiner Weise miteinander verwandt sind.

Darwin machte genaue Notizen. Zu *Pemphis acidula* mit den interessanten Samenkapseln schrieb er: »Kaum hat sich ein neues Riff durch die Ablagerung von Sand auf seiner Oberfläche weit genug angehoben, so ergreift diese Pflanze mit Sicherheit als erste Besitz von dem Boden.« *Tournefortia argentea*, deren Trugdolden Blüten und Früchte zugleich hervorbrachten, war »ein Baum von mäßiger Größe, mit kleinen weißen Blüten, sehr verbreitet«. Es gab drei immergrüne Bäume: *Cordia orientalis, Guettardia speciosa* und *Ochrosia parviflora*, die sich zu schönen geraden Exemplaren mit glatter Rinde und hellgrünen, walnußartigen Früchten entwickelten. Zu *Guettardia* notierte er: »Die Blüten strömen einen herrlichen Duft aus.« Sie waren weiß und rochen nach Gewürznelken. Der Baum erreichte eine Höhe von bis zu neun Metern. Zu *Cordia* hieß es: »Die Siedler nennen diesen Baum Keeling-Teakbaum, denn er liefert ihnen bestes Bauholz. Sie haben daraus ein Boot gebaut. Ein großer Baum, auf einigen der Inseln sehr zahlreich, reiches Blattwerk, mit roten Blüten; es waren zur Zeit aber nur wenige Blüten geöffnet, und sie fielen leicht ab.« Ein kleiner Baum, der auf einer der Inseln wuchs und von den Bewohnern ebenfalls genutzt wurde, war *Paritium tiliaceum* (heute *Hibiscus tiliaceus*). Er fand überall im Pazifik Verwendung, wie Darwin erfuhr, vor allem aber in Otaheite; aus der Rinde entstanden Seile, das leichte Holz diente den Fischern als Baumaterial für Flöße, und die Eingeborenen verwendeten es, um Feuer zu machen, indem sie Holzstücke aneinander rieben.

»Von den Kokosinseln kamen wir direkt hierher«, schrieb Darwin aus Port Louis auf Mauritius an seine Schwester Catherine. »Alles, was wir bisher gesehen haben, ist sehr angenehm. Die Landschaft kann sich zwar nicht des Charmes von Tahiti und noch weniger der großartigen Üppigkeit von Brasilien rühmen; aber sie bietet doch einen vollkommenen und sehr schönen Anblick. Dennoch gibt es kein Land, das uns nun noch anziehen könnte, es sei denn, es liege achtern, und in je größerer und undeutlicherer Entfernung, desto besser. Wir sind alle krank vor Heimweh.« Es gab die Möglichkeit, England in acht Wochen zu erreichen, wenn sie vor dem Kap der Guten Hoffnung nicht in einen der schweren Stürme gerieten. Noch stand nicht fest, welchen Kurs sie segeln würden, wenn sie das Kap umrundet und St. Helena passiert hatten, aber Darwin glaubte, daß sie zur Küste Brasiliens und Bahia zurückkehren würden. Während der Zeit auf See beschäftigte er sich mit der Neuordnung und gelegentlich auch Neufassung seiner Notizen. Er teilte Caroline mit: »Ich beginne gerade zu entdecken, wie schwer es ist, Gedanken zu Papier zu bringen. Solange es sich nur um Beschreibungen handelt, ist es ziemlich einfach; aber wenn es um eine Argumentation geht, einen richtigen Anschluß herzustellen oder klarer und relativ flüssig zu schreiben, stehe ich, wie ich schon sagte, vor einer Schwierigkeit, wie ich sie mir nie vorgestellt habe.«

Port Louis auf der Isle de France, wie man Mauritius damals auch nannte, war von den Franzosen geprägt; die Engländer sprachen mit ihren Dienern französisch, und auch die Ortsnamen waren in französischer Sprache gehalten – Erbe der 95 Jahre der französischen Besatzung von 1715 bis 1810. Die *Beagle* lag nur fünf Tage vor der Insel, und Darwin hatte Zeit für einige Ausflüge. Da aber das Land in unmittelbarer Umgebung vorwiegend ackerbaulich genutzt war und sich die Bewohner als so gastfreundlich erwiesen, kam er kaum zum Sammeln. Am Kap fand er einige sehr hübsche Exemplare von Mesembrianthemium, Sauerklee und Erika, obwohl keine Blütezeit war. Außerdem hatte er das Glück, Sir John Herschel zu treffen. Er wurde zum Essen in dessen gemütliches Landhaus eingeladen und durch den bezaubernden Garten geführt, in dem Zwiebeln wuchsen, die Herschel selbst in der Umgebung des Kaps gesammelt hatte. Am 29. Juni überfuhr die *Beagle* zum sechsten und letzten Male den Wendekreis des Steinbocks, und am 8. Juli legten sie vor St. Helena an.

Die Vegetation der Insel hatte deutlich englischen Charakter. Die Hügel waren mit Anpflanzungen von schottischen Fichten bedeckt, und an den steilen Hängen wuchsen Ginsterdickichte mit leuchtend gelben Blüten. Als Darwin erfuhr, daß das Verhältnis der endemischen zu den fremden, vorwiegend aus England eingeführten Pflanzen 52 zu 424 Arten betrug, wußte er, warum die Ähnlichkeit so groß war. Er schrieb über letztere: »Die vielen importierten Arten müssen einige der eingeborenen unterdrückt haben.« Viele der vertrauten englischen Pflanzen gediehen hier besser als in ihrer Heimat, und er hielt es nicht für unwahrscheinlich, daß ein ähnlicher Änderungsprozeß noch im Gange war. Nur auf den höchsten und steilsten Bergrükken herrschten die endemischen Pflanzen vor, und die Flora entwikkelte sich dort nach demselben Muster wie auf den Galapagosinseln. Hier bot sich ihm der Fall von krautigen Pflanzen, die auf einer Insel Baumform annahmen, wo es keinen Wettbewerb mit endemischen oder eingeführten Bäumen gab, denn auf St. Helena wuchs außer der Fichte keine einzige Baumart. Diese Entwicklung zu Baumformen sollte Darwin in seinem Werk über die *Entstehung der Arten* behandeln.

Auf Ascension erwarteten sie langersehnte Briefe aus der Heimat, darunter einer von Darwins Schwestern, in dem sie ihm mitteilten, daß Sedgwick ihren Vater besucht und gesagt habe, sein Sohn Charles werde sich einen Platz unter den führenden Wissenschaftlern erobern. Es war Darwin unklar, auf welche Weise Sedgwick irgend etwas über seine Arbeit erfahren haben konnte. Später erfuhr er, daß Henslow einige seiner Briefe vor der Philosophical Society von Cambridge verlesen und gedruckt hatte, um sie an Interessenten zu verteilen. Zunächst freute er sich so über diesen Brief, daß »ich in großen Sprüngen über die Berge von Ascension eilte und das vulkanische Gestein unter meinem geologischen Hammer erklingen ließ!«

Ihre nächste Station war Bahia in Brasilien. Während der vier Tage, die sie dort verbrachten, stellte Darwin zu seiner Freude fest, daß seine Begeisterung über die tropische Landschaft nicht nachgelassen hatte. Sie war sogar noch stärker als bei seinem früheren Aufenthalt, und besonders erfreute er sich an der ungebremsten Üppigkeit der Vegetation, dem hellroten Erdboden, der sich so deutlich von dem Grün abhob, den zahllosen, stattlichen Bäumen: alles zusammen offenbar bereit, die beackerten Flächen mit den dazugehörigen Häusern, Klöstern und Kirchen, ja sogar Städten zu überwältigen. Gelehrte Naturforscher hatten diese tropischen Szenen beschrieben, indem sie auf eine Vielzahl von Einzelheiten hinwiesen und zu jeder einige der charakteristischen Züge nannten, und einem erfahrenen Reisenden mochte dies wohl eine bestimmte Vorstellung vermitteln. »Aber wer sonst«, so fragte Darwin, »kann sich nach dem Anblick einer Pflanze in einem Herbarium ihre Erscheinung vorstellen, wie sie in ihrem heimatlichen Boden wächst? Wer kann sich nach dem Anblick einiger ausgewählter Pflanzen in einem Gewächshaus einige derselben bis zu den Dimensionen von Waldbäumen vergrößern und andere sich zu einem verworrenen Dschungel vermehren lassen?« Genau zur Mittagszeit, wenn die Sonne ihren höchsten Stand erreicht hat, sollte man das große wilde, unaufgeräumte, luxuriöse Gewächshaus dieses Landes betreten, wenn das dichte, prachtvolle Laub der Mangobäume den Boden in den dunkelsten Schatten hüllt, während die oberen Zweige durch das hindurchströmende Licht in um so stärkerem Glanz erscheinen.

Auf dem letzten Spaziergang, den er unternahm, blieb er immer und immer wieder stehen, um diese Schönheiten anzuschauen und sich die Eindrücke einzuprägen, von denen er wußte, daß sie früher oder später verblassen mußten. Die Form des Orangenbaums, der Kokospalmen und Palmen, des Mangobaums, der Banane würde klar und deutlich erhalten bleiben, aber die tausend Schönheiten, die sich alle zu einem vollkommenen Bild vereinigten, würden, wie er wußte, entschwinden. »Und doch werden sie wie ein in der Kindheit gehörtes Märchen ein Gemälde voll zwar undeutlicher, aber außerordentlich schöner Bilder zurücklassen«, schrieb er.

An jenem Nachmittag lichteten sie die Anker und stachen in See. Am 2. Oktober 1836 kam die *Beagle* in Falmouth an. Zu Darwins Überraschung und eingestandener Beschämung rief der erste Anblick der englischen Küste in ihm keine wärmeren Gefühle hervor, als wenn es sich um eine elende portugiesische Siedlung gehandelt hätte, die vor ihnen lag. In derselben Nacht (sie war entsetzlich stürmisch) machte er sich mit der Postkutsche auf den Weg nach Shrewsbury. Dort angekommen und erst jetzt voll in dem Bewußtsein, wieder zu Hause zu sein, verfaßte er eilends einen Brief an seinen »Obersten Herrn von der Admiralität«, seinen Onkel Jos, in dem er aus tiefstem Herzen sagen konnte: »Ich bin gestern abend spät nach Haus gekommen. Mein Kopf ist ganz verwirrt vor Freude, aber ich kann es nicht zulassen, daß meine Schwestern Dir als erste mitteilen, wie glücklich ich bin, alle meine Freunde wiederzusehen . . . Ich bin so überaus glücklich, daß ich kaum weiß, was ich schreibe.«

5. Der Seefahrer ist wieder da

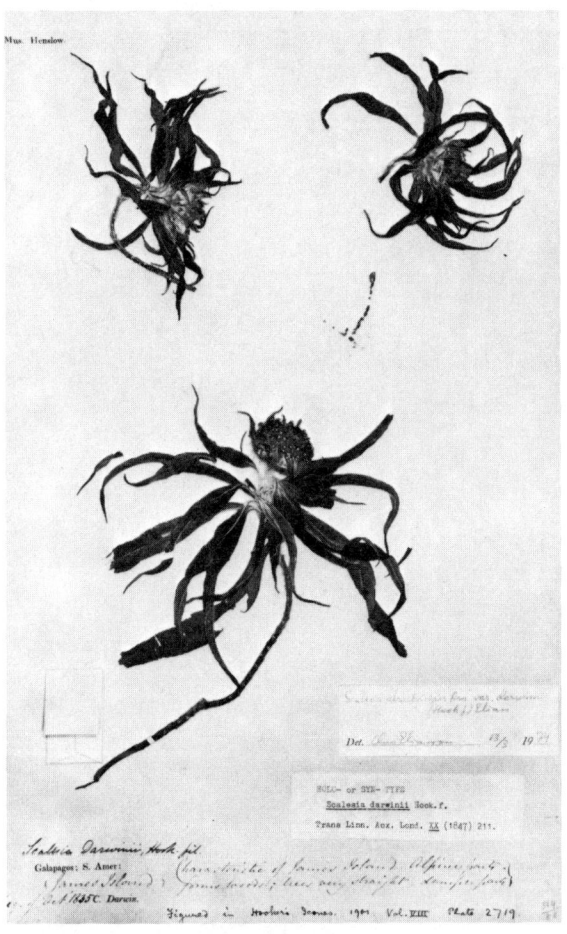

Nach Hause zurückgekehrt, erfuhr Darwin, daß sich die Naturforscher begeistert über die Pflanzen äußerten, die er gesammelt hatte. »Ich wünschte nur«, so teilte er Henslow mit, »ich hätte gewußt, daß sich die Botaniker so sehr für Exemplare interessieren und die Zoologen so wenig. Das zahlenmäßige Verhältnis der Exemplare hätte dann entschieden anders ausgesehen.«

Er nahm eine Wohnung, um seine Reisebeschreibung zu verfassen. Er hatte sich selbst als Geologen betrachtet, aber am deutlichsten stand vor seinem inneren Auge der erhabene Anblick der brasilianischen Wälder. Der Rat, den er anderen jungen Männern gab, die eine derartige Reise planten, lautete: Sie sollten »Botaniker sein«.

Die Abbildung zeigt den Herbarbogen mit Darwins gepreßtem Exemplar von Scalesia darwinii. Er befindet sich heute in der Botany School von Cambridge. Der kleine Umschlag links unten enthält Samen der Pflanze.

Caroline bat ihren Bruder, auf einem nicht vollständig beschriebenen Briefbogen einen Bericht an ihre Kusine Elizabeth anfügen zu dürfen, wenn er es schon nicht gestattete, daß seine Schwestern die Nachricht von seiner Rückkehr als erste verbreiteten. Charles, so schrieb sie, »ist nach fünf Jahren der Abwesenheit äußerlich so wenig verändert nach Hause gekommen und hat sich in seinem lieben Wesen überhaupt nicht gewandelt«. Sie verbrachten den glücklichsten aller Vormittage, und Charles war innerlich bewegt und hoch erfreut, seinen Vater so wohlaussehend anzutreffen und wieder bei ihnen allen zu sein. Charles selbst sah »sehr dünn, aber gut aus – er freute sich sehr über Deine und Charlottes Willkommensbotschaft . . . Er fühlt sich Onkel Jos und Euch allen zutiefst verpflichtet und hat nach jedem von Euch gefragt.«

Sie fügte hinzu: »Nun, da wir ihn wirklich wieder bei uns haben, bin ich entschlossen, seine Beteiligung an dieser Expedition gutzuheißen, und jetzt kann ich auch annehmen, daß sie ihm für den Rest seines Lebens Glück und Gewinn gebracht hat.«

Er blieb acht Tage in Shrewsbury und wartete auf Nachricht von Kapitän FitzRoy, der ihm mitteilen sollte, wann er nach London fahren und sein Hab und Gut von der *Beagle* holen konnte. Zwischenzeitlich schrieb er an Henslow und bat dringend um dessen Rat, denn er fühlte sich »in den Wolken, und ich weiß weder, was ich tun, noch wie es weitergehen soll«. Am meisten beschäftigte ihn die Zukunft der geologischen Proben; wer würde wohl so freundlich sein, ihm bei der Bestimmung ihrer mineralogischen Bestandteile zu helfen?

Da er von FitzRoy keine Nachricht erhielt, fuhr er nach Cambridge. Auf dem Weg dorthin verbrachte er eine Nacht in London bei seinem »guten, lieben alten Bruder Erasmus«.

Henslow hielt wie immer eine Reihe von praktischen Vorschlägen für ihn bereit. Von St. Helena hatte Darwin ihn in einem Brief gefragt, ob er ihm wohl bei der Aufnahme in die Geological Society helfen würde. Nach der Expedition durch Nordwales hatte Sedgwick sich erboten, dies zu tun, es aber vergessen, bis Henslow ihn daraufhin wieder daran erinnerte, und am 8. September hatten beide das Antragsformular für Darwin unterzeichnet. Am 2. November sollte er der Gesellschaft vorgeschlagen werden. Henslow drängte ihn nun, Kontakt mit dem Kreis der Mitglieder aufzunehmen, zu dem er bald gehören sollte, insbesondere zu Charles Lyell, dem Vorsitzenden der Gesellschaft; und warum schrieb er nicht an Sedgwick, um ihm mitzuteilen, daß er wieder zurück sei; außerdem schien es ratsam, die Bekanntschaft mit seinem ehemaligen Professor in Edinburgh, Robert Grant, zu erneuern, der jetzt an der Londoner Universität lehrte. Er sollte sich auch mit Richard Owen treffen, der gerade erst als Professor ans Royal College of Surgeons berufen worden war. Schreiben Sie an alle, und bitten Sie um ein Treffen, empfahl Henslow: Einer von ihnen würde schon wissen, wer die einzelnen Sammlungen erhalten sollte.

Fünf Tage verbrachte Darwin damit, Briefe zu schreiben; dann kehrte er nach London zurück. Er bezog die Wohnung seines Bruders Erasmus in der Great Marlborough Street Nr. 43.

Die *Beagle* hatte sich seit ihrer Ankunft in Falmouth Zeit gelassen. Am 4. Oktober segelte sie nach Plymouth, wo sie bis zum 17. vor Anker lag, und am folgenden Tag weiter, mit Zwischenaufenthalt in Portsmouth und Deal, zur Themsemündung. Von dort ging es am 28. flußaufwärts nach Greenwich und zurück nach Woolwich, wo sie am 17. November 1836 ihre ungewöhnlich lange Reise von fünf Jahren und einhundertsechsunddreißig Tagen beendete.

Darwin richtete es so ein, daß er das Schiff in Greenwich erreichte, und verbrachte einen Tag an Bord, um seine Sachen zu packen. Seine größte Sorge galt den Pflanzen von den Galapagosinseln. Henslow hatte ihn gebeten, sie mitzubringen (die übrigen Kisten konnten später folgen), damit sie sofort untersucht werden konnten. Darwin schrieb, er hoffe, sie befänden sich »in einigermaßen gutem Zustand«. Das geschah am 30. Oktober, einen Tag nach einem wichtigen Ereignis: Am 29. Oktober hatte er in Charles Lyells Haus nicht nur seinen Heros, den Autor von *Principles of Geology*, sondern auch Richard Owen getroffen.

Es war eine außergewöhnliche Zusammenkunft. Mit 39 Jahren stand Lyell auf dem Höhepunkt seiner Karriere. Charles Darwin, 27 Jahre alt, war dagegen gerade im Begriff, die ersten Schritte zu tun. Er war zu Lyell als der Autorität unter den britischen Geologen gekommen, um von ihm einen Vorschlag zu erhalten, wem er sinnvollerweise seine geologischen Proben überlassen sollte – denn aufgrund seiner Kenntnisse hielt er sie doch für äußerst wichtig. Zudem erinnerte er sich voller Stolz, daß er schon am ersten Ort ihrer Reise, an dem er geologische Untersuchungen vorgenommen hatte – Sao Tiago auf den Kapverdischen Inseln –, davon überzeugt war, daß Lyells Theorie denen anderer Geologen unendlich überlegen war. Im Jahre

1835 war er noch immer »ein eifriger Anhänger von Lyells Ansichten«. Aber, wie er Darwin Fox zu jener Zeit mitteilte, »meine geologischen Untersuchungen in Südamerika bringen mich dazu, in bestimmten Dingen noch weitergehende Schlußfolgerungen zu ziehen als er.«

Er hatte jetzt Gelegenheit, dies zu tun.

Und der ältere Mann beugte sich den Argumenten des jüngeren. In Darwins Abwesenheit hatte Henslow dessen Briefe unter anderem Sedgwick vorgelegt, der einzelne Bemerkungen und Informationen, von denen er glaubte, sie könnten für die Geological Society von Interesse sein, herausgezogen hatte. Am 18. November 1835 hatte Sedgwick vor der Gesellschaft eine Arbeit mit dem Titel »Geologische Notizen, angefertigt während einer Vermessung der Ost- und Westküste von Südamerika in den Jahren 1832, 1833 und 1834/35, mit einem Bericht über einen Querschnitt der Kordilleren zwischen Valparaiso und Mendoza« vorgetragen. Ein drei Seiten langer Auszug wurde in den *Proceedings* abgedruckt, aber der Autor war zu jener Zeit so wenig bekannt, daß er mit »F. Darwin, Esq. vom St. John's College, Cambridge« angegeben wurde.

Lyell hatte diesen Auszug mit dem größten Interesse gelesen. Er empfing seinen Besucher wie einen Freund, und es dauerte nicht lange, bis er ihn mit Fragen überschüttete. Darwin brachte seine Vorstellungen über die Entstehung der Korallenriffe vor, eine Theorie, die er in Südamerika entwickelt hatte, als er die Landerhebungen untersuchte. Er begann zurückhaltend, denn er befand sich ja in Gegenwart des größten lebenden Geologen, und er war auf dem besten Wege, Ansichten zu verbreiten, die denen seines »Meisters« diametral entgegenstanden. Aber die Fragen, mit denen ihn Lyell bestürmte, ermutigten ihn, und er fuhr fort. Emma Darwin sollte drei Jahre später in einer Beschreibung Lyells darauf hinweisen, daß jener niemals laut spräche. Sie bemängelte, daß es ihm gelänge, die Stimmung bei jeder Gesellschaft zu dämpfen, weil alle Anwesenden sich bemühten, ihn an Lautstärke nicht zu übertreffen. Anders verhielt er sich nur, wenn das Gespräch auf geologische Fragen kam. So auch bei dieser Gelegenheit. »Als er von den Lippen ihres Urhebers einen Entwurf der neuen Theorie hörte, war Lyell von Freude so überwältigt, daß er, wie gewöhnlich, wenn er erregt war, umhertanzte und die wildesten Verrenkungen aufführte!« Später berichtete Darwin Professor John Wesley Judd, den er für den Geologen der Zukunft hielt, daß er sich über die Bedeutung seiner Theorie über die Korallenriffe überhaupt nicht ganz im klaren gewesen sei, bevor er mit Lyell darüber gesprochen hätte. Für Lyell bildete das Treffen einen Wendepunkt. Eigene Vorstellungen, die er bis zu diesem Zeitpunkt mit Entschiedenheit vertreten hatte, gab er auf, wie aus einem Brief an Sir John Herschel hervorgeht: »Ich muß meine Vulkankrater-Theorie ein für allemal aufgeben, wenn es mich auch zunächst Überwindung kostete, denn sie erklärte so vieles.«

Richard Owen hat dem Treffen wohl als stiller Beobachter beigewohnt, solange über dieses Thema diskutiert wurde. Aber als er an die Reihe kam, erwies er sich als hilfreich. Er schlug vor, einen Brief an Sir Anthony Carlisle, den Präsidenten des Royal College of Surgeons, zu schreiben, der an den fossilen Säugetieren als Bereicherung seines Museums interessiert sein könnte. Als Alternative dazu bot sich das British Museum oder noch besser das Pariser Museum der Naturgeschichte an, wo George Cuvier arbeitete, Mitbegründer der Paläontologie der Wirbeltiere und Autor des Mammutwerks *Recherches sur les ossemens fossiles de quadrupèdes*. Owens Interesse am Pariser Museum kam nicht von ungefähr, denn er hatte dort fünf Jahre zuvor mit Cuvier zusammengearbeitet, Knochen untersucht und bei der Klassifizierung geholfen. Owen gab auch den Rat, Gipsabdrücke anfertigen zu lassen. Es überrascht nicht, daß Owen den Beitrag über die fossilen Säugetiere verfaßte, der, als die Ergebnisse der *Beagle*-Expedition schließlich veröffentlicht wurden, im Band über die Zoologie erschien.

Darwin besuchte Professor Grant, der sich bereit erklärte, »einige der Korallenalgen« zu untersuchen. Eine enttäuschende Einschränkung, dieses »einige«: Darwin hatte gehofft, Grant würde die Bearbeitung der ganzen Sammlung übernehmen. »Es ist klar«, so schrieb er an Henslow, »daß die Sammler die echten Naturforscher zahlenmäßig so weit übertreffen, daß letztere keine freie Zeit haben.« Er sprach beim Museum der Zoological Society vor, nur um zu erfahren, daß kaum noch Platz vorhanden sei und schon mehr als tausend Exemplare nicht ausgestellt werden könnten. Diese Information entnahm er einem Treffen der Gesellschaft, »bei dem sich die Sprecher gegenseitig in einer Weise angifteten, die alles andere als vornehm war«. (Die Zoologen sollten einiges wiedergutmachen, als sie bei einem Treffen im Januar 1837 80 Exemplare der von Darwin gesammelten Säugetiere und 450 Vögel ausstellten.) Zweimal traf er mit

William Yarrell zusammen, einem Gründungsmitglied der Zoological Society von 1826 und Vizepräsident der Linnean Society, der ein Familienunternehmen des Buch- und Zeitschriftenhandels führte. Offensichtlich bedrängten Yarrell geschäftliche Sorgen in einem Maße, daß es »zu selbstsüchtig« gewesen wäre, »ihn mit meinen Angelegenheiten zu belästigen«. Thomas Bell, Professor der Zoologie am King's College in London, war so beschäftigt, daß »keine Chance« bestand, »daß er sich für die Exemplare der Reptilien interessieren würde« (obwohl er sie schließlich für die *Zoology* beschrieb). Noch war Darwin nicht bei Westwood gewesen, »so daß ich hinsichtlich meiner Insekten überhaupt nichts weiß«. Es handelte sich um John Obadiah Westwood, Sekretär der Entomological Society und später der erste Hope-Professor der Zoologie in Oxford. Dagegen war er mit William Lonsdale zusammengetroffen, Kurator und Bibliothekar der Geological Society, der ihn äußerst liebenswürdig empfangen und ihm versichert hatte, daß, wenn es sich nur um die Bestimmung der geologischen Proben handelte, Lyell und Lonsdale freundlich genug sein würden, diesen Teil der Sammlung zu bearbeiten.

Bei Darwins Pflanzen sah die Sache anders aus. Er hatte am Dinner im Club der Linnean Society teilgenommen und dort David Don, Professor der Botanik am King's College und Bibliothekar der Linnean Society, getroffen. In einem Brief an Henslow berichtete er:

Sie haben mir einen Bekanntheitsgrad unter den Botanikern verschafft; aber ich kam mir sehr dumm vor, als sich Don über die Schönheit einer Pflanze mit unglaublich langem Namen äußerte und mich zu ihrem Lebensraum befragte. Jemand anderes schien überaus erstaunt, daß ich nichts von einer Segge aus ich-weiß-nicht-wo wußte. Ich mußte mich schließlich völlig unschuldig bekennen – daß ich nicht mehr über die Pflanzen weiß, die ich gesammelt habe, als der Mann im Mond.

Aus den verschiedenen Zusammenkünften mit den Naturforschern ging hervor, daß ihm seine Pflanzen mehr als alles andere am Herzen lagen. »Ich wünschte nur«, sagte er zu Henslow, »ich hätte gewußt, daß sich die Botaniker so sehr für Exemplare interessieren und die Zoologen so wenig. Das zahlenmäßige Verhältnis der Exemplare hätte dann entschieden anders ausgesehen.«

Er hatte keinerlei Verständnis für die Zoologen, weniger wegen ihrer Arbeitsüberlastung als vielmehr »wegen ihrer niedrigen, streitsüchtigen Gesinnung«. In der Regel wurde ihm erklärt, er solle die ganze Arbeit selbst erledigen. Lyell hatte ihm dasselbe geraten, so daß Darwin an Henslow schrieb: »Ihr Plan wird nicht nur der beste, sondern der einzige sein, nämlich daß ich nach Cambridge komme, die verschiedenen Familien ordne und einteile und dann warte, bis Leute, die sich bereits mit den einzelnen Bereichen beschäftigen, meine Exemplare brauchen.«

Er beschloß, einige Monate in Cambridge zu verbringen und, wenn er mit Henslows Hilfe festgestellt hätte, von welcher Bedeutung seine Sammlungen waren, nach London zurückzukehren, um seine Geologie zu vervollständigen und die Zoologie möglichst weit voranzutreiben. Nachdem er sämtliche Kisten von der *Beagle* geholt hatte, schickte er sie mit Marsh's Wagon nach Cambridge. Henslow hatte ihm wiederholt angeboten, in seinem Haus zu wohnen, was Darwin auch zwei oder drei Tage lang tat. Am 15. Dezember schrieb er an Darwin Fox, daß er sich nach einem Leben voller angenehmer Geschäftigkeit nun auf eine Zeit der besinnlichen Ruhe freue. Henslows neues Haus in Cambridge sei nicht groß, aber bequem, und er und Mrs. Henslow seien so freundlich und liebenswürdig, daß er sich mit ihnen wie mit seinen nächsten Verwandten verbunden fühlte. Aber diese bequeme Lebensweise halte ihn vom intensiven Arbeiten ab, und morgen würde er in eine einsame Wohnung in der Fitzwilliam Street umziehen. Er gedenke, an den Vormittagen seine Exemplare in Gruppen zu ordnen und die geologischen Proben Stück für Stück zu untersuchen, »was eine außerordentlich langweilige Aufgabe sein wird«, aber Syms Covington habe sich bereit erklärt, ihm zu helfen. An den Abenden wolle er schreiben, und da gerade Weihnachtsferien seien, hoffe er, einige Stunden täglich dafür erübrigen zu können.

Er hielt sich an seinen Plan und legte nur einen kurzen Aufenthalt in London ein, um einen Vortrag vor der Geological Society zu halten mit dem Thema »Beobachtungen zum Beweis jüngerer Erhebungen an der Küste von Chile«; das war am 4. Januar 1837, dem Tag, an dem er formell in die Gesellschaft aufgenommen wurde, und zwar von Lyell selbst.

Am 13. März verlegte er seinen Wohnsitz nach London und zog in ein Haus in der Great Marlborough Street, Nr. 36. Nachdem er die verschiedenen Willkommensparties absolviert hatte, wurde er in

In den feuchtigkeitsreichen Höhen der James-Insel wuchs *Scalesia Darwinii* groß und aufrecht in Hainen, »die die Bezeichnung Wald verdienen«, wie Darwin schrieb. (Photo: Uno Eliasson)

Ruhe gelassen, so daß er an seiner Reisebeschreibung weiterarbeiten konnte. Sie sollte als dritter Band im Rahmen von *The narrative of the voyages of H. M. Ships Adventure and Beagle* erscheinen. FitzRoy, der, wie Darwin es formulierte, »einen Plumpudding aus seinem eigenen Tagebuch und dem von Kapitän King bei der letzten Fahrt geführten zubereitet«, sollte die ersten zwei Bände schreiben.

Seine Sammlungen wurden nach und nach klassifiziert. Während die Mineralien und Gesteinsproben in Cambridge von William Hallowes Miller, Professor der Mineralogie, untersucht wurden, hatte es Leonard Jenyns übernommen, die Fische, einschließlich derer von den Galapagosinseln, zu sichten und für *Zoology* zu beschreiben. Darwin vertraute darauf, daß Henslow die Pflanzen identifizieren würde, und an ihn richtete er auch Fragen, die bei der Abfassung des Reiseberichts auftauchten und die Botanik betrafen.

Würden Sie so freundlich sein, in Ihrem Notizbuch eine Seite für Anfragen von mir freizuhalten? Ich beginne mit zwei oder drei. – Name der Pflanze (   )* von Fernando Noronha. Der Name von der Kardone? – Ich habe ihn in Isabelles Reisen gefunden, aber wieder vergessen. Er nennt sie auch Kardone von Spanien. – Kennen Sie die Riesendistel der Pampa? – Irgendwann später brauche ich die Zahl [der] Pflanzenarten auf Galapagos und den Kokosinseln, und dann muß ich wissen, ob die abgesandten Samen der letzteren wohl den Aufenthalt im Salzwasser überstehen. Ich nehme an, daß Sie mir nach etwas genauerer Untersuchung mitteilen können, wie der allgemeine Charakter der Vegetation auf den Galapagos war? Bitte seien Sie so gut und nehmen Sie sich die Kartoffel vom Chonos-Archipel vor, sobald Ihre Vorlesungen beendet sind.

Der Brief ist vom 28. März 1837 datiert.

Im Januar des vorhergehenden Jahres hatte Henslow die Numerierung der Exemplare, die Darwin gesammelt hatte, fertiggestellt und Zweitexemplare zusammen mit einer Liste von den mehr als 600 Arten an William Hooker geschickt. Bei denen, die er aussortiert hatte, handelte es sich um Darwins Südamerika-Sammlung bis Juni 1835 – wenn er die zwei Kisten, die Darwin in jenem Monat in Lima aufge-

---

* Darwin vergaß, den Namen einzusetzen

geben hatte, überhaupt schon bekommen und geordnet hatte. Er war bereit gewesen, die Sammlung zur Diagnose an Hooker weiterzuleiten. »Die Öffentlichkeit hat weitaus größeres Vertrauen zu Ihren Anmerkungen und Beschreibungen als den meinen.« Wir wissen nicht, was Hooker darauf antwortete, denn ein Erwiderungsschreiben läßt sich nicht auffinden. Falls es sich um die höfliche Information gehandelt haben sollte, daß er bereits mehr Arbeit habe, als er ohne Überlastung bewältigen könne, wäre dies verständlich, denn mit seinen Vorlesungen und der Arbeit an seinem botanischen Garten, der Flut von neuen Pflanzen, die ihn ständig erreichten und sämtlich bestimmt werden mußten, den verschiedenen Zeitschriften, die er herausgab und für die er die meisten Artikel selbst schrieb, sowie einer nie enden wollenden Korrenspondenz war er mit Sicherheit der meistbeschäftigte Botaniker seiner Zeit. Wir wissen hingegen, daß er sich an die Arbeiten machte und die Zweitexemplare beschrieb, die Henslow ihm geschickt hatte. Sie wurden in Band drei des *Journal of Botany* veröffentlicht.

Darwins Brief mit der Bitte um Hilfe erreichte Henslow zu einer Zeit, in der er seine Aktivitäten von Cambridge nach Hitcham in Suffolk verlegte, wo er seinen neuen Wohnsitz hatte. Er plante, nur noch zu seinen Vorlesungen im Frühjahr nach Cambridge zurückzukehren. Ende 1836 hatte er die allwöchentlich freitags in seinem Haus stattfindenden Treffen eingestellt und damit eine derartige Lücke im wissenschaftlichen Leben der Stadt Cambridge hinterlassen, daß statt dessen der Ray Club gegründet wurde. Diese Einrichtung war im wesentlichen einem ehemaligen Schüler Henslows zu verdanken, Charles Cardale Babington, der ihm schließlich auf dem Lehrstuhl für Botanik folgen sollte. Die Schwierigkeiten, die sich für Henslow aus seiner Abwesenheit von Cambridge ergaben, konnte Babington weitgehend beheben, indem er viele seiner Pflichten übernahm.

In demselben Brief vom März teilte Darwin Henslow mit, daß er Robert Brown getroffen und jener ihn »in ziemlicher ominöser Weise« gefragt habe, was er mit seinen Pflanzen zu tun gedenke. »Im Laufe der Unterhaltung meinte Mr. Broderip, der ebenfalls anwesend war, ›Sie vergessen, wieviel Zeit seit der Reise von Kapitän King vergangen ist‹. Er antwortete: ›Kapitän Kings unbeschriebene Pflanzen sind in der Tat ausreichend, mich daran zu erinnern.‹«

Der königliche Garten in Kew befand sich zu jener Zeit noch nicht in Staatseigentum. Es sollten vier weitere Jahre vergehen, bis Sir Wil-

liam Hooker ihn unter den Namen Royal Botanic Gardens übernahm. Aber im British Museum gab es bereits ein staatliches Herbarium, und dessen Leiter war Robert Brown.

Bei dem erwähnten Kapitän King handelte es sich um Philip Parker
King, Vater des Mittschiffsmanns King auf der *Beagle*. Bei der früheren Expedition nach Südamerika hatte King das Kommando über die
Adventure innegehabt und schon davor, von 1817 bis 1822, die Küste
Australiens vermessen. Zusammen mit dem Botaniker Allen Cun-
ningham hatte er seine Ergebnisse in *Narrative of the Survey of Aus-
tralia* zusammengefaßt.

So war es kein Wunder, daß Darwin bei der Erwähnung der unbe-
schriebenen Pflanzen von Kapitän King Henslow indigniert fragte:
»Könnte es einen besseren Grund geben, meine Pflanzen nicht dem
Brit. Museum zu überlassen (wenn man mich darum gebeten hätte)?«

Aber Brown war ganz offensichtlich auf die Pflanzen aus. Es wurde
bereits früher erwähnt, daß Darwin ihm aus Valparaiso Exemplare
der versteinerten Bäume geschickt hatte. Als sie im Mai wieder zu-
sammentrafen, erklärte Brown, daß er mit ihnen sehr zufrieden sei
und sich die Mühe gemacht habe, Teile davon sezieren und mahlen zu
lassen. Er sei nun sehr interessiert an den Pilzen, die Darwin an den
Birken in Feuerland entdeckt hatte. Er verfüge bereits über einige
Exemplare, so erklärte er, würde Darwins aber gerne sehen. »Aber«,
so schrieb Darwin voller Zweifel an Henslow, »ich weiß nicht, ob er
sie beschreiben will: Würden Sie, da Sie so viel zu tun haben, etwas
dagegen einwenden, sie mir zu schicken und es Brown zu überlassen,
mit ihnen zu tun, was er will? Wenn Sie ein besonderes Interesse an
ihnen haben, schicken Sie sie natürlich nicht, aber sonst würde ich
Brown gern entgegenkommen. – Ich habe meinen unzureichenden
Bericht über sie in meine Reisebeschreibung aufgenommen – so daß
ich glücklich wäre, wenn Brown sie sich *bald* ansähe, zu meinem eigenen Vorteil.«

Henslow schickte ihm einige Pilzexemplare mit einer Bemerkung,
die die folgende Antwort von Darwin bewirkte: »Ihrem Brief ent-
nehme ich zu meinem Bedauern, daß Sie sich mehr für die eßbaren
Pilze interessierten, als ich angenommen habe. – Ich habe sie Brown
gebracht, der versicherte, daß er etwas Derartiges nie zuvor gesehen
habe und sehr interessiert schien, aber ob er die Absicht hat, sie zu beschreiben, und weshalb er sie haben will – ich habe nicht die geringste
Ahnung –, irgendwann, wenn ich genügend Mut aufbringe, werde ich

ihn fragen, aber ich habe großen Respekt vor Robertus Brown.« Er fügte hinzu: »Ich werde eine Liste von botanischen Fragen auf einem gesonderten Briefbogen abschreiben.«

Nach einem Besuch in Shrewsbury schrieb er im Juli an Henslow:

Ich bin jetzt hart an der Arbeit und pauke Fachwissen, um damit meinen Reisebericht zu dekorieren; Sie können sich den Zweck dieses Briefs sicher vorstellen, nämlich um ein paar richtige Namen für meine Pflanzen zu bitten. – Ich glaube, ich werde tatsächlich Anfang August mit dem Druck beginnen, so daß keine Zeit zu verlieren ist. – Würden Sie sich die Liste der Fragen ansehen und versuchen, einige von ihnen zu beantworten? – Beispielsweise brauchen Sie sicher nicht viel Zeit, um die Zahl der Arten in meiner Sammlung von den Kokosinseln zu ermitteln: – Sie können mir einiges über die Galapagos-Pflanzen mitteilen, ohne sie noch einmal ansehen zu müssen: – Sie können mir mitteilen, welcher Gattung von Pilzen der eßbare aus Feuerland am nächsten kommt; Brown hat sie sich natürlich weder noch einmal angesehen noch kann er die Exemplare wiederfinden. – Ich fürchte, ich muß Sie um die Mühe bitten, mir ein weiteres *gutes* getrocknetes Exemplar zu schicken, denn ich beabsichtige, einen Holzschnitt anfertigen zu lassen. – Die Kartoffel vom Chonos-Archipel zu untersuchen, nimmt sicher nicht viel Ihrer Zeit in Anspruch; und es ist wahrscheinlich, daß Sie bereits die Namen einiger unauffälliger kleiner Pflanzen kennen (die dazugehörigen Nummern finden Sie auf der Frageliste), die den Torf jenes Landes bilden. – Bitte bedenken Sie, daß heute der 12. ist. – Ich weiß, daß Sie die Fragen, wenn möglich, beantworten werden.

Immer und immer wieder wandte er sich mit Bitten an Henslow. Im August, als seine Reisebeschreibung zwei Tage später in Satz gehen sollte, schrieb er, um Henslow wegen der patagonischen Disteln zu »belästigen«. »Ich bin fest überzeugt, daß kein Reiter in der Pampa von den lebenden Pflanzen jemals so gequält wurde wie Sie von den getrockneten.«

Henslow hatte ihm mitgeteilt, daß Cambridge mitten im Wahlkampf der (liberalen) Whigs steckte. Er nahm die Politik sehr ernst. 1835, als sich herausstellte, daß die (konservativen) Tories mit Bestechungen Bezirkswahlen zu gewinnen versuchten, hatte er einen offenen Brief an den Vizekanzler geschrieben und den Vorfall gemeldet, als niemand sonst sich exponieren wollte.

Darwin antwortete: »Ich bin sehr froh, daß die Wahlen so gut ausgegangen sind. Ich fürchte, inmitten des ganzen Durcheinanders werden Sie kaum in der Lage gewesen sein, einen Blick auf meine Pflanzen zu werfen. – Bitte schreiben Sie mir *bald*, und teilen Sie mir mit, ob Sie irgendwelche meiner Fragen beantworten können; dann weiß ich Bescheid.«

Es ist interessant, daß Darwin ausdrücklich die Pflanzen von den Galapagos- und den Kokosinseln erwähnt, denn von allen seinen Sammlungen wurden nur diese beiden beschrieben, abgesehen von den Pilzen. Aber er wußte, daß zumindest die von den Kokosinseln vollständig war, weil er das Wort der Malaien dazu hatte; von den Galapagosinseln hatte er jede in Blüte stehende Pflanze mitgebracht, dennoch gab es Zweifel. »Teilen Sie mir bitte mit, ob Sie mit den Galapagos-Pflanzen zufrieden sind. Ich habe Bedenken.« Und: »Brown sagte außerdem, daß *Sie* sich daran erinnern müßten, daß im Brit. Museum Pflanzen von den Galapagosinseln vorhanden sind. Es wäre gut, wenn man herausfinden könnte, um welche es sich handelt.« Dann weiter: »Ich habe vergessen, eine schlechte Nachricht weiterzuleiten, nämlich daß Cuming auf Galapagos war. – Hat er Pflanzen gesammelt? Ich bezweifele es, denn der weitaus größere Teil der Pflanzen wächst ausschließlich in der Nähe der Berggipfel, einige Meilen von der Küste entfernt. Es würde mir leid tun, wenn Sie Ihr kleines botanisches Festessen verlieren sollten.«

Das botanische Festessen, das die Galapagos-Pflanzen darstellten, war für Henslow alles andere als klein. Es war ein ganzes Bankett, zu reichhaltig und unverdaulich. Einige der Pflanzen konnte er überhaupt nicht einordnen. Sie unterschieden sich von allem, was er je gesehen hatte. Er wußte weder, wie er das Problem der Klassifizierung angehen, noch welchen Rang er ihnen in der Philosophie der Pflanzenkunde zuweisen sollte. Intensiver widmete er sich den Pflanzen von den Kokosinseln; es handelte sich lediglich um einundzwanzig, keine unüberwindliche Aufgabe, und Darwin hatte sie mit interessanten Notizen versehen. Er bat Sir William Hooker um Hilfe, wenn er einfach nicht weiterwußte, und im darauffolgenden Jahr, 1838, erschien in Band I. der *Annals of Natural History* sein Werk »Florula Keelingensis. An account of the Native Plants of the Keeling Islands« (»Florula Keelingensis. Ein Bericht über die endemischen Pflanzen der Kokosinseln«).

Ein weiterer ehemaliger Student Henslows war Reverend Miles Joseph Berkeley, Student am Christ's College, der 1825 sein Examen machte. Er war inzwischen Kurator von Apethorne und Wood Newton und gerade im Begriff, sich als Fungologe einen Namen zu erwerben. Er sollte später der Begründer der britischen Mykologie werden. An ihn schickte Henslow Darwins Pilzsammlung. Berkeley schrieb einen Artikel darüber, der 1839 in den *Annals of Natural History* erschien. Berkeley identifizierte mehrere neue, darunter *Daedalea erubescens*, den er den schönsten seiner Rasse nannte.

Wenn sich die Botaniker so sehr für Darwins botanische Sammlungen interessierten, warum wurde dann so wenig getan, um sie zu beschreiben? Man kann sich vorstellen, daß Darwin Bedenken hatte, sie an das British Museum weiterzugeben, insbesondere, da Robert Brown keinerlei Anstrengungen unternahm, sich auch nur mit einem einzigen Pilz zu befassen. Der arbeitsame Sir William Hooker hatte in Glasgow die Botanik von sechs Reisen verfaßt: Er beschrieb die Sammlungen von Kapitän Edward Sabine bei der *Griper*-Expedition im Jahre 1823; zu der Beschreibung von Kapitän Edward Parrys zweiter und dritter Reise auf der Suche nach einer Nordwest-Passage lieferte er den Anhang, der Polarpflanzen umfaßte, ebenso zur vierten; er schrieb die Botanik zu Kapitän Beecheys Fahrt ins Beringmeer und nach China. Zur Zeit war er gerade damit beschäftigt, die Pflanzen zu beschreiben, die Richard King von seiner Landexpedition ins arktische Amerika 1836 mitgebracht hatte. Sein Sohn Joseph sollte sich später den Galapagos-Pflanzen widmen, aber in den Jahren 1836 und 1837, als Darwin sich vergeblich bemühte, die Namen seiner Pflanzen auszumachen, war Joseph noch Medizinstudent.

Es gab niemanden sonst, und so gab es auch keine Botanik der Reise mit Beschreibungen aller von Darwin gesammelten Pflanzen. Seine Exemplare, die sich noch immer in erstklassigem Zustand befinden, werden an der Botany School in Cambridge aufbewahrt. Die Galapagos-Pflanzen wurden aussortiert und bilden eine gesonderte Darwin-Sammlung. Erst kürzlich leistete Mary McCallum Webster wertvolle Arbeit, als sie die südamerikanischen Pflanzen von den anderen trennte. Auch ein paar Pflanzen von den Kokosinseln wurden herausgezogen. Doch der Rest der Darwinschen Sammlung befindet sich mit anderen im Hauptherbarium. Viele der Pflanzen sind noch immer nicht klassifiziert.

So ging Darwins Reisebeschreibung in Satz, ohne daß seine Pflanzen mit Gattungs- oder Artbezeichnungen versehen waren. Darwin hatte lediglich »etwas über sie« hinzugeschrieben, soweit ihm Tatsachen über ihre Lebensweise bekannt waren. Daß er das Fehlen der Namen bedauerte, geht mehr als deutlich aus seinen Anfragen bei Henslow hervor. Daß er seine mangelnden botanischen Kenntnisse bedauerte, zeigte sich in einer Eintragung in sein Reisetagebuch, die er auf dem letzten Abschnitt der Reise mit der *Beagle* machte, als sie von den Azoren Kurs auf England nahmen. Es handelte sich um eine Zusammenfassung, in der er darlegte, was die Reise ihm bedeutet hatte und was ein vergleichbares Unternehmen einem anderen abenteuerlustigen jungen Mann bedeuten könnte.

»Nachdem nun unsere Reise zu ihrem Abschluß gekommen ist, will ich einen kurzen Rückblick über die Vorteile und Nachteile, über die Leiden und Freuden unserer Weltumsegelung zusammenstellen. Wenn mich jemand, ehe er eine große Reise unternimmt, um meinen Rat fragte, so würde meine Antwort davon abhängen, ob er einen ausgesprochenen Geschmack für irgendeinen Zweig der Erkenntnis besäße, welcher durch ein solches Mittel gefördert werden könnte.«

»Ohne Zweifel gewährt es eine große Befriedigung, verschiedene Länder und die vielen Menschenrassen zu sehen, aber das während dieser Zeit genossene Vergnügen wiegt die Übelstände nicht auf. Es ist nötig«, so führte er aus, »nach irgendwelcher Ernte, wie fern dieselbe auch sein mag, blicken zu können, wo man gewisse Früchte ernten, irgend etwas Gutes bewirken kann. Viele von den Entbehrungen, denen man sich dadurch aussetzt, liegen auf der Hand; so der Mangel des Umganges mit allen alten Freunden, die Unmöglichkeit, alle die Plätze, mit denen jede teure Erinnerung so innig zusammenhängt, erblicken zu können. Indes werden diese Verluste teilweise ersetzt durch das unerschöpfliche Entzücken, den lange gewünschten Tag der Rückkehr sich im Geiste ausmalen zu können. Wenn das Leben, wie die Dichter sagen, ein Traum ist, so bin ich der sicheren Überzeugung, daß bei einer solchen Reise dies die Visionen sind, welche am besten die langen Nächte überstehen helfen.« Weitere Entbehrungen waren Raummangel, das Fehlen der Privatsphäre und Ruhe; das erschöpfende Gefühl von ständiger Eile; der Verzicht auf kleine Bequemlichkeiten, die Annehmlichkeiten der Zivilisation, häusliches Leben und schließlich sogar Musik und andere geistige Erquickungen. Und sollte sein zukünftiger Reisender stark an Seekrankheit leiden, »so soll er das sehr ernstlich bei der Abwägung seines

Entschlusses bedenken«, meinte Darwin, der dieses dauernde Übel aus Erfahrung kannte, und »es soll im Auge behalten werden, ein wie großer Teil der Zeit während einer langen Seereise auf dem Wasser zugebracht wird, im Vergleich mit den Tagen in den Hafenorten«. Zweifellos gab es eine Reihe von lohnenswerten Erlebnissen: eine Mondscheinnacht mit dem klaren Himmel, der dunkel glänzenden See, den weißen Segeln, gefüllt von dem warmen Lufthauch des beständig wehenden Passats; eine absolute Windstille, die bewegte, auf- und abwogende spiegelglatte Fläche und vollkommene Ruhe bis auf ein gelegentliches Flattern der Segel. Es war gut, einmal einen Sturm zu erleben, mit seinem Anschwellen und der sich steigernden Wut, obwohl er sich in seiner Vorstellung ein noch großartigeres, schrecklicheres Bild von einem ausgewachsenen Sturm gemacht hatte. Schöner stellte sich der Anblick auf einem Gemälde von Vandervelde dar, und noch unendlich schöner, wenn man ihn auf dem Land betrachtete, wo die schwankenden Bäume, der wilde Flug der Vögel, die dunklen Schatten und hellen Lichter, die rauschenden Regenströme die Kraft der entfesselten Elemente bewiesen.

Auf der positiven Seite der fünf Jahre standen für ihn die Tage im Hafen, wenn die Ankerkette in die Tiefe auf den Meeresgrund rasselte und er die Landschaft eines neuen Landes durchstreifen konnte.

»Das Vergnügen, welches der Anblick der Szenerie und des allgemeinen Erscheinens der verschiedenen Länder, die wir besucht haben, verursachte, ist entschieden die beständigste und höchste Quelle des Entzückens gewesen.« Doch zu diesem Vergnügen, das der Vergleich der wechselnden Szenerien verschiedener Länder bot, kam noch ein anderes hinzu, das nichts mit dem reinen Genießen der Schönheiten zu tun hatte. »Es hängt hauptsächlich von der Bekanntschaft mit den individuellen Teilen einer jeden Ansicht ab«, meinte Darwin. Er glaubte, daß »ebenso wie in der Musik, derjenige, welcher jede Note versteht, wenn er auch gleichzeitig einen gehörigen Geschmack hat, das Ganze mehr durch und durch genießt, so auch derjenige, welcher jeden Teil einer schönen Ansicht sorgfältig prüft, auch die volle und kombinierte Wirkung des Ganzen besser erfassen wird«.

»Es sollte daher ein Reisender Botaniker sein«, empfahl Darwin, »denn bei allen Ansichten bilden Pflanzen die hauptsächlichsten Verschönerungsmittel. Man gruppiere Massen nackter Felsen selbst in den wildesten Formen zusammen, sie werden wohl für eine kurze

Zeit ein erhabenes Schauspiel darbieten, sie werden aber sehr bald monoton werden. Man male sie mit glänzenden und verschiedenen Farben an, wie im nördlichen Chile, so werden sie phantastisch erscheinen; bedeckt man sie mit Vegetation, so müssen sie ein anständiges, wenn nicht ein schönes Gemälde abgeben.«

Dieses waren die Worte von Charles Darwin, der die Reise als Geologe antrat und der als den nachhaltigsten Eindruck den von der Erhabenheit der Urwälder mit nach Hause brachte. »Unter den Szenen, welche sich tief in meine Erinnerung eingeprägt haben, übertreffen keine an Großartigkeit die von den Händen des Menschen noch nicht berührten Wälder, mögen es nun die von Brasilien sein, wo die Kraft des Lebens vorherrschend ist, oder diejenigen des Feuerlandes, wo Tod und Zerfall herschen . . . Niemand kann in diesen Einsamkeiten stehen und dabei nicht fühlen, daß im Menschen noch etwas mehr existiert als der bloße Atem seines Körpers.«

Darwin hatte sonst keinen weiteren Rat für seinen zukünftigen Reisenden – etwa daß er geologische, zoologische oder andere Kenntnisse erwerben sollte. »Botaniker sein«, sagte er.

War es nicht eigenartig, daß Charles Darwin, der von sich selbst behauptete, er sei »unfähig, ein Gänseblümchen von einem Löwenzahn zu unterscheiden« (obwohl er sich dabei eher über sich selbst lustig machte), nicht zu einem Schüler, sondern dem Lehrer der Botaniker werden sollte?

6. »Auf diesen Fakten beruhen alle meine Theorien«

Zur gleichen Zeit, als Darwin sein Transmutations-Notizbuch begann, fing er an,
sich konsequent mit Pflanzen zu beschäftigen.

In dem schönen Garten von Maer, dem
Elternhaus von Emma Wedgwood, die
er 1839 heiratete, sowie dem väterlichen
Garten in Shrewsbury stellte er botanische
Beobachtungen an und führte genau Buch
über die Ergebnisse.

Die Notizen über Rhododendron azaloides
mit der Skizze von drei Narben entstanden
1841 in Maer. Sie wurden von Emma
Darwin nach dem Diktat ihres Mannes geschrieben. Darwin selbst fügte eine interessante Fußnote an.

Darwin war das Leben in der Marlborough Street zuwider. Aber die Wohnung lag günstig, und Syms Covington, der ihn noch immer bei seiner Arbeit unterstützte, war ein idealer Sekretär und Amanuensis. (»Seine Handschrift ist hervorragend, und er weiß auch ganz gut, wie man Berichte schreibt.«) Außerdem war er künstlerisch begabt und fertigte brauchbare Zeichnungen für Darwin an. In der Tat hatte sich Syms Covington seit der Zeit, da er an Bord der *Beagle* zu Darwins persönlichem Diener ernannt wurde, als sehr hilfreich erwiesen. Darwin hatte ihn gelehrt, Vögel zu schießen und auszustopfen, wodurch er ihm viel Zeit ersparte und die Sammlung erheblich vergrößerte. Dabei hatte Darwin ihn zunächst für einen »eigenartigen Menschen« gehalten: »Ich finde ihn nicht gerade sympathisch; aber vielleicht eignet er sich eben auf Grund seiner Eigenartigkeit sehr gut für alle meine Zwecke.« Und so war es auch.

Marlborough Street hatte noch einen weiteren Vorteil. »Ich freue mich, daß wir so nahe beieinander wohnen«, schrieb er an William Darwin Fox unter Bezugnahme auf Erasmus, der im Haus Nummer 43 wohnte. Daneben lebten ihre Vettern, die Hensleigh Wedgwoods. So bildeten sie schon fast eine kleine Familienkolonie. Er teilte Fox mit, daß er die nächsten ein bis zwei Jahre sehr beschäftigt sein und sich keine Ferien gönnen werde, bis die Arbeit beendet sei. Cambridge sei zu schön gewesen, um dort zu arbeiten, und am Abend hätte es immer eine Gesellschaft oder eine andere Art der Ablenkung gegeben. »Es ist eine Schande, aber ich fürchte nur zu sehr, daß sich kein Ort der Welt für die naturwissenschaftliche Forschung so eignet wie diese langweilige, schmutzige und verqualmte Stadt, wo man niemals einen Blick auf all die Schönheiten der Natur erhält, die zu sehen sich wirklich lohnen.«

Die Veröffentlichung seiner Reisebeschreibung war gesichert; sie sollte im Rahmen des offiziellen Berichts über die Fahrt der *Beagle* erscheinen. Aber während er noch daran arbeitete, kamen ihm Bedenken hinsichtlich des Schicksals seiner geologischen Funde. Er glaubte, in Cambridge die Antwort darauf zu finden. Auch Henslow war dieser Meinung gewesen, und Darwin erinnerte ihn in einem Brief: »Haben Sie bisher überhaupt schon Gelegenheit gehabt, mit irgendeinem der wichtigen Cambridge-Dozenten über die Veröffentlichung meiner Geologie zu sprechen. Ich hoffe, sie werden sich als großzügig erweisen, denn es wäre doch eine zu leidige Angelegenheit, erst auf dem Schiff fast vor Seekrankheit zu sterben und dann als Belohnung vor Armut fast zu verhungern.«

Und was sollte mit seiner Zoologie geschehen? Henslow antwortete im Mai und schlug vor, daß Darwin sich mit dem Duke of Somerset, Präsident der Linnean Society, Lord Derby und William Whewell, Präsident der Geological Society, den Darwin in Cambridge kennengelernt hatte, in Verbindung setzte und sich die Bedeutung seiner Sammlung durch Unterschrift unter ein entsprechendes Zeugnis bestätigen ließ. Damit sollte er bei der Regierung einen Zuschuß zur Illustration und Veröffentlichung der Zoologie in einer einheitlichen Form beantragen. Am 16. August schrieb Darwin einen Brief an Henslow, um ihm zu danken, daß er »sich meiner Angelegenheiten so erfolgreich angenommen habe«. Er war an diesem Morgen bei Thomas Spring Rice, dem Schatzkanzler, gewesen und hatte einen staatlichen Zuschuß in Höhe von 1000 Pfund in Aussicht gestellt bekommen. Das aufwendige Werk mit dem Titel *The Zoology of H.M.S. Beagle* wurde in fünf Bänden zwischen Februar 1838 und Oktober 1843 veröffentlicht.

Im Mai hatte er vor der Geological Society einen Vortrag über die Entstehung der Koralleninseln und einen anderen über die Ablagerungen in der Umgebung des Rio de la Plata gehalten, in die die ausgestorbenen Säugetiere eingebettet waren. Seine Gedanken kreisten fast nur noch um die Frage, wie Dinge entstehen. Die riesigen Fossilien – das Megatherium, zu dem es in der Moderne nichts Vergleichbares gab, Gürteltiere mit einem Panzer, der dem des heutigen Gürteltieres entsprach; sowie die Unterschiedlichkeit der Tiere, Vögel und Pflanzen auf den Galapagosinseln: »Das Thema verfolgte mich«, schrieb er in seiner *Autobiographie*. Ihm war klar, daß sich derartige Tatsachen durch die Annahme erklären ließen, daß sich Arten im Laufe der Zeit verändert hatten – oder vernichtet wurden. Ihm war ebenso klar, daß »weder der Einfluß der sie umgebenden Bedingungen noch der Wille der Organismen (vor allem bei Pflanzen) die unzähligen Fälle erklären konnten, in denen Organismen aller Art in schöner Weise an ihren Lebensraum angepaßt sind – zum Beispiel ein Specht oder ein Baumfrosch, die die Bäume hinaufklettern, oder Samen, die sich mit Hilfe von Haken oder Flügeln verbreiten. Derartige Anpassungen haben mich schon immer sehr beeindruckt, und bevor sie sich erklären ließen, schien es mir fast sinnlos, anhand von indirekten Beweismitteln nachweisen zu wollen, daß sich Arten verändern.«

Zu jener Zeit traf er häufig mit Lyell zusammen. Sie diskutierten über Möglichkeiten, mit denen sich Fakten zur Untermauerung der

Theorie beschaffen ließen. Lyells Arbeitsmethode bestand darin, daß er relevante Fakten wahllos notierte und dann überlegte, in welcher Weise sie sich aneinanderfügten. Darwin beschloß, diesem Beispiel zu folgen, so daß »durch Sammeln aller Fakten, die sich in irgendeiner Art auf das Variieren von Tieren und Pflanzen im Zustande der Domestikation oder in der Natur bezogen, vielleicht etwas Licht auf die ganze Angelegenheit fallen würde«. Entsprechend findet sich in seinem »kleinen Tagebuch«, in dem er seine verschiedenen Aufenthaltsorte und Arbeitsthemen vermerkte, die Eintragung: »Im Juli erstes Notizbuch über ›Transmutation der Arten‹ begonnen. War etwa seit März vorigen Jahres über Charakter der südamerikanischen Fossilien – und Arten auf dem Galapagos-Archipel – sehr überrascht.« Später fügte er hinzu: »Auf diesen Fakten (insbesondere den letzteren) beruhen alle meine Theorien.«

Unter »Transmutation« verstand er Mutation oder Wandlung einer Art in eine andere im Zuge des Anpassungsprozesses an eine veränderte Umwelt.

1877 schrieb er in einem Brief an Otto Zacharius: »Bei meiner Rückkehr im Herbst 1836 begann ich sofort, meine Reisebeschreibung zur Veröffentlichung vorzubereiten, und dann sah ich, wie viele Tatsachen auf die gemeinsame Abstammung der Arten hinweisen.«

Er machte sich an die Arbeit und suchte in landwirtschaftlichen und gärtnerischen Fachzeitschriften nach Informationen über Variationen bei Kulturpflanzen. Er verkehrte mit Pferde- und Viehzüchtern und trat den Taubenzüchtervereinen Columbarian und Philoperistera bei. Er las jedes Buch, dessen er habhaft werden konnte und das vielleicht einen Hinweis enthielt, und notierte jede Tatsache und jede Beobachtung unter Angabe der bibliographischen Quelle. (»Wenn ich mir die Liste der Bücher aller Arten ansehe, die ich las und auszugsweise zusammenschrieb, einschließlich ganzer Serien von Zeitschriften und Versammlungsprotokollen, so staune ich selbst über meinen Fleiß«, schrieb er über diese Zeit.) Aus der Masse des Gelesenen und aus seinen Unterhaltungen mit Tier- und Pflanzenzüchtern filterte sich eine erste Überzeugung heraus. »Ich erkannte bald, daß die Auswahl einen Schlüssel zum Erfolg des Menschen bei der Zucht von nützlichen Tier- und Pflanzenrassen darstellte.« Die Frage war, wie ließ sich das Prinzip der Zuchtwahl auf Organismen übertragen, die in freier Natur lebten.

Es war ungewöhnlich, wie weit ihn seine Gedanken schon in dieser

Phase führten. Lamarck, der von der Veränderlichkeit der Arten
überzeugt gewesen war (wegen der Schwierigkeit, zwischen Arten
und Varietäten zu unterscheiden), hatte das Symbol des sich verzweigenden Baumes erfunden und ihn an die Stelle der vom Schöpfer er-
schaffenen und unverändert gebliebenen Skala der Lebewesen gesetzt. Eine der ersten Notizen Darwins lautet: »Organisierte Lebewesen bilden einen Baum, *unregelmäßig verzweigt*; einige Äste wesentlich verzweigter – daher Gattungen. – Ebensoviele Triebe sterben ab,
wie neue entstehen.« Lamarck hatte geglaubt, daß sich Tiere und
Pflanzen an die Bedingungen ihrer Umwelt in einem »langsamen
Willensprozeß« anpassen. Darwin bemerkte: »Änderungen sind
nicht Ergebnis des Wollens von Tieren, sondern, ebenso wie Säure
und Lauge, Gesetz der Anpassung.« Außerdem, wie konnte eine
Pflanze sich ändern »wollen«? An diesem Punkt angelangt, verwarf
Darwin endgültig Lamarcks Theorie.

Im August 1837 beendete er nach einem weiteren Monat der kon-
zentrierten und ununterbrochenen Arbeit seine Reisebeschreibung.
Die Herstellung von Büchern nahm in jenen Tagen wesentlich weniger Zeit in Anspruch als heute, und so mahnten ihn die Setzer im September ständig wegen der Fahnenkorrektur. Nicht einmal ein Jahr
war seit seiner Rückkehr vergangen, und in dieser Zeit hatte ihn eine
Sorge nach der anderen bedrückt.

Er war nicht daran gewöhnt, ständig hart zu arbeiten. Abgesehen
von einem kurzen Aufenthalt in Shrewsbury im Juni hatte er London
nicht verlassen können. »Wie viel einem doch entgeht«, so beklagte
er sich bitter in einem Brief an seine Kusine Elizabeth Wedgwood,
»wenn man den ganzen Sommer in dieser häßlichen Marlborough
Street verbringt und nichts als dasselbe langweilige Haus auf der anderen Straßenseite sieht, so oft man hinausschaut.«

Die Belastung zeigte erste Auswirkungen, und am 20. September
schrieb er an Henslow, daß er an beunruhigendem unregelmäßigen
Herzschlag leide und seine Ärzte ihm dringend rieten, die Arbeit lie-
genzulassen und einige Wochen auf dem Land zu verbringen. Er
glaubte, er müsse ihre Empfehlung wohl befolgen, wußte jedoch
nicht, wie er dann die Fahnen für seine Reisebeschreibung weiter
korrigieren konnte. Henslow, der ihm schon vorher dabei geholfen
hatte, erbot sich nun, sie direkt vom Setzer in Empfang zu nehmen, so
daß Darwin die Möglichkeit hatte, nach Shrewsbury zu fahren; dort
verbrachte er etwa einen Monat und blieb noch einige Tage bei den

Wedgwoods, bevor er Ende Oktober nach London zurückkehrte. Bei diesem Besuch in Maer stellte er erste Beobachtungen über Regenwürmer an. Sein Onkel Jos wollte ihm etwas Interessantes zeigen und wies ihn auf die Massen feiner Erde hin, die von Würmern in Form von kleinen Säulen ständig an die Oberfläche befördert wurden. Darwin schloß daraus, daß der Ackerboden der Erde viele Male den Verdauungstrakt von Würmern passiert hatte und wieder und wieder passieren würde, ein Prozeß, in dessen Verlauf Steine, Wege, Pflaster, römische Villen und sogar ganze Städte begraben und Bodenflächen von den Würmern umgepflügt wurden. Am 1. November hielt er einen Vortrag über dieses Thema vor der Geological Society, 1881 machte er daraus ein Buch. Von *The Formation of Vegetable Mould* (Die Bildung der Ackererde) wurden innerhalb eines Jahres 6000 Exemplare verkauft, noch vor Ende des Jahrhunderts waren es 13 000.

Doch der Aufenthalt in Maer hatte noch andere Folgen.

Darwin war jetzt 28 Jahre alt und hatte Zeit, an andere Dinge zu denken als nur an seine Arbeit. Die Vorstellung einer eventuellen Heirat beschäftigte ihn. Im Juli hatte sich seine Schwester Caroline mit ihrem Cousin Josiah Wedgwood III. verlobt, eine glückliche Verbindung, und zweifellos war diese Tatsache der Grund für eine Bestandsaufnahme, die Darwin unter dem Titel *Das ist hier die Frage* aufstellte.

Heiraten	Nicht Heiraten
Kinder – (wenn es Gott gefällt) –, ständige Gefährtin (Freundin im hohen Alter), die sich für einen interessiert, die man lieben und mit der man sich beschäftigen kann – immer noch besser als ein Hund jedenfalls. – Ein Heim und jemand, der das Haus in Ordnung hält. – Musikalische Unterhaltung und weibliches Geplauder. Diese Dinge sind gut für die Gesundheit. Der Zwang,	Keine Kinder (kein Weiterleben in ihnen), niemand, der sich im Alter um einen kümmert. – Welchen Zweck hat die Arbeit, wenn sich keine engen und lieben Freunde für einen interessieren – wo findet der alte Mensch enge und liebe Freunde außer unter den Verwandten. Die Möglichkeit zu reisen, wohin man möchte – eigene Wahl der Gesellschaft *und davon*

Verwandtenbesuche zu empfangen und zu machen, *aber entsetzlicher Zeitverlust.*

Mein Gott, es ist unerträglich, sich vorzustellen, daß man sein ganzes Leben wie eine Arbeitsbiene nur mit Arbeit, Arbeit und nichts anderem verbringen soll. Nein, nein, das geht nicht. – Stell dir vor, du verbringst dein ganzes Leben einsam in einem Haus im verrußten, dreckigen London. – Dagegen stell dir eine nette sanfte Frau auf dem Sofa vor, mit einem warmen Kaminfeuer, Büchern und vielleicht Musik – vergleiche dieses Bild mit der düsteren Realität der Grt. Marlboro' St. Heiraten – Heiraten – Heiraten. Q.E.D.

wenig. Unterhaltungen mit klugen Männern in Clubs.

Kein Zwang, Verwandte zu besuchen und sich um jede Kleinigkeit zu kümmern – der Aufwand und die Sorge um die Kinder –, vielleicht Streitigkeiten.

Zeitverlust – kann abends nicht lesen –, Fettleibigkeit und Müßiggang – Sorge und Verantwortung –, weniger Geld für Bücher etc. – bei vielen Kindern der Zwang, seinen Lebensunterhalt zu verdienen. –

(Aber alles in allem ist es sehr schlecht für die Gesundheit, zuviel zu arbeiten.) Vielleicht mag meine Frau London nicht; dann ist man zu einem Leben in der Verbannung und in Erniedrigung mit gleichgültigen faulen Narren verdammt.

Auf der Rückseite faßte er seine Situation zusammen: »Da die Notwendigkeit zu heiraten bewiesen ist – wann? Der Governor meint bald, denn sonst ist es schlecht, wenn man Kinder bekommt – man ist noch anpassungsfähiger –, gefühlsbetonter, und wenn man nicht bald heiratet, entgeht einem so viel schönes, reines Glück.« Wenn er aber schon morgen heiratete, der unendliche Aufwand an Zeit und Geld, um ein Haus zu finden und einzurichten – »der Kampf um das Verhindern von Geselligkeiten – Morgenbesuche – Peinlichkeiten – täglich Zeitverschwendung – es sei denn, die zukünftige Ehefrau sei ein Engel und hielt einen zum Fleiß an«. Er kam zu dem Schluß: »Macht nichts, mein Freund. – Reiß dich zusammen. – Man kann sein Leben nicht in Einsamkeit verbringen, mit der Aussicht auf ein hinfälliges Alter, ohne Freunde und kalt und kinderlos, das einem mit den ersten Falten bereits im Gesicht geschrieben steht. Macht nichts, verlaß dich auf dein Glück – und sieh dich gut um. – Es gibt viele glückliche Sklaven. –«

Dr. Sydney Smith machte mich darauf aufmerksam, daß die Bestandsaufnahme auf Notizpapier aus Maer verfaßt wurde, das im Wasserzeichen die Jahreszahl 1837 aufweist. Vielleicht hatte der weit vorausschauende Onkel Jos Darwin zu seiner Meinung zur Heirat gefragt, und Charles, der von Paley gelernt hatte, das Für und Wider abzuwägen, hatte sich sofort hingesetzt und die Rechnung aufgemacht. Geschah dies halb im Spaß, oder war es ihm bitter ernst? Mit welcher Absicht auch immer, die Entscheidung zu heiraten schien ihn zunächst einmal zu beruhigen. Die Abfassung seines Berichts von der Reise mit der *Beagle* ging zügig vonstatten. »Ich machte mich guten Mutes an die Arbeit«, teilte er Henslow mit. Am 23. Februar hatte er seine Arbeit über die Geologie der Galapagosinseln, von Ascension, St. Helena und den kleinen Atlantikinseln beendet, nachdem er am 16. zum Sekretär der Geological Society gewählt worden war – gegen seinen Willen, denn die Aufgabe würde wertvolle Zeit in Anspruch nehmen. Dennoch gab er dieses zeitraubende Amt erst 1841 wieder auf. Selbst die Beschreibung der »Vögel für Zoologie« empfand er als Vergeudung – »Viel Zeit damit verloren«. Auf der Tagesordnung stand inzwischen die »Existenz der Arten«.

Seine ersten Überlegungen hatten sich vorwiegend auf Tiere bezogen, aber nun begann er in seinem Transmutations-Notizbuch, eine Verbindung zwischen Tieren und Pflanzen herzustellen. »Alle Tiere derselben Art sind miteinander verbunden wie die Knospen von Pflanzen, die zur gleichen Zeit sterben, auch wenn sie früher oder später hervorgebracht werden. – Übereinstimmung bei Tieren und Pflanzen beweisen: – Abstufung zwischen assoziierten und nicht assoziierten Tieren ermitteln – dann rundet sich die Geschichte ab.«

Er streckte seine Fühler in alle Richtungen aus. »Fox sagt, daß die Samen der gestreiften Goldrenette ohne jeden Zweifel gestreifte Goldrenetten hervorbringen und die von Goldrenetten Goldrenetten; daher *Untervarietäten* und daher die Möglichkeit, jede Varietät zu reproduzieren, wenn auch viele Samen zurückfallen. Beispiele für eine *Varietät* eines Obstbaums oder einer verwilderten Pflanze im Ausland beschaffen. Hier haben wir Atavismus als Regel und Sukzession als Ausnahme.«

Ein Thema, das einen wesentlichen Teil seines Buchs *The Effects of Cross- and Self-Fertilisation* (Die Wirkungen der Kreuz- und Selbst-Befruchtung im Pflanzenreich) einnehmen sollte, klang an, als er sich die Frage stellte: »Werden Pflanzen, die sowohl über männliche als auch weibliche Geschlechtsorgane verfügen, nicht trotzdem von anderen Pflanzen beeinflußt. – Weist nicht Lyell darauf hin, daß Varietäten schwer zu erhalten sind wegen des Pollens von anderen Pflanzen, denn damit ließe sich zeigen, daß alle Pflanzen vermischt werden.«

Ein Teilchen des Puzzles fand er in einem Satz im *Edingburgh New Philosophical Journal*: »Die antike Flora dürfte gleichförmiger als die bestehende [gewesen sein].« Er kannte auch schon eine Beziehung zwischen Pflanzen und Insekten: »Entomologen fragen, ob ihnen der Fall einer *eingeführten* Pflanze bekannt ist, die hier jetzt von einem bestimmten Insekt besucht wird, das nicht als omniphitophag bekannt ist.«

Doch es waren seine Pflanzenexperimente und ihre Stichhaltigkeit, die seine Theorien beweisen und die Wissenschaftler überzeugen sollten, daß er recht hatte. Vorläufig schlug er vor: »Es wäre wirklich lohnend, zu versuchen, einige Pflanzen unter Glasglocken zu isolieren und zu sehen, was für Nachkommen sie hervorbringen. Henslow um irgendeine Pflanze bitten, deren Samen zurückfallen, keine Monsterpflanze, sondern irgendeine eindeutige Varietät. – Erdbeeren durch Samen gezogen? Universalität der Zeugung deutlich sichtbar durch Hybridität von Farnen. – Hybridität zeigt Verbindung von zwei Pflanzen.«

Er hatte auch Zweifel und Probleme. »Es ist kaum möglich, Beweise für zwei Pflanzenrassen zu erhalten, die verwildert sind. – (Denn wir wissen, daß so etwas geschehen kann, ohne gegenseitige Befruchtung.) Denn wenn sie verschieden sind, wird man sie Arten nennen, und allein die Tatsache, daß sie fruchtbare Hybriden hervorbringen, gilt nicht als Gegenbeweis, da so viele Pflanzen Hybriden hervorbringen, andernfalls stürzt das ganze Gebäude ein. – Daher größte Schwierigkeit, die Argumentation bewegt sich im Kreis.«

Auf einer der letzten Seiten dieses ersten Notizbuchs, das er im Februar 1838 beendete, steht »DIE GROSSE FRAGE: Gibt es Pflanzenrassen, die verwildert oder fast verwildert sind, die sich nicht kreuzen – irgendwelche Kulturpflanzen, die durch Samen gezogen werden? – Lichtnelke – Flachs.«

Darwin war an diesem Punkt zu der Überzeugung gelangt, daß eine Veränderung der Arten stattgefunden hatte, als Populationen isoliert (wie auf den Galapagosinseln) und nicht länger in der Lage waren, die Variation zu verhindern, die normalerweise durch Befruchtung innerhalb der Population in Schach gehalten wurde. So trennten sich Varietäten von Arten und wurden allmählich selbst zu Arten, während die alten Spezies ausstarben.

Diese Gedankengänge nannte er von nun an »meine Theorie«.

In seinem zweiten Notizbuch kam er bis zu der Überlegung, wie er diese Theorie am besten zu Papier bringen konnte. »Als Einleitung Fall so begründen«, riet er sich selbst.

Am 23. September (1838) besuchte er Hackney und besichtigte die berühmte Pflanzenzucht von Conrad Loddiges. »Entdeckte in Loddiges' Garten 1279 Varietäten der Rose!!! Beweis für die Fähigkeit zu variieren.« Er argumentierte weiter: »Werden Loddiges' 1279 Rosen nicht alle in demselben Boden, unter denselben Bedingungen gezogen? – Können sie nicht verpflanzt werden? Und doch werden Jahr für Jahr sukzessive Rosen und Knospen erzeugt, wie die Stammform, oder, wenn anders, dann nur allmählich degenerierend. – Ich nehme an, die Mehrzahl dieser Rosen wird, wenn die Umstände nicht wesentlich ungünstiger werden, derselben Varietät angehören, solange sie leben, doch können sie diese Merkmale nicht durch Samen weitergeben, obwohl sie sie so selbstverständlich an Knospen weitergeben. – Es muß an ihrer Einheit in einem Stamm liegen. Eine Knospe kann verpflanzt werden und alle diese Eigenschaften behalten – ein Samen nicht.« Er glaubte, »mit der Knospe verhält es sich vermutlich wie mit dem Schwanz von Planaria, der Zange vom Krebs, dem Schwanz der Eidechse, dem Heilen der Wunde«, und erläuterte weiter, daß »im abgetrennten Teil jedes Element des lebenden Körpers vorhanden ist, bei der geschlechtlichen Fortpflanzung wird etwas von einem Teil des Körpers (oder eines ähnlichen Körpers) einem anderen Teil des Körpers angefügt.«

Am 13. September rühmte er in einem Brief an Lyell die »wunderbare Zahl neuer Gesichtspunkte, die ständig und massenweise eintreffen . . . und das Problem der Arten betreffen. Notizbuch auf Notizbuch füllt sich mit Tatsachen, die sich selbst *eindeutig* nach Untergesetzen zu ordnen beginnen.«

Am 28. September las er – zur Unterhaltung, wie er erzählte – »›Malthus über die Bevölkerung‹, und da ich durchaus bereit war, an den Kampf ums Dasein zu glauben, der sich, wie ich aus langer Beobachtung der Lebensweise von Tieren und Pflanzen wußte, überall vollzieht, kam mir sofort der Gedanke, daß unter diesen Umständen begünstigte Variationen tendenziell erhalten bleiben und benachtei-

ligte vernichtet würden. Das Ergebnis wäre die Bildung einer neuen
Spezies. Hier hatte ich nun endlich eine Theorie, nach der ich arbeiten konnte.«

Thomas Robert Malthus, 1766 in Dorking geboren, war Professor
der Nationalökonomie; sein ganzes Interesse galt dem Wohlergehen
der Menschheit. Dieses Anliegen wird aus dem Untertitel seines Buches deutlich, der lautete: *An Essay on the Principle of Population;
or, a View of its Past and Present Effects on Human Happiness; with
an Inquiry into our Prospects respecting the Future Removal or Mitiga-
tion of the Evils which it occasions* (Versuch über das Bevölkerungsgesetz; oder: Ein Überblick über seine früheren und gegenwärtigen
Auswirkungen auf das Glück der Menschheit; mit einer Untersuchung unserer Aussichten hinsichtlich der zukünftigen Vermeidung
oder Linderung der Übel, die es mit sich bringt). Das Werk erschien
im Jahre 1798.

Darwin lieferte es den Schlüssel, nach dem er suchte, nämlich daß
der Überschuß der Natur einerseits durch den Kampf einer Tier-
gruppe gegen die andere und andererseits duch eine Hungersnot aus-
lösende Mißernte unter Kontrolle gehalten wird. Aus diesem Grund
mußten sich Arten den veränderten Bedingungen anpassen oder aussterben. Im Kampf ums Dasein boten günstige Veränderungen die
Voraussetzung zum Überleben.

Auf Seite 175 seines dritten Notizbuchs schrieb Darwin, es sei absolut notwendig, daß »sich irgendein, wenn auch kein großer Unterschied . . . in jedem Individuum zeigen muß, bevor es sich fortpflanzen kann. Dann mag die Abänderung entweder Wirkung des Unter-
schieds bei den Eltern oder der äußeren Lebensumstände sein.«
Wenn die äußeren Umstände, die die Variation bewirkten, von
gleichbleibender Art wären, entstünden Arten. Wenn nicht, »bewegen sich die Änderungen hin und her und sind individuelle Änderungen. (Daher ist jedes Individuum verschieden.)« Er fügte hinzu: »Alles das deckt sich mit meiner Vorstellung, daß jene leicht begünstigten Formen die Oberhand gewinnen und Arten bilden.« Diese Seite
trägt kein Datum, aber gelegentliche Paginierung läßt auch nicht auf
zeitliche Reihenfolge schließen. So datiert Seite 152 vom 11. September, Seite 160 vom 16. und Seite 163 vom 25. September, während Malthus auf Seite 134 erwähnt wird, die mit dem 28. September
überschrieben ist. Es besteht also die Möglichkeit, daß seine »Vorstellung, daß jene leicht begünstigten Formen die Oberhand gewin-

nen und Arten bilden«, entwickelt wurde, bevor er das Buch von Malthus las. Auf jeden Fall schreibt Darwin in seiner *Autobiographie* Malthus das Verdienst zu, ihn zu diesen Überlegungen angeregt zu haben.

Im Juni 1838 wurden diese gewichtigen Gedanken von angenehmen Ereignissen unterbrochen: Emma, die Schwester Hensleigh Wedgwoods, und Darwins Schwester Catherine waren aus Paris zurückgekehrt, wo sie sich mit den Sismondis und einigen anderen Familienmitgliedern der Wedgwoods getroffen hatten. Aus diesem Anlaß fand eine Art Familientag im Hause der Wedgwoods statt. Emma schrieb an ihre Tante Jessie Sismondi, ihr Aufenthalt in London sei sehr schön gewesen. Einen Abend habe Thomas Carlyle mit ihnen gespeist, jeden Abend sei Hensleighs Schwiegervater Robert Makkintosh, ein kluger und angenehmer Mann, zum Essen oder zur Unterhaltung gekommen, und Charles Darwin von nebenan habe seine Aufwartung gemacht. Diesen Brief schrieb sie nach ihrer Rückkehr nach Maer.

Einige Wochen später hielt sich auch Charles Darwin in Maer auf. Er fuhr noch einmal dorthin, und zwar im Herbst, wenn auch verhältnismäßig spät für die Jägerei. Dieses Mal hatte er ein anderes Ziel vor Augen: Er hatte sich entschlossen, seine Kusine Emma Wedgwood zu heiraten. »Er war alles andere als zuversichtlich, teilweise wegen seines Äußeren, denn er hatte die eigenartige Vorstellung, daß sein gutgeschnittenes Gesicht, das so viel Energie und Zartgefühl ausstrahlte, auf abstoßende Weise langweilig sei.« Diese Worte schrieb Etty, die Tochter Darwins, in ihrem Buch *Emma Darwin: a Century of Family Letters*. Doch was am Sonntag, dem 11. November, geschah, entnehmen wir Darwins eigenen Worten, einer kurzen, überglücklichen Zeile: »Der Tag der Tage!« Emma hatte seinen Antrag angenommen.

In dem Briefwechsel zwischen Onkel Jos und Robert Darwin zeigt sich die Freude, die in beiden Familien über die Verlobung herrschte. Der Praktiker Jos teilte Dr. Darwin in seinem Brief mit, daß er für Emma dasselbe tun werde, was er für ihre Schwester Charlotte und für drei seiner Söhne getan habe; sie bekäme eine Mitgift von 4000 Pfund und ein jährliches Einkommen von 400 Pfund. Dr. Darwin zahlte seinem Sohn Charles zu dieser Zeit bereits jährlich 2000 Pfund. Charles schrieb an Emma: »Ich kann absolut nichts tun und habe die ganze Woche auch nichts getan, außer an Dich und unser zukünftiges Leben zu denken.« Emma berichtete ihrer Tante Jessie Sismondi: »Als Du mich nach Charles Darwin fragtest, habe ich ihn nicht halb so gut beschrieben, wie ich gekonnt hätte, aus Angst, Du könntest etwas vermuten, und obwohl ich wußte, wie sehr ich ihn liebe, war ich mir doch nicht im geringsten seiner Gefühle sicher, denn er hängt so sehr an Maer und uns allen und ist so liebe- und gefühlvoll, daß ich nicht glaubte, es könne etwas zu bedeuten haben.« Sein Besuch im August, bei dem er sich in bester Stimmung zeigte und sie sich in seiner Gesellschaft so überaus glücklich fühlte, hatte ihr das »Gefühl« vermittelt, »daß er mich wirklich liebgewinnen könnte, wenn wir mehr zusammen wären«. Sein Antrag war »eine ziemliche Überraschung«, weil sie geglaubt hatte, daß höchstwahrscheinlich schließlich doch nichts daraus würde. »Er ist der offenste, ehrlichste Mann, den ich kenne, und jedes Wort ist so gemeint, wie es gesagt ist.« So bschrieb Emma Wedgwood ihren künftigen Ehemann.

Wegen der Arbeiten, die Darwin zu erledigen hatte, wollten sie zunächst in London wohnen. Es war jedoch möglich, daß sie nach ein paar Jahren die Annehmlichkeiten des Lebens auf dem Lande (»Gärten, Spaziergänge etc.«) dem gesellschaftlichen Leben vorziehen würden. Doch solange sie gezwungen waren, in London zu wohnen, wollten sie die Vorteile auch genießen. Charles und Erasmus sahen sich nach einem Haus um, und nachdem sie auf der Suche nach Schildern mit den Worten *Zu vermieten* eine Straße nach der anderen abgegangen waren, kamen sie zu dem Schluß, daß »Häuser Mangelware und die Vermieter alle verrückt geworden sind, derartige Preise zu fordern«. Das war früher wohl nicht anders als heute. Charles erkannte, daß die Miete mindestens 120 Pfund betragen würde. Emma half ihnen bei der Suche, ebenso Hensleigh und seine Frau Fanny, und schließlich hatte Charles Erfolg und mietete ein Haus in der Gower Street, an das sie beide ihr Herz verloren hatten. Es war möbliert und alles andere als schön – sie nannten es Macaw Cottage (Papageienhütte), wegen seiner gräßlichen gelben Vorhänge –, aber sie liebten jeden Zentimeter. Für Charles wurde ein Lehnstuhl gekauft, und Emma erhielt von ihrem Vater ein Piano, um Charles darauf vorzuspielen, ein Vergnügen, daß er bis zum Ende seiner Tage genoß. Anfang Januar zogen sie unter tätiger Beihilfe von Syms Covington ein, der kurze Zeit später nach Australien auswandern wollte. Freunde und Verwandte fanden Bedienstete. Schließlich war alles fertig eingerichtet, und wenn sie schon in London leben mußten, so hatten sie doch wenigstens einen Garten hinter dem Haus. London bedeutete auch, daß sie neue Kleider brauchten, darunter vor allem ein Hochzeitskleid für Emma aus grünlich-grauer, schwerer Seide und einen auffallend hübschen weißen Basthut, der mit Seidenspitze und Blumen verziert war. Am Dienstag, dem 29. Januar 1839, wurden Charles und Emma in der Kirche von Maer getraut. Die Hochzeit fand ohne jeden Aufwand statt, und sie fuhren sofort anschließend in die Upper Gower Street Nummer 12, wo die Bediensteten zu ihrem Empfang in allen Kaminen wärmende Feuer entzündet hatten. Alles wirkte nun außerordentlich bequem. Es war der erste Tag ihrer Ehe.

In den drei Jahren und acht Monaten, die sie in London verbrachten, kam Darwin »weniger zum wissenschaftlichen Arbeiten« als zu irgendeiner anderen Zeit seines Lebens, wie er in seiner *Autobiographie* schrieb. Der Grund dafür war immer wiederkehrendes Unwohlsein und eine lange schwere Krankheit, erklärte er. Doch er setzte einschränkend hinzu, er habe so intensiv wie möglich gearbeitet.

Womit beschäftigte er sich?

Vor seiner Heirat hatte er sein Buch über die Korallenriffe zu schreiben angefangen. Wenn auch nur ein dünnes Buch, so kostete es ihn doch 20 Monate harter Arbeit, weil er jede Veröffentlichung über die pazifischen Inseln lesen und viele Karten studieren mußte. Die letzte Fahne korrigierte er am 2. Mai 1842. Seine Theorie über die Entstehung der Barriere-Riffe und Atolle gilt noch heute als die klassische Theorie – sie besagt, daß die Inseln durch unter dem Meer aktive vulkanische Kräfte aufgeworfen und ihre Küsten von Myriaden Korallenpolypen bevölkert werden; im weiteren Verlauf versinken die Inseln allmählich im Meer, ein Prozeß, der sich über mindestens eine Million Jahre erstreckt.

Er hielt zwei Vorträge vor der Geological Society; der eine behandelte Findlinge in Südamerika, der andere Erdbeben.

Alles das waren noch Früchte seiner Erfahrungen während der *Beagle*-Expedition. Doch nun wandte er sich einem anderen Bereich zu: seiner persönlichen Arbeit mit Pflanzen. Das war neu. Solange seine Transmutationstheorie noch in den Kinderschuhen steckte, hatte er alle Bücher und Aufsätze gelesen, die er finden konnte, nicht nur über Tiere, sondern auch über Pflanzen. Nun, nachdem er wußte, was

Emma Darwin im Jahre 1840, ein Jahr nach der Hochzeit.
(Nach der Zeichnung von George Richmond)

Ein Bild des 31jährigen Charles Darwin aus demselben Jahr.
(Nach der Zeichnung von George Richmond)

sie mitzuteilen hatten, richtete er sein Interesse auf die Pflanzen und Blumen, um zu sehen, was sie selbst dazu zu sagen hatten.

So gesehen ist es interessant, daß Darwin von sich selbst behauptet, er sei »weniger zum wissenschaftlichen Arbeiten« gekommen, während er doch gerade in diesen Jahren begann, die Untersuchungen anzustellen, die ihn schließlich zu seinem wichtigsten wissenschaftlichen Werk führen sollten.

In den Darwin-Archiven der Universitätsbibliothek Cambridge befinden sich Notizen über die Veränderlichkeit und den Aufbau von Blüten, die er von 1840 an machte. Sie zeigen, daß er nichts von dem vergessen hatte, was er an botanischen Kenntnissen unter Henslow erworben hatte. Sie zeigen außerdem, daß sein ganzes Interesse auf die Bedeutung der Blütenstruktur und den Zusammenhang von Struktur und Veränderung gerichtet war.

Die Untersuchungen der Blüten beruhten tatsächlich auf Beobachtungen aus den Jahren »1838 oder 1839«, wie er selbst mitteilte. Auf Seite 129 seines vierten Transmutations-Notizbuchs (Oktober 1838 bis 10. Juli 1839) findet sich eine Eintragung, die sich auf die Annahme Henslows bezieht, derzufolge »in Wales nur rote Lichtnelken wachsen und in Cambridge mit Sicherheit nur weiße« und »in manchen Grafschaften mal die eine, mal die andere. – Es gibt einen Unterschied in der Lebenweise zwischen diesen Varietäten, so daß man geglaubt hat, es handele sich um verschiedene Spezies. Lychnis dioica in der Regel diözisch [männliche und weibliche Blüten wachsen an verschiedenen Pflanzen], aber Organe nur sehr gering verkümmert, und Bestände von weiblichen Blüten bringen gelegentlich ein paar Samen hervor.« Diese Eintragung datiert vom 3. April 1839. Im Jahre 1841 hatte er Gelegenheit, die Rote Lichtnelke selbst zu untersuchen. Eine Arbeitsnotiz lautet: »Lychnis dioica in Wales rot, in Cambridgeshire weiß. Suffolk und Staffordshire beide Farben.« Im Juli des Jahres, als die Lichtnelke in Blüte stand, befand er sich in Maer in Staffordshire. (Diese zwei Lichtnelken gelten heute als verschiedene Arten der Gattung *Silene*, *S. dioica* und *S. alba*.)

Darwin schreibt in seiner *Autobiographie*: »Im Sommer 1839 und, wie ich glaube, auch schon im vorhergehenden Sommer lenkte ich meine Aufmerksamkeit auf die Kreuzbefruchtung von Blumen durch Insekten, da ich bei meinen Überlegungen über die Entstehung der Arten zu der Überzeugung gekommen war, daß die Kreuzung einen wichtigen Beitrag zur Erhaltung von konstanten spezifischen Formen leistete.« Es steht fest, daß er sich im Oktober 1838 schon intensiv mit diesem Thema beschäftigte, denn eine Eintragung vom 11. in sein viertes Notizbuch lautet: »Onkel John sagt, er zweifele nicht daran, daß Bienen eine ungeheure Zahl von Pflanzen bestäuben – es ist kaum möglich, Samen von irgendeiner Gemüsepflanze zu kaufen, bei dem nicht eine große Anzahl auf alle möglichen Formen von Varietäten zurückfallen, was er mit Kreuzbefruchtung begründet.« Es handelte sich um John Hensleigh Allen aus Cresselly in Pembrokeshire, einen Bruder von Emmas Mutter Elizabeth. Darwin hatte ihn vermutlich im Juli getroffen, als er eine Zeitlang »sehr faul in Shrewsbury« verbrachte.

Im Sommer 1839 untersuchte er das Phänomen des Dimorphismus an verschiedenen Formen von Flachsblüten. Bei einem getrockneten Exemplar findet sich die Arbeitsnotiz: »12. Juli 41/Shrewsbury. Linum flavum. – Eine alte Pflanze hat Narbe in *allen Blüten* ziemlich geschrumpft, und Pistillum *viel* kürzer als in Blüte einer anderen vor 2 Jahren. Alter Schnitt, bei dem (normalerweise) bei allen Blüten Pistillen über Antheren stehen . . .« Wir erinnern uns, daß er »Flachs« am Ende seines ersten Notizbuchs erwähnte, das er im Februar 1838 beendete.

In sein viertes und letztes Transmutations-Notizbuch machte er eine scheinbar sehr eigenartige Eintragung, als er sich fragte: »Gibt es eine sehr schläfrige Mimose, nahe verwandt der Sinnpflanze?« Er fuhr fort: »Eine schlafende Mimose schütteln – fallen Stamina von C. speciosus [*Clianthus formosus*, die Ruhmesblume] nachts zusammen, wenn ja, sie reizen, wie von einem Insekt, das immer um dieselbe Zeit kommt, sehen, ob sie dadurch sensibel gemacht werden kann.« Die Schlafbewegungen der Pflanzen, die er jetzt im Zusammenhang mit seiner Arbeit über die Arten untersuchte, wurden zum Thema eines Buchs, das er 1880 herausbrachte. Daß Staubblätter bei Berührung zusammenfallen, hatte er bereits bei seiner patagonischen Opuntie festgestellt, als er die Berührung durch ein Insekt simuliert hatte.

Veränderte sich eine Pflanze, wenn man sie aus ihrem natürlichen Wachstumsgebiet entfernte? Er grub einen Wurzel der Flockenblume *Centaurea nigra* aus und notierte: »Behielt Lebensweise nach Verpflanzung.« Dies geschah im Juni 1841 in Maer. Emma half ihm von Zeit zu Zeit; zum Beispiel schrieb sie seine Beobachtungen nieder, als er die Blüte von *Rhododendron azaloides* untersuchte: »Zarter als Azalea, Filament perfekt, Antheren *kleines*, hartes, geschrumpftes Dreieck mit Falten, hätte, wenn gefüllt, die Form der Anthere von Rhod.: daher jedes Organ perfekt, außer Pollen selbst – Öffnung lediglich undeutlicher Schlitz. Steht selten über Verbindung von Filamenten. Dreht sich gelegentlich nach oben und ist nicht parallel zu Filament wie bei 2. Unter Wasser vorsichtig zerlegt, kein Korn oder Rest von Pollen. Narbe feuchtklebrig und offenbar perfekt wie bei Rhod.« Darunter eine Fußnote: »Ist dies nicht Perfektion des Pistillums allgemein? Ist es nicht analog zu Narbe, die sich der Umwandlung in Petalen länger als Stamina in gefüllten Blüten widersetzt?«

Die sinnvolle Umwandlung eines Organs in ein anderes war ein Aspekt in der Fortschrittsgeschichte von Pflanzen, die sich verändert hatten, um zu überleben. Er stellte eins der Themen dar, die Darwin in seinem Werk *Über die Entstehung der Arten* behandeln sollte, und entsprach der Entwicklung der Blüten in den frühen oder embryonalen Phasen ihres Lebens. Er sollte darlegen, daß Embryos ein wichtiges Beweisstück im Rahmen der Entstehung der Arten darstellten.

Im November 1841 gab ihm Robert Brown (den Humboldt »Facile princeps botanicorum« nannte) den Rat, Christian Konrad Sprengels Buch *Das endeckte Geheimnis der Natur* zu lesen, ein Werk, dem Darwin bescheinigte, es stecke »voller Wahrheiten«, enthalte aber auch »einigen Unsinn«. Doch es behandelte eines der Themen, die er untersuchte, nämlich die Bestäubung der Blüten durch Insekten. Sprengel hatte entdeckt, daß in vielen Fällen Pollen von einer Blüte zur Narbe einer anderen Blüte gebracht werden mußte. Was er jedoch nicht verstand, war, welchen Vorteil die Kreuzbefruchtung für verschiedene Pflanzen bedeutete, eine entscheidende Schwäche seines Buchs. Darwin sollte Sprengels falsche Vorstellungen korrigieren.

In den reich bepflanzten Gärten von Maer und The Mount sowie der umliegenden Landschaft hatte Darwin reichlich Gelegenheit, zu beobachten, so auch die Wirkung, die sich zeigte, als »Thymian mit verkümmerten Antheren [Maer, 8. Juni 42] letztes Jahr von der Pumpe zum Gartentor verpflanzt« wurde. In Maer hatte er auch eine umfangreiche Pflanzensammlung, die er in Alkohol legte; sein diesbezüglicher Katalog weist vierstellige Zahlen auf. Außerhalb von London fühlte er sich stets wesentlich besser, so daß er mit seiner Arbeit gut vorankam. Im Juni 1842, als er je eine Zeitlang in Maer und The

Mount verbrachte, schrieb er eine »Bleistiftskizze meiner Artentheorie«. Sie bestand aus 35 offenbar eilig verfaßten Seiten, was sich darin zeigt, daß er wie in seinen Notizbüchern Artikel wegließ und Wortendungen nicht präzise ausschrieb. Aber er hatte seine Theorie schließlich zu Papier gebracht, und diese Tatsache befriedigte ihn. Am 18. des folgenden Monats schrieb er in sein Tagebuch, er sei »wegen Down eingespannt« gewesen. Hinter dieser Eintragung verbarg sich das glückliche Ende einer Suche nach einem Landhaus. So oft es eben ging, hatten sich die Darwins, die inzwischen zwei Kinder hatten, in einem der beiden Elternhäuser außerhalb Londons einquartiert und seit September des vergangenen Jahres, wie Darwin seinem Cousin Fox mitteilte, »Schritte unternommen, London zu verlassen und in etwa 30 Kilometer Entfernung an irgendeiner Eisenbahnlinie ein Haus zu suchen«.

Das Dorf Downe in Kent lag kilometerweit, genau dreizehneinhalb, von der nächsten Eisenbahnstation entfernt und Down House (ohne »e«) etwa 400 Meter außerhalb des Orts, der aus nicht mehr als ungefähr 40 Häusern bestand. Es gab keine Hauptstraße, nur Wege, die in der Dorfmitte zusammenliefen, wo eine alte, aus Feuerstein erbaute Kirche und einige bejahrte Walnußbäume standen. Es gab eine Vorschule, und die Dorfbewohner, die abends in den offenen Türen ihrer Häuser saßen, berührten wie in Wales zur Begrüßung ihren Hut. Das kleine Gasthaus war gleichzeitig ein Gemischtwarenladen, und der Wirt der Dorfschreiner. So jedenfalls beschrieb Darwin den Ort seiner jüngeren Schwester Catherine. Down House selbst stand direkt an einem schmalen Weg und war häßlich, hatte verhältnismäßig kleine Fenster und wirkte weder alt noch neu. Aber es befand sich in gutem Zustand und wies einen phantastischen Arbeitsraum auf, 5,50 Meter im Quadrat. Es war in drei Etagen erbaut und hatte mehrere Schlafzimmer. »Wir könnten die Hensleighs, Dich, Susanne und Erasmus zusammen unterbringen.« Es gab zwei Badezimmer, und das Wasser kam aus einem tiefen Brunnen.

Zum Haus gehörte ein 60 700 Quadratmeter großes Grundstück, das auf beiden Seiten von flachen Tälern gesäumt war. Vor dem Salon standen einige alte, aber sehr ertragreiche Kirsch- und Walnußbäume sowie ein alter Maulbeerbaum, die zusammen eine hübsche Gruppe bildeten. Eine rote Magnolie blühte an der Hauswand. Der Küchengarten war »eine elende Angelegenheit«, und der Boden enthielt massenweise Kalk- und Feuerstein. Er wirkte schlecht, aber es hieß, er sei fruchtbar. Für Darwin lag »der Charme des Ortes darin, daß fast jedes Feld von einem oder mehreren Fußwegen durchschnitten ist (unseres natürlich auch). Ich habe noch in keiner anderen Landschaft so viele Wege gesehen. Die Umgebung ist richtig ländlich und ruhig mit schmalen Wegen und hohen Hecken und fast keinen Furchen. Es ist wirklich überraschend, wenn man bedenkt, daß London nur 26 Kilometer entfernt ist.«

Emma war zunächst enttäuscht, und zwar sowohl von dem Haus als auch der Umgebung. Der Tag, an dem sie es zum erstenmal sah, der 22. Juli, war kalt und grau, und es wehte ein nordöstlicher Wind. Außerdem hatte sie Zahn- und Kopfschmerzen. Sie verbrachten die Nacht in dem kleinen Gasthaus und gingen am nächsten Tag noch einmal zurück. Diesmal gefiel ihr das Feld und das Haus sogar noch besser als ihrem Mann, und als sie abfuhren, die Landschaft vorbeiziehen sahen und einen steilen Hügel nach dem anderen überwanden, drehte sie sich zu ihm um und sagte, sie würden dort sicher sehr glücklich werden. Da sie sich nun einig waren, konnte Charles eine ausführliche Beschreibung des Anwesens an seinen Vater schicken, der den Kaufpreis von 2020 Pfund vorstreckte. Im September 1842 gaben die Darwins ihre Londoner Wohnung in der Upper Gower Street auf, und am 23., neun Tage nach ihrem Einzug in Down House, wurde Emma von einer Tochter, Mary Eleanor, entbunden, die nur drei Wochen lebte. Es war ein trauriger Anfang, aber sie hatten ja schon zwei Kinder: William Erasmus, geboren am 27. Dezember 1839 und seine fünfzehn Monate jüngere Schwester Anne Elizabeth.

Welch ein Haus für Kinder es werden sollte! Welch eine schöpferische Atmosphäre, von der sie umgeben sein sollten! Doch zunächst, kurze Zeit vor Weihnachten, nahm Darwin auf seinem Feld in der Nähe des Hauses ein Experiment vor. Er verteilte auf einem Teilstück zerbrochene Kalksteine, um zu beobachten, »bis zu welcher Tiefe sie zu einem zukünftigen Zeitpunkt begraben sein würden«. Er brauchte die Ergebnisse für sein Buch über die Regenwürmer. Dann ging er daran, die Notizen, die Syms Covington über die vulkanischen Inseln für ihn niedergeschrieben hatte, neu zu ordnen. Das Buch sollte 1844 erscheinen. Er steckte voller Pläne, wie er sein neues Heim verschönern und den Garten vergrößern könnte. Seine Tage waren, wie er sagte, ausgefüllt.

Es war bewundernswert, wie er es schaffte, genau wie ein Artist im Zirkus mit so vielen Tellern auf einmal zu jonglieren.

7. »Endlich erste Schimmer eines Lichts«

Als Joseph Hooker für die Linnean Society einen Vortrag über die Pflanzen vorbereitete, die im Laufe der Jahre auf den Galapagosinseln gesammelt worden waren, lag Darwin viel daran, zu erfahren, ob der Anteil der von ihm gesammelten Pflanzen den anderer Sammler übertraf. Hooker konnte die Frage mit einem deutlichen Ja beantworten.

Hooker, der angesehenste Botaniker aller Zeiten, erklärte, daß seine meisterhafte Darstellung der einzigartigen Zoologie und der ungleichmäßigen Verbreitung der Pflanzen auf den einzelnen kleinen Inseln allein Darwin zu verdanken sei, »zu dessen umfassendem Überblick über die Naturgeschichte der Galapagosinseln diese Arbeit nur als Ergänzung gesehen werden kann«.

Im Jahre 1839 hatte ein anderer junger Mann eine Entdeckungsreise angetreten, und zwar Joseph Dalton Hooker. Er nahm an einer Expedition teil, die unter dem Kommando von Kapitän James Clark Ross zum Zweck der geographischen Bestimmung des südlichen Magnetpols in die Antarktis führte. Er war, genau wie Charles Darwin bei Beginn der Weltumsegelung der *Beagle*, 22 Jahre alt, und als die *Erebus* und *Terror* im September 1843 von ihrer erfolgreichen Mission zurückkehrten, hatte sein Vater, Sir William, bereits mit dem Ausbau und der Vervollständigung der Royal Botanic Gardens in Kew begonnen; unter seiner Leitung sollte die Anlage zur größten der Welt werden.

Sir William kümmerte sich um alles selbst und hatte mehr Arbeit, als er erledigen konnte. Er hoffte, seinen Sohn eines Tages als Mitarbeiter und späteren Nachfolger zu sehen. Vorläufig betrachtete es Joseph Hooker jedoch als vordringlichste Aufgabe, die Botanik seiner Reise zu bestimmen, und er brannte darauf, die von Darwin gesammelten Pflanzen zu sehen. Er hatte dessen Reisebeschreibung von der ersten bis zur letzten Seite begeistert gelesen und wußte daher, daß die Pflanzen vom Galapagos-Archipel neuartig waren und Darwin zu der Frage veranlaßt hatten,»zu welchem Bereich oder ›Zentrum der Schöpfung‹ . . . sie gerechnet werden mußten«. Diese Überlegung faszinierte Hooker.

Sein Vater war ein hervorragender Organisator. Er schrieb umgehend an Henslow, der mit Verzögerung am 13. November 1843 antwortete, daß es ihm eine Freude sein werde, Joseph die von Darwin gesammelten Pflanzen zur Untersuchung zu überlassen. Die Schwierigkeit lag darin, daß sie sich in Cambridge befanden, wohin er voraussichtlich erst im April zu Beginn des Frühjahrssemesters zurückkehren würde. Aber wenn Joseph sie unbedingt schon früher benötigte, ließe sich sicher eine Möglichkeit finden, ein oder zwei Tage nach Cambridge zu fahren und sie abzuschicken. Henslow berichtete Darwin von der Entwicklung und teilte ihm mit, er habe Joseph Hooker die Pflanzen geschickt, einschließlich derer aus Südamerika. Am 21. November schrieb Darwin an den jungen Hooker, um ihm zu seiner Rückkehr von der langen, glorreichen Reise zu gratulieren. Er habe schon früher die Hoffnung gehegt, ihn kennenzulernen, und er sei froh, daß Henslow ihm»meine kleine Sammlung« geschickt habe – Ausdruck von Darwins grundsätzlicher Bescheidenheit.»Sie können sich nicht vorstellen, wie glücklich ich bin«, waren seine Worte,

»denn ich hatte schon gefürchtet, sie umsonst gesammelt zu haben, und wenn es auch so wenige sind, so kosteten sie mich doch allerhand Mühe.« Er erklärte, über das Habitat einiger der interessanteren Pflanzen habe er mehrere Notizen gemacht, die sich vermutlich bei Henslow befänden; in Feuerland habe er sich besonders auf die alpinen Blütenpflanzen konzentriert und in Patagonien mit Sicherheit alles gesammelt, was gerade in Blüte stand.

Er fügte hinzu:

Ich vertrete schon seit langem die Ansicht, daß ein allgemeiner Abriß der Flora dieses Gebietes, das sich so weit in die südlichen Meere erstreckt, sehr interessant wäre. – Sie sollten eine vergleichende Betrachtung der Arten anstellen, die mit den europäischen Arten verwandt sind, und zwar für einen botanischen Ignoramus, wie ich es bin. Die Frage, ob es viele europäische Gattungen in Feuerland gibt, die nicht an den Bergrücken der Kordilleren auftauchen, hat mich immer interessiert; die Trennung wäre in einem solchen Fall enorm. – Wenn Sie einen Überblick geben, machen Sie bitte deutlich, welche Gattungen amerikanisch und welche europäisch und wie groß die Unterschiede zwischen den Arten sind, wenn es sich um europäische Gattungen handelt, wiederum einem botanischen Ignoramus zuliebe. Ich hoffe, daß Henslow Ihnen meine Galapagos-Pflanzen schicken wird (auf die sogar Humboldt gespannt war) – ich sammelte alles so gewissenhaft, wie es eben ging. – Eine Flora dieses Archipels würde, wie ich annehme, mehr oder minder einen Parallelfall zu denen von St. Helena bieten, die seit langem Interesse erregen.

Die Nachricht, daß Joseph Hooker sich an die Auswertung der von Darwin gesammelten Pflanzen machen wollte, hätte Alexander von Humboldt sicher gefreut. Er hatte Darwins Bericht *Die Reise eines Naturforschers um die Welt* gelesen und in einem langen Anerkennungsschreiben nur einen Punkt beklagt. »Wie sehr bedaure ich, daß Henslow die Untersuchung Ihrer interessanten Sammlung nicht beenden konnte oder zumindest die Zuordnung der Familien, die einige bekannte Arten umfassen. Die Vegetation eines Landes stellt ein grundlegendes Charakteristikum dar. Indem man die Hauptmerkmale verfolgt, erhält man ein Bild, das im Gedächtnis haftet, etwa wie eine Schablone . . .«

Hooker antwortete Darwin am 28. November aus West Park, Kew.

Sehr geehrter Herr,
vielen Dank für Ihr freundliches Gratulationsschreiben und
ebenso für Ihr Angebot, mir bei der Auswertung der von Ihnen gesammelten Pflanzen zu helfen, von dem ich gerne Gebrauch machen werde. Es ist sehr großzügig von Ihnen, sie mir zur Verfügung
zu stellen, und ich hoffe, daß ich mich Ihres Vertrauens nicht voll-
ends unwürdig erweisen werde.
Prof. Henslow hat mir Ihre Pflanzen versprochen, aber sie sind
bisher noch nicht angekommen, da er gerade erst von seinem letzten Stadtbesuch zurückgekehrt ist. Ich hoffe, viel Interessantes
und auch etwas Neues darunter zu finden, da es sich mehr als um
alles andere um die alpinen Pflanzen von den feuerländischen Inseln handelt, die ich gerne hätte. Im Monat Oktober konnte ich
nur wenige finden, die in Blüte standen, selbst in den niederen
Landstrichen der Hermite-Insel, die Bergpflanzen befinden sich
natürlich in wesentlich unbefriedigenderem Zustand, aber da ich
jedes Stück sammelte, um die geographische Verbreitung der Arten zu illustrieren, können bessere Exemplare, soweit sie vorhanden sind und bei der Diagnose helfen, dennoch von Interesse sein.
  Die kryptogamen Pflanzen sind viel weiter verbreitet und befinden sich das ganze Jahr hindurch in einigermaßen gutem Zustand,
so daß es mir möglich war, eine recht gute Sammlung zusammen-
zustellen, einschließlich 60 Moosarten allein von jener kleinen Insel: außerdem eine neue Art von Ihrer und Berkeleys Gattung
Cyttaria von der zwölfblättrigen Buche (eine viel kleinere Pflanze
mit nur 4 Zellen) sowie eine ganz ordentliche Sammlung von
Flechten . . .
  Ich bin überaus froh zu wissen, daß Sie so viel Wert auf den Vergleich der arktischen mit den antarktischen Pflanzen legen, denn
es war schon immer mein Ziel, Analogien zwischen den beiden
Hemisphären zu finden und Tabellen aufzustellen, die verschiedene Punkte beleuchten, z. B. den Anteil der Pflanzen in den vor-
herrschenden Natürlichen Ordnungen, die beiden gemeinsam
sind, und auch, wie jener Anteil sich verringert, wenn man die niederen Formen verläßt und zu den höheren übergeht.

Hooker war sich nicht klar, wo er die nördliche Verbreitungsgrenze für die Flora an der südamerikanischen Westküste ansetzen sollte. Er wollte unbedingt den von Gletschern begrenzten Golfo de Penas und die Halbinsel Tres Montes mit einbeziehen, »die durchaus geeignete geographische Punkte darstellen würden«, und, so fügte er hinzu, »wenn ich irgendwelche botanischen wüßte, wäre es viel besser. – Können Sie mir sagen, wo in Höhe des Meeresspiegels die nördliche Grenze der laubwechselnden oder immergrünen Buchen liegt, Sie erwähnen eine, die im Chonos-Archipel verbreitet, aber im Verhältnis zu anderen Bäumen nicht so zahlreich wie weiter südlich ist.«

Darwin hatte über die Buchen und ihre Blätter sorgsam Buch geführt, aber er glaubte, daß sich die feuerländischen Buchen von denen an den Küsten des Chonos-Archipels unterschieden. Er vertrat sogar die Ansicht, daß auf dem Archipel allein zwei verschiedene wuchsen. In seiner *Flora Antarctica* fügte Hooker an die Erörterung von *Fagus antarctica* und *Fagus forsteri* (die Südlichen Buchen tragen heute den Gattungsnamen *Nothofagus*) folgende Danksagung an: »Mit diesen verwandte Bäume scheinen die antike oder fossile Flora Feuerlands bestimmt zu haben, denn dank Darwins Freundlichkeit habe ich Kenntnis von drei offenbar individuellen Arten von laubwechselnden Buchen.« Außerdem konnte er den Chonos-Archipel als Verbreitungsgrenze für seine antarktische Flora angeben.

Mit diesen Briefen begann eine Korrespondenz, die sich ununterbrochen über 39 Jahre erstreckte. Und sie legten den Grundstein für die enge Freundschaft zwischen den beiden Wissenschaftlern, die in dem explosiven Werk *Über die Entstehung der Arten* gipfeln sollte.

Die beiden Männer waren sich nicht völlig unbekannt. Kurz vor dem Auslaufen der *Erebus* war Hooker mit einem ehemaligen Offizier der *Beagle* spazierengegangen. Am Trafalgar Square kam ihnen Darwin entgegen; der Offizier erkannte ihn wieder, begrüßte ihn und stellte ihm Hooker vor. Das Treffen war kurz, aber der junge Hooker erinnerte sich an Darwin als einen »verhältnismäßig großen und verhältnismäßig breitschultrigen Mann mit leicht gebeugter Haltung, einem angenehmen und aufgeschlossenen Gesichtsausdruck bei der Unterhaltung, buschigen Brauen und einer hohlen, aber sanften Stimme; und daß er seinen alten Bekannten begrüßte wie unter Seeleuten üblich – das heißt, erfrischend offen und herzlich«. Für Hooker war Charles Darwin bereits ein Held, denn er hatte einige Fahnen der damals noch nicht veröffentlichten Reisebeschreibung gelesen. Darwin hatte die Blätter Charles Lyell geschickt, der sie an seinen Vater, Charles Lyell in Kinnordy, Forfarshire, weiterleitete, einen Botaniker und alten Freund von Sir William Hooker. Jener hegte ein wohlwollendes Interesse für Josephs angestrebte Karriere als Naturforscher und hatte ihm die Fahnen gesandt – und zwar zu einer Zeit, da der junge Hooker sein Medizinstudium vorantrieb, um noch vor dem Auslaufen des Schiffes seinen Abschluß zu machen. »Ich hatte so wenig Zeit«, erzählte Hooker später Darwins Sohn Francis, »daß ich vor dem Schlafengehen die Seiten der ›Reise eines Naturforschers‹ unter das Kopfkissen schob, um sie in der Zeit zwischen Aufwachen und Aufstehen zu lesen. Ich war tief beeindruckt, ich möchte fast sagen verzweifelt, wegen der Vielzahl von Anforderungen sowohl geistiger als auch körperlicher Art, die von einem Naturforscher erfüllt werden mußten, der in Darwins Fußstapfen treten sollte, während sich gleichzeitig der Wunsch in mir verstärkte, zu reisen und zu beobachten.«

Hooker hat sogar von den Erfahrungen Darwins am Anfang seiner Karriere profitiert. Seine Position auf dem Schiff lautete »Assistenzarzt und Botaniker der *Erebus*«. Der Arzt Dr. Robert Maccormick (Teilnehmer der *Beagle*-Expedition) sollte die Aufgaben des Zoologen übernehmen, ein Arrangement, das Hooker verbitterte, weil sich dies »mit allen meinen Pflichten überschneiden« würde. Er fragte Kapitän Ross, ob er einen »Naturforscher« mitnehmen würde, wenn die Regierung einen bestimmte. Ross antwortete, daß es sich in einem solchen Fall um »einen Mann wie Darwin« handeln müßte, worauf Hooker erwiderte: »Was war Darwin vor Antritt der Reise?« Ross war belustigt, bewunderte aber das Verantwortungsbewußtsein des jungen Mannes und schloß einen Kompromiß, indem er ihn zum Assistenzarzt der *Erebus* und Botaniker der Expedition ernannte, ein haarspalterischer Unterschied, der jedoch Hookers Grundsätze anerkannte und ihm den Status verlieh, den er brauchte. Er verließ England mit einem Exemplar von Darwins inzwischen veröffentlichter Reisebeschreibung, einem Geschenk von Charles Lyell.

Es gab also viele Gemeinsamkeiten bei Darwin und Hooker. Beide hatten im gleichen Alter an Entdeckungsfahrten teilgenommen. Beide hatten die Welt mit den Augen eines Naturforschers betrachtet. Doch es gab einen Unterschied. Hooker, mit 12 Jahren bereits ein fähiger Mitarbeiter im Herbarium seines Vaters, war als Botaniker auf die Reise gegangen. Darwin verfügte zwar über umfassende naturwissenschaftliche Kenntnisse, betrachtete sich aber zuerst als Geologe und schwenkte dann später auf Botanik um. (»Felsen ... werden sehr bald monoton werden«, »bei allen Ansichten bilden Pflanzen die hauptsächlichsten Verschönerungsmittel.«) Beide waren zurückgekehrt mit dem Wunsch, die rätselhafte Frage zu beantworten, wie Pflanzen über die Erdoberfläche gewandert waren. Für Hooker lag die Lösung in einer Karte, deren weiße Regionen mit botanischen Fakten ausgefüllt werden mußten. Für Darwin verbarg sich dahinter ein tieferer Sinn.

Aus diesem Grund war er enttäuscht, als Hooker meinte, die Galapagos-Pflanzen könnten für ihn nicht besonders interessant sein. Eiligst wies er in seinem nächsten Brief, geschrieben am 12. Dezember 1843, darauf hin: »Bitte achten Sie immer ganz besonders darauf, wenn ich eine einzelne Insel im Galapagos-Archipel erwähne, und zwar aus einem Grund, den Sie aus meinem Reisebericht ersehen werden.«

Die individuellen Eigentümlichkeiten dieser Inselpflanzen erregten, als er sie schließlich Mitte Dezember von Henslow erhielt, dann doch Hookers Aufmerksamkeit, mit dem Ergebnis, daß Darwin als der Begründer einer neuen Flora bekannt wurde. Zuvor hatte Hooker die südamerikanischen Pflanzen erhalten und für seine *Flora Antarctica* bearbeitet, indem er sie beschrieb und die Namen der jeweiligen Entdecker angab. Viele Male taucht so »C. Darwin, Esq.« auf. Diese Flora, die als erste von Hookers drei großen Werken über die Botanik der Expedition erschien, wurde zwischen 1844 und 1847 in zwei Bänden veröffentlicht. In der Einleitung lenkte Hooker im Zusammenhang mit der Insel St. Paul die Aufmerksamkeit der Leser auf Seite sieben von »Darwins Reise eines Naturforschers« wegen seiner »bewundernswerten Beschreibung dieser bemerkenswerten Felsen, die durch 350 Meilen vom nächsten Land getrennt sind (die Insel Fernando Noronha).«

Darwin hatte schon immer auf eine Zusammenfassung gedrungen, die über die Verteilung der Pflanzen in den südlichen Regionen und ihre Beziehung zu den Pflanzen der anderen Regionen Auskunft gab. Er hatte Hookers Aufmerksamkeit auf die Bedeutung eines Vergleichs der feuerländischen Flora mit der der Kordilleren und Europas gelenkt. »Dies«, so erzählte Hooker später Francis Darwin, »führte dazu, daß ich ihm eine Übersicht über die Schlußfolgerungen schickte, zu denen ich hinsichtlich der Verbreitung der Pflanzen in den südlichen Regionen gekommen war, und darauf hinwies, daß man notwendigerweise annehmen mußte, daß eine Zerstörung von beträchtlichem Ausmaß stattgefunden hatte, um die Verwandtschaft der Flora auf den sogenannten antarktischen Inseln zu erklären. Ich nehme nicht an, daß ihm eine einzige dieser Ideen neu war, aber sie führten zu einem angeregten und langen Briefwechsel voller neuer Erkenntnisse.«

In bezug auf die alpinen Pflanzen von Feuerland, die Hooker mit besonderer Ungeduld erwartete, drückte Darwin sein Bedauern darüber aus, daß seine erste und beste Sammlung verlorengegangen war (in dem Sturm, der eins der Boote leckschlug und praktisch das ganze Schiff unter Wasser setzte).

So hatte Darwin schließlich einen Botaniker und Vertrauten gefunden, jemanden, mit dem er Meinungen austauschen konnte und der über genügend Wissen verfügte, um ihm die Fragen zu beantworten, die ihn schon so lange und intensiv beschäftigten. Voller Eifer stellte er sie Hooker: »Ist die Ähnlichkeit der Pflanzen auf den Kerguelen und im Süden Südamerikas nicht sehr eigenartig«, und: »Gibt es in der nördlichen Hemisphäre einen Fall, in dem Pflanzen, die in solchen Entfernungen voneinander wachsen, so ähnlich sind?«

Sein nächster Brief (der dritte) zeigt, wie schnell sich zwischen ihnen eine vertrauensvolle Freundschaft entwickelte, denn darin teilte Darwin eine Schlußfolgerung mit, zu der er gekommen war, und die, gelinde gesagt, ungeheuerlich in ihrer eigentlichen Bedeutung war. Da es sich um eine so schwerwiegende Angelegenheit handelte, schlug er einen leichtfertigen, ja fast witzigen Ton an. Der Brief war vom »11. Januar 1844« datiert.

Darwin äußerte sich darin zunächst über die Botanik von Südpatagonien (»ich sammelte *jede* Pflanze, die zu der Zeit, als ich dort war, in Blüte stand«) und meinte, es würde sich lohnen, sie mit der Sammlung von d'Orbigny aus Nordpatagonien zu vergleichen. Dann fuhr er fort: »Meine Sammlung von Kryptogamen wurde an Berkeley gesandt; sie war nicht groß; ich glaube nicht, daß er bisher einen Bericht darüber veröffentlicht hat, aber er schrieb mir vor einigen Jahren, daß er sie beschrieben, alle seine Beschreibungen aber verlegt habe. Wäre es nicht gut, wenn Sie sich mit ihm in Verbindung setzten; sonst werden vielleicht manche Dinge doppelt bearbeitet. – Meine beste (wenn auch kleine) Sammlung von Kryptogamen kam aus den Chonos-In-

seln.« Im Anschluß daran bat er Hooker, darauf zu achten, ob auf irgendeiner Insel, auf der keine Vierfüßer mehr lebten, z. B. den Galapagos, St. Helena oder Neuseeland, Pflanzenarten verbreitet waren,
deren Samen Haken aufwiesen.»Derartige Haken, wenn sie hier beobachtet werden, würden mit Recht vermuten lassen, daß sie so angepaßt sind, um sich im Fell von Tieren festzusetzen.«
Dann schrieb er weiter:

Abgesehen von einem allgemeinen Interesse an den südlichen
Ländern bin ich nun seit meiner Rückkehr mit einer sehr anma-
ßenden Arbeit beschäftigt, und ich kenne niemanden, der sie nicht
auch sehr närrisch nennen würde. – Die Verbreitung der Galapa-
gos-Organismen etc. etc. etc. und der Charakter der amerikanischen Säugetierfossilien etc. etc. etc. haben mich so überrascht,
daß ich beschloß, blind jede Art von Tatsachen zu suchen, die in
irgendeiner Weise erklären könnten, was Arten sind. – Ich habe
Berge von landwirtschaftlichen und gärtnerischen Fachbüchern
gelesen, und ich habe nie aufgehört, Fakten zu sammeln – jetzt
sehe ich endlich erste Schimmer eines Lichts, und ich bin fast überzeugt (ganz entgegen der Meinung, die ich zunächst vertrat), daß
Arten nicht (es ist wie das Eingeständnis, einen Mord begangen zu
haben) unveränderlich sind. Der Himmel bewahre mich vor Lamarcks Unsinn hinsichtlich einer »Tendenz zum Fortschritt«,
»Anpassungen aufgrund eines langsamen Willensprozesses von
Tieren« etc. – aber die Schlußfolgerungen, zu denen ich komme,
unterscheiden sich nicht wesentlich von seinen – wohl aber die
Mittel der Veränderungen. – Ich glaube, ich habe (hier kommt die
Anmaßung!) den einfachen Weg gefunden, auf dem sich Arten
verschiedenen Zwecken hervorragend anpassen. – Jetzt werden
Sie stöhnen und sich fragen, »an welch einen Mann habe ich meine
Zeit mit Briefeschreiben vergeudet« – ich hätte vor fünf Jahren
noch genauso gedacht: – ich fürchte, Sie werden außerdem über
die Länge dieses Briefes stöhnen – entschuldigen Sie, ich habe
nicht in böswilliger Absicht begonnen.

Den nächsten Brief, den Darwin am 23. Februar 1844 schrieb, begann er mit »Lieber Hooker«. Die Anrede »Sehr geehrter Herr«
tauchte nie wieder auf, und bald wurde auch das förmliche »Hoch-
achtungsvoll« durch Grüße wie »Herzlichst Ihr« und, als sich ihre

Ein Bild von Down House aus der Zeit, in der Darwin dort lebte, von 1842 bis zu seinem Tode im Jahre 1882.
(Photo: Leonard Darwin)

Freundschaft vertiefte, »Ihr Freund« ersetzt. Darwin gab seiner Hoffnung Ausdruck, daß Hooker ihm die Freiheit der Anrede verzeihen werde, aber er hatte das Gefühl, daß sie als »Weltumsegler und Mitarbeiter (wenn auch in meinem Fall ein sehr schlechter)« auf Förmlichkeiten der Art, wie sie in der Alten Welt üblich waren, zum Teil verzichten konnten. Seine Briefe waren fast von Anfang an in formlosem Stil gehalten. Er nannte sie ja auch »Gespräche mit Hooker«.

Im Jahre 1844 befaßte sich Darwin mit zwei besonderen Arbeitsbereichen. Er war »wissenschaftlich und unwissenschaftlich mit gärtnerischen Aufgaben stark beschäftigt«.

Der Garten von Down House lag ungeschützt. Als erstes machte Darwin sich an die Arbeit, den Weg um gut einen halben Meter tiefer zu legen und aus der ausgehobenen Erde Wälle und Dämme am Rand des Rasens zu errichten. Diese bepflanzte er mit immergrünen Pflanzen. Gleichzeitig errichtete er am Weg eine hohe Feuersteinmauer, um das Haus vor Blicken von außen abzuschirmen. An der südwestlichen Fassade wurde ein runder Erker angebaut, und die alten Fenster, die ihnen schon immer reichlich klein erschienen waren, wurden durch lange Schiebefenster ersetzt. Das Haus erhielt einen neuen Putz, und allmählich wuchsen an den Wänden Kletterpflanzen empor. Die Pflanzen kamen aus Maer, darunter auch der Wurzelstock einer Rose *(Rosa villosa* var. *duplex)*, die noch heute gedeiht. George Darwin, im Juli 1845 geboren, erinnerte sich bis an sein Lebensende gern an sein Elternhaus und erzählte von dem Rasen mit der leuchtenden Blumenrabatte, der hohen Lindenreihe, die ihn säumte, den zwei Eiben, an denen die Schaukel befestigt war, die Darwin für seine Kinder aufhängte, und dem Sandweg, den Darwin zu seinem »Philosophenweg« machte, mit einem 4000 Quadratmeter großen Wäldchen, das 1846 angepflanzt wurde. Für die Kinder gab es noch tausend andere Attraktionen, zum Beispiel eine hohle Esche und eine riesige Buche, die Darwin auffiel, als er das Haus besichtigte. Sie erhielt den Namen Elefantenbaum, da man an der Stelle, wo ein Ast abgesägt worden war und sich der Stamm verdickt hatte, den Kopf eines Tiermonsters erkennen konnte. Die Buche stand und steht noch heute am Sandweg.

»Wissenschaftlich stark beschäftigt« bezog sich auf eine neue Version der Skizze, die er zwei Jahre zuvor geschrieben hatte. Im Januar

Der Sandweg, Darwins »Philosophenweg«, ein schmaler Streifen Land von gut 6000 Quadratmetern, um das er täglich eine bestimmte Anzahl von Runden ging. Er zählte die Runden, indem er beim Passieren eines Feuersteinhaufens jeweils einen Stein auf den Weg stieß. Auf der Tafel, die heute an dem Baum hängt, steht: »Elefantenbaum. Erhalten dank der großzügigen Hilfe von Lois und Lewis Darling, Connecticut, U.S.A.«
(Photo: Leonard Darwin)

war er nach siebzehnmonatiger Arbeit mit seinem Buch über die *Vulkanischen Inseln* fertig geworden, das den zweiten Teil der *Geology of the voyage of the Beagle* bildete. Es erschien im November 1844. Nachdem er sich über den letzten Stand der wissenschaftlichen Erkenntnisse informiert hatte (er las unter anderem *Vestiges of the Natural History of Creation* [Spuren der Naturgeschichte der Schöpfung], das 1844 von einem anonymen Autor herausgegeben wurde und viel Aufsehen erregte; Darwin schien es eigenartig und unphilosophisch, die Geologie schwach und die Zoologie noch schwächer; später stellte sich heraus, daß es von Robert Chambers, dem Begründer des *Chambers's Journal* geschrieben worden war), ging er daran, sich wieder ernsthaft mit seiner Artentheorie zu befassen.

Das Manuskript der Skizze von 1844 blieb erhalten und befindet sich heute in der Universitätsbibliothek von Cambridge. Das gleiche gilt für die Reinschrift, auf 231 Folioseiten vom Dorfschulmeister Fletcher geschrieben, den Darwin mit dieser Aufgabe betraute. Für Neufassungen und Korrekturen sind leere Blätter vorgesehen. An den Rand der Seiten schrieb Darwin mit Bleistift kritische Bemerkungen und Beurteilungen, wie »Hooker meint annehmbar«. Joseph Hooker hat die Skizze Wort für Wort durchgelesen und viele Kommentare gegeben. Wie die erste kurze Skizze ist auch diese in zwei Teile gegliedert: I. »Über das Variieren organischer Lebewesen im Zustande der Domestikation und im Naturzustande.« II. »Über das Beweismaterial, das für und gegen die Ansicht spricht, daß Arten natürlich gebildete Rassen sind, die von gemeinsamen Stammformen abstammen.«

Der erste Teil enthielt im wesentlichen die Argumentation, die er in seinem Werk *Über die Entstehung der Arten* vorbringen sollte. Er begann:

Die günstigsten Bedingungen für das Variieren scheinen vorzuliegen, wenn organische Lebewesen viele Generationen lang dem Zustande der Domestikation unterworfen sind: Man kann dies der simplen Tatsache entnehmen, daß es von allen Pflanzen und Tieren, die seit langem kultiviert beziehungsweise domestiziert werden, eine ungeheure Anzahl von Rassen und Züchtungen gibt. Unter bestimmten Bedingungen weichen organische Lebewesen sogar im Laufe ihres eigenen Lebens geringfügig von ihrer normalen Form, Größe oder in anderen Eigenschaften ab: und viele der

so erworbenen Eigenheiten werden an ihre Nachkommen weitergegeben.

In Gärtnereien wurden damals schon verschiedene Varietäten der
Tulpe, Nelke und anderer Blumen gezüchtet. Allerdings zeigte sich
bei diesen Produkten immer wieder die Neigung zum »Rückschlag«.
Es gab verheerende Mißerfolge: So kam aus 20 000 Samen der
Traueresche kein einziger Sämling hervor, der rein war, während alle
17 Samen der Trauereiche reine Nachkommen produzierten. Im Anschluß an diese Ausführungen behandelte Darwin das Variieren im
Naturzustande und den Kampf ums Dasein, also seine Theorie von
der Natürlichen Zuchtwahl. In Kapitel III, mit dem der erste Teil
schloß, schrieb er über die Variation bei Instinkten und Lebensweisen der Tiere. Diese Darlegung bildete eine Ergänzung zu den Kapiteln, die die strukturelle Abänderung behandelten, und scheint so
früh in die Skizze aufgenommen worden zu sein, um zu verhindern,
daß jene Leser, die nicht an die Wirkung der natürlichen Zuchtwahl
auf Instinkte glauben konnten, die ganze Theorie voreilig zurückwie-
sen. Der zweite Teil der Skizze war »der allgemeinen Betrachtung
gewidmet, inwieweit die allgemeine Ökonomie der Natur die Ansicht
rechtfertigt oder widerlegt, daß verwandte Arten und Gattungen von
gemeinsamen Stammformen abstammen«.
  Darwin war damit für seine Theorie der natürlichen Zuchtwahl
eingetreten und hatte sie als den Faktor dargestellt, der die Evolution
der Pflanzen bestimmte und bewirkte, daß sie sich im Zuge einer
unendlichen Zahl von geringfügigen Modifikationen Schritt für
Schritt an verschiedene Lebensbedingungen anpaßten. Der Gedanke, daß ihm vielleicht das Schlimmste zustoßen könnte, bevor er dazu
käme, ein weiteres Wort zu schreiben, beunruhigte ihn nun nicht
mehr. Am 5. Juli verfaßte er einen förmlichen Brief an seine Frau:

Ich habe gerade meine Skizze meiner Artentheorie beendet.
Wenn meine Theorie, wie ich annehme, eines Tages von nur einer
einzigen kompetenten Persönlichkeit anerkannt wird, wird sie einen bedeutsamen Schritt in der Wissenschaft darstellen.
  Ich schreibe dies daher für den Fall meines plötzlichen Todes als
meinen feierlichen und letzten Willen, den Du, wie ich sicher annehme, genauso behandeln wirst, als sei er offiziell in mein Testament aufgenommen, nämlich daß Du 400 Pfund für die Veröffent-

lichung bereitstellst und Dich selbst oder durch Henslow um die Durchführung kümmerst.

Er äußerte den Wunsch, daß die Skizze zusammen mit dem Geld an eine kompetente Persönlichkeit übergehen würde, um sie zu veranlassen, die Arbeit zu verbessern und zu erweitern; die betreffende Person sollte zusätzlich alle Bücher Darwins über naturwissenschaftliche Themen erhalten, in denen er entweder Sätze unterstrichen oder Bemerkungen an den Rand der Seiten geschrieben hatte. Der Brief enthielt genaue Anweisungen zu »Zetteln, die sich in acht oder zehn braunen Pappmappen befinden«; diese enthielten Zitate aus verschiedenen Werken und konnten seinem Herausgeber vielleicht helfen. »Ich bitte Dich außerdem, selbst oder durch irgendeinen Amanuensis bei der Entzifferung aller jener Zettel zu helfen, die der Herausgeber für nützlich hält.« Um Darwins manchmal sehr schlechte Handschrift lesen zu können, mußte man sie gut kennen.

Was die Frage der Herausgeber betrifft, so halte ich Lyell für den besten, wenn er sich dazu bereit erklären würde; ich glaube, die Arbeit würde ihm Freude machen, und er könnte einige ihm neue Tatsachen erfahren. Da der Herausgeber Geologe und Naturforscher zugleich sein muß, wäre meiner Meinung nach der nächstbeste Herausgeber Professor Forbes in London. Der nächstbeste (und in vielerlei Hinsicht der allerbeste) wäre Professor Henslow. Dr. Hooker wäre *sehr* gut.

Später fügte er hinzu: »Lyell, insbesondere in Zusammenarbeit mit Hooker (und irgendeinem guten Zoologen), wäre die optimale Lösung.« Im August 1854 sollte er auf der Rückseite des Briefes vermerken: »Hooker bei weitem der beste Mann, um mein Artenwerk herauszugeben.«
Die persönliche Freundschaft zwischen den beiden begann im Jahre 1844, als Darwin Hooker zum Frühstück in das Haus seines Bruders einlud, der inzwischen in der Park Street wohnte: Er befand sich gerade zu einem seiner seltenen Besuche in der Stadt. Die Hookers, Vater und Sohn, revanchierten sich mit einer Einladung nach Kew. Darwin hätte nur allzu gerne angenommen. »Aber ich versichere Ihnen, daß ein Vormittag voller Arbeit in London mich außerstande setzt, am Abend noch an irgend etwas teilzunehmen, nicht

links: Charles Darwin im Alter von 33 Jahren mit seinem ältesten Sohn William.
rechts: George, Darwins zweiter Sohn.
(Nach einer Daguerrotypie)

einmal der ruhigsten Konversation.« Er hatte sich gezwungen gesehen, den Besuch der abendlichen Versammlungen der Geological
Society einzustellen und ging jetzt nur noch zu denen des Rats (Coun-
cil). Ob Joseph Hooker wohl nach Down kommen konnte? Er würde
ihn mit dem Zweispänner vom Bahnhof abholen lassen: Er hätte ihn
zwar verliehen, würde aber versuchen, ihn zurückzubekommen. Die
nächstgelegenen Bahnhöfe seien Sydenham und Croydon.

Hookers erster von vielen Besuchen fand im Dezember statt. »Und
es war immer ein großen Vergnügen für mich«, so erinnerte er sich
später. »Ein gastfreundlicheres und angenehmeres Heim konnte man
sich in keiner Hinsicht vorstellen.« Gelegentlich traf er dort andere
Naturforscher, am häufigsten Dr. Hugh Falconer, den Paläontologen
und Botaniker (nach dem Hooker einen Rhododendron benennen
sollte), sowie Professor Thomas Bell, der Darwins Reptilien, und
George Robert Waterhouse, der die lebenden Säugetiere beschrieben hatte. Professor Edward Forbes, der Darwins Interesse an der
geographischen Verbreitung teilte, war ein weiterer Gast.

Sie unternahmen lange Spaziergänge, tobten mit den Kindern auf
dem Boden herum und hörten »Musik, die ich noch heute im Ohr
habe«, so berichtete Hooker Francis Darwin.

Hooker hatte sich mit Darwins Pflanzen von den Galapagosinseln
beschäftigt. Sie dienten ihm als Grundlage für drei Vorträge vor der
Linnean Society – im März, Mai und Dezember 1845 und zwei weitere im Dezember des folgenden Jahres. Im Anschluß an seinen ersten Vortrag wollte Darwin, der von Robert Brown wußte, daß Hugh
Cuming ebenfalls auf dem Archipel gesammelt hatte, unbedingt wissen: »Bildete meine Sammlung die Hauptgrundlage? *Grob gerechnet*
[zweimal unterstrichen], wie groß war der Anteil meiner Pflanzen im
Vergleich zu anderen?« Hooker konnte ihn beruhigen. Obwohl er an
demselben Abend noch nach Edinburgh fuhr, um Professor Robert
Graham zu vertreten, der im Sterben lag, schrieb er einen Brief an
Darwin, in dem er in seiner eleganten Handschrift die genauen Einzelheiten wiedergab, ein Verzeichnis im Kurzformat. Er versprach,
ihm ein Exemplar des gedruckten Vortragstextes zu schicken, sobald
er vorliege.

Es war eine umfangreiche Arbeit, 99 Seiten lang und in zwei Teile
gegliedert: Den ersten Teil *Enumeration of the Plants of the Archipe-
lago* (Verzeichnis der Pflanzen des Archipels) trug er an den drei
Abenden des Jahres 1845 vor; später folgte der zweite mit dem Titel

On the Vegetation of the Galapagos as compared with that of some other Tropical Islands and of the Continent of America (Über die Vegetation der Galapagosinseln im Vergleich zu der einiger anderer tropischer Inseln und des amerikanischen Kontinents).

Wie er in seiner Einleitung ausführte, war es Charles Darwin zu danken, daß er »meine Aufmerksamkeit auf die auffallenden Eigentümlichkeiten lenkte, die die Flora der Galapagosinseln auszeichnen, und auf die Tatsache, daß die Pflanzen, aus denen sie besteht, sich nicht nur von denen aller anderen Länder unterscheiden, sondern daß jede dieser Inseln einige eigene, besondere Produkte hervorbringen, oftmals Vertreter von Arten, die auf anderen Inseln der Gruppe gefunden werden«.

Sein erster Versuch, diese Eigentümlichkeiten in der Vegetation zu erklären, scheiterte, wie er zugab, auf Grund der Neuheit der Arten selbst, die jeden direkten Vergleich der Flora mit der von benachbarten Ländern verhinderte. Folglich mußten zunächst die Pflanzen selbst klassifiziert werden. Er hatte sich darangemacht, sie zu benennen und, wenn sich herausstellte, daß sie neu waren, zu beschreiben sowie die Verbreitung der bekannten Pflanzen zu ermitteln. Auf Grund letzterer und einiger anderer, schon früher von verschiedenen Reisenden gesammelter Pflanzen war er in der Lage gewesen, einige allgemeine Aussagen über die Botanik dieser Inseln und ihre Beziehung zu der anderer Länder zu machen.

Es folgte die Aufzählung. Es handelte sich um 239 Pflanzen von den Galapagosinseln, wenn man Varietäten derselben Arten nicht mitrechnete. Von allen Sammlern auf dem Archipel hatte Darwin bei weitem die meisten Pflanzen und bei weitem die meisten neuen Arten mitgebracht; alles in allem 180. Die übrigen 59 Pflanzen teilte Hooker in zwei Gruppen ein. Von der ersten, insgesamt 35 Pflanzen umfassenden Gruppe war David Douglas nur eine Pflanze zu verdanken, John Scouler sechs, Hugh Cuming eine, Thomas Edmonstone zwei, James Macrae 21, Goodridge eine und Admiral Abel du Petit-Thouars drei. Die zweite Gruppe umfaßte jene, die von mehreren Sammlern mitgebracht worden waren. Sie bestand aus 24 Pflanzen, und davon hatte Darwin 19 gesammelt, so daß es nur fünf aus dieser Gruppe waren, die er nicht mitgebracht hatte. Von den 239 Pflanzen waren also nur 40 Darwins Aufmerksamkeit entgangen.

Bei den eigentümlichen oder neuen Arten handelte es sich vorwiegend um Verwandte von Pflanzen aus den kühleren Teilen Amerikas oder den Hochländern, die innerhalb der tropischen Breitengrade lagen. Bei den bekannten Arten handelte es sich vor allem um jene, die in warmen und feuchteren Regionen gediehen, etwa auf den Westindischen Inseln und an den Küsten des Golfs von Mexiko. Weniger als die Hälfte der Pflanzen stammte vom amerikanischen Kontinent.

Betrachtete man die individuellen Floren der Inseln, so stieß man auf die wirklich erstaunliche Tatsache, daß von den 38 Galapagos-Pflanzen, beziehungsweise denen, die in keinem anderen Teil der Erde zu finden waren, auf der James-Insel 30 ausschließlich auf diese Insel beschränkt waren; und von den 26 endemischen Pflanzen von Albemarle hatten nur vier auch auf anderen Inseln des Archipels Fuß gefaßt.

Bei der Erörterung der geographischen Verbreitung der Pflanzen wies Hooker darauf hin, daß diese Inselgruppe als Beobachtungsgebiet den seltenen Vorteil aufwies, eine Vegetation zu haben, in die menschliche Ureinwohner nie eingegriffen hatten. Es sei zudem erst kurze Zeit her, daß der Mensch oder die Tiere, die er auf die Inseln gebracht hatte, die endemische Flora zerstört hätten, und das auch nur in einem sehr beschränkten Maß. Er bezeichnete es darüber hinaus als einzigartig, daß die Flora der Inseln zu mehr als der Hälfte ihrer Arten von der der restlichen Welt abwich. Es gab 123 neue Arten, von denen nur drei zuvor beschrieben worden waren.

Das auffälligste Merkmal der Flora war die Zahl der Compositae oder Glockenblumenartigen, einschließlich der interessanten baumartigen Pflanzen, die Darwin auf den üppig bewachsenen Bergen der Inseln entdeckt hatte. Es handelte sich um acht Arten in dieser Gruppe, und sie hatten keine nahen Verwandten in irgendeinem anderen Teil des Erdballs, waren aber untereinander eng verwandt.

Joseph Hooker erklärte, daß seine meisterhafte Darstellung der einzigartigen Zoologie und der ungleichmäßigen Verbreitung der Pflanzen auf den einzelnen kleinen Inseln allein Darwin zu verdanken sei, »zu dessen umfassendem Überblick über die Naturgeschichte der Galapagosinseln diese Arbeit nur als Ergänzung gesehen werden kann«.

8. »Ein dreifaches Hurra für mein Artenwerk!«

Im Jahre 1854 ging Darwin daran, die Notizen zu seiner Artentheorie zu ordnen, eine Arbeit, deren Höhepunkt ein Buch werden sollte, das die wissenschaftliche Welt erschütterte.

Um festzustellen, wie seine Theorie aller Wahrscheinlichkeit nach aufgenommen würde, schrieb er Artikel für den Gardeners' Chronicle. Seine Ausführungen über »Nektarabsondernde Organe von Pflanzen« war eine offene Kampfansage an die Anhänger von Paleys Naturtheologie, derzufolge die Natur Blüten mit Nektar ausgestattet hatte, damit sie die zur Bestäubung notwendigen Insekten anlocken konnten.

Die Erbsenblüte produziert Nektar, ist aber selbstbefruchtend. Welchen Auftrag erfüllt dann die Biene? Wenn sie sich auf der Blüte niederläßt, wirbelt sie den Pollen auf, der auf die Narbe fällt. Doch war dies, wie Darwin darlegte, nichts als ein Zufall – denn er stellte fest, daß viele Hummeln von außen Löcher in die Nektarien nagten, um an den Honig zu gelangen, und überhaupt nicht in das Blüteninnere vordrangen – dennoch waren diese Blüten vollständig fruchtbar.

(Zeichnung von Keith Roberts)

Im Oktober 1846 begann Darwin, sich mit einem – auf den ersten Blick – sehr abwegigen Thema zu beschäftigen, dem Studium der Rankenfüßler. An der Küste von Chile waren sie ihm zum erstenmal aufgefallen, als er ein äußerst interessante Art entdeckte, die sich in die Muschel eines Gastropoden grub, der sogenannten Concholepas. Da es keine Klasse gab, in die diese Art sich einordnen ließ, mußte er eigens für sie eine neue Unterordnung schaffen. Um den Bau des Tieres zu verstehen, untersuchte und sezierte er viele der gemeinen Arten. Dies führte ihn zur Beschäftigung mit der ganzen Gruppe, einschließlich ganz seltener parasitischer Formen.

Darwin vertiefte sich derart in das Thema, daß er schließlich zwei umfangreiche Bände über die Cirripedien veröffentlichte, in denen er alle bekannten lebenden Arten beschrieb (von Syms Covington hatte er viele Exemplare aus Pambula in Neusüdwales bekommen), sowie zwei dünne Bücher über die ausgestorbenen Arten.

Die Arbeit nahm acht Jahre in Anspruch, und die Kinder gewöhnten sich derart daran, ihren Vater täglich an seinem Seziertisch, der in eine Fensternische in seinem Arbeitszimmer eingelassen war, über diese Tiere gebeugt zu sehen, daß sie Rankenfüßler als die Hauptbeschäftigung aller Väter betrachteten. Es wird erzählt, daß sie nach einem Besuch bei einem Nachbarn, dem Vizepräsident der Royal Society, Sir John Lubbock, der in der Nähe von Downe wohnte und dessen Haus High Elms sie besichtigen durften, verdutzt gefragt haben: »Und wo arbeitet er an seinen Rankenfüßlern?«

In den Jahren danach stellte sich Darwin die Frage, ob das Ganze nicht eine Zeitverschwendung gewesen sei. Andererseits erkannte er, daß seine Arbeit an den Cirripedien, einer varietätenreichen und schwer zu klassifizierenden Artengruppe, ihm durchaus zugute kam, als er in seinem Werk *Über die Entstehung der Arten* die Grundzüge des natürlichen Klassifikationssystems darlegte. In den fünf Jahren auf der *Beagle* hatte er umfassende praktische Kenntnisse der physikalischen Geographie, der Geologie selbst, der geographischen Verbreitung und der Paläontologie erworben; aber ihm fehlte noch immer, wie T. H. Huxley später erklären sollte, die Fähigkeit, aus Anatomie und Entwicklung taxonomische Schlußfolgerungen zu ziehen. So schrieb Darwin beispielsweise im Oktober 1846 an Joseph Hooker: »Sind Sie gut im Erfinden von Namen? Ich habe vor mir eine ganz neue und merkwürdige Gattung von Cirripedia, die ich benennen möchte, und ich weiß absolut nicht, wie ich einen Namen erfinden soll.« Er widmete sich der Taxonomie, und als er die *Entstehung* begann, verfügte er über genügend Wissen, um das natürliche Klassifikationssystem zu erörtern, das Linnés Anliegen gewesen und seitdem von keinem Systematiker mehr definiert worden war.

Für einen großen Teil seiner Arbeit benutzte er ein einfaches Seziermikroskop. In einem Brief an FitzRoy, der erst kurz zuvor von seinem Gouverneursposten in Neuseeland zurückgekehrt war, erwähnte er, er sei »während des vergangenen halben Monats täglich intensiv mit der Zerlegung eines Tierchens von der Größe eines Stecknadelkopfs vom Chonos-Archipel beschäftigt« gewesen, »und ich könnte noch einen Monat damit verbringen und täglich neue, wunderbare Strukturen entdecken«. Da die Vergrößerung nicht ausreichte und seine Augen zu sehr anstrengte, kaufte er sich ein zusammengesetztes Mikroskop, ein, wie er an Hooker schrieb, »fabelhaftes Spielzeug«.

Der Brief mit dieser Mitteilung war einer der letzten, der Joseph Hooker erreichte, bevor jener sich von ihm verabschiedete, um nach Indien zu fahren, wo er Pflanzen für den Botanischen Garten in Kew besorgen sollte. Er verließ England im November 1847 mit einem Schiff, auf dem er die Kabine mit Hugh Falconer teilte, der die Leitung des Botanischen Gartens von Kalkutta übernehmen sollte. Die herrlichen Sikkim-Rhododendren, die Hooker in die Heimat sandte, sollten eine neue Ära im Gartenbau einleiten. Seine *Himalayan Journals* widmete er »Charles Darwin von seinem treuen Freund, Joseph Dalton Hooker«. Darwin empfand die vier Jahre seiner Abwesenheit als bedauernswerten Verlust, und er schrieb: »Es wird eine wichtige Fahrt und Reise werden, aber ich wünschte, sie wäre vorüber, ich werde Sie aus egoistischen Gründen und immer entsetzlich vermissen . . .« Vor seiner Abfahrt hatte sich Hooker mit Henslows Tochter Frances verlobt.

Nach seiner eigenen, subjektiven Einschätzung gingen Darwin von den acht Jahren, die er an den Rankenfüßlern arbeitete, zwei durch Krankheit verloren; nichtsdestoweniger veröffentlichte er laufend wissenschaftliche Vorträge und kam mit den Cirripedien gut voran. Zwar ging die Arbeit sicherlich langsamer vonstatten, als es möglich gewesen wäre, wenn er nicht wiederholt Perioden von »dauernder Krankheit und mangelnder Energie« ausgesetzt gewesen wäre. Aber er »arbeitete an allen guten Tagen«. Am 13. November 1848 starb sein Vater im Alter von 82 Jahren. Darwin konnte an der Beerdigung nicht teilnehmen, was die Trauer über den Verlust noch verstärkte. Seine Schwester Susan hatte ihren Vater bis zum Ende betreut und schrieb an ihren Bruder: »Gott tröste Dich, mein liebster Charles, er hat Dich so geliebt.« Im Monat zuvor hatte Charles 14 Tage in Shrewsbury verbracht.

Die Art der Krankheit Darwins ist bis heute ein Rätsel. Einer der zahlreichen Theorien zufolge, die zur Erklärung vorgebracht wurden, litt er an der Chagaskrankheit: Bei seinem letzten Ritt durch die Anden war er bei Luxan von der Benchuca-Mücke gestochen worden; demgegenüber wies Professor A. W. Woodruff darauf hin, daß nicht der Stich allein des Insekts die Krankheit hervorruft, sondern die Verunreinigung der Wunde mit dessen Ausscheidungen, und daß in allen Fällen, in denen sich Menschen diese Krankheit zugezogen hatten, sie der Infektion mehrere Jahre lang ausgesetzt waren. Eine gute Erklärung lieferte John Winslow, der meinte, Darwin habe an der »Viktorianischen Krankheit«, also chronischer Arsenvergiftung, gelitten. Wir wissen ja, daß sein Vater ihm in Cambridge Arsen gegen allergische Ekzeme an den Händen verschrieb und Darwin ihn gefragt hatte, ob er es wohl mit auf die Reise nehmen sollte. Arsen, das heute noch für die Behandlung chronischer Hautausschläge verwendet wird, galt in der viktorianischen Zeit als Allheilmittel und wurde häufig als Tonikum gegeben. Dr. Douglas Hubble erklärte, daß Charles Darwins Krankheit auf unterdrückten oder nicht erkannten Angst-, Schuld- oder Haßgefühlen gegenüber seinem Vater beruhte, der ihn in seiner Jugend ungerechterweise der Faulheit beschuldigt hatte. Diese Theorie hält der Überprüfung jedoch nicht stand. Darwin unterwarf sich dem Urteil seines Vaters, aber nur, weil er ihn liebte und achtete. Er freute sich auf die Besuche in Shrewsbury, die zudem häufig stattfanden, und er war seinen eigenen Kindern ein liebender Vater. Dr. Hubble deutete darüber hinaus an, daß es sich bei Darwins Krankheit um eine Psychoneurose gehandelt haben könnte, mit der er sich vor gesellschaftlichen Verpflichtungen schützte, eine Theorie, die kürzlich von Sir George Pickering aufgenommen wurde. In der Bestandsaufnahme, in der Darwin das Für und Wider seiner Heirat abwägte, sehen wir, wie sehr er sich vor Geselligkeiten als Unterbrechung seiner Arbeit fürchtete. Im letzten Abschnitt seiner *Autobiographie* schrieb er: »Selbst schlechte Gesundheit, auch wenn sie mich mehrere Jahre meines Lebens kostete, verschonte mich vor Ablenkungen der Gesellschaft und Unterhaltung.« Er sagte Verabredungen ab, wann immer er konnte: Eine Einladung zu einem offiziellen Essen verursachte ihm Magenschmerzen; wenn seine Anwesenheit bei einem Treffen erforderlich war, zu dem er eine lange Anreise hatte, übermannten ihn Schwindelgefühle. »Hätte man Charles Darwin von seiner Krankheit geheilt«, so schrieb Douglas Hubble, »hätte man ihm damit sowohl seinen Ehrgeiz als auch seine Art der Leistungsfähigkeit genommen.« Möglicherweise läßt sich noch viel zu diesem Thema sagen: Soweit Charles Darwin es selbst beurteilen konnte, »bringt mich alles, was mich beunruhigt, total aus dem Gleichgewicht«. Er selbst glaubte, an Dyspepsie zu leiden.

Er beendete die zweite Korrekturlesung seines Werks über die Cirripedien am 18. Juli 1854, und zwei Wochen später schickte er »zehntausend Cirripedien aus dem Haus in alle Teile der Welt«. Nachdem der zweite Band nun erschienen war, schrieb er einen Brief an Thomas Henry Huxley, den jungen Zoologen, der bei seiner Rückkehr von der *Rattlesnake*-Expedition mit ihm Kontakt aufgenommen und ihm einen Bericht über die gesammelten Exemplare geschickt hatte. Darwin bat ihn nun um die Namen der europäischen Naturforscher, denen er Buchexemplare überreichen sollte. Die beiden sollten als Wissenschaftler und persönlich ebenfalls gute Freunde werden.

Dann hieß es: »Ein dreifaches Hurra für mein Artenwerk!«

Inzwischen hatte sich in Down House einiges geändert. Die Familie war gewachsen und umfaßte im Juli 1850 vier Jungen und drei Mädchen: William, zehn, George, fünf, Francis, fast zwei, und Lenny, sechs Monate alt; Annie, neun, Etty, sechs, und Elizabeth, drei Jahre alt. In jenem Sommer verschlechterte sich Annies Gesundheit plötzlich, und im März des darauffolgenden Jahres brachte Darwin sie nach Malvern, in der Hoffnung, daß die von Dr. James Gully in England eingeführte Badekur, die ihm selbst so gut half, ihre Wirkung tun werde. Sie waren begleitet von Etty und ihrem alten Kindermädchen Brodie. Dazu kam die Erzieherin der Kinder, Fräulein Thorley. Emma konnte nicht mit ihnen fahren, da sie ein weiteres Kind erwartete. Kurze Zeit später bekam Annie Fieber. Sie starb am 23. April. Darwin verbrachte die letzten Tage bei ihr, und Etty vergaß nie, wie er sich von Kummer überwältigt auf das Sofa warf. Annie war sein liebstes Kind, wie er William Fox gestand. »Ihre Herzlichkeit, Offenheit, ihre sprühende Fröhlichkeit und große Zärtlichkeit machten sie überaus liebenswert. Arme, liebe, kleine Seele.« Er fuhr nach Hause, um Emma zu trösten, und schrieb dort einen Nachruf, in dem er beschrieb, wie sie mit einer gestohlenen Prise Schnupftabak für ihn die Treppe heruntergelaufen kam (er ließ den Tabak in der Bodenkammer, um nicht in Versuchung zu geraten), wie sie vor Freude strahlte, weil sie Freude bereitete, und wie sie, wenn sie ihn auf seinem Spaziergang auf dem Sandweg begleitete, oft vor ihm lief, obwohl er schnell voranschritt, »auf die eleganteste Weise tänzelnd, ihr liebes Gesicht die ganze Zeit über von dem lieblichsten Lächeln erhellt«. Und wie sie niemals klagte, als sie krank war, niemals nörgelte und immer an andere dachte.

Kaum einen Monat später wurde Horace geboren, Darwins fünfter Sohn. Wie allen anderen Kindern war sein Vater ihm stets ein liebevoller Spielkamerad. Im Alter von vier Jahren versuchte einer der Jungen, Darwin mit einem Sixpence dazu zu bewegen, während der Arbeitszeit mit ihnen draußen zu spielen. Alle Kinder wußten, daß die Arbeitszeit heilig war, aber daß irgend jemand einem Sixpence widerstehen konnte, war ihnen unbegreiflich. Darwin hatte eine unbegrenzte Geduld mit den Kindern und ließ sie Beutezüge durch sein Arbeitszimmer machen, wenn sie »unbedingt« Klebepflaster, Bindfaden, Nadeln, Schere, Zollstock oder Hammer brauchten. Nur einmal tadelte er sie, und das in äußerst freundlichem Ton. »Meint ihr nicht, daß es möglich ist, nicht noch einmal hereinzukommen, ich bin jetzt sehr oft gestört worden.« Sie hörten gebannt zu, wenn er Geschichten von der *Beagle* erzählte, und immer, wenn ein Kind krank war, durfte es auf dem Sofa in seinem Zimmer liegen, um in seiner Nähe zu sein. Er liebte seine Kinder aus tiefstem Herzen, nahm an allen ihren Unternehmungen und Interessen teil, beantwortete ernsthaft alle ihre Fragen und gab ihnen das Gefühl, daß ihre Meinungen und Überlegungen für ihn wichtig waren, so daß Etty schrieb: »Was immer an Gutem in uns war, es kam durch die Sonne seiner Anwesenheit ans Licht.« Was er sagte, war für sie absolut wahr und richtig, aber sowohl Vater als auch Mutter respektierten ihre Freiheit und fragten nie, was sie taten oder dachten, wenn sie es nicht erzählen wollten. »Nach den Unterrichtsstunden durften wir uns aufhalten, wo wir wollten«, berichtete Etty, »und wir gingen fast immer in den Salon oder in den Garten, so daß wir sehr viel mit meinem Vater und meiner Mutter zusammen waren.« Sie bildeten eine absolut glückliche Familie. Für Charles Darwin war Emma der »Engel«, den er sich als Lebenspartner gewünscht hatte. Sie hielt Ärger von ihm fern und pflegte ihn bei Krankheiten. Was immer ihn beschäftigte, beschäftigte auch sie, wie sie einmal schrieb, so daß »ich zutiefst unglücklich wäre, wenn ich dächte, wir gehörten nicht für immer zusammen.« Damit bezog sie sich auf das Leben nach dem Tode. Daß er nicht religiös war, war ihr einziger Kummer. Aber sie hatte versprochen, nie darüber zu sprechen, und sie tat es auch nicht.

Abgesehen von wissenschaftlichen Werken nahm Darwin nie ein Buch in die Hand, sondern er zog es vor, daß Emma ihm vorlas, irgendeinen leichten Roman, der unbedingt ein glückliches Ende haben mußte. Jahrelang spielten sie jeden Abend zwei Partien Backgammon; es war ein ernsthafter Wettkampf. Er gewann die meisten Partien, aber sie die meisten doppelten Siege. Sie führten Buch, und es war ein großer Tag (im Jahre 1875), als Emma nur 2490 Partien auf ihrem Konto verbuchen konnte, »während ich, hurra, hurra, 2795 Partien gewonnen habe!«.

Die Bediensteten kannten ihn als äußerst rücksichtsvollen Herrn. Er erteilte niemals Anweisungen, sondern gebrauchte stets die Worte »Würden Sie so gut sein . . .«, wenn er etwas wollte. Im Jahre 1845 ließ er den Personaltrakt umbauen, um ihnen die Arbeit zu erleichtern, und die Küche für Joseph Parslow vergrößern, den Butler, den sie aus London mitgebracht hatten. Die Diener hatten sich über den Umstand beklagt, daß alles immer durch die Küche befördert werden mußte. Darwin schrieb an seine Schwester Susan: »Es schien so egoistisch, das Haus so luxuriös für uns selbst und nicht so bequem für unsere Diener zu gestalten, daß ich beschlossen habe, so weit wie möglich nach ihren Wünschen zu verfahren.«

Am 8. September 1854 begann eine Serie von Beobachtungen, die zu einer eigenartigen Entdeckung führten. George, damals neun Jahre alt, kam, um seinem Vater mitzuteilen, daß er einige Hummeln gesehen habe, die in ein Loch am Fuß einer hohen Esche flogen. Handelte es sich um den Eingang zu einem Hummelnest? Darwin sah nach, konnte aber kein Nest entdecken. Während er noch herumsuchte, kam eine andere Hummel, flog in das Loch und wieder davon, um fast unmittelbar darauf zurückzukehren. Dann hob sie sich etwa einen Meter in die Luft und flog durch eine von zwei dicken Ästen der Esche gebildete Gabel davon. Darwin entfernte daraufhin das Gras und andere Pflanzen, die um das Loch wuchsen, konnte aber immer noch keinen Eingang finden. Eine oder zwei Minuten später tauchte eine weitere Hummel auf. Sie schwirrte über der Stelle, flog dann auf

oben: Die Orchidee *Catasetum tridentatum (macrocarpum).* Darwin löste das Geheimnis ihrer drei Geschlechter.
(Photo: George Hurn)

unten: Calceolaria darwinii, die Charles Darwin 1832 in Feuerland entdeckte. Sie ist heute eine beliebte Steingartenpflanze.
(Photo: Harold Langford)

Cerro de Campana oder Glockenberg in den Kordilleren. Eine Plakette auf seinem Gipfel erinnert an Darwins Aufstieg.
(Photo: David M. Moore)

Zwei englische Orchideen, die Darwin untersuchte:
oben: Nahaufnahme von *Orchis morio*, dem Gemeinen Ka-
benkraut, und die Pflanze in ihrer natürlichen Umgebung.
(Photos: Clare Williams; Grace Woodbridge)

unten: Die Orchidee mit dem passenden Namen Bienenragwurz, *Ophrys apifera*, in ihrer natürlichen Umgebung
und in Nahaufnahme.
(Photos: E. A. Ellis; Grace Woodbridge)

Exotische Orchideen, die Darwin untersuchte:
links: Cycnoches ventricosum, die Schwanenorchidee. (Photo: C. E. Nicholson)
oben: Mormodes histrio mit den eigenartig verdrehten Blüter (Photo: David M. Menties)
unten links: Angraecum sesquipedale; das bestäubende Insek muß über einen 29 Zentimeter langen Rüssel verfügen, denn s lang sind die Nektarien. (Photo: Grace Woodbridge)
unten rechts: Odontoglossum grande, deren Blüten eine Spanr weite von bis zu 17,5 Zentimetern erreichen können. (Photo: Ha rold Langford)

oben: Veränderungen bei *Antirrhinum* einschließlich einer sehr mutablen (gefleckten) Form, die Darwin zog.

unten: Normale Formen und Pelorien bei *Antirrhinum* im Verhältnis von 3 : 1, das sich auch bei Darwins Versuchen ergab.

(Photos: John Innes Institute)

230

Insektenfressende Pflanzen:

links: Dionaea muscipula, die Venusfliegenfalle
(Photo: Harold Langford)

rechts: Die Blattspreite mit den drei Haaren,
die die Falle zuschnappen lassen.

unten: Die wassergefüllte Todeszelle von
Utricularia vulgaris, dem Großen Wasser-
schlauch.
(Photos: Oxford Scientific Films)

Insektenfressende Pflanzen:

rechts: Nepenthes pervillei, die Kannen-
pflanze, die ihre Opfer in einem See be-
täubender Flüssigkeit ertränkt.
(Photo: Mary Gillham)

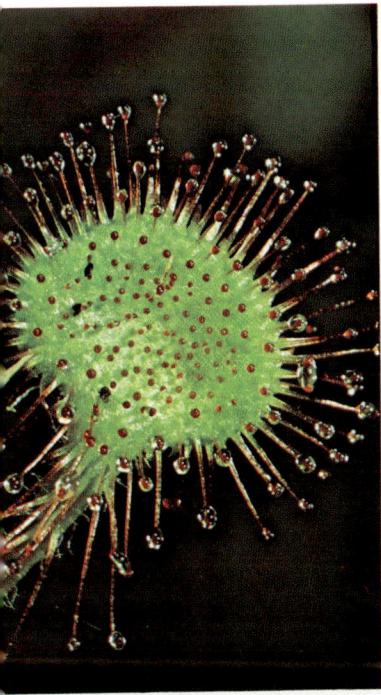

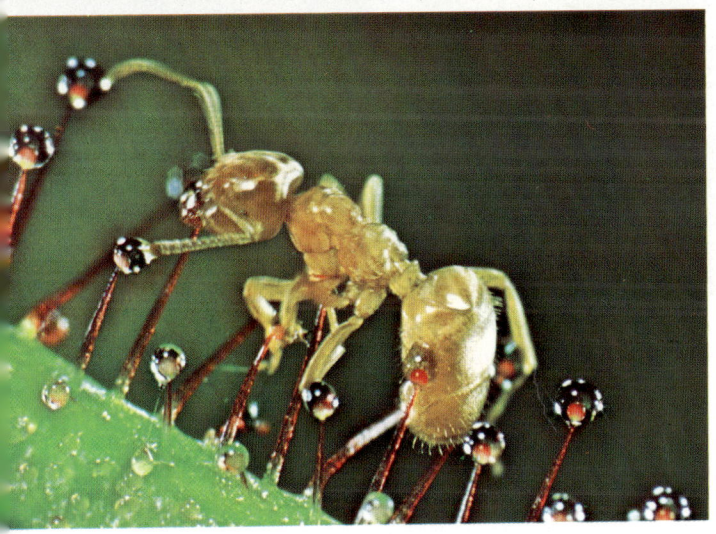

oben links: Die glitzern-
den Tentakeln von *Dro-
sera rotundifolia,* des
Rundblättrigen Sonnen-
taus, denen die Pflanze
ihren Namen verdankt.
(Photo: Oxford Scienti-
fic Films)

links: Eine Ameise in
den Fängen des Sonnen-
taus.
(Photo: Oxford Scienti-
fic Films)

Gemälde-Replica von John Collier aus dem Jahre 1883.
(Quelle: Bildarchiv Preußischer Kulturbesitz)

und passierte, genau wie die vorige, die Astgabel. Das gleiche wiederholte sich alle paar Minuten mit anderen Hummeln. Darwin folgte einer von ihnen von der Esche zu einer unbewachsenen Stelle am Rande eines Grabens, wo er beobachtete, wie sie wiederum herumschwirrte. Mehrere Meter davon entfernt lag ein Efeublatt. Auch an dieser Stelle verharrten die Hummeln schwirrend, bevor sie in den trockenen Graben flogen, der von einer dicken Hecke überwachsen war, und von dort weiter langsam dicht über dem Boden zwischen den dichten Zweigen eines Weißdorns davonsummten. Die Passage war so klein, daß Darwin ihnen nicht folgen konnte. Er rief zwei seiner Kinder herbei, den sechsjährigen Franky und die zehnjährige Etty, und stellte überall, wo die Hummeln schwirrten, ein Kind auf, das jeweils rufen sollte: »Hier ist eine Hummel.« Auf diese Weise gelang es ihnen, die Flugroute zu ermitteln, die einen großen Kreis beschrieb. Sie stellten diese Beobachtungen über mehrere Jahre an, und Darwin fand heraus, daß es sich ausschließlich um männliche Hummeln der Art *Bombus hortorum* handelte. Diese Entdeckung überraschte ihn und veranlaßte ihn zu der Frage, wieso Hummeln, die in verschiedenen Jahren schlüpfen, genau dieselben Lebensweisen erlernten, demselben Flugweg folgten und an denselben Stellen herumschwirrten. Er versuchte, sie zu überlisten, indem er Mehl an einer Stelle ausstreute oder am Fuß einer Eiche das Gras und die Pflanzen entfernte, doch es gelang ihm nie. Das Ritual hatte nichts mit der Suche nach einer Königin zu tun. Noch heute ist das Geheimnis dieser Flugwege ungeklärt.

Am Tag nach der Entdeckung des Baumlochs, das die Hummeln besuchten, begann Darwin, seine Notizen zur Artentheorie zu sortieren; bald darauf beschäftigte ihn eine Fülle von Experimenten. Eine wichtige Grundlage für seine Theorie bildete die geographische Verbreitung, und um festzustellen, wie lange Samen in Meerwasser keimfähig blieben, fing er an, verschiedene Arten in einen großen Behälter mit Salzwasser zu legen, der im Keller stand. Der Winter 1854–55 war streng, und er unterbrach seine Arbeit für einen Monat, um mit Emma nach London zu fahren und ihr etwas Abwechslung zu bieten. Sie mieteten ein Haus in der Upper Baker Street, 27 York Place. Der Aufenthalt war kein Erfolg. Weder Emma noch Charles Darwin fühlten sich wohl. Sie besuchten zwar Konzerte, aber die musikliebende Emma genoß sie diesmal weniger als ihr Ehemann. Als sie nach Down House zurückkehrten, lag der Schnee auf dem Rasen zaunhoch. Aber der Schnee bot eine Lösung des Problems, Wasser für die Samen zu beschaffen, das die gleiche Temperatur hatte wie Meerwasser. Den Kindern machte es riesigen Spaß, Schnee in den Behälter zu schaufeln. Auf diese Weise gelang es Darwin, die Wassertemperatur konstant auf 0 bis −0,5 Grad Celsius zu halten, und er teilte diese Tatsache triumphierend Hooker mit, der sich zunächst über die Experimente seines Freundes ein wenig lustig gemacht hatte. Im Frühjahr 1855 trat er jedoch als Versuchsleiter und Konkurrent an und nahm an dem Spiel teil, in dem es darum ging, wer von ihnen in der Lage war, Samen am längsten keimfähig zu halten. Auch die Kinder Darwins zeigten begeistertes Interesse und fragten bei jeder Gelegenheit: »Schaffst du es, Dr. Hooker zu schlagen?«

Eine Anzahl von Samen wurde in kleine Flaschen gegeben und im Freien den wechselnden Einwirkungen von Tag- und Nacht-, Sonnen- und Schattentemperaturen ausgesetzt. Es handelte sich um die Samen von Kresse, Radieschen, Kohl, Salat, Karotten, Sellerie und Zwiebeln – Vertreter von vier großen Familien. In Kew führte Hooker getreulich dieselben Versuche durch, erklärte aber, daß die Kresse innerhalb von einer Woche verderben würde. Abwechselnd meldeten sie ihre »kleinen Triumphe«. Darwin konnte berichten, daß alle seine Samen nach genau einer Woche gekeimt hätten, »was ich nicht im geringsten erwartet hatte (und ich hörte Sie bereits höhnisch lachen); denn das Wasser in fast allen Gefäßen, vor allem aber dem von Kresse, roch ganz schauderhaft«. Aber alle gediehen prächtig, und der Keimungsprozeß war bei allen Samen – insbesondere aber bei Kresse und Salat – deutlich kürzer. Die einzige Ausnahme bildete Kohl, der sehr unregelmäßig hervorkam und von dem viele Samen verdarben.

Als nächstes wollte Darwin wissen, was nach einer Eintauchzeit von vierzehn Tagen geschehen würde. Da sich die Passattrift mit einer durchschnittlichen Geschwindigkeit von 50 Kilometern pro Tag bewegte, hatte er berechnet, daß einige Samen 500 Kilometer und mehr zurücklegen konnten. Der Äquatorialstrom hatte eine Geschwindigkeit von 100 Kilometern, die Westwindtrift von 130 Kilometern pro Tag. Am 14. April meldete er einen »netten kleinen Triumph«, denn Kresse und Salat gediehen gut, nachdem die Samen 21 Tage im Wasser überlebt hatten.

Auch Berkeley (der die Pilze untersucht hatte) war an den Experimenten beteiligt und bot sich großzügigerweise an, 53 Samen ver-

Eine Notiz Darwins über die Keimfähigkeit von Samen im Meereswasser. Das Meereswasser wurde »künstlich hergestellt mit Salz, das Mr. Bolton, 146 Holborn Bars, lieferte«, und mit zahlreichen Meerestieren und Algen getestet, die länger als ein Jahr in der Lösung lebten.

schiedener Arten zu testen. Er schickte sie, in kleinen Säckchen verpackt, nach Ramsgate, wo sie in täglich erneuertes, richtiges Meerwasser eingetaucht werden sollten. Nach drei Wochen erhielt er sie zurück, teilweise getrocknet, aber immer noch feucht. Unglücklicherweise wurden sie erst nach weiteren vier Tagen ausgepackt, so daß die Eintauchdauer schätzungsweise mehr als einen Monat betragen hatte. Manchmal gelangten sie zu unterschiedlichen Ergebnissen, z. B. als Darwin feststellte, daß Tomatensamen noch nach 22 Tagen im Wasser keimten, nach 36 und 50 Tagen aber in der Mehrzahl verdarben. Berkeley zufolge waren sie noch nach einem Monat lebensfähig. Den Rekord stellte frischer Samen des wilden Kohls auf, der aus Tenby kam und nach 50 Tagen unbeeinträchtigt keimte, nach 100 Tagen noch gut. Zwei von einigen hundert Samen waren sogar noch nach 133 Tagen im Wasser keimfähig.

Dr. Hookers Experimente verliefen nicht so günstig: Viele der von ihm verwendeten Samen sanken auf den Boden der Gefäße, und es schien keine Lösung für das Problem zu geben, wie sich »ihr endgültiges Absinken in die tiefsten Tiefen des Ozeans aufhalten« ließ. Darwin war ebenfalls auf diese Schwierigkeit gestoßen und nannte die Samen undankbare Kerle. Aber er hatte eine Idee. Er weichte einige Samen ein und brachte sie den Fischen im Zoo. In Gedanken sah er, wie ein Fisch sie verschlang, der wiederum von einem Reiher gefressen wurde. Dieser flog davon und würgte sie an den Ufern eines anderen Sees in 100 Meilen Entfernung wieder aus. Und siehe da, die Samen keimten hervorragend. In Wirklichkeit verschlang der Fisch im Zoo zwar die Samen, brach sie dann aber zu Darwins Enttäuschung schnellstens wieder aus. Darwin teilte Hooker mit, daß nur Fluten, Verwerfungen und Erdbeben dieses Problem lösen könnten. Es war keineswegs unmöglich. Schon im Jahre 1843 hatte Darwin Samen zum Keimen gebracht, die von »einem Mr. Kemp (sozusagen einem Arbeiter)« in einer Schicht am Boden einer tiefen Sandgrube in der Nähe von Melrose gefunden worden waren. Der Mann hätte als unglaubwürdig gelten können, hätte er sich nicht als ein äußerst sorgfältiger und ernsthafter Beobachter erwiesen. Seiner Meinung nach hatte an der Stelle, wo sich die Sandgrube befand, einst ein See gelegen. Darwin schickte einige der Samen an Henslow und die Horticultural Society, wo Lindley sie ebenfalls zum Keimen brachte. Es stellte sich heraus, daß sie zur Gattung eines gemeinen *Rumex* und zu einer Art von *Atriplex* gehörten, die weder Lindley noch Henslow jemals zuvor gesehen hatten, und daß es sich mit Sicherheit nicht um eine englische Pflanze handelte. Der arme Mr. Kemp! Babington bezweifelte, daß die Samen Jahrhunderte alt waren. Er säte einige Samen von *Atriplex angustifolia* aus, und sie entwickelten sich genau wie der vermeintlich neue *Atriplex* aus der Sandgrube. Aber der Versuch war nicht gänzlich überflüssig, wie spätere Experimente zeigen sollten.

Henslow widmete sich inzwischen ganz den Angelegenheiten seines neuen Wohnorts. Er hatte eine Flora von Hitcham verfaßt und unterrichtete die Kinder in der Dorfschule in Botanik. Darwin schrieb ihm einen Brief, in dem er fragte, ob *Geum rivale* oder *Epilobium tetragonum* in der Umgebung des Dorfes zu finden seien: Beide gediehen wegen der Trockenheit nicht in der Nähe von Down House. In seinem Antwortschreiben berichtete Henslow, er habe eine Gruppe von kleinen Mädchen beauftragt, Samen für ihn zu sammeln. Darwin schickte ihm daraufhin eine Liste der Arten, die er brauchte, und versprach jedem Mädchen einen Sixpence für das Sammeln und noch einmal die Hälfte für jedes Päckchen mit Samen »(wenn das nicht zuviel und zu großzügig ist)«. Seine Liste enthielt alle europäischen Pflanzen, die auf den Azoren gefunden worden waren; er hatte die Inseln als Beispiel für einen Archipel in der Mitte des Ozeans ausgewählt und beabsichtigte, einen Salzwassertest mit den Samen durchzuführen, um zu sehen, ob sie die weite Reise ursprünglich im Meerwasser zurückgelegt haben konnten.

Außerdem erinnerte er sich an die englischen Unkrautarten, auf die er in Amerika gestoßen war, und wollte feststellen, wie viele und welche Arten von europäischen Pflanzen den Atlantik überquert hatten. Im April 1855 begann seine Korrespondenz mit Asa Gray. Die beiden hatten sich in Kew kennengelernt, und Gray erinnerte sich an Darwin als »einen jungen Forscher mit buschigen Augenbrauen«. Der große amerikanische Botaniker überarbeitete gerade sein *Manual of the Botany of the Northern American States* (Handbuch der Botanik der nordamerikanischen Staaten), und Darwin regte an, er solle in der Neuauflage jede Pflanze europäischen Ursprungs mit »(EU)« kennzeichnen; der Vorschlag wurde angenommen. Er bat um Informationen über die alpinen Pflanzen Amerikas, wobei er ausführte, daß er seit mehreren Jahren Fakten hinsichtlich der »Variation« sammelte, und meinte, »wenn ich feststelle, daß irgendeine allgemeine Aussage sich bei Tieren offenbar bewahrheitet, versuche ich, dasselbe für Pflanzen zu beweisen«.

Im Juni 1855 bekam Darwin eine neue Mitarbeiterin für seine botanischen Studien: Miss Thorley, die Erzieherin der Kinder, half ihm, eine Sammlung der auf einem seit 15 Jahren brachliegenden Feld wachsenden Pflanzen anzulegen, das zuvor seit undenklichen Zeiten bebaut worden war. Außerdem sammelten sie alle Pflanzen von einem angrenzenden, aber beackerten Feld – »nur um zu sehen, welche Pflanzen überlebt hatten und welche ausgestorben waren« –, wie er an Hooker schrieb. Er stöhnte, wie ungeheuer schwer es war, die Namen der Pflanzen zu ermitteln. Aber »ich habe gerade mein erstes Gras bestimmt, hurra, hurra! Ich muß zugeben, das Glück ist mit den Dummen, denn es handelte sich, so wollte es das Schicksal, um das leicht zu findende *Anthoxanthum odoratum:* Nichtsdestoweniger ist es eine große Entdeckung; ich habe nie geglaubt, daß ich je in meinem Leben ein Gras bestimmen könnte, also hurra!« Er fügte hinzu: »Es hat meinem Magen erstaunlich gut getan ...« Am Ende des Monats hatte er 28 Arten identifiziert.

Im folgenden Monat beschäftigte er sich wieder mit Samen, die tief im Erdreich begraben lagen (Wiederaufnahme des durch Kemp angeregten Themas). In einem Brief an Henslow fragte er, wie lange wohl Samen von Ackersenf in der Erde überleben könnten. Das Wäldchen am Sandweg stand auf einem Stück Land, das 1840 besät und als Weide genutzt worden war. Bevor die Bäume gepflanzt wurden, wurde die Erde gründlich umgepflügt, und Darwin erinnerte sich, daß im folgenden Sommer überall Ackersenf aus dem Boden geschossen war. Im Frühjahr 1855 ließ er einige Dornenbüsche herausreißen, und zu seiner Überraschung kamen Ackersenfpflanzen hervor, die dann im Juli auch blühten. Dies gab ihm die Idee, den Boden an drei Stellen – jede 60 mal 60 Zentimeter groß und in verschiedenen, offenen Teilen des Waldes gelegen – vom dichten Gras und Unkraut befreien und einen Spatenstich tief umgraben zu lassen. Anfang August zeigten sich zahlreiche Sämlinge. Bei den meisten handelte es sich tatsächlich um Ackersenf, obwohl nirgendwo in der Nähe Ackersenf wuchs und der Wald von Weideland umgeben war. Darwin schickte einen Bericht an den *Gardeners' Chronicle,* in dem er darauf hinwies, daß die Möglichkeit der Samen, ihre Keimfähigkeit zu erhalten, auch wenn sie viele Jahre lang in feuchter Erde begraben liegen, durchaus als ein Faktor für die Erhaltung von Arten in Betracht kommen könnte.

Am 5. Juni, dem Tag, an dem Joseph Hooker zum Stellvertretenden Leiter von Kew Gardens ernannt und damit seinem Vater zugeteilt wurde, schrieb Darwin ihm einen Brief und bat um ein Exemplar von *Hedysarum*. »Ich hoffe, daß die Pflanze nicht sehr wertvoll ist, denn . . . ich brauche sie für ein vermutlich *äußerst* dummes Experiment. Ich habe irgenwo gelesen, daß keine Pflanze ihre Blätter in der Dunkelheit so prompt schließt, und ich will sie täglich eine halbe Stunde abdecken, um zu sehen, ob ich ihr beibringen kann, die Blätter selbst zu schließen oder schneller als zuvor bei Dunkelheit.« Die Telegraphierpflanze, *Desmodium gyrans,* wie sie heute heißt, verhielt sich genau so, wie er gehofft hatte. Das Schließen der Blätter, so entdeckte er später, war ein Überlebensmechanismus.

Immer wenn er sich mit einem Experiment beschäftigte, was bis zum Ende seines Lebens der Fall war, verschickte er »gedruckte Anfragen«, wie er sie nannte. Dabei handelte es sich um Berichte über die Versuche, die er durchführte, und die Frage, ob irgend jemand von einer ähnlichen Arbeit Kenntnis hatte. Außerdem schrieb er längere Artikel, die wegen seiner völlig unkonventionellen (und damit kontroversen) Denkweise unweigerlich Antworten provozierten. Als Medium benutzte er den *Gardeners' Chronicle,* noch heute die Zeitschrift der führenden Gärtner und Züchter; die ersten Beiträge lieferte er 1841, dem Jahr der Gründung der Zeitschrift; zwischen April und Dezember verfaßte er vier Artikel über Samen in Salzwasser.

Mit den Artikeln verfolgte er gelegentlich noch ein anderes Ziel. Je mehr er zu der Überzeugung gelangte, daß seine Transmutationstheorie richtig war, desto häufiger benutzte er die Artikel, um herauszufinden, wie seine Theorie aller Wahrscheinlichkeit nach aufgenommen werden würde. So stellte sein Artikel »Nectarsecreting Organs of Plants« (Nektarabsondernde Organe von Pflanzen), der in der Ausgabe vom 21. Juli 1855 erschien, eine offene Herausforderung der Naturtheologen und ihrer Erklärung der Anpassungen in der Natur dar. Er verwies auf die nektarproduzierenden Drüsen bei Platterbsen und Bohnen. Bienen und andere Insekten wurden von dem Nektar angezogen – aber es handelte sich um selbstbefruchtende Pflanzen. Die Absonderung des Nektars im Inneren der Blüten beruhte daher nicht auf der Absicht der Natur, Insekten zum Zwecke der Bestäubung anzulocken; das war lediglich eine zufällige Adaptation. Zufällig, weil die Bienen den Pollen aufwirbelten, wenn sie sich auf der Blüte niederließen, und so bewirkten, daß er auf die Narbe fiel.

Mit einem anderen Artikel aus dem Jahre 1855, in dem er unter der Überschrift »Seedling Fruit Trees« (Obstbaumsämlinge) Varietäten unter die Lupe nahm, die sich rein vermehrten, und darlegte, daß das Auftreten neuer Typen auf zufällige Kreuzungen zurückzuführen sein könnte, bewies er, wie gut er begriffen hatte, welchen Einfluß die Vererbung einerseits auf die Veränderlichkeit der Arten und andererseits auf ihre Konstanterhaltung ausübte.

Andere Artikel behandelten Kreuzungen, gefüllte Blüten und die Umwandlung von Pflanzenorganen von einer Form in eine andere – wichtige Etappen auf dem Weg zu seiner Theorie der Natürlichen Zuchtwahl; er schrieb über panaschierte Blätter und gab einen kurzen Bericht über die Ergebnisse eines Experiments, bei dem er verschiedene Varietäten von Gartennelken und Nelken miteinander gekreuzt hatte. Er schickte außerdem wissenschaftlicher orientierte Beiträge an *Nature* und *Annals and Magazine of Natural History*. Immer stellten seine Themen Faktoren im Rahmen seiner Theorie und Verbindungsglieder der folgenden Kette dar: Kampf ums Dasein, Wettbewerb und Überlebenschancen.

Auf Ternate, einer kleinen, abgelegenen Insel der Molukken, lebte der Naturforscher Alfred Russel Wallace. Er verdiente seinen Lebensunterhalt damit, tropische Vögel, Tiere sowie Falter und Schmetterlinge zu sammeln, die er nach London zum Verkauf schickte. Wallace war einsam. Abgesehen von seinen malaiischen und chinesischen Hilfskräften hatte er keinen Gesprächspartner, wenn er auch mit seinem Freund und Naturforscher H. W. Bates in brieflichem Kontakt stand, der eine halbe Welt entfernt am Amazonas lebte. Er hatte viel Zeit zum Nachdenken, und er dachte viel und intensiv über die wunderbaren Geschöpfe nach, in deren exotisches Reich er eingedrungen war. Eines Tages wurde ihm ein Paradiesvogel gebracht, der ihn für Monate des Ausharrens und Wartens entschädigte und ihn über die endlose Vergangenheit nachsinnen ließ, in der aufeinanderfolgende Generationen solch herrlicher kleiner Wesen in den dunklen und verschwiegenen Bäumen des tropischen Waldes gelebt hatten, gestorben waren und so ihr Schicksal erfüllt hatten, »ohne daß ein intelligentes Wesen jemals einen Blick auf ihre Schönheit geworfen hätte«. Er gab eine äußerst einfühlsame Beschreibung: Seine Darstellung des balzenden Großen Paradiesvogels mit seinen zwei seidigen gelben Federbüscheln gilt noch heute als unübertrof-

Eine Studie von Charles Darwin, Charles Lyell und Joseph Dalton Hooker, gemalt von einem russischen Künstler anläßlich der Hundertjahrfeier der *Entstehung der Arten*. Sie befindet sich im Darwin-Museum, Moskau.

fen. Doch wenn Wallace es auch einerseits für falsch hielt, daß diese lebenden Kostbarkeiten verborgen blieben, so erachtete er es andererseits als besser, wenn der zivilisierte Mensch diese unberührten Wälder niemals betreten würde. Denn der zivilisierte Mensch war zerstörerisch.»Er wird das sorgsam ausgewogene Verhältnis von organischer und unorganischer Natur zerstören und dafür sorgen, daß diese Wesen verschwinden und schließlich aussterben, deren wunderbaren Bau und Reiz nur er allein zu würdigen und genießen imstande ist.«

Im Februar 1855 befand er sich in Sarawak und schrieb einen Aufsatz »On the Law that has regulated the Introduction of New Species« (Über das Gesetz, das das Erscheinen neuer Arten bestimmt), der in *Annals and Magazine of Natural History* abgedruckt wurde. Sir Charles Lyell gehörte zu denjenigen, die ihn lasen. Ihm fielen die Ausführungen von Wallace über Veränderungen bei den Organen und seine Erklärung auf, daß eine »vergleichbare Abstufung und natürliche Folge« sich »von einer geologischen Epoche zur nächsten« abgespielt habe. Lyell selbst hatte die Meinung vertreten, daß Arten allmählich und stufenweise aussterben und geschaffen werden, aber bis zur Evolution durch Abstammung war er nicht gegangen. Das von Wallace vorgebrachte »Gesetz« enthielt eine Hypothese, die sich zur Erklärung der früheren und gegenwärtigen Verbreitung des Lebens auf der Erde eignete und die ihm, wie er sagte, zehn Jahre zuvor eingefallen war. Auf dreizehn Seiten entwickelte er Argumente, unter anderem hinsichtlich der Rolle, die die geographische Isolierung bei der Entstehung von besonderen Lebensformen gespielt hatte. Wallace hatte Darwins *Reise eines Naturforschers* gelesen und sich auf die Galapagosinseln bezogen. Aber sein Aufsatz enthielt auch viel eigenes Gedankengut.

Lyell, der inzwischen wußte, worauf Darwins Arbeit abzielte, war tief beunruhigt, denn die Hypothesen von Wallace liefen in dieselbe Richtung. Er schrieb sofort einen Brief an Darwin, in dem er ihn auf den Aufsatz aufmerksam machte und vorschlug, er solle keine Zeit verlieren und einen Abriß seiner Ansichten veröffentlichen. Darwin antwortete am 3. Mai:

Ich weiß kaum, was ich davon halten soll, aber ich werde darüber nachdenken, wenn auch wider besseres Wissen. Einen guten Abriß zu schreiben, wäre absolut unmöglich, denn jede Behauptung

muß sich auf eine solche Menge von Fakten stützen. Wenn ich irgend etwas tun sollte, dann nur in bezug auf die Hauptursache der Änderung – Selektion – und vielleicht unter Hinweis auf ganz wenige der wesentlichen Gesichtspunkte, die eine derartige Theorie stützen, und einige wenige der Hauptschwierigkeiten. Aber ich weiß nicht, was ich tun soll; ich wehre mich gegen die Idee, aus Prioritätsgründen zu schreiben, dennoch wäre ich doch sehr verärgert, wenn jemand meine Lehre vor mir veröffentlichen sollte. Jedenfalls vielen Dank für Ihre Anteilnahme. Ich werde nächste Woche in London sein und Sie Donnerstag vormittag für genau eine Stunde aufsuchen, damit nicht so viel von Ihrer und meiner Zeit verlorengeht; aber darf ich diesmal schon um 9 Uhr kommen, denn ich habe viel, was ich am Morgen erledigen muß, wenn ich noch über die meiste Energie verfüge? Auf Wiedersehen, mein lieber alter Patron,
    Ihr C. Darwin

In einem Postskriptum fragte er: »Wenn ich einen kurzen Abriß veröffentlichen würde, wo um alles in der Welt sollte ich ihn veröffentlichen?«
    Der Grund für seine Fahrt nach London war ein Vortrag über »Seeds in Salt Water« (Samen in Salzwasser), den er vor der Linnean Society halten sollte, deren Mitglied er seit einem Jahr war. Am 9. Mai, drei Tage später, schrieb er an Hooker.

Ich möchte gern, daß Sie mir raten und mich in meiner Meinung *ehrlich* bestätigen, wenn Sie können. Ich habe mich ausführlich mit Lyell über meine Artenarbeit unterhalten, und er empfiehlt mir dringend, etwas zu veröffentlichen. Ich lehne irgendeine Zeitschrift oder ein Journal ab, denn ich werde mich definitiv *nicht* an einen Herausgeber oder einen Rat wenden, damit sie eine Publikation herausgeben, die man ihnen anlasten könnte. Wenn ich irgend etwas veröffentliche, muß es ein *sehr dünner* und kurzer Band sein und eine Übersicht über meine Theorien und Schwierigkeiten geben; aber es ist wirklich entsetzlich unwissenschaftlich, ein *Resumee* einer unveröffentlichten Arbeit ohne exakte Verweise zu geben. Aber Lyell schien zu glauben, daß ich dies tun sollte, auf den Rat von Freunden und auf Grund der Tatsache, auf die ich verweisen könnte, daß ich achtzehn Jahre lang gearbeitet habe und dennoch mehrere Jahre lang nicht veröffentlichen konnte, und vor allem, da ich auf Schwierigkeiten hinweisen könnte, die meiner Ansicht nach einer besonderen Untersuchung bedurften. Was halten Sie nun davon? Ich wäre für Ihren Rat wirklich dankbar. Ich habe daran gedacht, zwei Monate dafür zu opfern und einen solchen Abriß zu schreiben und zu versuchen, mich nicht von der Entscheidung beeinflussen zu lassen, ob ich nun veröffentliche oder nicht, wenn er fertig ist. Es wird mir einfach unmöglich sein, genaue Verweise zu nennen; irgend etwas Wichtiges, das ich über die Autorität des Autors im allgemeinen schreiben sollte; und statt alle Tatsachen anzuführen, auf denen meine Meinung fußt, könnte ich aus dem Gedächtnis nur eine oder zwei anführen. Im Vorwort würde ich darlegen, daß meine Arbeit nicht als streng wissenschaftlich betrachtet werden kann, sondern lediglich als Skizze oder Abriß einer zukünftigen Arbeit, in der sämtliche Verweise etc. gegeben werden sollten. Oje, Oje, ich glaube, ich würde jeden anderen verachten, wenn er dies täte, und mein einziger Trost ist, daß ich *wirklich* niemals im Traum daran gedacht hatte, bis Lyell es vorschlug und nach reiflicher Überlegung anscheinend für ratsam erachtete.

Ich stecke bis zum Hals in Schwierigkeiten, und bitte verzeihen Sie, daß ich Sie damit belästige.

Ihr Freund C. Darwin

Genau wie Lyell drängte Hooker ihn zur Veröffentlichung, wobei er zustimmte, daß eine gesonderte »Vorläufige Abhandlung« genau das richtige wäre. »Aber«, so antwortete Darwin, »ich kann die Vorstellung nicht ertragen, irgendeinen Herausgeber und Wohltäter um die Veröffentlichung zu *bitten* und mich dann vielleicht untertänigst *entschuldigen* zu müssen, daß ich ihn in Schwierigkeiten gebracht habe.« Er war hin- und hergerissen. »Es kommt mir immer noch völlig unwissenschaftlich vor, Ergebnisse ohne die genauen Einzelheiten zu veröffentlichen, die zu diesen Ergebnissen geführt haben ... Ich gestehe, ich neige mehr und mehr dazu, zumindest den Versuch zu unternehmen und einen Abriß zu schreiben, wobei ich versuche, von der Entscheidung, ob ich nun veröffentliche oder nicht, unbeeinflußt zu bleiben. Aber ich komme immer wieder zu meiner festen Meinung zurück, daß es entsetzlich unwissenschaftlich ist ...« Und am Ende: »Ich glaube fest, daß meine ganze zukünftige Arbeit nur profitieren

Darwins Zeitgenossen:
oben links: Asa Gray, Professor der Naturgeschichte an der Harvard University
oben rechts: Thomas Henry Huxley, »Darwins Bulldogge.«
unten: Alfred Russel Wallace

könnte, wenn ich hörte, was meine Freunde oder Kritiker (bei eventuellen Besprechungen) von dem Abriß halten.«

Am 14. Mai 1856 begann er, dem Rat seiner Freunde folgend, einen Entwurf zu schreiben. Aber er fand das ganze unbefriedigend. Fox hatte Lyells Vorschlag, eine kurze Abhandlung zu verfassen, widersprochen. Das, zusammen mit Darwins eigenen Bedenken, gab den Ausschlag. Im November gestand er Lyell: »Ich arbeite nun beständig an meinem großen Buch; ich fand es ganz unmöglich, eine vorläufige Abhandlung zu publizieren; aber ich gestalte mein Werk so vollkommen, wie es mir das vorliegende Material erlaubt, ohne darauf zu warten, es zu vervollkommnen. Und diese Beschleunigung verdanke ich Ihnen.«

Er arbeitete fast ununterbrochen. In seinem Tagebuch sind im Laufe der folgenden zwei Jahre mehrere Aufenthalte in Dr. Lanes Kurzentrum in Moor Park in der Nähe von Farnham vermerkt, aber abgesehen davon saß er entweder an seinem Schreibtisch oder verbrachte die Zeit in seinem Garten und auf Feldern, wo er Experimente durchführte, die im Zusammenhang mit seiner Arbeit standen. Er hatte Lyell zwar mitgeteilt, daß er nur »das vorliegende Material« verwenden würde, aber die Versuche gingen weiter. Bei einem ging es um den Kampf ums Dasein, und er ließ ihn »ein wenig klarer sehen, wie der Kampf geführt wird«, so teilte er Hooker mit. »Von sechzehn Samenarten, die auf meiner Wiese ausgesät wurden, haben fünfzehn gekeimt, aber nun verschwinden sie mit einer Geschwindigkeit, daß ich bezweifele, ob mehr als eine Art blühen wird. Vor meinen Augen vollzieht sich ein Erstickungsprozeß, der in gleicher Form mit Pflanzen, nicht mit Sämlingen, auf einem kleinen Stück meines Rasens im großen Stil stattfindet, der sich entwickeln konnte, wie er wollte. Auf der anderen Seite habe ich auf einem kleinen Beet, 60 mal 90 Zentimeter groß, täglich jeden Unkrautsämling markiert, der im März, April und Mai herauskam, 375 sind hervorgekommen, und davon sind *bereits jetzt* 277 umgekommen, vorwiegend durch Larven.« Er berichtete, daß er in Moor Park ein »recht schönes Beispiel für den Einfluß von Tieren auf die Vegetation« gesehen habe: »Dort liegt ausgedehntes Gemeindeland mit Gruppen alter Schottischer Kiefern auf den Hügeln, und vor ungefähr acht oder zehn Jahren wurden Teile dieses Landes eingezäunt, und um alle Baumgruppen wachsen kräftige junge Bäume in Millionenzahl, die genauso aussehen, als seien sie gepflanzt, so viele desselben Alters.« In anderen Teilen des

Gemeindelands, die noch nicht eingezäunt waren, war er kilometerweit herumgewandert, ohne einen einzigen jungen Baum zu sehen. Doch als er genauer im Heidekraut nachsah, entdeckte er Zehntausende von jungen Schottischen Kiefern (32 auf einem Quadratmeter), deren Spitzen von den Rindern abgefressen worden waren, die gelegentlich durch die Heide streiften. Ein kleiner Baum, nur sieben Zentimeter hoch und mit einem Stamm so dick wie ein Stück Siegelwachs, war 26 Jahre alt, wie er anhand der Jahresringe feststellte. »Welch ein phantastisches Problem ist das«, meinte er bewundernd, »welch ein Spiel der Kräfte, die Art und Anteil aller Pflanzen auf einem Quadratmeter Wiese bestimmen! Es ist meiner Meinung nach wirklich wunderbar. Und doch geruhen wir, uns Gedanken zu machen, wenn ein Tier oder eine Pflanze ausstirbt.«

Aus Moor Park berichtete er Hooker von Beobachtungen, die er an embryonalen Sämlingen anstellte, und schickte ihm Exemplare. »Sehen Sie sich die beigefügten Stechginstersämlinge an, vor allem den, dessen Spitze abgeschlagen ist. Die Blätter, die nach den Kotyledonen kommen, sind der Form nach fast wie Klee, es scheint mir etwas analog den embryonalen Ähnlichkeiten bei jungen Tieren, wie zum Beispiel beim Löwen, der ein gestreiftes Fell hat. Ich möchte Sie fragen, ob das der Fall ist.«

Die Tatsache, daß viele embryonale Sämlinge untereinander ähnlich, ihrer Stammform jedoch unähnlich sind, bildete ein weiteres Glied in Darwins Evolutionstheorie.

Diesen Brief schrieb er 1857. In demselben Jahr hatte er zwei Briefe von Wallace erhalten, auf die er ermutigend geantwortet hatte, indem er die Richtigkeit von »fast jedem Wort« seines Aufsatzes in den *Annals* betonte und hinzufügte: »Diesen Sommer werden es 20 Jahre (!), seit ich mein erstes Notizbuch über die Frage begann, wie und in welcher Weise sich Arten und Varietäten voneinander unterscheiden. Ich bereite mein Werk jetzt für die Veröffentlichung vor, aber ich finde die Themen so umfassend, daß ich, obwohl ich viele Kapitel geschrieben habe, nicht damit rechne, es vor weiteren zwei Jahren in Druck zu geben.«

Wallace war enttäuscht, daß von seinem Aufsatz keine Notiz genommen worden war. Darwin erklärte, daß er zwar mit seinen Schlußfolgerungen übereinstimmte, doch »ich glaube, ich gehe noch viel weiter als Sie; aber es würde zu weit führen, meine Theorien zu diskutieren«.

Er war entschlossen, Wallace nicht zu viel über seine eigene Arbeit mitzuteilen, die gute Fortschritte machte: Im Juni 1858 hatte er zehn Kapitel fertiggestellt, etwa die Hälfte des geplanten Buchs. Kämpfe, ja erbitterte Kontroversen mit Hooker (»mit Ihnen zu ringen klärt meinen Verstand immer auf ganz wundervolle Weise«) waren vorausgegangen, Briefe an Lyell über geologische Probleme sowie an Asa Gray über die Pflanzengeographie und »eng verwandte Arten«, die letzteren zu der Frage veranlaßten: »Was haben sie vor?« Darwin hatte sie ihm schließlich beantwortet, zunächst in einem Brief vom 20. Juli 1856; dann in einem weiteren vom 5. September 1857, in dem er ihn ausführlich über seine Theorie informierte.

Im Februar 1858 erkrankte Wallace auf Ternate an Malaria. Seine Gedanken waren verwirrt. Irgend etwas (er hat nie gesagte, was) brachte ihm ein Buch in Erinnerung zurück, das er vor zwölf Jahren gelesen hatte, *Das Bevölkerungsgesetz* von Malthus. Auch Wallace hatte an einer Theorie gearbeitet, wie er Bates anvertraut hatte; als er sich nun daran erinnerte, was Malthus über kontrolliertes und unkontrolliertes Bevölkerungswachstum gesagt hatte, traf ihn »ein Lichtblitz«. Er griff nach Papier und Bleistift.

Am Morgen des 18. Juni wurde in Down House ein Päckchen abgegeben. Darwin öffnete es, überflog die dünnen Seiten aus ausländischem Papier und war entsetzt. Es war ein »Blitz aus heiterem Himmel«.

9. Der heimliche Krieg

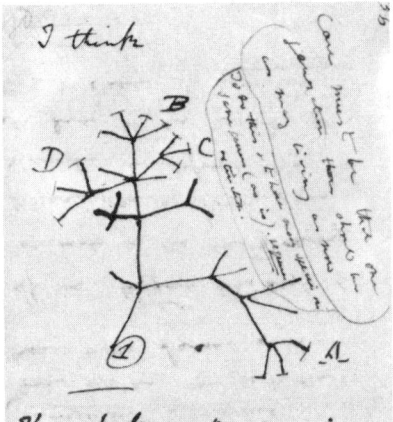

Darwins entwicklungsgeschichtlicher Baum: ein früher Versuch, zu erklären, wie sich Lebewesen aus einer einzigen Wurzel entwickelt hatten. Die Abbildung zeigt eine Zeichnung Darwins auf Seite 36 seines ersten Transmutations-Notizbuchs. Man sieht, daß manche Zweige neue Zweige hervorbringen, während andere abgestorben sind.

Später erweiterte Darwin das Symbol und entwarf einen stark verästelten Baum, von dem, wie er darlegte, nur wenige der ursprünglichen Zweige übrig waren, während sich andere zu großen Ästen entwickelt hatten. Von diesen waren einige verdorrt und abgefallen: Sie standen stellvertretend für ausgestorbene Familien, Gattungen und Arten, die wir nur als fossile Formen kennen; andere hatten überlebt und weitere Zweige, Zweiglein und Äste hervorgebracht: Sie stellten veränderte Nachkommen dar.

»So wie Knospen durch Wachstum neue Knospen erzeugen«, schrieb er, »und diese wieder, wenn sie lebenskräftig sind, ausschlagen und zu neuen Zweigen werden und schwächere Zweige zu überwinden suchen, so glaube ich, geschieht es seit Generationen am großen Lebensbaum, der die Erdrinde mit seinen toten, dahingesunkenen Ästen erfüllt und die Erdoberfläche mit seinem ewig neu sich verästelnden schönen Gezweige belebt.«

(Mehr über Darwins entwicklungsgeschichtlichen Baum auf S. 268 ff.)

Noch am selben Tag schrieb Charles Darwin einen Brief an Lyell, in dem er die Vorgeschichte zusammenfaßte, die zu seinem Unglück geführt hatte, und sich den Vorwürfen seines Freundes wie auch denen, die er sich selbst zu machen hatte, stellte.

Der Brief zeugt von seiner Bescheidenheit und Großzügigkeit.

Mein lieber Lyell,   Down, 18. (Juni, 1858)

vor ungefähr einem Jahr rieten Sie mir, einen Aufsatz von Wallace in den »Annals« zu lesen, der Ihr Interesse erregt hatte, und als ich ihm schrieb, teilte ich ihm dieses mit, weil ich wußte, daß es ihm große Freude bereiten würde. Heute übersandte er mir das Beigefügte mit der Bitte, es an Sie weiterzuleiten. Es scheint mir unbedingt lesenswert. Ihre Worte sind nur zu wahr geworden – daß mir jemand zuvorkommen werde. Sie äußerten dies, als ich Ihnen hier sehr kurz meine Auffassung der »Natürlichen Zuchtwahl« als Folge des Kampfes ums Dasein vortrug. Noch nie sah ich eine auffallendere Übereinstimmung; wenn Wallace mein Manuskript von 1842 gelesen hätte, so hätte er keinen besseren Auszug davon geben können! Die Ausdrücke, die er gebraucht, bilden heute sogar meine Kapitelüberschriften. Bitte schicken Sie mir das Manuskript zurück, er hat mich zwar nicht gebeten, es zu veröffentlichen, aber ich werde ihm natürlich sofort schreiben und anbieten, es einer Zeitschrift zuzusenden. So ist meine Priorität dahin, was auch immer das bedeutet, obwohl mein Buch, wenn es je von Wert sein sollte, dadurch nicht schlechter wird; denn all die Arbeit besteht ja darin, die Theorie zu begründen.

Ich hoffe, Sie werden dem Entwurf von Wallace zustimmen, so daß ich ihm Ihre Meinung mitteilen kann.

Mein lieber Lyell, Ihr sehr ergebener
C. Darwin

Seine Gedanken überstürzten sich. Gab es einen Ausweg aus dem Dilemma? Einige Tage später schrieb er erneut an Lyell. »Es ist in dem Entwurf von Wallace nichts enthalten, das ich nicht viel ausführlicher in meiner Skizze von 1844 niedergeschrieben und vor ungefähr zwölf Jahren Hooker zum Lesen gegeben habe.« Er hatte noch einen weiteren, zufälligen Zeugen. »Vor ungefähr einem Jahr sandte ich eine kurze Zusammenfassung meiner Ansichten an Asa Gray, von der ich eine Durchschrift besitze . . . so daß ich wahrheitsgetreu behaupten und beweisen kann, daß ich nichts von Wallace übernehme. Ich wäre außerordentlich froh, wenn ich jetzt auf etwa zwölf Seiten einen Abriß meiner Theorie, allgemein dargestellt, veröffentlichen könnte.« Damit wäre die Sache ein für allemal entschieden – aber sie hatte einen Haken. Er fuhr fort: »Aber ich sehe keine überzeugende Möglichkeit, wie ich dies ehrenhafterweise tun kann.« Da er ja nicht die Absicht gehabt hatte, einen Abriß zu veröffentlichen, wie konnte er es nun tun, nachdem Wallace ihm eine Übersicht über seine Theorie zugesandt hatte? »Ich würde mein Buch lieber verbrennen«, erklärte er, »als daß er oder irgend jemand sonst denken könnte, ich hätte mich unehrenhaft verhalten.« Er beendete seinen Brief mit der Bitte, Lyell möge sein Schreiben zusammen mit seiner Antwort an Hooker weiterleiten, so daß beides mit Hookers Antwort an ihn zurückgelangte. »Denn dann werde ich die Meinung meiner zwei besten und liebsten Freunde kennen.«

Der Schicksalsschlag hätte Darwin schwerlich zu einem ungünstigeren Zeitpunkt treffen können. Seit einem Jahr war das Leben in Down House von Krankheiten bestimmt: Etty war krank, Lenny litt an irregulärem Puls und fühlte sich mal besser, mal schlechter, während sich Ettys Zustand verschlimmerte; Emma hatte sich noch nicht wieder von der Geburt eines Sohnes, Charles Waring Darwin, am 6. Dezember 1856 erholt. In derselben Woche, in der der schicksalhafte Brief von Wallace eintraf, traten im Dorf Fälle von Scharlach auf und stürzten die Familie in Angst und Sorge. Darwin schrieb am 28. in sein Tagebuch: »Unser armes liebes Baby ist tot.«

In dieser Situation zündete Wallace seine Bombe, deren Explosion in dem Briefwechsel zwischen Darwin, Lyell und Hooker ständigen Widerhall fand. Darwin drängte die beiden, »den Fall von der für mich schlimmstmöglichen Seite zu betrachten«, die er darin sah, daß »Wallace sagen könnte: ›Sie hatten nicht die Absicht, einen Abriß ihrer Auffassungen zu veröffentlichen, bis Sie meinen Brief erhielten. Ist es fair, aus der Tatsache Vorteile zu ziehen, daß ich Ihnen frei, wenn auch unaufgefordert, meine Ideen vortrug, und so zu verhindern, daß ich Ihnen zuvorkomme?‹, wobei die Vorteile darin bestehen, daß ich zur Veröffentlichung veranlaßt wurde, weil ich privat erfahren habe, daß Wallace an derselben Sache arbeitet. Es erscheint mir hart, daß ich auf diese Weise gezwungen sein soll, meine Priorität von so vielen Jahren zu verlieren, aber ich bin mir ganz und gar nicht sicher, daß dies die Gerechtigkeit in diesem Falle ändert.«

Hooker und Lyell fanden schließlich eine Lösung, die moralisch einwandfrei und gerecht für beide Seiten war. Mit Darwins Zustimmung richteten sie es ein, daß der Aufsatz von Wallace zusammen mit »Extracts from an unpublished Work on Species« (Auszug aus einer unveröffentlichten Arbeit über Arten) von Charles Darwin und einer Zusammenfassung seines Briefs an Asa Gray, datiert Down, 5. September 1857, vor der Linnean Society vorgelesen wurden. Sie hatten ursprünglich gehofft, einen etwa 12 Seiten langen Abriß seiner »allgemeinen Auffassungen« vortragen zu können, und Darwin hatte sich zunächst auch bereit erklärt, ihn zu schreiben, war aber auf Grund der familiären Verhältnisse nicht dazu gekommen. Es überrascht nicht, daß er an Hooker schrieb: »Ich bin völlig niedergeschlagen und kann nichts tun.« So wählten sie statt dessen einen Teil aus einem Kapitel seines »großen Buchs«: »On the Variations of Organic Beings in a state of Nature; on the Natural Means of Selection; on the Comparison of Domestic Races and the True Species« (Über das Variieren organischer Wesen im Naturzustande; über die natürlichen Mittel der Zuchtwahl; über den Vergleich zwischen domestizierten Rassen und echten Arten).

Der Vortrag fand am 1. Juli statt (und zwar anstelle einer Rede von George Bentham über die Konstanz der Arten!). In einem Brief, den Sir Joseph Hooker viele Jahre später an Francis Darwin schrieb, erinnerte er sich, daß das Interesse sehr groß, das Thema aber zu neu und unüberschaubar war, als daß die Alte Schule ungerüstet in den Kampf gezogen wäre. Nach dem Treffen sprach man darüber mit »verhaltenem Atem«. Hooker vertrat die Ansicht, daß Lyells Zustimmung und »vielleicht auch ein wenig meine, als sein Vertreter in der Angelegenheit, die Mitglieder einigermaßen einschüchterte, die sonst gegen die Theorie Sturm gelaufen wären«. Während des Treffens blieb die Atmosphäre ruhig und wissenschaftlich, aber es war eine Ruhe vor dem Sturm, der bei der Veröffentlichung der *Entstehung der Arten* mit voller Macht losbrach. Welch eine Ironie, daß Thomas Bell, der Präsident, in den *Transactions* (Protokollen) der Gesellschaft vermerkte, es habe im Jahre 1858 keine besonders wichtigen Vorträge gegeben!

Vorläufig war alles glatt gegangen, wie Darwin zu seiner Freude erfuhr. Er war seinen Freunden dankbar für alles, was sie getan hatten. »Sie müssen wissen, daß ich die Tatsache, daß der größte Geologe und der größte Botaniker Englands *überhaupt Interesse* an dem

Thema zeigen, für die Aufnahme der Ansicht, daß Arten nicht unveränderlich sind, für überaus wichtig halte: Ich bin sicher, daß dies sehr dazu beitragen wird, Vorurteile zu überwinden.«

Auch in Down House hatten die Dinge einen günstigeren Verlauf genommen. Die Tatsache, daß der kleine Charles bei der Geburt nicht normal war und nie gehen oder sprechen gelernt hätte, half der Familie über den Tod des 18 Monate alten Jungen hinweg. Nach einer kurzen Periode der tiefen Trauer konnten alle darüber nur dankbar sein. An Hooker schrieb Darwin am 5. Juli: »Wir fühlen uns nun erleichtert und sind weniger ängstlich, nachdem wir alle Kinder aus dem Hause haben und H. fortschicken werden, sobald sie reisefähig ist. Unsere erste Pflegerin bekam eine eitrige Hals- und Mandelentzündung, die zweite hat jetzt Scharlach, befindet sich aber Gott sei dank auf dem Wege der Besserung. Sie können sich vorstellen, wie besorgt wir waren. Es waren zwei äußerst schlimme Wochen.«

Sie machten alle zusammen Ferien und fuhren zunächst nach Hartfield in Sussex, wo Emmas ältere Schwester Elizabeth Wedgwood lebte. Ihr Haus, The Ridge, lag am Rande des Ashdown Forest.

Man war übereingekommen, daß Darwin einen Auszug für das *Journal* der Linnean Society schreiben sollte. Er hatte der Idee zugestimmt, obwohl er immer noch Zweifel hegte, wie er ihn ohne Tatsachenbeweise wissenschaftlich untermauern sollte. Aber er plante, sofort nach seiner Rückkehr »zu beginnen und aus dem vorliegenden Material etwas zu machen«. Tatsächlich fing er schon früher mit dem Schreiben an. Sein Tagebuch enthält die Eintragung: »20. Juli bis 12. August in Sandown, begann Abriß des Artenbuchs.« Er sollte das ganze auf 30 Seiten zusammenfassen – was Darwin von Anfang an als unmöglich erkannte. Er bot an, sich an den Druckkosten zu beteiligen, falls der Abriß länger werden sollte, und Hooker konnte ihm nach Rücksprache mit dem Herausgeber des *Journal* schließlich versichern, daß die Gesellschaft gewillt war, ihn in mehreren Teilen zu veröffentlichen. Entsprechend lautete die Eintragung in Darwins Tagebuch für diesen Tag: »16. September, begann erneut mit Abriß.«

Die Arbeit wurde nie von der Linnean Society veröffentlicht, denn im Oktober stand fest, daß es »insgesamt ein kleiner Band« werden würde.

Der kleine Band wurde ein dickes Werk von 502 Seiten, aber er nannte es immer noch seinen »Abriß«: Das eigentliche Buch war sein »großes Buch«, das nie fertiggestellt werden sollte.

Aber er hatte sich schließlich und endlich an die Arbeit zu seinem großen Werk gemacht, *The Origin of Species by means of Natural Selection, or the Preservation of Favoured Races in the Struggle for Life* (in Deutsch unter dem Titel »Über die Entstehung der Arten durch natürliche Zuchtwahl oder die Erhaltung der begünstigten Rassen im Kampfe um's Dasein« erschienen).

Neben all den unerfreulichen Entwicklungen gab es für Darwin in dieser Zeit auch einen »kleinen Triumph«, oder besser einen großartigen Sieg, auf den er stolz sein konnte – die Bekehrung Joseph Hookers zur Idee der Natürlichen Zuchtwahl. Hooker, der Darwin unterstützt hatte (und in den schwierigen Zeiten, die vor ihm lagen, weiter unterstützen sollte), bekannte sich erst nach dem Treffen der Linnean Society in vollem Umfang zu der Theorie. Aus dem Hause Elizabeth Wedgwoods schrieb ihm Darwin am 13. Juli: »Sie können sich nicht vorstellen, welche Freude es mir bereitet, daß die Theorie von der Natürlichen Zuchtwahl wie ein Abführmittel auf Ihre Gedärme der Unveränderlichkeit gewirkt hat!« (Ein Jahr zuvor war er in diesem Zusammenhang von Hugh Falconer »äußerst heftig, aber durchaus höflich« angegriffen worden. »Sie haben Hooker bereits *korrumpiert* und halb verdorben!«)

In ihm hatte Darwin nun die »eine kompetente Persönlichkeit«, nach der er gesucht hatte. Lyell dagegen konnte er erst im November 1859 in dieser Frage auf seine Seite ziehen.

Bevor wir nun näher auf den Inhalt der *Entstehung der Arten* eingehen, um festzustellen, welche Auffassung Darwin im Jahre 1859 vertreten hat, wollen wir die Frage untersuchen: »*Warum* die *Entstehung?*«

Es war keineswegs der Fall, daß alle denkenden Menschen bedingungslos an die Erschaffung der Welt in sechs Tagen glaubten. Vor Darwin gab es bereits eine Reihe von Anhängern des Evolutionsgedankens – darunter sein eigener Großvater –, die nach einer wissenschaftlichen Erklärung für die Entstehung der Welt und ihrer Lebensdauer suchten. Isaac Newton, Robert Boyle und John Ray sahen die Natur als ein geordnetes System sich bewegender Materie, deren Schönheit und Nützlichkeit von Gott geschaffen worden war, damit der intelligente Mensch davon Gebrauch machte. Aber sich bewegende Materie implizierte Änderung, und schon René Descartes hatte erste Zweifel geäußert. Georges Louis Leclerc, Comte de Buffon, Leiter des Royal Garden und des Royal Cabinet of Natural History, forderte den Naturforscher auf, die Auslegung der Heiligen Schrift den Theologen zu überlassen und sich auf die Entwicklung von glaubwürdigen Hypothesen zu beschränken, die sich auf genaue Beobachtungen der Natur stützten. Bei seinen Untersuchungen der Erdkruste ging James Hutton davon aus, daß die Erde Millionen von Jahren alt war: und nicht 6000, wie die Theologen glaubten. Es habe eine Folge von Welten gegeben, so erklärte er, die sich bildeten und umbildeten. Für jeden Berg, der durch die zerstörerische Wirkung von Wind und Regen abgetragen wurde (um Boden für das Wachstum von Pflanzen zu liefern), entstand unter dem Meer eine neue Landmasse, die sich festigte, um irgendwann an die Oberfläche gehoben zu werden. William (»Stratum«) Smith, Landmesser und Ingenieur, entwickelte eine Methode zur Identifizierung und Datierung von geologischen Schichten anhand der Fossilien, die sie enthielten. In Paris stellten Cuvier und sein Mitarbeiter Alexandre Brongniart bei der Untersuchung fossiler Muscheln und Knochen von ausgestorbenen Tieren fest, daß sie aus elf verschiedenen geologischen Formationen stammten. Cuvier erklärte, es handele sich um Lebewesen, die durch irgendwelche Umwälzungen der Erde vernichtet worden waren; Lebewesen, deren Platz die heute lebenden eingenommen hatten, um vielleicht selbst unterzugehen und durch andere ersetzt zu werden. Viele der großen fossilen Vierfüßer, die er untersuchte, kamen von Ausgrabungsstätten in Amerika. Der Arzt James G. Graham beobachtete auf einer Farm in Shawangunk, New York, die Ausgrabung riesiger Knochen. Er beschrieb sie und fügte hinzu: »Und warum die Vorsehung ein Tier oder eine Art vernichten soll, die sie einst zu schaffen für richtig befunden hat, ist Gegenstand einer interessanten Frage und ein schwer lösbares Problem.« In Punta Alta entdeckte der 23jährige Charles Darwin am 22. September 1832 den versteinerten Panzer eines riesigen Gürteltiers. Jean Baptiste Pierre Antoine de Monet Chevalier de Lamarck wußte, daß die Oberfläche der Erde einem ständigen, allmählichen Wandel unterworfen war. Er dachte über das Wesen des Systems von sich bewegender Materie nach und meinte, daß sich himmlische Körper ebenfalls unmerklich geändert hatten. Wie unwahrscheinlich war es dann, daß die lebenden Körper unverändert geblieben sein sollten. Wenn man lebende Arten mit ausgestorbenen verglich, würde man feststellen, daß sie von verlorenen Urahnen abstammten und im Laufe der Zeit modifi-

Ein Bild des ehemaligen Arbeitszimmers in Down House zu Darwins Lebzeiten. Hier schrieb er die *Entstehung der Arten* und die Mehrzahl seiner übrigen Werke. (Photo: Leonard Darwin)

ziert worden waren. Die Welt hatte sich geändert: Sie hatten sich mit ihr verändert und neue Organe entwickelt, um neue Bedürfnisse zu befriedigen. Jedes »erkannte Bedürfnis« hatte ihr inneres Bewußtsein *(sentiment intérieur)* erreicht, und nach und nach wurde das entsprechende Organ hervorgebracht und auf Grund seines ständigen Gebrauchs entwickelt. Demnach hatte die Giraffe in dem Bedürfnis, die höheren Äste zu erreichen und sich von ihnen zu ernähren, ihren langen Hals entwickelt. Charles Darwin stimmte zu, daß die Giraffe sicherlich aus diesem Grund zu ihrem langen Hals gekommen sein könnte, lehnte aber Lamarcks Begründung rundweg ab. Wir erinnern uns an die Bemerkung, die er Hooker gegenüber im Jahre 1848 machte: »Der Himmel bewahre mich vor Lamarcks Unsinn hinsichtlich ›Anpassungen aufgrund eines langsamen Willensprozesses von Tieren‹...« Wie Lyell ihm in bezug auf Lamarck schrieb, nachdem er die *Entstehung der Arten* gelesen hatte: »Sie mögen sagen, daß Sie bei Tieren den Willen bis zu einem gewissen erheblichen Grad durch natürliche Zuchtwahl ersetzen, aber auf seine Theorie über die Veränderungen von Pflanzen konnte er den Willen nicht anwenden.«

Das stimmte, pflichtete Darwin ihm bei, und deshalb wollen wir feststellen, wie sich Pflanzen verändert haben, und dann kennen wir die ganze Geschichte.

Darwins Theorie beruhte auf seiner Überzeugung, daß eine neue Varietät und schließlich auch eine neue Art entstand und erhalten blieb, weil sie anderen gegenüber, mit denen sie im Wettbewerb stand, irgendeinen Vorteil besaß. Entsprechend unterteilte er sein Buch in drei große Abschnitte, Variation, der Kampf ums Dasein und das Überleben des Tüchtigsten, an die er zwei Kapitel über die geographische Verbreitung anfügte.

Er nannte als erstes die Tatsache, daß sich Kulturpflanzen verändert hatten. Dafür hatte der Mensch in seiner Eigenschaft als Züchter und Gärtner gesorgt.

Er verwies auf die ständige Größenzunahme der gewöhnlichen Stachelbeere und die erstaunlichen Verbesserungen von Blumen in vielen Gärtnereien. Man muß die heutigen Zierblumen mit den Abbildungen vergleichen, sagte Darwin, die nur 20 oder 30 Jahre zuvor entstanden sind. Wenn eine Pflanzenrasse erst einmal gut ausgebildet ist, liest der Samenzüchter nicht die besten Pflanzen aus, sondern kontrolliert das Zuchtbeet und entfernt nur diejenigen, die »aus der

Eine Ecke von Darwins Arbeitszimmer mit einem aufgebauten Versuch.
(Photo: Leonard Darwin)

Art schlagen«. Die Natur brachte Veränderungen hervor: »Der Mensch akkumuliert sie und gibt ihnen die für ihn nützliche Richtung.« Die sich häufenden Wirkungen der Zuchtwahl ließen sich leicht durch einen Vergleich von Pflanzen in Blumengärten und in Küchengärten erkennen: Bei den ersteren waren es die Blütenunterschiede bei Varietäten derselben Art; bei letzteren die Verschiedenheit der Blätter, Schoten oder Knollen – welcher Teil auch immer als wertvoll erachtet wurde. Man beobachte, wie verschieden die Blätter der Kohlsorten sind, wie sehr sich ihre Blüten gleichen; wie unähnlich einander die Blüten des Stiefmütterchens und wie ähnlich sich seine Blätter sind. Die ständige Auslese geringfügiger Variationen entweder in den Blättern, den Blüten oder den Früchten brachte Rassen hervor, die sich in der jeweiligen Hinsicht voneinander unterschieden.

»Der Schlüssel zu all diesem ist das akkumulative Wahlvermögen des Menschen«, erklärte Darwin.

Aber bei diesem Vorgang handelte es sich sozusagen um unbewußte Zuchtwahl, um einen langen, schrittweisen Verbesserungsprozeß, der dadurch zustande kam, daß von Zeit zu Zeit die besten Individuen erhalten blieben, egal ob sie sich genügend unterschieden, um bei ihrem ersten Auftreten als eigene Varietäten zu gelten, oder ob sie aus der Kreuzung von zwei oder mehr Arten beziehungsweise Rassen hervorgegangen waren. Dies ließ sich deutlich an der zunehmenden Größe und Schönheit von Stiefmütterchen, Rosen, Pelargonien, Dahlien und anderen Pflanzen erkennen, wenn man sie mit den älteren Varietäten oder den Mutterpflanzen verglich. »Niemand«, so schrieb Darwin, »wird je erwarten, daß er ein Stiefmütterchen oder eine Dahlie ersten Ranges aus dem Samen einer wilden Pflanze erhält. Und niemand glaubt, daß er eine Schmelzbirne ersten Ranges aus dem Samen einer Wildbirne ziehen kann, obgleich ihm das bei einem wildgewachsenen Sämling glücken könnte, wenn dieser aus dem Samen einer gezogenen Varietät stammt. Obgleich die Birne schon in klassischen Zeiten veredelt wurde, scheint sie nach Plinius eine sehr minderwertige Frucht gewesen zu sein. In Gartenbaubüchern wird häufig die große Geschicklichkeit der Gärtner gerühmt, die mit dürftigem Material herrliche Erfolge erzielen. Aber ihre Kunst war sehr einfach; zumeist gelangten sie unabsichtlich zu ihren Erfolgen. Die ganze Kunst bestand darin, daß immer wieder der Same der besten Varietät ausgesät wurde; sobald sich später zufällig eine noch bessere Varietät zeigte, wurde diese wieder zur Saat auserlesen usw.«

Darwin wies darauf hin, daß es Umstände gab, die das Wahlvermögen des Menschen erleichterten. Ein hoher Grad von Variabilität war natürlich insofern günstig, als er der Zuchtwahl reichliches Material bot. »Da aber solche dem Menschen offenbar nützlichen oder erwünschten Variationen nur gelegentlich auftreten, muß die Aussicht auf ihr Erscheinen mit der Anzahl der gehaltenen Individuen zunehmen. Eine große Zahl ist daher von höchster Wichtigkeit für den Erfolg.« Züchter, die Pflanzen in großen Mengen zogen, waren gewöhnlich wesentlich erfolgreicher bei der Zucht neuer und wertvoller Varietäten als bloße Liebhaber. Aber die wichtigste Voraussetzung für die Auslese bestand vermutlich darin, daß man auch den geringsten Abweichungen sehr genaue Beachtung schenkte. Andernfalls ließ sich keine Verbesserung erreichen. »Ich habe allen Ernstes sagen hören«, erklärte Darwin, »es sei ein glücklicher Zufall gewesen, daß die Erdbeere gerade zu variieren anfing, als die Gärtner zum erstenmal ihre Aufmerksamkeit auf diese Pflanze richteten. Demgegenüber ist zu bemerken, daß zweifellos die Erdbeeren stets variiert haben, seitdem sie kultiviert worden sind, aber die geringen Abänderungen wurden nicht beachtet. Sobald aber die Gärtner einzelne Pflanzen, die etwas größer, früher reif oder schmackhafter waren, auslasen und zur Nachzucht verwendeten, deren Abkömmlinge wieder zur Nachzucht usw., kamen unter Mithilfe der Kreuzung verschiedener Arten jene bewundernswerten Varietäten zustande, die wir seit mehr als einem Jahrhundert kennen.«

Und wie verhielt es sich mit den wild wachsenden Pflanzen? fragt Darwin. Unterliegen auch sie irgendeiner Form der Abänderung? Auf den Galapagosinseln hatte er Arten gesehen, die von Insel zu Insel verschieden, aber alle mit südamerikanischen Pflanzen verwandt waren. In den Bergen Feuerlands gediehen Zwergpflanzen, die sich den windgepeitschten Höhen angepaßt hatten, indem sie dicht am Boden wuchsen.

Diese Überlegungen führten Darwin zu der Frage, die den Botanikern Kopfschmerzen bereitete: Was ist eine Art? »Keine einzige Deutung hat alle Naturforscher befriedigen können, indessen weiß jeder im allgemeinen, was mit dem Ausdruck ›Arten‹ gemeint ist.« Gewöhnlich implizierte er den unbekannten Vorgang eines »besonderen Schöpfungsaktes«. Fast ebenso schwer definierbar war der Ausdruck »Varietät«; doch verstand man in diesem Fall darunter ganz allgemein die Gemeinsamkeit der Abstammung, obwohl sie nur selten nachweisbar war.

Darwin maß der Frage, was eine Art und was eine Unterart sei, besondere Bedeutung bei*. »Niemand glaubt, daß alle Individuen derselben Art genau nach demselben Modell gebildet sind. Solche individuellen Unterschiede sind aber für uns von größter Wichtigkeit, denn sie sind häufig ererbt, wie jedem bekannt sein dürfte. Sie liefern der natürlichen Zuchtwahl das Material zur Anhäufung, so wie der Mensch in seinen Zuchtprodukten die individuellen Unterschiede in bestimmter Richtung anhäuft.« Das Problem lag darin, daß nicht einmal zwei Botaniker übereinstimmten, wenn es um die Beurteilung dieser individuellen Unterschiede ging. Die Klassifikation war daher willkürlich. »Man vergleiche die Beschreibungen verschiedener Botaniker von den Floren Englands, Frankreichs und Nordamerikas, und man wird erstaunt sein über die Menge von Formen, die der eine als Arten, der andere als Varietäten betrachtet.« Er hatte drei führende Botaniker gebeten, im *London Catalogue of British Plants* alle jene Pflanzen zu kennzeichnen, die normalerweise zu den Varietäten gerechnet wurden, jedoch von Botanikern auch schon als Arten aufgeführt worden waren. Hewett Cottrell Watson (Herausgeber des *Catalogue*) nannte 182, Charles Babington 251 und George Bentham nur 112 Pflanzen – eine Differenz von 139 zweifelhaften Formen!

Diese zweifelhaften oder Zwischenformen interessierten Darwin, weil sich aus ihrer Existenz ableiten ließ, daß es einen Übergang von einer Form zur anderen gab. »Ich betrachte daher«, so führte er aus, »die individuellen Unterschiede, obgleich sie für den Systematiker nur geringes Interesse haben, als für uns von größter Bedeutung; denn sie bilden die Vorstufe zu jenen unbedeutenden Varietäten, die man in naturgeschichtlichen Schriften kaum der Erwähnung für wert hält. Ich halte ferne solche Varietäten, die um einen Grad deutlicher und bleibender sind, für die nächste Stufe, die uns zu kräftiger umschriebenen und noch beständigeren Varietäten führt; diese führt wieder zu Unterarten und in weiterer Folge zu Arten.«

Er ging davon aus, daß sich in bezug auf die Frage, welche Arten am meisten variierten, bedeutsame Erkenntnisse gewinnen ließen, wenn man alle Varietäten in den Floren von zwölf verschiedenen Ländern in Tabellen zusammenfaßte. Der große französisch-schweizerische Botaniker Alphonse de Candolle hatte gezeigt, daß Pflanzen

---

* Darwin verwendet die Bezeichnungen »Varietät« und »Unterart« als Synonyme. In der modernen Sprachregelung lautet die Reihenfolge von oben nach unten wie folgt: Gattung, Art, Unterart, Varietät, Untervarietät, Form.

mit sehr großem Verbreitungsgebiet in der Regel Varietäten entwickelten. Dies war zu erwarten, denn sie sind verschiedenen Lebensbedingungen ausgesetzt und treten mit verschiedenen Pflanzen in Wettbewerb. Darwins Tabellen bestätigten diese Tatsache und machten darüber hinaus klar, daß die Arten, die in ihren Ländern am meisten verbreitet sind, zugleich auch genügend ausgeprägte Varietäten hervorbringen, um als solche von den Botanikern erkannt zu werden. Mit Hilfe seiner Tabellen zeigte er außerdem, daß Arten der größeren Gattungen mehr variieren als Arten kleinerer Gattungen. Wo viele große Bäume wachsen, erwarten wir auch viele junge, war sein Vergleich. Dann ging er auf das Thema der Schöpfung ein: »Wenn wir dagegen jede Art als ein besonderes Schöpfungswerk ansehen, so ist kein Grund vorhanden, weshalb in einer artenreichen Gruppe mehr Varietäten vorkommen sollen als in einer mit weniger Arten.«

Aber, so fuhr er fort, das bloße Vorhandensein individueller Variabilität hilft uns kaum, zu erkennen, wie Arten entstanden sind. »Wie«, so fragte er, »haben sich alle die vortrefflichen Anpassungen eines Teils der Organisation an den anderen und an die Lebensbedingungen, eines organischen Wesens an das andere entwickelt? Wir sehen diese schöne Anpassung am deutlichsten beim Specht und bei der Mistel: der Specht, die Form seiner Füße, seines Schwanzes, seines Schnabels und seiner Zunge, die so wunderbar geeignet sind, Insekten unter der Baumrinde hervorzuholen; die Mistel, die ihre Nahrung aus bestimmten Bäumen bezieht und ihren Samen von bestimmten Vögeln ausstreuen läßt; die getrenntgeschlechtliche Blüten hat und deshalb darauf angewiesen ist, daß gewisse Insekten den Pollen von der männlichen auf die weibliche Blüte übertragen.« Überall, in allen Teilen der Welt der Lebewesen, gab es diese wunderbaren Anpassungen.

Und wie kommt es, daß sich Varietäten schließlich in gute und unterschiedliche Arten verwandeln? Wie entstehen jene Gruppen von Arten, die sogenannten Gattungen? Darwins Antwort war: Sie entstehen durch den Kampf ums Dasein. Jede Veränderung, so gering sie auch sein mag, wird, wenn sie dem Individuum nur irgendeinen Vorteil in seinen komplizierten Beziehungen zu anderen Individuen und seiner Umgebung verschafft, zur Erhaltung dieses Individuums beitragen und sich in der Regel auf die Nachkommen vererben. Dieses Prinzip nannte er Natürliche Zuchtwahl im Gegensatz zu der vom

Menschen bewirkten künstlichen Zuchtwahl. Der Mensch konnte gute Erfolge erzielen, aber die Natürliche Zuchtwahl stellte eine ungleich stärkere Kraft dar, die unaufhörlich am Werke war. In einer Zeit des Nahrungsmangels kämpfen zwei Tiere miteinander um die vorhandene Nahrung, damit sie am Leben bleiben. Eine Pflanze am Rande der Wüste ist dagegen in viele Überlebenskämpfe verwickelt. Von Feuchtigkeit abhängig, kämpft sie gegen die Dürre. Wenn sie jährlich eintausend Samenkörner hervorbringt, von denen im Durchschnitt nur eins zur Entwicklung kommt, muß sie sich gegen Pflanzen ihrer eigenen und anderer Arten behaupten, die bereits von dem Boden Besitz ergriffen haben. Die Mistel ist vom Apfelbaum und einigen anderen Baumarten abhängig, aber wenn zu viele dieser Schmarotzer auf demselben Baum wachsen, verdorrt er und geht ein. Wenn mehrere Mistelsämlinge auf demselben Ast wachsen, bekämpfen sie sich untereinander. Zur Erhaltung ihrer Art braucht die Mistel Vögel, aber sie muß mit anderen fruchttragenden Pflanzen kämpfen, um die Vögel zu veranlassen, ihren Samen dem anderer vorzuziehen und ihn so zu verstreuen.

Mit dem Kampf ums Dasein richtete sich die Natur ohne Unterlaß gegen ihren eigenen Überfluß. Linné hatte berechnet, daß eine einjährige Pflanze in 20 Jahren über eine Million Nachkommen haben würde, wenn sie jährlich nur zwei Samen hervorbringt – und es gibt keine so unproduktive Pflanze –, und deren Nachkommen im folgenden Jahr wieder zwei Samen produzieren usw. Es war bekannt, daß Pflanzen, die aus einem anderen Land eingeführt wurden, sich in weniger als zehn Jahren ungeheuer vermehren konnten. Die Kardone und die hohe Distel, die, wie Darwin selbst gesehen hatte, kilometerweit die wilden Ebenen von La Plata bedeckten, waren aus Europa eingeführt worden. Hugh Falconer hatte ihm von Pflanzen berichtet, die aus Amerika nach Indien gebracht worden waren und deren Verbreitungsgebiet nun vom Kap Comorin bis zum Himalaja reichte. Die Erklärung dafür war, daß sie überaus günstige Lebensbedingungen angetroffen hatten, daß ihre natürlichen Feinde fehlten und infolgedessen die Zerstörung der Pflanzen und ihrer Sämlinge gering war. Das geometrische Verhältnis der Vermehrung erklärte ihre rapide Zunahme und weite Verbreitung in ihrer neuen Heimat. Folglich würde es zur Erhaltung einer Population von Bäumen, die im Durchschnitt eintausend Jahre alt werden, ausreichen, wenn jeder Baum in seinem Leben nur einen einzigen Samen hervorbringt, vorausgesetzt, daß er nicht vernichtet wird, angehen und heranreifen könnte. Indessen bringt jeder Baum in dieser Zeitspanne Tausende und Abertausende von Samen hervor. An dieser Stelle griff Darwin auf Malthus und seine »Hindernisse« des Bevölkerungswachstums zurück. In der Welt der Pflanzen findet eine ungeheure Vernichtung von Samen statt, aber Darwin hatte beobachtet, daß Sämlinge am meisten leiden, wenn sie auf einem mit anderen Pflanzen dicht bedeckten Boden wachsen. Außerdem gab es noch verschiedene Feinde, die sie in großer Zahl zerstörten. In seinem »Kräutergarten«, einem Stück Boden von 90 Zentimeter Länge und 60 Zentimeter Breite, das umgegraben und von allen anderen Pflanzen befreit wurde, hatte er sämtliche Sämlinge markiert, die angegangen waren; von 357 wurden nicht weniger als 295 zerstört, insbesondere durch Schnecken und Insekten. Er hatte einen Teil seines Rasens über einen längeren Zeitraum nicht gemäht; die kräftigen Pflanzen töteten nach und nach die weniger kräftigen. Von 20 Arten, die auf einer 90 mal 120 Zentimeter großen Rasenfläche wuchsen, starben ohne Einwirkung von außen neun in ihrem ungleichen Kampf gegen andere Arten. Dieselbe Wirkung hatten weidende Rinder auf die Myriaden von kleinen Schottischen Kiefern, die er in Moor Park entdeckt hatte. Auch das Klima spielte eine wichtige Rolle in dem Vernichtungskampf; vor allem extreme Kälte und Dürre. In den arktischen Regionen, auf den schneebedeckten Gipfeln oder in den Wüsten richtete sich der Überlebenskampf fast ausschließlich gegen die Elemente. Wichtige Voraussetzung für die Erhaltung einer Art war auch ein großer Bestand von Individuen. Viel Getreide auf den Feldern zu ziehen, ist nur deshalb leicht möglich, weil die Samen die Vögel, die sich von ihnen ernähren, zahlenmäßig weit übertreffen; und die Vögel können sich, obwohl sie zu dieser Jahreszeit einen Überschuß an Nahrung vorfinden, nicht übermäßig vermehren, weil Kälte und Nahrungsmangel im Winter dem entgegenwirken. »Wer jemals Samen aus Weizen oder ähnlichen Pflanzen im Garten gezogen hat«, so meinte Darwin dagegen, »der weiß, wie mühevoll das ist, ich wenigstens habe in solchen Fällen keine Saat gewonnen.«

Nicht alle eingeführten Pflanzen gedeihen in ihrer neuen Heimat. Dazu gehörte *Lobelia fulgens*, eine in Mexiko heimische Pflanze. Darwin pflanzte sie in seinem Garten an und stellte fest, daß sie nie von Insekten besucht wurde: Infolgedessen brachte sie auch keinen Samen hervor. Er hatte die wilden Orchideen beobachtet, die in der

Nähe von Down House wuchsen. Fast alle waren auf die Hilfe von Insekten angewiesen, die ihren Pollen von einer Blüte auf die andere übertrugen und sie so bestäubten. In Experimenten hatte er herausgefunden, daß Hummeln die Bestäubung des Stiefmütterchens (*Viola tricolor*) bewirkten und andere Bienen diese Blüte nie besuchten. Ihm war außerdem aufgefallen, daß Bienen zur Befruchtung einiger Kleearten unerläßlich waren und daß nur Hummeln den Rotklee besuchten. Wenn also alle Hummeln ausstarben, würden Stiefmütterchen und Rotklee vollständig verschwinden! Nun hängt die Zahl der Hummeln in einem Gebiet aber von der Zahl der Feldmäuse ab, die ihre Waben und Nester zerstören, schrieb Darwin. Schätzungen zufolge waren diese Tiere an der Vernichtung von zwei Dritteln der Hummelnester in ganz England schuld. Die Anzahl der Mäuse ergab sich ihrerseits aus der Zahl der Katzen. Der Hymenopterologe Oberst H. W. Newman, der sich im Jahre 1851 in den *Proceedings* der Entomological Society zu diesem Thema äußerte, berichtete: »In der Nähe von Dörfern und Landstädtchen fand ich die meisten Hummelnester, was ich den Katzen zuschreibe, die die Mäuse vernichten.« Darwin hielt es daher für durchaus denkbar, daß die Anwesenheit zahlreicher Katzen in einem Bezirk sich auf den Bestand von Rotklee und Stiefmütterchen auswirken konnte.

Welch ein Kampf, meinte er, muß jahrhundertelang zwischen den verschiedenen Baumarten geführt worden sein, von denen jede Jahr für Jahr Tausende von Samen verbreitete. Welch ein Kampf zwischen Insekt und Insekt – zwischen Insektenarten, Schnecken und anderen Tieren auf der einen Seite und Vögeln und Raubtieren auf der anderen –, sie alle waren bestrebt, sich zu vermehren, sie alle lebten voneinander oder von Bäumen, deren Samen und Sämlingen beziehungsweise von anderen Pflanzen, die bereits den Boden bedeckten und dadurch das Wachstum der Bäume hemmten.

Bereits im März 1839 hatte er auf einer Seite seines Transmutations-Notizbuches sein Entsetzen über diesen Kampf festgehalten: »Es fällt schwer, an den schrecklichen, aber heimlichen Krieg zwischen organischen Wesen zu glauben, der sich in diesen friedlichen Wäldern und auf den freundlichen Feldern abspielt.«

Trotz der Massenvernichtung blieben genügend Individuen übrig, um die Rassen konstant zu halten. Darwin erläuterte die Mittel, die ihnen das Überleben ermöglichten. Dem flaumigen Überzug bei Früchten oder der Farbe des Fruchtfleisches schrieben die Botaniker als Merkmalen nur äußerst geringe Bedeutung zu, aber der bekannte amerikanische Pomologe Charles Downing hatte erklärt, daß nackthäutige Früchte mehr als flaumige unter einem Rüsselkäfer litten und purpurne Pflaumen häufiger als gelbe von einer bestimmten Krankheit befallen wurden, während eine andere Krankheit eher gelbfleischige Pfirsiche angriff als anders gefärbte. Wenn solche geringen Unterschiede trotz aller künstlichen Hilfsmittel, die dem Züchter zur Verfügung standen, einen so großen Unterschied beim Anbau von Varietäten hervorrufen, so folgerte Darwin, mußten diese Unterschiede in der Natur – wo die Bäume mit anderen Bäumen und einer Unzahl von Feinden zu kämpfen haben – doch eindeutig darüber entscheiden, welche Varietäten sich behaupteten, die glatthäutigen oder die flaumigen, die gelben oder die purpurfleischigen.

Diese Ausführungen machte er in Kapitel IV seines Werks *Über die Entstehung der Arten*, in dem er die Frage zu beantworten suchte, ob die Prinzipien der Zuchtwahl, die sich in der Hand des Menschen als so wirkungsvoll erwiesen, auch in der Natur galten. Er erinnerte seine Leser, daß Variabilität nicht vom Menschen hervorgerufen wurde, der ihr Auftreten weder bewirken noch verhindern, sondern die entstandenen Abweichungen lediglich erhalten und akkumulieren konnte. Sein nächstes Ziel war zu beweisen, daß sich derselbe Prozeß in der Natur vollzog, daß die Natürliche Zuchtwahl nur die Erhaltung der Variationen bewirkt, wenn sie entstehen und für die betreffende Pflanze oder das betreffende Tier vorteilhaft sind.

Für Tier und Pflanze waren Kraft und Fruchtbarkeit wesentliche Voraussetzungen für das Überleben, und Darwin hatte in einer Reihe von Experimenten festgestellt, daß sogar bei Hermaphroditen von Zeit zu Zeit zwei Individuen gekreuzt werden mußten, um ihre Kraft und Fruchtbarkeit zu erhalten, obwohl sie selbstbefruchtend waren. Zu Hause hatte er in Garten und Gewächshaus die zahlreichen faszinierenden und eigenartigen Anpassungen untersucht, mit denen die Natur den Besuch eines bestimmten Insekts bei einer bestimmten Blumenart garantierte. Seine Tabellen hatten gezeigt, daß Variabilität eine Voraussetzung für den Erfolg war, was mit anderen Worten bedeutete, daß die Natürliche Zuchtwahl die Pflanze in die Lage versetzte, sich ihrer Umgebung anzupassen. Aber, so schrieb Darwin, »obgleich die Natur für die Wirksamkeit der Natürlichen Zuchtwahl langer Perioden bedarf, sind diese doch nicht unendlich lang, denn da alle organischen Wesen für sich eine Stelle im Haushalt der Natur begehren, so muß eine Art, die sich nicht im selben Verhältnis wie ihre Mitbewerber verändert und verbessert, zugrunde gehen«. Das war das Prinzip des Überlebens des Tüchtigsten, ein Ausdruck, der von Herbert Spencer geprägt und 1869 von Darwin in die fünfte Auflage der *Entstehung der Arten* übernommen wurde. So wie sich die bevorzugten Formen – die durch die Natürliche Zuchtwahl in Form einer günstigen Veränderung einen Vorteil erlangt hatten – zahlenmäßig vermehrt hatten, hatten sich die weniger bevorzugten verringert und waren selten geworden. Seltenheit aber bildete die Vorstufe zum Aussterben.

Als Darwin 1844 seine Skizze niedergeschrieben hatte, merkte er, daß ihm die Lösung eines wichtigen Problems noch fehlte. Er hatte die Verzweigungen und Verästelungen des entwicklungsgeschichtlichen Baums dargestellt, die Trennung oder Teilung einer Spezies in zwei. Aber bestand, während sie sich veränderten, bei ihren Nachkommen die Tendenz zur Divergenz der Charaktere? Er erinnerte sich in seiner *Autobiographie* »noch genau an die Stelle auf der Straße, an der mir in meiner Kutsche zu meiner Freude die Lösung einfiel: Und das geschah lange, nachdem ich nach Down umgezogen war.« Das könnte im Jahre 1852 gewesen sein. Er schrieb an George Bentham: »Es scheint mir wirklich lachhaft, wenn ich an die Jahre denke, die vergingen, bevor ich die meiner Meinung nach richtige Erklärung einiger Aspekte des Problems fand; ich glaube, nachdem ich angefangen hatte, dauerte es 15 Jahre, bis ich Bedeutung und Grund der Divergenz eines jeden Paares erkannte.« Die Erklärung war ökologischer Natur: nämlich »daß die veränderten Nachkommen aller herrschenden und sich vermehrenden Formen dazu neigen, sich den zahlreichen und höchst unterschiedlichen Nischen im Haushalt der Natur anzupassen.«

Thomas William Coke, erster Earl of Leicester und »der größte Landwirt der Welt«, hatte sich mit der Einführung der Fruchtfolge einen Namen gemacht. In einem Experiment wollte Darwin beweisen, daß in der Natur dasselbe Prinzip galt, gewissermaßen eine simultane Fruchtfolge. Er wählte zwei gleichartige Beete und säte auf dem einen eine einzige Grasart, auf dem anderen Gräser verschiedener Arten. Das zweite Beet brachte eine größere Menge qualitativ besseren Heus. Landwirte hatten dasselbe mit Weizen versucht. Da-

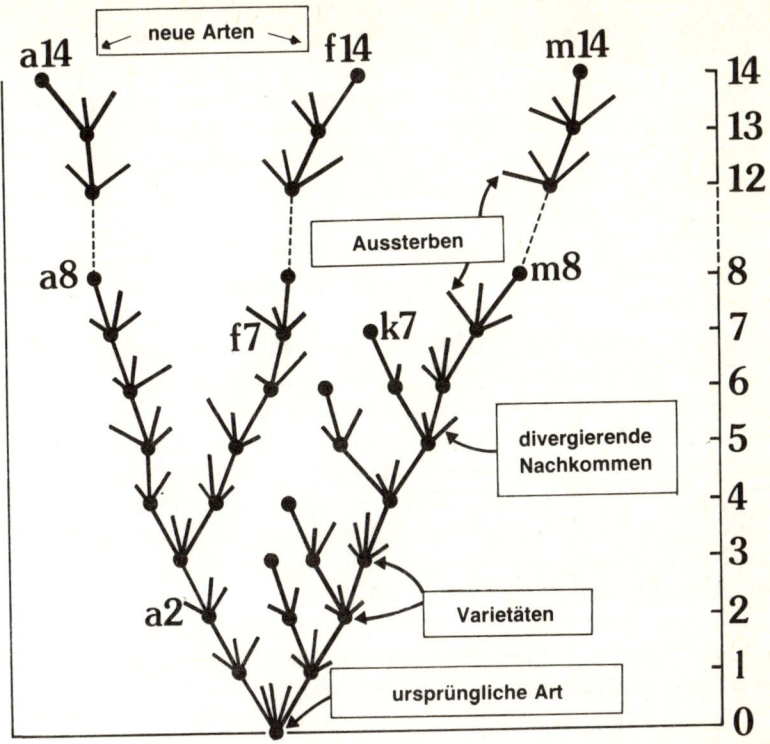

Darwins entwicklungsgeschichtlicher Baum. Die *ursprüngliche Art* einer großen Gattung hat variable Nachkommen. In der Regel überleben die am stärksten *divergierenden Nachkommen* und lassen irgendwann neue *Varietäten* entstehen. Die senkrechte Skala rechts zeigt die Folge von Generationen, jede Unterteilung steht für 1000 Generationen. Infolge der Divergenz der Charaktere und des *Aussterbens* von Varietäten *(k)* werden die Nachkommen eines gemeinsamen Vorfahren allmählich zu neuen Arten *(a, f* und *m)*, in diesem Fall nach 14000 Generationen.
(Darstellung von Keith Roberts)

mit war bewiesen, daß das Leben sich dort am üppigsten zeigt, wo die Formen unterschiedlich sind. Der Gedanke lag nahe, daß Pflanzen, die in ein fremdes Land eingeführt wurden, sich nur dann erfolgreich vermehrten, wenn sie mit den endemischen Pflanzen eng verwandt waren, da man von letzteren annehmen konnte, daß sie für ihre Heimat besonders gut geeignet und angepaßt waren. In Wirklichkeit erwiesen sie sich jedoch als erfolgreicher, wenn sie neuen Gattungen und nicht nur neuen Arten angehörten.

Wie sorgte die Natur nun dafür, daß diese Mannigfaltigkeit zustande kam, fragte Darwin weiter. Pflanzen standen entweder »oben« oder »unten« auf der Stufenleiter der Organisation, und einige Botaniker stellten die Pflanzen am höchsten, bei denen alle Organe – Kelch- und Kronblätter, Staubgefäße und Stempel – in jeder Blüte voll entwickelt waren; andere gingen davon aus, daß Pflanzen mit weniger und stärker umgewandelten Organen eine höhere Stufe erreicht hatten. Darwin neigte mehr zur Ansicht der letzteren und begründete das damit, daß Organe überflüssig oder nutzlos werden könnten, wenn die Natürliche Zuchtwahl zur Spezialisierung führte. Auf der ganzen Welt existierte eine Vielzahl von niedrigsten Formen; wenn es für sie nicht von Vorteil war, verbessert zu werden, ließ die Natürliche Zuchtwahl sie unverändert, denn in der Natur gab es Raum für niedrig organisierte Formen, die keinem harten Wettbewerb mit höheren Formen ausgesetzt waren.

Die Verwandtschaft aller Wesen derselben Klasse ließen sich anhand eines großes Baumes darstellen.

Die grünen und knospenden Zweige stellen die bestehenden Arten dar und die im vorhergehenden Jahre entstandenen Zweige die vielen ausgestorbenen Arten. In jeder Wachstumsperiode haben alle Zweige das Bestreben, sich nach allen Seiten hin zu erstrecken und die benachbarten Äste und Zweige zu überwachsen und zu unterdrücken, ebenso wie im großen Kampf ums Dasein Arten und Artengruppen andere Arten zu meistern suchen. Die Hauptäste mit ihren immer kleiner werdenden Verzweigungen waren einst, als der Baum jung war, ebenfalls knospende Zweige, und die Verbindung der früheren mit den jetzigen Knospen durch sich verästelnde Zweige veranschaulicht gut die Einteilung der erloschenen und lebenden Arten in Gruppen und Untergruppen.

Von den vielen Zweigen, die blühten, als der Baum noch ein Strauch war, leben nur noch zwei oder drei als große Äste, die die anderen Zweige tragen. So ist es auch mit den Arten, die in vergangenen geologischen Epochen lebten: Nur wenige hinterließen lebende und veränderte Nachkommen. Seit dem ersten Aufsprießen des Stammes ist mancher Ast und mancher Zweig verdorrt und abgefallen, und diese verschwundenen Äste verschiedener Größe veranschaulichen ganze Ordnungen, Familien und Arten, die jetzt keine Repräsentanten mehr haben, die wir vielmehr nur fossil kennen. So wie wir da und dort ein kleines vereinzeltes Zweiglein aus einer Gabel tief unten am Stamm entspringen sehen, das vom Zufall begünstigt an seiner Spitze noch fortlebt, so finden wir gelegentlich auch ein Tier (wie *Ornithorhynchus* oder *Lepidosiren*), das in gewissem Grade zwei große Zweige des Lebens verbindet und offenbar von dem verhängnisvollen Wettkampf verschont blieb, weil es an einem geschützten Orte lebte. So wie Knospen durch Wachstum neue Knospen erzeugen und diese wieder, wenn sie lebenskräftig sind, ausschlagen, zu neuen Zweigen werden und schwächere Zweige zu überwinden suchen, so glaube ich, geschieht es auch seit Generationen am großen Lebensbaum, der die Erdrinde mit seinen toten, dahingesunkenen Ästen erfüllt und die Erdoberfläche mit seinem ewig neu sich verästelnden schönen Gezweige belebt.

Mit Hilfe eines sich stark verzweigenden Baums gelang es Darwin, uns ein Modell für das System der natürlichen Klassifikation zu geben, das nicht nur die ganze Welt der lebenden und ausgestorbenen Pflanzen und Tiere umfaßt, sondern, indem es eine Verbindung zwischen ihnen herstellt, erklärt, wie die Natürliche Zuchtwahl von Anfang allen Lebens an gewirkt hat.

10. Die großen Wanderungen

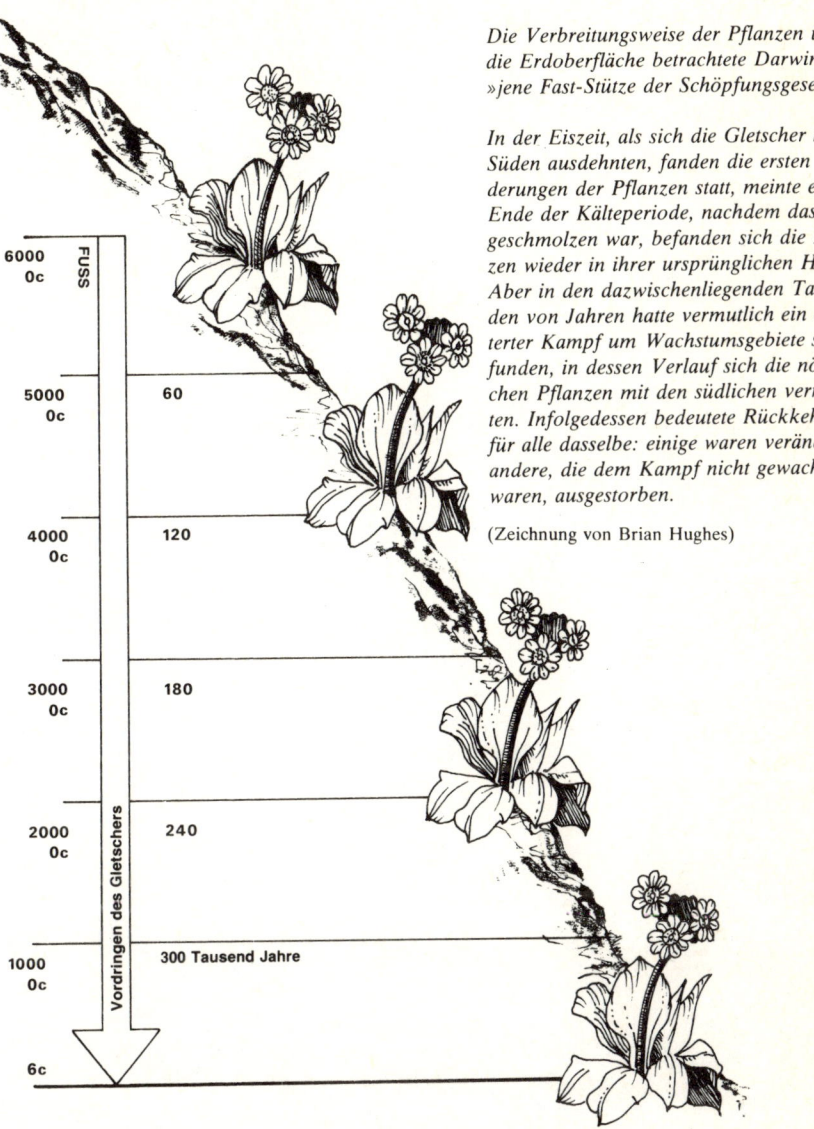

Die Verbreitungsweise der Pflanzen über die Erdoberfläche betrachtete Darwin als »jene Fast-Stütze der Schöpfungsgesetze«.

In der Eiszeit, als sich die Gletscher nach Süden ausdehnten, fanden die ersten Wanderungen der Pflanzen statt, meinte er. Am Ende der Kälteperiode, nachdem das Eis geschmolzen war, befanden sich die Pflanzen wieder in ihrer ursprünglichen Heimat. Aber in den dazwischenliegenden Tausenden von Jahren hatte vermutlich ein erbitterter Kampf um Wachstumsgebiete stattgefunden, in dessen Verlauf sich die nördlichen Pflanzen mit den südlichen vermischten. Infolgedessen bedeutete Rückkehr nicht für alle dasselbe: einige waren verändert, andere, die dem Kampf nicht gewachsen waren, ausgestorben.

(Zeichnung von Brian Hughes)

FUSS

6000 0c

5000 0c — 60

4000 0c — 120

3000 0c — 180

2000 0c — 240

Vordringen des Gletschers

1000 0c — 300 Tausend Jahre

6c

12c — Gletscher geht zurück; Pflanzen kehren wieder

Alle drei Bücher, die Joseph Hooker über die Botanik der Expeditionen von *Erebus* und *Terror* schrieb, leitete er mit einer kurzen, vorzüglichen Abhandlung ein. In der Einleitung zur *Flora Antarctica*, dem ersten Band der Trilogie, äußerte er zum erstenmal seine Theorie über die geographische Verbreitung der Pflanzen, ein Thema, von dem er glaubte, es könnte »der Schlüssel« sein, »mit dem sich das Geheimnis der Arten entschleiern lassen wird«.

In seinem Brief an Hooker vom 10. Februar 1845 ging Darwin noch weiter. »Ich weiß«, schrieb er, »daß ich Sie noch als die Autorität auf diesem umfassenden Gebiet in Europa sehen werde, jener Fast-Stütze der Schöpfungsgesetze, der geographischen Verbreitung.«

Beide waren sich über die Bedeutung dieses Themas einig.

Im Anschluß an die botanische Erforschung der südlichen Halbkugel hatte Hooker vier Jahre in Indien verbracht. Im Jahre 1850 war er nach Hause zurückgekehrt, ein guter Kenner der Pflanzengeographie: Von Kindheit an mit dem aus aller Welt gut bestückten Herbarium seines Vaters vertraut, hatte er sich persönlich über die Verbreitungsweise der Pflanzen von Kontinent zu Kontinent informiert. Bei der Besteigung eines Bergs in Indien war er aus der sengenden Hitze der Ebenen durch einen gemäßigten englischen Frühling in arktischen Winter gelangt – und auf dem Gipfel auf dieselben Flechten gestoßen, *Lecanora miniata*, die auch die Felsen der Crozet-Inseln hochrot färbten, der südlichen Verbreitungsgrenze der Vegetation. Ihm war aufgefallen, daß die südlich von Neuseeland gelegenen Inseln ebenso wie die Falklandinseln, Süd-Georgien, Tristan da Cunha und die Kerguelen, 8000 Kilometer entfernt, Pflanzen aus Feuerland beherbergten. Und in Feuerland hatte er eine Unzahl von Pflanzen entdeckt, die aus England ausgewandert waren: Grasnelke, Löwenzahn, Aster, Schraubige Vallisneria und eine Primel, die mit der in England heimischen fast identisch war. Bei Dutzenden von gemeinen Arten und neunzehn Grasarten handelte es sich um dieselben, und fast jeder Farn auf Feuerland war auch in England weit verbreitet. Die Tatsache, daß er sie als vertraute Pflanzen der Heimat erkannte, brachte ihn zu »jenem interessanten Thema – der Verbreitung von Arten über die Oberfläche unserer Erde«.

Dieselben interessanten Tatsachen waren Darwin aufgefallen. Seit der Rückkehr Hookers von seiner Reise in die Antarktis, als er sich mit Darwin in Verbindung gesetzt hatte, nahm das Thema der geographischen Verbreitung einen breiten Raum in dem Briefwechsel zwischen den beiden Wissenschaftlern ein.

Zunächst machte Darwin den Jüngeren darauf aufmerksam, wie wichtig es wäre, die feuerländische Flora mit der der Kordilleren und Europas zu vergleichen; Henslow hatte, wie wir wissen, die Sammlungen geschickt, die Darwin von den Galapagosinseln, aus Patagonien, Feuerland und schließlich von der ganzen Expedition mitgebracht hatte. Die Ergebnisse, zu denen Hooker bei der Untersuchung der Exemplare von den Galapagosinseln kam, begeisterten und überraschten Darwin. Wie wunderbar sie seine Annahme über die Artenunterschiede auf den einzelnen Inseln bestätigten, »hinsichtlich derer ich immer etwas Bedenken hatte«, schrieb er. Er löcherte Hooker mit Fragen, entschuldigte sich für ihre Zahl und Häufigkeit, worauf er die Antwort erhielt: »Wenn Sie wüßten, wie dankbar ich war, daß ich mich von der Schinderei, die meine ›professionelle Botanik‹ darstellt, Ihrer ›philosophischen Botanik‹ zuwenden konnte, würden Sie keine Bedenken haben, mich mit Fragen zu belästigen. Die einfache nackte Wahrheit ist, daß ich wirklich auf solche Fragen warte und mit ihnen rechne, denn sie sind das beste Mittel, in mir ein gebührendes Interesse an diesem Thema wachzuhalten. Ich hege die vage Hoffnung, eines Tages darüber zu schreiben, aber Tage und Jahre vergehen, und alles, was ich erreiche, erreiche ich in der Korrespondenz mit Ihnen, ohne die ich die ganze Sache bald aus den Augen verlieren würde.«

Manchmal erwiesen sich Darwins Fragen als direkte praktische Hilfe für Hooker, wie ein Brief an Asa Gray zeigt:

Eine meiner wilden Spekulationen brachte mich zu dem Schluß (obwohl das nichts mit Ihren Statistiken zu tun hat), daß Bäume eine starke Neigung zeigen, Blüten mit diözischem, monözischen oder polygamem Aufbau hervorzubringen. Ich fand bei Persoon*, daß dies der Fall zu sein schien, und nahm mir eine kleine britische Flora vor, und indem ich nach Loudons Vorbild Bäume von Sträuchern trennte, stellte ich fest, daß das Ergebnis nach Arten, Gattungen und Familien sich so darstellte, wie ich angenommen hatte. Ich teilte meine Auffassung Hooker mit und bat ihn, die Flora Neuseelands zu diesem Zweck aufzulisten, und er hielt mein Ergebnis für so interessant, daß er meinem Vorschlag folgte; die

---

* Christian Hendrick Persoon (1761–1836), der südafrikanische Botaniker.

Übereinstimmung mit England ist sehr auffallend, und das um so mehr, als er nach drei Klassen unterschied, nämlich Bäumen, Sträuchern und krautigen Pflanzen. (Er sagt, er wird nach demselben Prinzip mit der Flora von Tasmanien verfahren.) Die Sträucher nehmen eine Mittelposition zwischen den zwei anderen Klassen ein. Es scheint mir eine eigenartige Beziehung als solche zu sein, und sie ist es auch ganz entschieden, wenn meine Theorie und Erklärung zutreffen.

Hooker und Darwin betrachteten das Thema aus völlig verschiedenen Gesichtswinkeln. Als Taxonom interessierte sich Hooker für »Artenprobleme« als Teil der Pflanzengeographie, also der Verwandtschaft von Pflanzen eines Landes mit denen eines anderen. Darwins Interesse war globaler, denn auf Grund seiner Kenntnisse war er in der Lage, die Wanderungen der Pflanzen bis zu ihrem Ursprung zurückzuverfolgen und so zu verstehen, warum sie sich dabei verändert hatten oder unverändert geblieben waren.

Die beiden Wissenschaftler führten nicht nur eine umfangreiche Korrespondenz (die ein ganzes Buch füllen würde), sondern trafen auch häufig in Down House zusammen. Von diesen Besuchen erzählte Hooker Francis Darwin: »Es war eine feste Regel, daß er mich, wie er es nannte, jeden Tag nach dem Frühstück eine halbe Stunde in seinem Arbeitszimmer ›auspumpte‹, wobei er zuerst einen Haufen von Zetteln mit botanischen, geographischen und anderen Fragen herausholte, die ich beantworten sollte, und mir zum Schluß von den Fortschritten berichtete, die seine eigene Arbeit machte, wozu er in mehreren Punkten meine Meinung hören wollte.«

Darwin verfügte in jeder Hinsicht über ein so umfangreiches Wissen, daß Hooker, soviel er auch beitrug, »immer mit dem Gefühl das Haus verließ, nichts gegeben und mehr bekommen zu haben, als ich verkraften konnte«.

Er brachte sich immer Arbeit mit, denn nach der Morgensitzung sah er Darwin erst gegen Mittag wieder, »wenn ich seine sanfte Stimme unter meinem Fenster meinen Namen rufen hörte – das bedeutete, daß ich ihn auf seinem täglichen Vormittagsspaziergang auf dem Sandweg begleiten sollte. Im Sommer trug er eine grobe graue Jägerjacke, im Winter ein schweres Cape um die Schultern, und in der Hand hielt er einen dicken Stock; wir gingen dann langsam durch den Garten, in dem es immer ein Experiment zu beobachten gab, und weiter zum Sandweg, auf dem wir eine bestimmte Zahl von Runden zurücklegten; in der Zwischenzeit sprachen wir gewöhnlich von fremden Ländern und Meeren, alten Freunden und Büchern und Dingen, die weit weg von unserem Geist und unseren Augen waren. Nachmittags folgte ein weiterer Spaziergang, nach dem er sich bis zum – wenn er sich wohlfühlte – gemeinsamen Abendessen der Familie zurückzog; wenn nicht, erschien er in der Regel im Salon, wo er in seinem hohen Stuhl saß, die Füße in riesigen Pantoffeln auf einem hohen Hocker ruhend – auf diese Weise genoß er die Musik oder Unterhaltung seiner Familie.«

Sie arbeiteten so eng zusammen, und Hooker ließ sich von den Argumenten Darwins so schnell überzeugen, während er gleichzeitig eigene überzeugende Gedanken äußerte, daß Darwin zu fürchten begann, er habe Hookers Arbeit durch die offene und ausführliche Diskussion seiner Ideen behindert. Am 14. November 1858 schrieb er:

Ich denke seit einiger Zeit, daß ich Ihnen im Austausch für das unendlich Gute, das ich von Ihnen erhalte, einen schlechten Dienst erwiesen habe, indem ich alle meine Vorstellungen mit Ihnen besprach; und nun besteht kein Zweifel, da sie unabhängig zu der Ansicht gelangt wären.

Es war unvermeidlich, daß sie letztendlich übereinstimmten. In der Einleitung zu seiner Flora Neuseelands (1864) trug Hooker zwar einige allgemeine Vorstellungen über die Entstehung der Arten vor, blieb aber noch der herrschenden Lehre treu, derzufolge Arten als solche erschaffen und unveränderlich waren. Bei seiner Rückkehr aus Indien hatte er dann vergleichende Studien der umfangreichen Flora dieses Kontinents und von Australien angestellt und ihre Beziehungen mit denen der benachbarten Länder untersucht, immer auf der Suche nach Verwandtschaften. Auf diese Weise kam er zum Problem des Variierens von Pflanzen, und in seiner Einleitung zur Flora Tasmaniens äußerte er auch eine eigene Theorie zur Entstehung der Arten. Doch das alles ließ sich mit Darwins Theorie, ihrer Bedeutung und dem Beweismaterial, mit dem er sie untermauerte, überhaupt nicht vergleichen. Es war dann auch die Stichhaltigkeit der Tatsachen (»der Beweis der Theorie«), die die wissenschaftliche Welt bekehrte und überzeugte, und Hooker wußte, wie viel er seinem Freund, dem Philosophen und Botaniker Darwin, zu verdanken hatte. Nunmehr ebenfalls überzeugt, daß Arten »nicht originär und veränderlich« waren, schrieb er: »Welche Auffassungen ein Naturforscher über den Ursprung und das Variieren der Arten auch immer haben mag, jeder unvoreingenommene Mensch muß zugeben, daß die Tatsachen und Argumente, auf denen er seine Überzeugungen aufbaut, der Überprüfung bedürfen, seit von der Linnean Society die genialen und originellen Schlußfolgerungen und Theorien von Darwin und Wallace veröffentlicht wurden.«

In der Art der wissenschaftlichen Untersuchung der geographischen Verbreitung waren sie sich dagegen von Anfang an einig.

Für Darwin hing alles an der einen Frage: Waren dieselben Arten gleichzeitig an verschiedenen Teilen der Welt geschaffen worden – oder stammten sie von gemeinsamen Eltern ab?

Es war schwer zu verstehen, wie die Arten von irgendeinem Ort zu den entfernten und isolierten Stellen hatten wandern können, an denen man sie heute fand. »Aber trotzdem drängt sich die Ansicht auf, daß alle Arten ursprünglich von einem bestimmten Geburtsort ausgingen. Wer dies ablehnt, verwirft auch die *vera causa* der gewöhnlichen Zeugung mit nachfolgender Wanderung und nimmt seine Zuflucht zum Wunderglauben.« Das waren Darwins Worte, und anschließend machte er sich daran, zu beweisen, wie Wanderungen möglicherweise abgelaufen waren.

Als erstes ging er auf die Frage ein, wie sich das Hindernis der großen Weltmeere hatte überwinden lassen. In seinen Salzwasser-Experimenten hatte er bewiesen, daß im Durchschnitt 14 von 100 Pflanzen eines Landes 1500 Kilometer im Meer zurücklegen konnten und dann, wenn sie an einer fremden Küste angespült und vom Sturm an eine günstige Stelle im Inland getragen wurden, noch keimfähig waren. Auf fast allen Inseln wurde Treibholz angeschwemmt, selbst wenn sie mitten im Ozean lagen. Auf den Koralleninseln im Pazifischen Ozean hatte er in den Wurzeln angetriebener Bäume oft unregelmäßig geformte Steine entdeckt, hinter denen kleine Erdpartikel eingeschlossen waren. Aus einem solchen kleinen Erdklumpen keimten bei einem seiner Versuche drei Arten von Dikotyledonen. Die Körper toter Meeresvögel stellten ein weiteres Transportmittel dar: In ihren Kröpfen konnten zahlreiche Samenarten ihre Keimfähigkeit über eine lange Zeit erhalten. Darwin hatte eine tote Taube dreißig Tage lang in seinem Salzwasserbehälter aufbewahrt. Fast alle Erbsen- und Wickensamen, die er anschließend dem Kropf entnahm, keimten. Bei einem anderen Experiment hatte er aus den Ausscheidungen kleiner Vögel in seinem Garten 12 Samenarten aussortiert, von denen ebenfalls einige noch keimfähig waren. An den Füßen von Vögeln hafteten nicht selten kleine Erdklumpen. Alfred Newton, Zoologieprofessor in Cambridge, hatte ihm den Fuß eines Rebhuhns geschickt, an dem ein fester, 184 Gramm schwerer Erdklumpen klebte. Die Erde war drei Jahre alt, als Darwin sie zerkleinerte, befeuchtete und unter eine Glasglocke legte. Aber dann wuchsen nicht weniger als 182 Pflanzen daraus hervor, von denen 12 zu den Monokotyledonen gehörten, darunter gemeiner Hafer und ein Gras, und 70 zu den Dikotyledonen mit mindestens drei verschiedenen Arten. »Können wir anhand solcher Tatsachen zweifeln, daß alle die vielen alljährlich von den Stürmen über die Weiten den Ozean verschlagenen oder alljährlich auswandernden Vögel (z. B. die Millionen von Wachteln, die über das Mittelmeer ziehen) gelegentlich Samenkörner an Füßen und Schnäbeln weiterbefördern?« fragte Darwin.

Eisberge trugen gelegentlich Erde und Steine mit sich, und es gab Fälle, in denen man Buschholz, Knochen und das Nest eines Landvogels gefunden hatte. Es war anzunehmen, daß sie von Zeit zu Zeit auch Samen von einem Teil der arktischen und antarktischen Regionen zum anderen und während der Eiszeit sogar von einem Teil der heute gemäßigten Zonen zu einem anderen Teil befördert hatten. Darwin ging davon aus, daß die Azoren unter anderem von Eisbergen mit Samen versehen worden waren, und zwar auf Grund der zahlreichen Pflanzen, die sie im Vergleich zu anderen, dem Festland näher liegenden Inseln des Atlantik mit Europa gemeinsam hatten. Aber gab es auch Findlinge auf den Azoren? Lyell hatte diese Frage an einen seiner Briefpartner geschickt und die Antwort erhalten, daß jener dort große Granitblöcke und anderes Gestein gefunden hatte, die sonst auf den Inseln nicht vorkamen. Darwin folgerte daraus: »Wir können deshalb als sicher annehmen, daß einstmals Eisberge ihre steinerne Bürde an den Küsten dieser Inseln niedergelegt haben und daß dabei auch einzelne Samen nördlicher Pflanzen dort eingeführt worden sind.«

Die Eiszeit hatte noch eine andere Art der Wanderung bewirkt.

Darwin wies auf die Identität vieler Pflanzen auf den Berggipfeln hin, die durch Hunderte von Kilometern Tiefland voneinander getrennt waren, in denen alpine Pflanzen unmöglich existieren konnten. Wie

Geographische Verbreitung auf dem Luft-, Wasser- und Landwege. Einmal sortierte Darwin aus den Ausscheidungen kleiner Vögel zwölf Samenarten aus, von denen einige keimten. Auch Fische schluckten Samen herunter, wie er feststellte. Samen mit rauher Schale verfingen sich leicht im Fell von Tieren und wurden an anderer Stelle wieder abgeschüttelt.

(Zeichnung von Brian Hughes)

hatten sie dieses Hindernis überwunden? Darwin hatte Asa Gray um Auskunft über die alpinen Pflanzen von Amerika gebeten und so von der bemerkenswerten Tatsache erfahren, daß alle Pflanzen auf den White Mountains mit denen Labradors übereinstimmten. Außerdem handelte es sich vielfach um dieselben, die auf den höchsten Bergen Europas vorkamen.

Es war bekannt, daß in Mitteleuropa und Nordamerika in relativ junger geologischer Vergangenheit arktisches Klima herrschte. Bei geologischen Expeditionen in Schottland und Wales hatte Darwin in den geschrammten Abhängen, geglätteten Felsen und abgebrochenen Gesteinsblöcken der Berge die Zeugnisse dieser Periode gesehen. In Norditalien pflanzte man auf riesigen Moränen, die die Gletscher hinterlassen hatten, Wein und Mais. In einem großen Teil der Vereinigten Staaten erinnerten Findlinge und geschrammte Steine ebenfalls an eine ehemalige Kälteperiode. Darwin erklärte, was mit den Pflanzen geschehen war. Als die Kälte vorrückte und in die südlicheren Regionen eindrang, wurden diese Zonen für die Pflanzen aus nördlicheren Breitegraden bewohnbar. Sie breiteten sich nach Süden aus und zogen immer weiter, wenn sie nicht auf natürliche Grenzen stießen, wo sie sterben mußten. Zu der Zeit, als die Kälteperiode ihren Höhepunkt erreicht hatte, wurden die zentralen Teile Europas bis zu den Alpen und Pyrenäen, ja sogar bis nach Spanien hinein, von einer arktischen Flora beherrscht. Nordamerika bedeckten ebenfalls arktische Pflanzen, fast dieselben wie in Europa. Darwin wies darauf hin, daß die heutigen Arten der Polarländer, »von denen wir annahmen, daß sie nach Süden zogen«, rings um die Erde bemerkenswert einförmig sind. Als dann die Wärme zurückkehrte, zogen die arktischen Arten wieder nach Norden, dicht gefolgt von Pflanzen der gemäßigteren Zonen. Und als der Schnee am Fuße der Berge schmolz, nahmen die arktischen Pflanzen die jeweils eisfreien und aufgetauten Bodenflächen in Besitz und kletterten mit zunehmender Wärme und fortschreitender Schneeschmelze immer höher, während ihre Verwandten in den Ebenen die Reise nach Norden fortsetzten. Als sich das warme Klima schließlich wieder durchgesetzt hatte, befanden sich dieselben Arten, die noch vor kurzem zusammen in den europäischen und nordamerikanischen Niederungen gelebt hatten, wieder in den arktischen Zonen der Alten und Neuen Welt sowie auf vielen isolierten Berggipfeln, die weit voneinander entfernt lagen.

Die Eiszeit hatte jedoch noch einen weiteren interessanten Aspekt.

Auf ihrer Reise nach Süden und zurück nach Norden veränderten sich die arktischen Arten nicht wesentlich, weil sie sich mit dem kalten Klima auf einer Höhe bewegten. Aber nicht alle der heutigen alpinen Pflanzen auf einem Berggipfel waren mit denen auf anderen identisch. Es gab einige Varietäten, einige zweifelhafte Formen und einige unterschiedliche, wenn auch eng verwandte Arten. Darwin ging davon aus, daß die alten voreiszeitlichen alpinen Pflanzen, die nicht so weit nach Norden gewandert waren, während der zurückflutenden Wärme Modifikationen unterworfen waren, wogegen sich andere mit den in ihre alte Heimat zurückkehrenden nördlichen Pflanzen vermischt und so verändert hatten. Außerdem hatte es sicher Gebiete gegeben, die von den Gletschern verschont geblieben waren. Später hatte die südliche Hemisphäre eine Eiszeit erlebt, während es auf der nördlichen Hemisphäre wärmer wurde. Die Pflanzen wanderten in umgekehrte Richtung von Süden nach Norden, und es muß einen erbitterten Kampf um Lebensraum gegeben haben, wobei die dem Kampf nicht gewachsenen Pflanzen ausstarben, während andere sich veränderten. Darwin verglich diese Wanderungen mit Strömen des Lebens, die sich in der einen Periode von Norden, in der anderen von Süden heranbewegten und beide den Äquator erreichten. »Wie die Flut ihren Antrieb in waagerechten Linien am Strande zurückläßt und wie diese Linien da, wo die Flut am höchsten steigt, gleichfalls am höchsten sind, so haben auch die Ströme des Lebens ihre Pflanzen und Tiere auf unseren Berghöhen zurückgelassen, und zwar in einer Linie, die von den arktischen Niederungen langsam ansteigt und ihre größte Höhe unter dem Äquator erreicht. Die verschiedenen hier gestrandeten Wesen sind wilden Menschenstämmen vergleichbar, die, nahezu überall auf die Bergfesten zurückgedrängt, sich nur noch als interessante Überreste der einstigen Bevölkerung der umgebenden Flachländer erhalten haben.«

Er wandte sich der Frage zu, welche Möglichkeiten der Wanderung es für Süßwasserpflanzen gegeben haben konnte. Seen und Flüsse waren voneinander durch Landmassen getrennt, und der Gedanke lag nahe, daß ihre Bewohner innerhalb desselben Landes nicht weit verbreitet gewesen waren. Und da das Meer eine noch schwerer zu überwindende Grenze darstellte, dürften sie niemals in entfernte Länder vorgedrungen sein. Die Sache verhielt sich jedoch gerade umgekehrt. »Ich erinnere mich noch meiner Überraschung«, schrieb

Darwin, »als ich zum erstenmal in den Süßwassern Brasiliens fischte und die Wasserinsekten, Konchylien usw. den englischen überaus ähnlich, die Landbewohner der Umgebung dagegen den englischen überaus unähnlich fand.« Die Erklärung lag in den meisten Fällen in kurzen und häufigen Wanderungen innerhalb desselben Landes von Teich zu Teich und von Fluß zu Fluß. Die größere Verbreitung war auf Wirbelstürme zurückzuführen: Es war nicht ungewöhnlich, daß lebende Fische in die Luft gehoben und an entfernten Stellen wieder abgesetzt wurden. Überflutungen, die einen Fluß mit einem anderen verbanden, boten einen unumstürzlichen Beweis; und Watvögel, die die schlammigen Ufer von Teichen aufsuchten, legten weiteste Flugstrecken zurück. Sie tauchten auf den entferntesten und unfruchtbarsten Inseln im offenen Meer auf. Wenn sie landeten, wurde der Dreck an ihren Füßen abgespült und in andere schlammige Gebiete geschwemmt. »Ich bezweifele«, schrieb Darwin, »daß alle Botaniker wissen, wie stark im allgemeinen Tümpelschlamm von Samen durchsetzt ist! Ich habe einige diesbezügliche Versuche angestellt.« Er berichtete von einem Experiment. »Ich entnahm im Februar drei verschiedenen unter Wasser liegenden Stellen am Rande eines kleinen Weihers drei Eßlöffel Schlamm, der getrocknet nur 6 3/4 Unzen (190 Gramm) wog. Ich hob ihn in meiner Arbeitsstube bedeckt sechs Monate auf, zählte alle keimenden Pflänzchen und riß sie aus. Ich bekam auf diese Weise 537 Pflanzen verschiedener Arten, und doch war der ganze zähe Schlamm in einer Teetasse untergebracht! Es müßte also merkwürdig zugehen, wenn nicht die Samen von Süßwasserpflanzen durch Wasservögel in unbesetzte Tümpel und Flüsse sowie in ferne Gegenden verschleppt werden sollten!«

Aber die Meere setzten der Zahl der Pflanzen, die auf den ozeanischen Inseln zu finden waren, sicherlich Grenzen. Ganz Neuseeland, die Nachbarinseln Auckland, Campbell und Chatham eingerechnet, wiesen nur 960 Blütenpflanzenarten auf; demgegenüber beherbergte die Grafschaft Cambridge 847 Arten und die kleine Insel Anglesey 764, wobei allerdings eine Anzahl Farne und eingeführte Pflanzen mitgerechnet waren. Die unfruchtbare Insel Ascension hatte weniger als ein halbes Dutzend endemische Blütenpflanzen (wie Hooker bei seiner Reise dorthin festgestellt hatte), und doch waren inzwischen dort ebenso wie in Neuseeland und auf allen anderen ozeanischen Inseln viele Arten heimisch geworden. Auf St. Helena hatten die eingeführten Pflanzen fast alle heimischen verdrängt.

Also, so folgerte Darwin, muß, wer an die besondere Schöpfung der Arten glaubt, auch wohl oder übel zugeben, daß für die Meeresinseln nicht genug angepaßte Pflanzen und Tiere erschaffen worden sind; denn der Mensch hatte diese Inseln (manchmal unbeabsichtigt) besser und vollkommener besetzt als die Natur.

Es gehörte zu Darwins Arbeitsweise, seine eigenen Aussagen aus der Sicht seines schärfsten Kritikers zu betrachten. Auf diese Weise schuf er sich eine Herausforderung, die ihm vielfach half, seine Argumentation abzurunden. Außerdem konnte er so eine ungefähre Vorstellung davon machen, wie seine Aussagen in der Öffentlichkeit aufgenommen würden. Als er die Ansicht äußerte, »daß die zahllosen Arten, Gattungen und Familien, die diese Welt bevölkern, jeweils innerhalb ihrer eigenen Klasse oder Gruppe von gemeinsamen Stammeltern abstammen«, und von dort »einen Schritt weiter, nämlich zu der Überzeugung« gelangte, »daß alle Tiere und Pflanzen von einem Urtypus abstammen«, sah er voraus, daß seine Leser Beweise verlangen würden. Es war gut und schön, von Variationen zu sprechen, die jeder Gärtner oder Naturforscher akzeptieren würde, aber wie stand es mit den Zwischenformen, die den Übergang zeigten? Gab es die Verbindungsglieder unter Fossilienfunden?

Unglücklicherweise existierte keine ununterbrochene Fossilienkette. Erst wenige Teile der Erdoberfläche waren geologisch erforscht, und noch weniger gründlich. Zu den auffallendsten Beispielen gehörte die Flysch-Formation, eine mehrere hundert Meter, teilweise sogar 1800 Meter dicke Schiefer- und Sandsteinschicht, die sich von Wien aus mindestens 480 Kilometer weit bis in die Schweiz hinein erstreckte. Trotz gründlichster Erforschung waren in dieser ausgedehnten Formation nur wenige Fossilien – von Pflanzen – aufgetaucht.

Darwin vertrat die Meinung, daß fast alle fossilienreichen alten geologischen Formationen in Perioden entstanden waren, in denen das Land sich senkte, und daß sich Fossilien nur dort finden ließen, wo genügend Sediment abgelagert worden war, um die Überreste zu bedecken, bevor sie zerfielen. Wenn das Meer seicht war, waren die Sedimentschichten bei der Erhebung des Landes von den donnernden Wellen der Küstenbrandung zerstört worden. Auch in den tiefsten Tiefen des Ozeans konnten sich dicke, ausgedehnte Sedimentschichten anhäufen, aber in solchen Tiefen gab es nicht so viele oder verschiedene Formen des Lebens. Wenn sich diese Masse hob, konnte sie nur unzureichenden Aufschluß über das Leben geben, das während ihrer Entstehung in der Umgebung geherrscht hatte. Wo sich keine Sedimente ablagerten oder sie sich nicht schnell genug ablagerten, um die organischen Wesen vor dem Zerfall zu bewahren, konnten sich auch keine Überreste erhalten.

Es hatte eine lange Kette von Landerhebungen gegeben. Eine Formation überlagerte die andere, aber nicht in geordneten Schichten, so daß es möglich gewesen wäre, aus einem Querschnitt durch eine Schicht die Änderung und Vervollkommnung einer Pflanze in einer Reihe von Entwicklungsstufen abzulesen. Das Land war in einer Folge von unregelmäßigen Bewegungen aufgefaltet, zerrieben, zerbrochen und aufgetürmt worden, und zwischen diesen Bewegungen verstrichen jeweils immense Zeiträume. Die verkieselten Bäume, die Darwin gefunden hatte, standen noch aufrecht, wie sie gewachsen waren. Aber das war auf eine einfache Niveauverschiebung in jüngerer geologischer Zeit zurückzuführen und betraf nur eine einzige Art. Wie verhielt es sich mit den unteren Schichten, die angehoben, abgetragen und ins Wasser gespült und von den oberen Schichten derselben Formation bedeckt worden waren? »Wir dürfen nicht vergessen«, schrieb Darwin, »daß wir gegenwärtig, selbst wenn vollständige Exemplare zur Untersuchung vorliegen, nur selten zwei Formen durch Zwischenvarietäten verbinden und dadurch ihre Zugehörigkeit zur gleichen Art beweisen können, sofern nicht viele Exemplare an verschiedenen Orten gefunden sind, was aber bei fossilen Arten nur selten der Fall sein wird.« Aus diesem Grund, so fuhr er fort, »haben wir kein Recht, in unseren geologischen Formationen eine unendliche Zahl jener Übergangsformen zu erwarten, die nach meiner Theorie alle früheren und jetzigen Arten zu einem großen, verzweigten Lebensbaume verbinden. Wir dürfen nur einige wenige Glieder zu finden hoffen, und zwar werden wir diese auch tatsächlich finden: einige enger, einige weiter auseinander stehend.« Welche Glieder auch immer in der Aufeinanderfolge der fossilen Überreste fehlten, sie reichten doch aus, um zu beweisen, daß der Faden des Lebens selbst niemals abgerissen war. Genau wie die Pflanzen, die bei ihren Wanderungen weite Strecken zurückgelegt und sich verändert hatten, ihren Verwandten zu Hause ähnlich geblieben waren, so hatte sich auch dieselbe tiefe organische Verbindung durch Zeit und Raum erhalten; und bei jener Verbindung handelte es sich um nichts anderes als die Vererbung.

Er blickte weit in die Vergangenheit zurück. Er sah, daß möglicherweise Kontinente bestanden hatten, wo sich heute Meere erstreckten; und daß dort, wo sich heute Kontinente ausbreiten, einst klare, offene Meere gelegen hatten. Wenn sich beispielsweise heute das Bett des Pazifischen Ozeans in einen Kontinent verwandelte, sagte er, so könnten wir doch nicht erwarten, genau erkennbare Sedimentärformationen von größerem Alter als die kambrische Schicht zu finden, vorausgesetzt, daß solche dort überhaupt abgelagert wären. Man stelle sich den ungeheuren Druck des Wassers vor und die verändernde Wirkung, die es ausübt. In einigen Teilen der Welt gab es riesige Massen nackten, metamorphen Gesteins, das unter großem Druck erhitzt sein mußte, beispielsweise in Südamerika. War es überraschend, daß wir in geologischen Formationen zwar viele Verbindungsglieder zwischen einer heute existierenden und einer früheren Art finden, aber nicht die unendlich zahlreichen Übergangsformen, die sie alle eng miteinander verbinden?

»Ich für meinen Teil«, meinte Darwin, »halte die geologischen Urkunden für eine unvollkommene Geschichte der Erde, die in wechselnden Dialekten geschrieben ist; von dieser Geschichte besitzen wir nur noch den letzten Band, der von zwei oder drei Ländern berichtet. Von diesem Band blieben nur einzelne Kapitel erhalten, von jeder Seite nur etliche Zeilen. Jedes Wort der unmerklich wechselnden Sprache, mehr oder weniger verschieden in den aufeinanderfolgenden Formationen, zeigt uns die Lebensformen, die in den aufeinanderfolgenden Formationen begraben liegen und uns den irrtümlichen Eindruck vermitteln, als seien sie urplötzlich erschienen. Von diesem Standpunkt aus vermindern sich die Schwierigkeiten oder verschwinden gar völlig.«

Aber angenommen, seine Leser waren noch immer nicht überzeugt? Es gab eine Antwort. »Vielleicht«, schrieb Darwin, »hat die Natur sich die Mühe gemacht, ihr Modifikationssystem mit Hilfe der rudimentären Organe, der embryonalen und homologen Strukturen zu entschleiern, aber wir sind zu blind, um ihre Sprache zu verstehen.«

Die Abstammungslinien ließen sich an permanenten Merkmalen erkennen. Bei allen organischen Lebewesen – mit Ausnahme vielleicht der niedrigsten – war die geschlechtliche Fortpflanzung im wesentlichen ähnlich. Bei allen war das Keimbläschen dasselbe. Also kommen, sagte er, alle Organismen von einem gemeinsamen Ur-

sprung her. »Ziehen wir die beiden Hauptabteilungen des Naturrei-
ches, nämlich Tiere und Pflanzen, in Betracht, so finden wir bei gewissen niederen Formen einen derartigen Zwischencharakter, daß
die Naturforscher nicht wissen, welchem Reich sie sie zuweisen sollen.« Asa Gray hatte darauf hingewiesen, daß »die Sporen und andere Fortpflanzungskörper einzelner niederer Algen zunächst ein tie-
risches und später zweifellos ein pflanzliches Dasein führen.«

Darum, so folgerte Darwin, »scheint es nach dem Prinzip der Natürlichen Zuchtwahl mit Divergenz des Charakters nicht unglaublich,
daß sich Tiere wie auch Pflanzen aus einer solchen niederen oder
Zwischenform entwickelt haben; und wenn wir das zugeben, müssen
wir auch einräumen, daß sämtliche organischen Lebewesen, die je die
Erde bevölkert haben, von einer einzigen Urform abstammen können«.

Das eine Reich der Lebewesen unterteilt in zwei Reiche!

Tier- und Pflanzenorgane in rudimentärem Zustand bewiesen eindeutig, daß das jeweilige Organ bei einem früheren, gemeinsamen
Vorfahren voll entwickelt war. Bei den Individuen derselben Pflanzenarten sind die Kronblätter mal rudimentär, mal gut entwickelt.
Der Botaniker Gottlieb Kölreuter hatte festgestellt, daß man bei bestimmten getrenntgeschlechtlichen Arten durch Kreuzung einer Art,
deren männliche Blüten ein rudimentäres Pistill aufwiesen, mit einer
zwittrigen Art, die immer ein gutentwickeltes Pistill hatten, einen hybriden Nachkommen erhielt, bei dem das rudimentäre Organ erheblich größer war. Das zeigte deutlich, daß das rudimentäre und das
vollkommene Pistill ihrer Natur nach gleich waren. Ein zweierlei
Zwecken dienendes Organ kann hinsichtlich des einen Zwecks, sogar
des wichtigeren, rudimentär werden oder ganz fehlschlagen, für den
anderen aber vollkommen wirksam bleiben. Das Pistill der Pflanzen
dient dazu, den Pollenschläuchen das Erreichen der Eier im Ovarium
zu ermöglichen. Das Pistill besteht aus einer Narbe auf einem Griffel,
unter dem sich das Ovarium befindet. Aber bei einigen Compositae
(Glockenblumenartige) verfügt die männliche Blüte, die selbstverständlich nicht befruchtet werden kann, über ein rudimentäres Pistill
ohne Narbe. Der Griffel dagegen ist gut entwickelt und wie normal
mit Härchen besetzt, die dazu dienen, den Pollen von den umgebenden Antheren abzustreifen. Manchmal sind rudimentäre Organe
vollkommen abortiv. So fehlt zum Beispiel bei den meisten Skrophu-
lariazeen das fünfte Staubblatt. Dennoch kann man davon ausgehen,

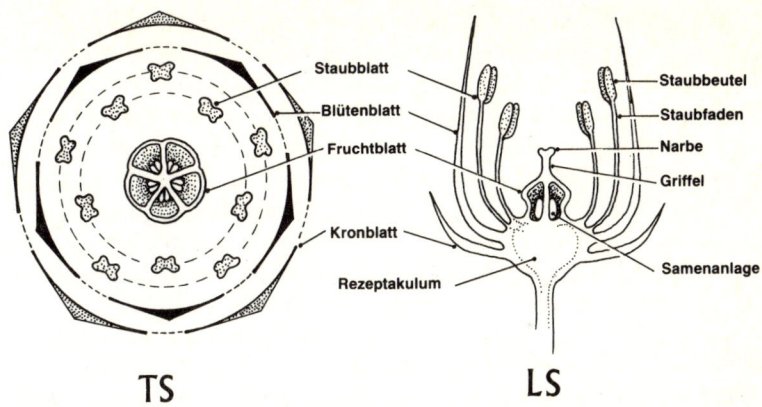

Die Entdeckung, daß eine Blüte auf einige ihrer Organe verzichten konnte, half Darwin, ihre Abstammung zurückzuverfolgen.

Die Zeichnung zeigt die wichtigsten Organe einer archetypischen Blüte. Im Querschnitt (TS) wie auch im Längsschnitt (LS) sieht man die fünf aus den Organen gebildeten Wirtel. In einem oder mehreren Wirteln kann jedes der Organe verändert oder rudimentär werden.

(Diagramm von Keith Roberts)

daß dieses fünfte Staubblatt einst existierte, denn bei vielen Arten der Familie findet sich ein Rudiment davon, das von Zeit zu Zeit auch vollkommen entwickelt ist, zum Beispiel beim gemeinen Löwenmaul. Verfolgt man die Homologien eines Teils bei verschiedenen Mitgliedern derselben Klasse, so ist nichts allgemeiner oder geeigneter zum richtigen Verständnis der Beziehungen der Teile, sagte Darwin, als die Entdeckung rudimentärer Organe. Nichtgebrauch, der Hauptgrund, warum ein Organ rudimentär wird, kann mit den Buchstaben eines Wortes verglichen werden, die zwar geschrieben, aber nicht gesprochen werden und die Abstammung des Wortes erklären.»Nach der Lehre von der Abstammung mit Modifikationen können wir behaupten, daß das Vorkommen rudimentärer, unvollkommener und nutzloser oder gänzlich fehlgeschlagener Organe nicht nur keine Schwierigkeit bietet (wie nach der alten Schöpfungslehre), sondern nach den erörterten Gesichtspunkten sogar erwartet werden mußte.«

Die Embryos von Tieren und Pflanzen boten eine weitere Möglichkeit, sich über den langen Prozeß der Modifikation zu informieren. Darwin erinnerte seine Leser, daß die Einteilung der Blütenpflanzen auf den Unterschieden im embryonalen Zustand basierten – die Zahl und Anordnung der Primärblätter und die Art, in der sich Radikula, oder die erste Wurzel, und Plumula (die winzige Knospe zwischen den Primärblättern) entwickeln. Embryonale Formen von Pflanzen und Tieren ähnelten sich oft mehr als dieselben in ausgewachsenem Zustand. So, meinte Darwin, waren die ersten Blätter des Stechginsters und die ersten Blätter der Mimose beide gefiedert oder unterteilt, wie die ausgewachsenen Blätter der Erbse. Wie sehr unterschieden sich dagegen die dornigen Blätter des Stechginsters und die doppelt gefiederten Blätter der Mimose in ausgewachsenem Zustand.

Zwittrige Blüten, die in der Lage waren, sich ohne Hilfe von Insekten zu bestäuben, stellten eine weitere Stufe der Entwicklung dar. Eine Unzahl von Pflanzen ist zwittrig, darunter die Erbsen, mit denen Darwin viele interessante Experimente durchführte. In der *Entstehung der Arten* ging er nur kurz auf dieses Thema ein, »obgleich ich Material für eine gründliche Abhandlung besitze«. Er behielt es sich für ein zukünftiges Buch vor. Trotz des Umfangs und der Ausführlichkeit betrachtete er die *Entstehung der Arten* noch immer als einen Abriß seines »großen Buchs«, von dem ein Teil in *Das Variieren der Thiere und Pflanzen im Zustande der Demestication* eingehen sollte.

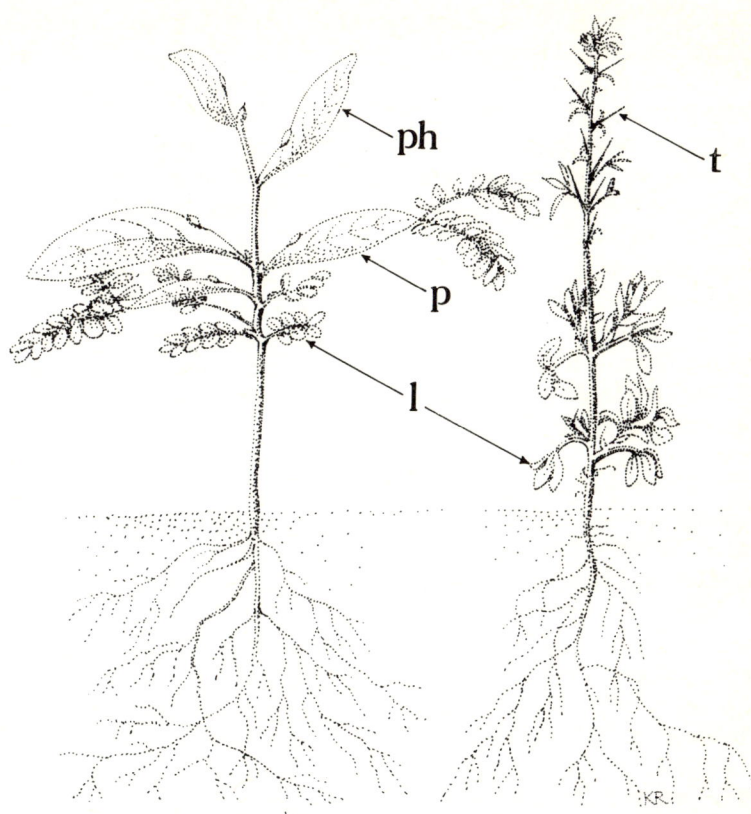

Die Ähnlichkeit mancher Sämlinge, z. B. bei Stechginster und Mimose, stellte für Darwin einen weiteren Beweis für die gemeinsame Abstammung dar. Links ist eine junge *Acacia pycnantha*, die Australische Mimose, abgebildet, rechts ein junger Stechginstersämling. Die jungen embryonalen Blätter sind bei beiden klein, glatt und weich *(l)*; bei der Mimose bildet sich der Blattstiel später flächig aus und wird zum Blattstielblatt *(ph)*; beim Stechginster verwandeln sich die Blätter allmählich in Dornen *(t)*.
(Zeichnung von Keith Roberts)

Ungefähr 200 Millionen Jahre brauchte die Pflanzenwelt, um nektarproduzierende Blüten hervorzubringen, ein Höhepunkt, der mit der Entwicklung von blütenbesuchenden Insekten zusammenfiel. Das ist heute bekannt, aber Darwin konnte schon auf die Tatsache verweisen, daß Kronblätter, Blütenblätter, Staubblätter und Stempel in einer Blüte spiralförmig angeordnet und in Wahrheit umgestaltete Blätter sind. Er warf damit einen Blick zurück in die Zeit, da Pflanzen noch keine Blüten besaßen.

Darwin nannte sein Werk *Über die Entstehung der Arten* »eine lange Kette von Beweisen«. Es mag uns heute, ein Jahrhundert später, unvorstellbar erscheinen, daß er die Wissenschaftler seiner Zeit noch überzeugen mußte, daß beispielsweise rudimentäre Organe nicht »aus Symmetriegründen« geschaffen worden waren oder »um den Plan der Natur zu vollenden«.

Er wußte sehr wohl, daß es einen Kampf auszufechten galt, bevor seine Theorie der Natürlichen Zuchtwahl Anerkennung fand, aber er war hinsichtlich des Ausgangs optimistisch. »Wenn die Ansichten, die ich in diesem Werke entwickelte und die von Wallace bestätigt wurden, oder wenn ähnliche Ansichten über die Entstehung der Arten allgemein anerkannt werden, so muß, wie wir dunkel voraussehen können, eine große Umwälzung der Naturwissenschaften die Folge sein.« (Eine Untertreibung ersten Ranges.)

Er erwartete weitere Schritte von den jungen Wissenschaftlern. »In einer fernen Zukunft sehe ich ein weites Feld für noch bedeutsamere Forschungen.« Und wieder: »Ein großes, fast noch unbetretenes Feld wird sich den Untersuchungen der Ursachen und Gesetze der Variation, der Wechselbeziehungen, der Wirkungen des Gebrauchs und des Nichtgebrauchs, der direkten Einflüsse äußerer Bedingungen usw. erschließen.«

Wie viele Forschungsfelder er selbst erschloß – in der Genetik, der Zytologie und vielen anderen Bereichen der Biologie! Und wie viele es heute noch zu erschließen gilt!

Am Ende seines Buches, das eine Revolution in der Denkweise des Menschen auslösen sollte, schrieb er:

Wie anziehend ist es, ein mit verschiedenen Pflanzen bedecktes Stückchen Land zu betrachten, mit singenden Vögeln in den Büschen, mit zahlreichen Insekten, die durch die Luft schwirren, mit Würmern, die über den feuchten Erdboden kriechen, und sich dabei zu überlegen, daß alle diese so kunstvoll gebauten, so sehr verschiedenen und doch in so verzwickter Weise voneinander abhängigen Geschöpfe durch Gesetze erzeugt worden sind, die noch rings um uns wirken. Diese Gesetze, im weitesten Sinne genommen, heißen: Wachstum mit Fortpflanzung; Vererbung (die eigentlich schon in der Fortpflanzung enthalten ist); Veränderlichkeit infolge indirekter und direkter Einflüsse der Lebensbedingungen und des Gebrauchs oder Nichtgebrauchs; so rasche Vermehrung, daß sie zum Kampf ums Dasein führt und infolgedessen wieder die Divergenz der Charaktere und das Aussterben der minder verbesserten Formen veranlaßt. Aus dem Kampf der Natur, aus Hunger und Tod geht also unmittelbar das Höchste hervor, das wir uns vorstellen können: die Erzeugung immer höherer und vollkommenerer Wesen. Es ist wahrlich etwas Erhabenes um die Auffassung, daß der Schöpfer den Keim alles Lebens, das uns umgibt, nur wenigen oder gar nur einer einzigen Form eingehaucht hat und daß, während sich unsere Erde nach den Gesetzen der Schwerkraft im Kreise bewegt, aus einem so schlichten Anfang eine unendliche Zahl der schönsten und wunderbarsten Formen entstand und noch weiter entsteht.

Die *Entstehung der Arten* erschien am 26. November 1859 bei John Murray – und sofort brach der Sturm los. Die Theologen wetterten gegen Darwins blasphemische Ansichten. Warum? Die Hypothese, daß Lebewesen eine gemeinsame Abstammung haben könnten, war nicht neu: Darwins eigener Großvater hatte Gedanken über das Selektionsprinzip geäußert. Was so schockierte, war der Gebrauch des Wortes »natürlich«, der plötzlich von einem *über*natürlichen Einwirken Abstand nahm. Und das widersprach den Lehren der Bibel.

Im folgenden Jahr wurden vor der British Association in Oxford zwei offene Schlachten ausgetragen. Am Donnerstag, dem 28. Juni, hielt Dr. Charles Giles Bridle Daubeny vor Sektion D einen Vortrag mit dem Titel »On the final causes of the sexuality of plants, with particular reference to Mr. Darwin's work on the ›Origin of Species‹« (Über die wirklichen Gründe der Sexualität der Pflanzen, unter besonderer Berücksichtigung von Darwins Werk über die »Entstehung der Arten«).

Der Präsident der Sektion rief Huxley zur Stellungnahme auf, der jedoch versuchte, eine Diskussion zu vermeiden, und zwar mit der

Begründung, daß »ein allgemeines Publikum, bei dem Emotionen den Intellekt in unzulässiger Weise beeinträchtigen könnten, nicht das Publikum darstellte, vor dem eine solche Diskussion geführt werden sollte«. Das wiederum paßte Richard Owen nicht, der erklärte, es gäbe Fakten, »aufgrund derer das Publikum hinsichtlich der Wahrscheinlichkeit der Wahrheit von Darwins Theorie zu einigen Schlußfolgerungen kommen könnte«. Huxley griff ihn an (und schlug ihn später vernichtend). Der Kampf hatte begonnen.

Zu der nächsten Begegnung kam es am Samstag (dem 30. Juni, d. Ü.), als Dr. Draper aus New York einen Vortrag hielt über »The Intellectual Development of Europe considered with reference to the Views of Mr. Darwin« (Die intellektuelle Entwicklung in Europa unter Bezugnahme auf Darwins Ansichten). Joseph Hooker beschrieb die gespannte Atmosphäre, die ungeheure Erregung. Der Vortragsraum des Museums war nicht groß genug, um all die Leute zu fassen, die hereinströmten. Sie zogen in den West Room um, und selbst dort herrschte Überfüllung, so daß man meinte, keine Luft zu bekommen. Den Vorsitz hielt Henslow. Mehr als eine Stunde lang »leierte Dr. Draper seinen Vortrag herunter«. Dann begann die Diskussion. Die ersten drei Sprecher wurden wegen vom Thema abschweifender Bemerkungen niedergeschrien. Hooker, Huxley und Sir John Lubbock waren anwesend. Im gegnerischen Lager waren Richard Owen, Kapitän FitzRoy und Dr. Samuel Wilberforce, Bischof von Oxford (»um Darwin zu ›zerschmettern‹«) aufmarschiert. Als der Bischof das Wort erhielt, wurde offensichtlich, daß er zwar von Owen gut instruiert worden war, doch selbst von der Sache nichts verstand. Er machte sich in unangenehmer Weise über Darwin lustig und zog heftig über Huxley her, immer in den sanftesten Tönen. Dann stellte er die Frage, ob Huxley von seiten seines Großvaters oder seiner Großmutter mit einem Affen verwandt sei. Hierauf antwortete Huxley, wenn er wirklich einen Vorfahren hätte, dessen er sich schämte, dann wäre es ein *Mann*, der sich zu wissenschaftlichen Fragen äußerte, ohne wahre Sachkenntnis zu besitzen, nur um sie durch ziellose Rhetorik zu verdunkeln.

Aber Huxley war nicht in der Lage, die Aufmerksamkeit der Zuhörer zu fesseln, und inzwischen kochte Hooker vor Empörung. Er bat den Präsidenten um das Wort und betrat das Rednerpult »neben dem glatten Sam«. Was dann folgte, berichtete er Darwin mit einiger Schadenfreude:

Dann und dort zerschmetterte ich ihn inmitten von Applausstürmen. Ich jagte ihn im ersten Anlauf mit Worten, die seinem eigenen häßlichen Mund entstammten, von der Fläche; und dann fuhr ich fort, mit einigen weiteren zu beweisen: 1. daß er Ihr Buch nie gelesen haben konnte und 2. daß er nicht einmal über die rudimentärsten Kenntnisse in den biologischen Wissenschaften verfügte. Ich sagte noch ein paar Worte über meine eigene Erfahrung und Bekehrung und endete mit sehr wenigen Bemerkungen über die Positionen der alten und neuen Hypothese zueinander und einigen Worten der Vorsicht an das Publikum. Sam schwieg – er hatte darauf nichts zu sagen, und die Versammlung war *damit beendet*, nach vierstündigem Kampf mit Ihnen als Sieger im Feld.

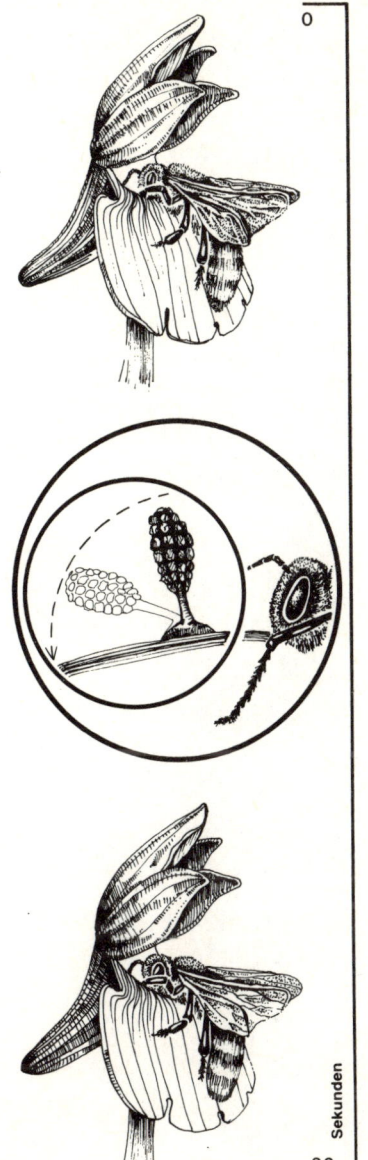

0

Sekunden

30

Die Blütenmechanismen von Orchis mascula; *man sieht eine Pollenmasse, die mittels eines Stöckchens an einer Klebscheibe befestigt ist. Die klebrige Scheibe haftet an dem Rüssel einer Biene, und zwar in aufrechter Position. Darwin berechnete, daß eine Biene 30 Sekunden braucht, um von der ersten Blüte fortzufliegen, eine neue zu finden und aufzusuchen. Während dieser 30 Sekunden biegt sich die Pollenmasse auf dem Stöckchen um 90 Grad, so daß sie sich in vorgeneigter Position befindet und gegen die Narbe der zweiten Blüte gedrückt wird.*

Darwin empfand die Art und Weise, in der Orchideen von Bienen und anderen Insekten bestäubt werden, als »äußerst wundervoll, äußerst schön«.

(Zeichnung von Brian Hughes)

Am 22. November 1859 war die *Entstehung der Arten* bereits vergriffen. In der ersten Auflage hatte Murray 1250 Exemplare drucken lassen, von denen 1192 zum Verkauf standen. Weitere 1500 Exemplare waren vorbestellt. »Ich bin unendlich zufrieden und glücklich über das Erscheinen meines Kindes«, berichtete Darwin seinem Verleger. Auch Murray war angenehm überrascht und beschloß sofort, eine zweite Auflage mit 3000 Exemplaren auf den Markt zu bringen. Darwin hatte, sowie er im Oktober die letzten Fahnen aus den Händen gegeben hatte, sein Haus verlassen und war zu den Ilkley Wells in Yorkshire gefahren, um eine Badekur zu machen. Denn obwohl Emma bereitwillig an der Fahnenkorrektur mitgeholfen hatte, fühlte er sich stark überarbeitet und krank. In Ilkley begann er mit der Revision seines Buchs.

Am 10. Dezember trafen sie wieder in Down House ein. Eine Unzahl von Briefen war ihm nach Ilkley nachgeschickt worden. Zu Hause erwarteten ihn weitere sowie ein Stapel von Zeitungen mit Buchbesprechungen, die laufend eintrafen. *The Times* enthielt eine hervorragende, dreieinhalb Spalten lange Rezension. Sie war nicht unterzeichnet, aber Darwin glaubte, es gäbe »nur einen Mann in England«, der sie geschrieben haben könnte – Huxley. Er schrieb ihm: »Wer kann wohl der Verfasser sein? Ich bin außerordentlich gespannt. Sie enthielt eine Lobpreisung meiner Person, die mich stark berührte, indessen bin ich nicht eitel genug zu glauben, daß ich sie überhaupt verdiene.« Bei dem Rezensenten handelte es sich offensichtlich um einen erfahrenen Naturforscher. Er hatte auf jeglichen Dogmatismus verzichtet und eine sachliche Überprüfung des Werks gefordert. »Nun, wer immer er ist, er hat der Sache einen großen Dienst erwiesen«, meinte Darwin, »mehr als durch ein Dutzend Besprechungen in gewöhnlichen Zeitschriften.« Schließlich sickerte die Wahrheit durch; der Rezensent war tatsächlich Huxley, der von da an den Spitznamen »Darwins Bulldogge« trug.

Sedgwicks Besprechung im *Spectator* war beleidigend. »Und welch eine Verdrehung meiner Ansichten!« Darwin zeigte sich versöhnlich. »Aber mein guter alter Freund Sedgwick, mit seinem vortrefflichen Herzen, ist alt und rast vor Empörung.«

Ein »Wunder einer Rezension« kam von Francois Jules Pictet, dem Paläontologen, »nämlich eine negative«, die Darwin jedoch für »vollkommen gerecht und fair« hielt. »Von allen negativen Besprechungen halte ich diese für die einzige gerechte, und ich habe nie erwartet, daß ich eine solche erhalten würde.«

In Amerika vertrat Asa Gray seine Sache und verteidigte ihn gegen Louis Agassiz, einen der Hüter der gottgewollten Unveränderlichkeit der Arten. (»Er knurrt darüber wie ein geprügelter Hund«, schrieb Gray.)

Auch in Edinburgh herrschten ablehnende Kommentare vor. Wortführer war John Hutton Balfour, Professor der Botanik. »Zusätzlich zur bitteren Haltung der Balfour-Anhänger« versprühte Richard Owen Galle in der *Edinburgh Review*, wie Hooker mitteilte, »nicht genug, daß er mich verachtet und Darwin und Huxley in den Dreck zieht, der kalte Fisch sichert sich ab wegen einer eigenen Transmutationstheorie!« Nichtsdestoweniger gab Owen in einer privaten Unterhaltung mit Henslow zu, daß die *Entstehung* das »Buch des Tages« sei.

Von anderer Seite wurde ebenfalls Anspruch auf Priorität erhoben. Der *Gardeners' Chronicle* hatte in seiner Ausgabe vom 7. April einen Auszug aus einem 1831 von Patrick Matthew veröffentlichten Buch über »Naval Timber and Arboriculture« (Schiffbauholz und Waldwirtschaft) abgedruckt, in dem er »kurz, aber umfassend die Theorie von der Natürlichen Zuchtwahl vorwegnimmt«, wie Darwin auf der Stelle einräumte. Er kaufte das Buch und las es. Matthews Theorie stand im Anhang und war eine noch nicht eine Seite umfassende »unvollständige und nicht ausgearbeitete Vorwegnahme«. Darwin schrieb an den *Gardeners' Chronicle* und bat um Verständnis dafür, daß er die Arbeit über Schiffbauholz übersehen habe, und bot gleichzeitig an, in allen weiteren Auflagen seines Buchs darauf zu verweisen, was er auch tat.

Im März hatte der *Gardeners' Chronicle* Huxleys Besprechung aus *The Times* wortwörtlich abgedruckt. Zuvor, am 31. Dezember 1859, gab die Zeitschrift eine eigene Beurteilung der Person Darwins ab und nannte ihn einen »Autor von höchstem Range in der Wissenschaft, von großer Popularität und Verfasser zahlreicher Beiträge in unseren Spalten«. Weiter hieß es:

Die Lektüre von Darwins Buch hinterließ bei uns wegen ihrer Bedeutung starken Eindruck, und wir fanden darüber hinaus, daß es, was Fakten und Ergebnisse angeht, so sehr auf Erscheinungen aus der gärtnerischen Praxis beruht und so voller Versuche steckt, die von erfahrenen Gärtnern nachvollzogen und diskutiert werden können, und so voll von Ideen, von denen sie eher profitieren kön-

nen als irgendeine andere Gruppe von Naturwissenschaftlern, daß
wir ihnen (und wie wir hoffen der Wissenschaft) einen Dienst erweisen, indem wir eingehender über den Inhalt berichten.

Einen Monat später diskutierte die Zeitschrift die Möglichkeiten, mit
denen sich die landwirtschaftliche Erzeugung von Pflanzen wie Weizen, Baumwolle und Zucker in den Kolonien verbessern ließ, bereits
auf der Grundlage von Natürlicher Zuchtwahl und Kampf ums Dasein.

Darwins Ideen erreichten ihr Publikum.

Er beabsichtigte eigentlich, nun sein »großes Buch« zu vollenden.
Aber auf der Fahrt von Ilkley nach Hause hatte er sich zwei Tage lang
in London aufgehalten, die er wie gewöhnlich bei Erasmus in der
Queen Anne Street verbrachte. Bei dieser Gelegenheit war er zu
Murray gegangen, zufrieden, ihm mitteilen zu können, daß er mit der
zweiten Auflage der *Entstehung* gut vorankäme und welche Pläne er
für die Zukunft hegte. Nein, sagte Murray, und erteilte ihm guten
Rat, der sich mit dem deckte, was Hooker, Lyell und Huxley ihn zu
tun drängten. Einem Brief an Huxley entnehmen wir, worum es sich
handelte:

Sie haben genau den Plan entwickelt, dem ich auf Rat von Lyell,
Murray usw. zu folgen gedachte – nämlich einzelne ausführliche
Bände herauszugeben –, und ich werde mit den Ergebnissen der
Domestikation beginnen.

Anfang Januar 1860 begann er mit der Durchsicht seines alten halb-
fertigen Manuskripts, diesmal im Hinblick auf ein Werk mit dem Titel
The Variation of Animals and Plants under Domestication (in
Deutsch als »Das Variieren der Thiere und Pflanzen im Zustande der
Domestication« erschienen).

Es gab zahlreiche Unterbrechungen, aber gegen Ende März
schrieb er an der Einführung zu dem Buch, in der er erklärte, daß ihm
der Umfang seines Werks *Über die Entstehung der Arten* nicht erlaubt
habe, Verweise anzugeben oder seine Aussagen zu belegen: Vieles
hatten die Leser auf Treu und Glauben akzeptieren müssen. Das vorliegende Buch sollte hier Abhilfe schaffen, indem es die Fakten wiedergab, die er gesammelt oder beobachtet hatte hinsichtlich der Veränderungen, die sich bei Tieren und Pflanzen zeigten, wenn sie sich in
der Hand des Menschen befanden.

Er arbeitete daran bis Mai, der Blütezeit der Schlüsselblumen in der Umgebung von Downe. Am 7. schrieb er an Hooker: »Ich habe mir heute morgen die Schlüsselblumen angesehen, mit denen ich Versuche mache, und ich stelle fest, daß einige Pflanzen nur Blüten mit langen Staubblättern und kurzen Stempeln haben, die ich ›männliche Blüten‹ nennen werde, andere nur kurze Staubblätter und lange Stempel, die ich ›weibliche Blüten‹ nennen werde.« Henslow hatte ihn auf diese Eigentümlichkeit aufmerksam gemacht, wie er Hooker weiter mitteilte. »Aber«, so fuhr er fort, »mir fällt auf (nachdem ich meine zwei Pflanzenbestände angesehen habe), daß die Narben der männlichen und weiblichen Pflanzen leicht unterschiedlich geformt und mit Sicherheit verschieden rauh sind, und was mich überrascht hat, der Pollen der sogenannten weiblichen Pflanze, obwohl sehr zahlreich, ist transparenter, und jedes Korn hat genau 2/3 der Größe des Pollens der sogenannten männlichen Pflanze. Ist das bereits beobachtet worden?«

Es war noch niemandem aufgefallen, und Darwin stand dicht vor einer Entdeckung, für die er neue botanische Fachausdrücke finden mußte. Eine ganze Reihe von Vorträgen vor der Linnean Society sollte die Folge sein. Und schließlich sollte er ein Buch über das Thema herausgeben, das Ergebnisse enthielt, die zu den faszinierendsten aus allen seinen Pflanzenstudien gehören.

Im Mai erkrankte Etty erneut. Im Juli hatte sich ihr Zustand soweit gebessert, daß sie in das Haus ihrer Tante Elizabeth am Rande des Ashdown Forest gebracht werden konnte, »das freundliche Hospital für alle, die krank oder bekümmert sind«, wie es im Familienkreis hieß. Ihre Eltern begleiteten sie, und es folgte eine weitere Unterbrechung der Arbeit an dem Werk über das *Variieren*, ausgelöst durch eine Entdeckung. In seiner *Autobiographie* berichtet Darwin, wie es dazu kam.

Im Sommer 1860 verbrachte ich eine müßige und erholsame Zeit in der Nähe von Hartfield, wo zwei Arten von Drosera gedeihen; und mir fiel auf, daß zwischen den Blättern zahlreiche Insekten gefangen waren. Ich nahm einige Pflanzen mit nach Haus und entdeckte die Bewegungen der Tentakeln, als ich ihnen Insekten gab, und auf diese Weise kam ich zu der Annahme, daß die Insekten wahrscheinlich zu einem besonderen Zweck gefangen wurden. Glücklicherweise fiel mir ein entscheidender Versuch ein, bei dem ich eine große Anzahl von Blättern in verschiedene stickstoffhaltige und nicht stickstoffhaltige Lösungen gleicher Dichte legte; und sobald sich herausstellte, daß letztere allein energische Bewegungen auslösten, war klar, daß ich hier auf ein schönes neues Forschungsgebiet gestoßen war.

Im August schrieb Emma Darwin an Lady Lyell: »Er behandelt Drosera (den Sonnentau) genau wie eine lebende Kreatur, und ich nehme an, daß er letzten Endes zu beweisen hofft, daß es sich auch um ein Tier handelt.«
Das entsprach zwar nicht ganz den Tatsachen, aber es stimmte, daß er seine Exemplare von *Drosera* ausführlichen Experimenten unterwarf, wie aus einem Brief an Hooker hervorgeht: »Ich arbeite wie ein Verrückter an Drosera. Ich habe eine Tatsache für Sie, die so sicher ist wie die Tatsache, daß Sie dort stehen, wo Sie stehen, die Sie aber nicht glauben werden, nämlich daß das Fragment eines Haares von einem 78 000stel Gran Gewicht, auf eine Drüse gelegt, *eins* der drüsentragenden Haare von Drosera veranlaßt, sich nach innen zu biegen, und die Zusammensetzung der Inhalte einer jeden Zelle im Fuß des Drüsenstengels ändert.«

Inzwischen war es November, und *Drosera* galt seine ganze Aufmerksamkeit. »Mich interessiert Drosera mehr als die Entstehung aller Arten der Welt«, teilte er Lyell mit.
Später verwertete er auch diese Beobachtungen in einem Buch, das unter dem Titel *Insectivorous Plants* (deutscher Titel: »Insectenfressende Pflanzen«) im Jahre 1875 erschien.
Doch es gab noch einen anderen Grund, warum *Das Variieren* liegenblieb. Er reichte weit in die Vergangenheit zurück. Ungefähr 400 Meter von Down House entfernt, oberhalb des stillen Cudham Valley, lag das von ihm und Emma so genannte Orchis-Ufer. Unter den Wacholdern waren Fliegenorchideen und der grünblütige Einknollige Ragwurz, unter den Buchen Orchideen der Gattungen *Cephalanthera* und *Epipactis* verbreitet. Es war ein bevorzugtes Ziel von Darwins Spaziergängen. Im Sommer 1838 oder 1839, nachdem er zu der Überzeugung gelangt war, daß für die Konstanterhaltung der Arten gelegentliche Kreuzung unerläßlich war, hatte er sich zum erstenmal mit der Untersuchung der Rolle befaßt, die Insekten bei der Kreuzbefruchtung von Blüten spielten. Die Entdeckung des Orchis-Ufers

resultierte in einem intensiven Studium dieser Pflanzen, denn bei keiner anderen Blüte waren Stempel, Staubblätter und Kronblätter so wunderbar geformt, um die Kreuzbefruchtung mit Hilfe eines Insekts zu garantieren.

Im Sommer 1860, als er sich in Hartfield aufhielt, machte er seine ersten wichtigen Orchideenentdeckungen. An Hooker schrieb er begeistert: »Ich habe *Orchis pyramidalis* untersucht, und sie kommt Ihrer Listera fast gleich, wenn sie sie nicht übertrifft.« Er äußerte sich bewundernd über die Bewegungen, mittels derer der Pollen abgegeben wurde. »Ich habe noch nie etwas so Wunderbares gesehen.« Und an Lyell: »Da spricht man von Anpassung bei Spechten, einige der Orchideen übertreffen sie.« Er teilte ihm mit, daß er einige interessante Experimente mit ihnen machte.

Seine Zeit war erfüllt mit der Arbeit an dem Buch über *Das Variieren*, den Schlüsselblumen, dem Sonnentau und nun noch den Orchideen. Hooker gestand er im Hinblick auf diese Periode: »Ich bin reich wie ein Millionär an merkwürdigen und interessanten kleinen Fakten.« Die Frage war, worauf sollte er sich als erstes konzentrieren? Er schrieb eine kurze Notiz über den Bienenragwurz für den *Gardeners' Chronicle*, und diese rief so viele interessante Beiträge hervor, daß er sich immer mehr in das Thema vertiefte. Er fand die Orchideen so reizvoll, daß er meinte, die Zeit, die eigentlich für das *Variieren im Zustande der Domestikation* reserviert war, auf sie verwenden zu müssen und erklärte: »Ich habe ein unvergleichlich stärkeres Interesse am Beobachten als am Schreiben; aber ich fühle mich richtig schuldig, indem ich in diese Themen eindringe, statt bei den Varietäten der verfluchten Hähne, Hennen und Enten zu bleiben. Ich höre, daß Lyell wütend über mich ist.«

Es war ihm unmöglich, von den Orchideen abzulassen. Aber das Buch über das *Variieren* durfte auch nicht länger warten. Ebensowenig würden jedoch die Orchideen warten! Sie standen noch immer in Blüte! Er arbeitete an beidem gleichzeitig und konnte, obwohl er nebenher noch mit *Drosera* experimentierte, in seinem Tagebuch den Fortschritt verzeichnen, den er gemacht hatte, als er am »11. August Kap. III begann«. Er kam nur langsam voran.

Erst im März des folgenden Jahres wurde Kapitel III beendet und Kapitel IV in Angriff genommen.

Im Sommer 1861 verbrachte er »8 Wochen und einen Tag« in Torquay. Es waren wunderbare Ferien, nachdem sich Ettys Zustand

Die Mitglieder der Darwinschen Familie vor dem ehemaligen Salon von Down House.

schließlich gebessert hatte. Die Jungen hatten einen Riesenspaß. Sie entwickelten sich gut: George, inzwischen 16, und Frank, 12, gingen auf Dr. Pritchards Schule in Clapham; Lenny war 11 und Horace 10; William hatte in Cambridge (wo er die ehemaligen Räume seines Vaters bewohnte) Examen gemacht und sammelte erste Erfahrungen als Rechtsanwalt in Lincoln's Inn. Darwin selbst fühlte sich so wohl, daß er einen Spaziergang von gut sechs Kilometern machen konnte, eine große Leistung. Er verbrachte einen großen Teil seiner Zeit mit dem Studium exotischer Orchideen, die ihm Joseph Hooker aus Kew geschickt hatte. Er schrieb einen Vortrag über Orchideen. Und schließlich kam die Eintragung in sein Tagebuch: »Rest des Jahres für Orchideenbuch.«

Darwin war bestrebt, in seinen Lesern dieselbe Begeisterung zu wekken, die er angesichts der Blüten von Orchideen empfand. »Die Einrichtungen, durch welche Orchideen befruchtet werden, sind ebenso verschieden und beinahe ebenso vollkommen wie irgendeine der schönsten Anpassungen im Tierreiche«, schrieb er. Mehr als das, er wollte, daß seine Leser selbst das Abenteuer der Entdeckung kennenlernten. »Da es allgemein anerkannt ist, daß Orchideen zu den eigentümlichsten und mannigfaltigst gebildeten Formen im Pflanzenreiche gehören, so habe ich gedacht, daß die mitzuteilenden Tatsachen manchen Beobachter dazu führen werden, die Gewohnheiten unserer verschiedenen einheimischen Arten genauer zu beobachten.« Er war überzeugt, daß sie nicht enttäuscht würden. »Eine Untersuchung ihrer vielen schönen Einrichtungen dürfte manchen Personen eine höhere Meinung von dem ganzen Pflanzenreiche bringen.«

In der Einleitung zu seinem Buch *The Various Contrivances by which Orchids are Fertilised by Insects* (Titel der deutschen Übersetzung: »Die verschiedenen Einrichtungen, durch welche Orchideen von Insecten befruchtet werden«) erklärte er die einzelnen Fachausdrücke, die er zur Beschreibung dieser Einrichtungen gebraucht hatte. Denn jede Orchideenart verfügt über ihren besonderen komplizierten und faszinierenden Mechanismus, obwohl der ihm zugrunde liegende Plan derselbe ist. Die Zeichnung zeigt die Organe des Männlichen Knabenkrauts *(Orchis mascula)*, das Darwin als erste Pflanze beschrieb. Es handelt sich um eine britische Art, die im April und Mai blüht. Ihre purpurroten Blüten bilden eine Ähre, das Labellum ist flach und in der hellen Mitte gefleckt.

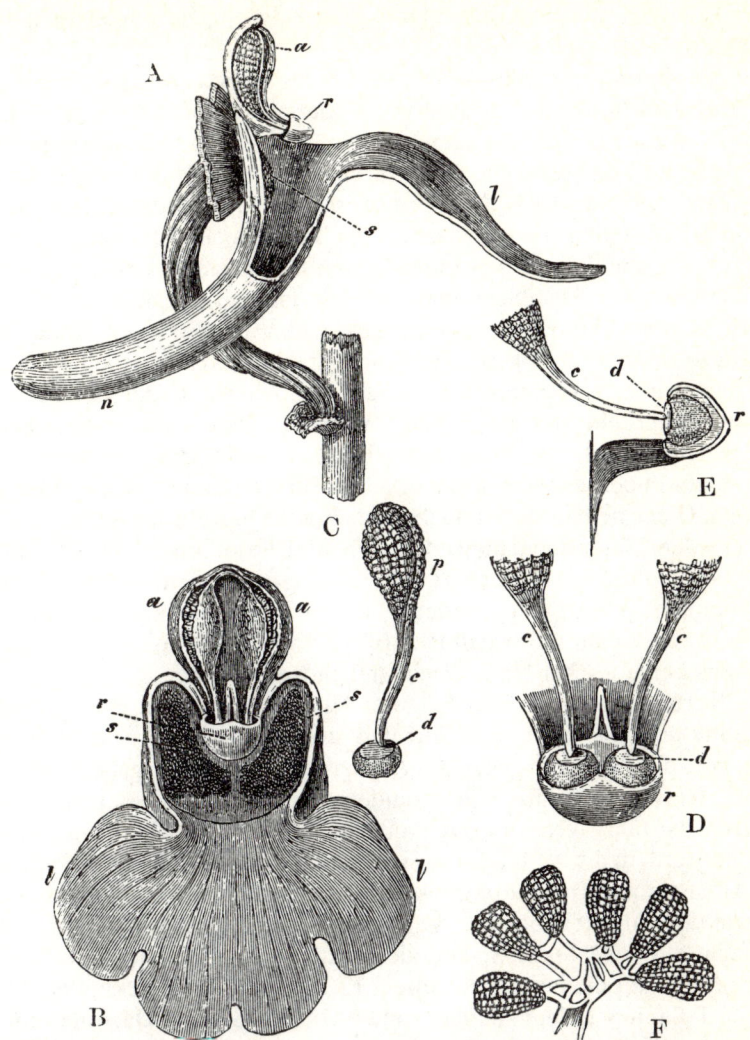

Die Mechanismen von *Orchis mascula*: *a.* Anthere, bestehend aus zwei Fächern; *r.* Rostellum; *s.* Narbe; *l.* Labellum; *n.* Nektarium; *p.* Pollinium; *d.* Haftorgan des Polliniums; *c.* Caudicula; *A.* Seitenansicht der Blüte; alle Kron- und Kelchblätter sind entfernt mit Ausnahme des Labellums. *B.* Vorderansicht der Blüte. *C.* Ein Pollinium mit den Pollenkornpäckchen, der Caudicula und der Klebscheibe. *D.* Vorderansicht der Caudicula beider Pollinien, die Scheiben liegen innerhalb des Rostellums, dessen Lippe heruntergedrückt ist. *E.* Schnitt durch eine Seite des Rostellums mit der eingeschlossenen Scheibe und der Caudicula eines Polliniums; die Lippe ist nicht herabgedrückt. *F.* Päckchen von Pollenkörnern, verbunden durch elastische Fäden.

(Aus: *Charles Darwin, Die verschiedenen Einrichtungen, durch welche Orchideen befruchtet werden*)

Sehen wir uns an, schrieb Darwin, wie der Mechanismus funktioniert.

Das bestäubende Insekt ist eine Hummel, obwohl sie sich dieser Aufgabe keineswegs bewußt ist – sie kommt lediglich wegen des Nektars. Wenn sie sich auf dem Labellum niederläßt (das einen guten Landeplatz darstellt), steckt sie ihren Kopf in die Blüte, um mit dem Rüssel das Ende des Nektariums zu erreichen. Mit einem fein gespitzten Bleistift, den man behutsam in die Blüte schiebt, kann man diesen Vorgang simulieren. Am Eingang zum Nektarium befindet sich das beutelförmige Rostellum, und es ist fast unmöglich, daß die Hummel es nicht berührt. Sowie das passiert, platzt das Rostellum über die ganze Breite und gibt die zwei Pollinien mit ihren Klebscheiben frei, die sich in den Antherenfächern befinden. Auf jeder Klebscheibe befindet sich ein Stöckchen, die Caudicula, das ein Pollenpäckchen trägt, denn anders als bei anderen Blüten besteht der Pollen nicht aus feinem Puder, sondern aus Körnchen, die in Massen zusammenkleben. Die Scheiben sind so klebrig, daß sie bei Berührung unmittelbar an jedem Gegenstand hängenbleiben, und die klebrige Substanz wird innerhalb von Sekunden hart und trocken wie Zement. Wenn also die Hummel ihr Festmahl beendet hat und den Kopf wieder aus der Blüte zieht (oder man selbst den Bleistift), haftet ein Pollinium oder meistens beide fest daran, aufrecht stehend wie Hörner.

Verfolgen wir nun den Flug der Hummel. Sie sucht eine andere Blüte von *Orchis mascula* auf und steckt ihren Kopf hinein. Jetzt würde das Pollinium gegen das Antherenfach gedrückt, gäbe es nicht, wie Darwin es nannte, »eine wunderschöne Einrichtung«. Damit die Blüte bestäubt werden kann, muß das Pollinium in die Narbe geschoben werden, die weiter unten sitzt, und das geschieht, weil die allem Anschein nach bedeutungslose Scheibe eine bemerkenswerte Kontraktionsfähigkeit besitzt, die bewirkt, daß sich das Pollinium im rechten Winkel senkt. So befindet es sich in genau der richtigen Position, um auf die Narbe zu treffen. Es dauert etwa 30 Sekunden, bis das Pollinium sich im Winkel von 90 Grad senkt, und Darwin ermittelte, daß die Zeit, die eine Hummel im Durchschnitt braucht, um eine Blüte zu verlassen und die nächste aufzusuchen – ebenfalls 30 Sekunden beträgt.

Im folgenden zeigt sich eine andere bewundernswerte Anpassung. Die Narbe ist klebrig, aber nicht klebrig genug, um das ganze Pollinium vom Kopf der Hummel zu reißen. Es reicht gerade aus, um die feinen elastischen Fäden zu trennen, die die Pollenkörner zu Päckchen zusammenhalten. Auf diese Weise bleiben einige Körner auf der Narbe zurück, und ein Pollinium, das von einer Hummel fortgetragen wird, kann nacheinander auf viele Narben übertragen werden und bestäubt sie alle.

Nachdem festgestellt wurde, daß das Klebematerial, mit dem die Scheibe beschichtet ist, an der Luft sofort härtet, wird man sich vielleicht fragen, warum die Klebeschichten in den offenen Antherenfächern nicht ebenfalls hart werden. Die Antwort ist, daß sich in der Tasche, in der sie eingeschlossen sind, eine Flüssigkeit befindet, die sie feucht hält und von der Luft abschließt. Aber die Blüte verfügt über noch eine Sicherheitsvorkehrung: Sollte sich die Hummel zurückziehen, bevor die Scheibe an ihrem Kopf haftet, schnellt die Lippe der Tasche zurück und schließt sie wieder ein, bis der nächste Besucher kommt.

Zu den Orchideen, die Darwin am meisten faszinierten, gehörte *Orchis pyramidalis*. »In keiner anderen Pflanze«, schrieb er, »oder kaum in irgendeinem Tiere können vollkommenere Anpassungen des einen Organs an das andere oder des ganzen Organismus an andere auf der Stufenleiter der Natur so weit von ihm entfernte Organismen angeführt werden, als die von dieser Orchidee dargebotenen.« Ihre Blüten werden sowohl von Tagschmetterlingen als auch von Nachtfaltern aufgesucht, und Darwin hielt es nicht für undenkbar, anzunehmen, daß die leuchtend purpurnen Blüten die Tagschmetterlinge und der starke fuchsige Geruch die Nachtfalter anzog.

Wie er feststellte, wich die Anordnung der Organe bei *Orchis pyramidalis* wesentlich von der bei *Orchis mascula* ab. Erstens verfügt sie über zwei getrennte, abgerundete Narbenflächen, die sich auf beiden Seiten des beutelförmigen Rostellums befinden. Das Rostellum selbst steht nicht in einiger Höhe über dem Nektarium, sondern tiefer, so daß es den Zugang zu ihm überdeckt und teilweise versperrt. Die Blüten dieser Orchidee besitzen dagegen nur eine Klebscheibe, die wie ein Sattel geformt ist und zwei Pollinien trägt. Wenn der Falter seinen Rüssel aus der Blüte zieht, bleibt der Sattel mit seinen zwei Reitern daran kleben. In demselben Moment, in dem der Sattel der Luft ausgesetzt wird, erfolgt eine schnelle Bewegung – die beiden Seitenlappen rollen sich einwärts und umfassen den Rüssel des Falters. Bei dieser Bewegung dauerte es, wie Darwin feststellte, neun Sekunden, bis sich die Lappen bei ihrer Einwärtsdrehung berührten, und weitere neun Sekunden, bis die Scheibe sich in eine feste Kugel verwandelt hatte und die Einwärtsdrehung beendet war.

Wie bei *Orchis mascula* senken sich die Pollinien von *Orchis pyramidalis* im Winkel von 90 Grad, um auf die Narbe der nächsten Blüte zu treffen. »Ich habe diesen kleinen Versuch mehreren Personen gezeigt«, schrieb Darwin, »welche alle die lebhafteste Bewunderung der Vollkommenheit dieser Einrichtung zur Befruchtung der Orchideen zu erkennen gaben.«

Vollkommenheit war das richtige Wort. Wenn der Falter sich niederläßt, findet er im Labellum zwei aufragende Rippen, die in das Nektarium führen und dort zusammenlaufen. Diese bringen das Insekt nicht nur auf den richtigen Weg, sondern verhindern auch, daß es seinen Rüssel schräg einführt. Andernfalls würde die sattelförmige Scheibe schräg auf dem Rüssel haften, und die Pollinien würden nicht genau auf die beiden Narbenflächen der nächsten Blüte gedrückt.

Darwin hatte das Glück, unter Naturforschern und Gärtnern zahlreiche Freunde zu besitzen. Wenn eine Orchidee in England selten war, konnte er sie von anderswo erhalten. So sandte ihm John Traherne Moggridge aus Norditalien *Neotina intacta* zusammen mit dem Hinweis, daß die Pflanze wegen ihrer Fähigkeit bemerkenswert war, ohne Hilfe von Insekten Samen hervorzubringen. Um dafür einen Beweis zu haben, hüllte Darwin die rosaweißen Blüten in feines Gewebe. Er beobachtete, daß der Pollen nicht klebrig war und leicht auf die Narbe fiel. Und sie produzierte Samen. Er machte denselben Versuch mit *Orchis morio* (s. Abb. S. 227) und *Orchis mascula*, indem er einige Pflanzen mit Glasglocken abdeckte, andere nicht. Keine der bedeckten Pflanzen brachte Samen hervor, und auch nachdem er die Glasglocken entfernt hatte, blieben die Pollenmassen intakt. Aus dieser Beobachtung zog er die Schlußfolgerung, daß es für jede Orchideenart eine bestimmte Zeit gäbe und die Insekten ihre Besuche einstellten, wenn diese Zeit verstrichen war.

Nach einem regenreichen kalten Sommer wie dem von 1860 produzierten die Pflanzen nur sehr wenige Samenkapseln, denn es waren weniger Insekten unterwegs. In einem normalen Sommer zeigte sich dagegen, wie wirkungsvoll Falter und Schmetterlinge ihr Amt als Ehestifter erfüllten, wie er es nannte. Er untersuchte sechs Ähren von *Orchis pyramidalis*, und aus jeder geöffneten Blüte waren die Pollinien entfernt.

Es wurde bereits erwähnt, daß Robert Brown Darwin Jahre zuvor empfahl, Christian Conrad Sprengels Buch *Das entdeckte Geheimnis der Natur* zu lesen, in welchem der junge Brown »einigen Unsinn« entdeckt hatte. Teil des Unsinns war Sprengels Einstellung zu den Insekten: Er unterstellte ihnen mangelnde Intelligenz. Er hatte die Blüten des Breitblättrigen und des Gemeinen Knabenkrauts untersucht und erklärt, er habe trotz der gut entwickelten Sporne bei beiden Arten niemals auch nur einen Tropfen Nektar finden können. Sprengel nannte sie Scheinsaftblumen, weil er glaubte, daß sich die Pflanzen durch irgendein organisiertes Täuschungsmanöver am Leben hielten. Aber war es glaubhaft, daß die Blüten den Insekten einen derartigen Streich spielen konnten, auf die sie zur Bestäubung angewiesen waren?

Darwin war anderer Meinung.

Er beschloß, das Gemeine Knabenkraut auf die Probe zu stellen. Nachdem sich eine große Zahl von Blüten geöffnet hatte, untersuchte er sie an dreiundzwanzig aufeinanderfolgenden Tagen: nach intensivem Sonnenschein, nach Regen und zu allen möglichen Tageszeiten, einschließlich Mitternacht und früh morgens. Er legte die Ähren in Wasser, reizte ihre Nektarien mit einer Borste und setzte sie reizenden Dämpfen aus. In einigen Blüten waren die Pollinien intakt. Aus anderen waren sie entfernt worden, ein Beweis, daß Insekten sie aufgesucht hatten. Doch in keiner Blüte konnte er auch nur den kleinsten Tropfen Nektar finden, selbst unter dem Mikroskop. Ebenso verhielt es sich mit den Nektarien von *Orchis maculata*, dem Gefleckten Knabenkraut. Trotzdem sah er immer wieder, daß Fliegen der Gattung *Empis* ihre Rüssel in die Blüten steckten. Er konnte daraus nur schließen, daß die Nektarien dieser Orchideen niemals Nektar enthalten.

Wie aber zogen sie die Insekten an? Er führte einen anderen Versuch durch, bei dem er die Nektarien von *Orchis morio* und *Orchis maculata* sezierte. Ihn überraschte zunächst der besonders weite Abstand zwischen den inneren und äußeren Membranen; dann fand er, daß die innere Membran sehr leicht zu durchbohren war, und schließlich, daß sich zwischen den Membranen Flüssigkeit befand, und zwar in solcher Menge, daß sich dicke Tropfen herauspressen ließen.

Als nächstes untersuchte er die Nektarien von *Gymnadenia conopsea*, dem Großen Händelwurz, und *Plantanthera chlorantha (Habenaria chlorantha)*, der Grünlichen Kuckucksblume. Wie er erwartet hatte, befand sich zwischen ihren Membranen keine Flüssigkeit, sie waren vielmehr fest miteinander verwachsen. Er zog daraus den Schluß, daß Insekten bei Orchideen, die in den Nektarien keinen Nektar hatten, die Membran durchbohren, um an die Flüssigkeit zu gelangen. Es war eine kühne Hypothese, denn zu jener Zeit war kein einziger Fall bekannt, in dem Insekten selbst die zarteste Membran durchbohrt hätten.

Cephalanthera grandiflora, das Großblütige Waldvögelein, war insofern eine bemerkenswerte Orchidee, als sie Insekten anzog, indem sie ihnen feste Nahrung anbot. Der letzte Teil des Labellums war mit winzigen orangefarbenen Kügelchen überzogen, und im Innern des Blütenkelchs befanden sich zerfurchte Rippen von dunklerer Orangefarbe. Darwin fand, daß diese Rippen oft so aussahen, als hätte irgendein Tier daran genagt, und manchmal lagen am Boden des Kelchs noch abgeknabberte Stückchen. Er entdeckte, daß die Bewegungen, die die Insekten beim Knabbern machten, bei der Bestäubung halfen, indem sie den Pollen auf die darunterliegende Narbe fallen ließen.

Die Orchideen schienen über eine unendliche Zahl von solchen faszinierenden Einrichtungen zu verfügen. Bei den beiden australisch-asiatischen Pflanzen *Pterostylis trullifolia* und *P. longifolia* bildeten zwei der Kronblätter und eins der Kelchblätter eine Haube, die das Säulchen umschloß (das bei allen gewöhnlichen Orchideen aus einem einzigen, gut entwickelten Staubblatt und den Stempeln besteht). Sobald sich ein Insekt auf dem Labellum niederließ, schnellte jenes wie eine Zugbrücke nach oben und schloß das Insekt im Innern ein. Nach ungefähr eineinhalb Stunden senkte sich die Zugbrücke wieder. Der Gefangene konnte flüchten, allerdings nur, indem er durch einen schmalen, aus zwei vorstehenden Schildern gebildeten Gang kroch und dabei das Pollinium mitnahm.

Der hübsche Herbstdrehwurz *Spiranthes spiralis* verfügte über eine wie ein Bootsrumpf geformte Klebscheibe, die durch eine Gabel am oberen Ende des Rostellums gehalten wurde. Eine Membran bedeckte das Boot wie ein Verdeck, und in dem Bug befand sich, sicher verstaut, die kostbare Fracht der Pollenmassen, deren elastische Fäden an den Seiten wie Ruder angesetzt waren. Darwin bemerkte eine schwache Furche, die sich durch die Mitte der bootförmigen Scheibe zog und von einer Biene unweigerlich berührt werden mußte. Er schob eine Borste, wie den Rüssel eines Insekts, in die Furche und löste eine unmittelbar erfolgende Kettenreaktion aus. Das Rostellum teilte sich der Länge nach und legte die bootförmige Scheibe frei, eine milchige Flüssigkeit drang hervor, und als Darwin die Borste entfernte, klebte die Klebscheibe daran fest. Eine Biene würde in gleicher Weise das kleine Boot aus seiner Verankerung reißen und mit der Pollenfracht davontragen.

Listera ovata (das Große Zweiblatt) war eine der sonderbarsten Orchideen. Es wurde bereits erwähnt, daß Joseph Hooker sie beschrieb, allerdings ohne die Rolle zu erwähnen, die Insekten bei der Bestäubung spielten. Das Labellum der Blüte sondert Nektar ab, an dem sich vorzugsweise kleine Insekten laben. Bei ihrem Mahl kriechen sie allmählich die immer schmaler werdende Fläche hinauf, bis sich ihre Köpfe direkt unter dem sich bogenförmig wölbenden Kamm des Rostellums befinden. Wenn sie den Kopf heben, berühren sie den Kamm. Dieser bricht sofort auseinander, die Pollinien treten hervor und bleiben fest am Kopf des Insekts haften. Diese Beobachtungen sind Darwins Sohn George zu verdanken, der auf die einige Kilometer von Down entfernt wachsenden Pflanzen aufmerksam wurde, als er die zahlreichen Spinnweben sah, die über den Pflanzen ausgebreitet waren, so als ob die Spinnen die Anziehungskraft von *Listera* auf kleine Fliegen erkannt hätten.

Nachdem er sich mit der Lebensweise von fünfzehn englischen Orchideengattungen vertraut gemacht hatte, wandte sich Darwin den großen exotischen Familien zu, die die tropischen Wälder schmükken. Er untersuchte fünfzig Gattungen. Einige dieser Orchideen waren selten. Er erhielt sie aus Kew von James Veitch jr., von Lindley und anderen. Lady Dorothy Nevill schickte ihm »viele Schätze« aus ihrer vortrefflichen Sammlung. Sir Robert Schomburgk, Entdecker der Lilie *Victoria amazonica* mit ihren riesigen, wie Untertassen geformten Blättern, beteiligte sich ebenfalls. Darwin bewahrte diese Orchideen in dem kleinen, an die Küche angebauten Glasschuppen auf.

Schon die erste Pflanze, die er sich vornahm, erwies sich als äußerst ungewöhnlich. Sie trägt heute den botanischen Namen *Cryptophoranthus*, was soviel wie »versteckte Blüte« heißt. Sie gehörte zur Art *atropurpureus*. Zu der Zeit Darwins war sie unter dem Namen *Masdevallia* bekannt, so benannt nach dem spanischen Arzt und Botani-

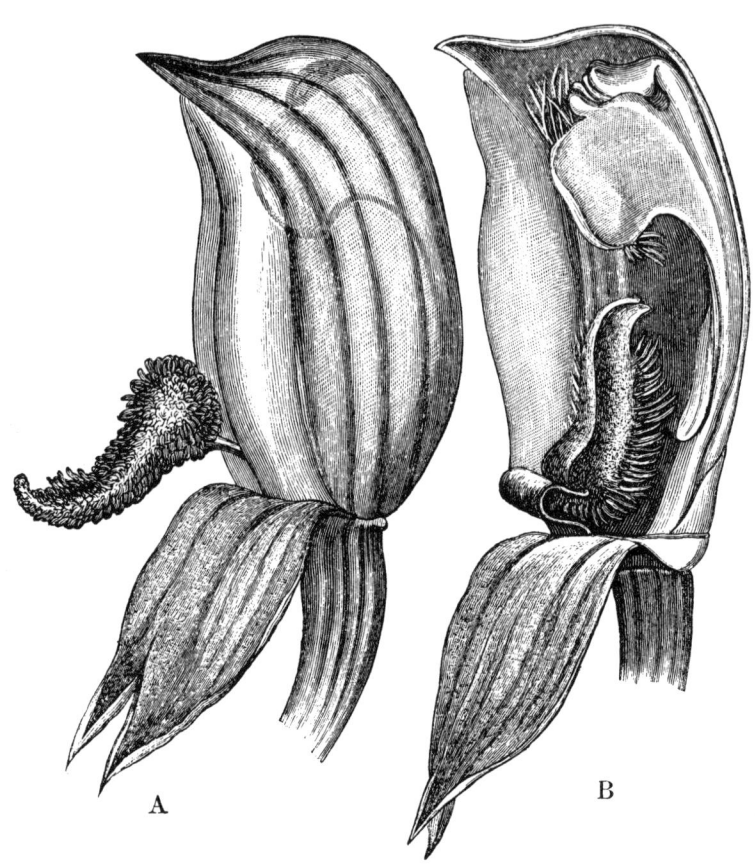

Die Mechanismen von *Pterostylis longifolia.* *A.* Blüte in natürlichem Zustand: Der Umriß des Säulchens ist schemenhaft zu erkennen. *B.* Blüte ohne vorderes Kelchblatt; zu sehen ist das Säulchen mit den beiden Schildern und das Labellum, und zwar in der Stellung, die es nach Berührung einnimmt.
(aus: *Charles Darwin, Die verschiedenen Einrichtungen, . . .*)

315

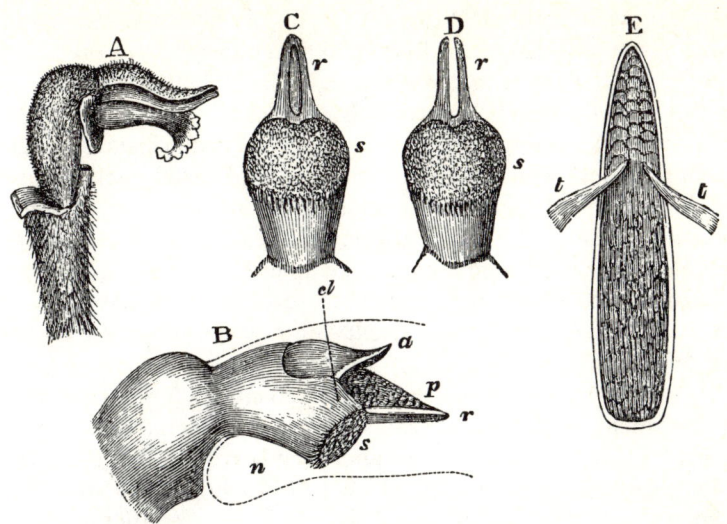

Die Mechanismen von *Spiranthes spiralis (autumnalis)*, dem Herbstdrehwurz. *a.* Anthere; *p.* Pollinien; *t.* Fäden der Pollinien; *cl.* Rand des Clinandriums; *r.* Rostellum; *s.* Narbe; *n.* Nektarbehälter; *A.* Seitenansicht der Blüte in normaler Stellung, die zwei unteren Kelchblätter sind entfernt. Das Labellum ist an der gefransten zurückgebogenen Lippe zu erkennen. *B.* Vergrößerte Seitenansicht einer reifen Blüte; alle Kelch- und Kronblätter sind entfernt. Die Stellung von Labellum und unterem Kelchblatt zeigen die punktierten Linien. *C.* Vorderansicht der Narbe und des Rostellums mit der bootförmigen Scheibe in der Mitte. *D.* Vorderansicht der Narbe und des Rostellums nach Entfernung der Scheibe. *E.* Die Scheibe nach Entfernung aus dem Rostellum, stark vergrößert und von hinten gesehen. Die elastischen Fäden der Pollinien hängen fest, nachdem die Pollenkörner abgetrennt sind.
(aus: *Charles Darwin, Die verschiedenen Einrichtungen, ...*)

ker José Masdevall, und trug auf Grund der zwei winzigen ovalen Fenster auf jeder Seite der Blüte den Artennamen *fenestrata*. Diese beiden Fenster bildeten den einzigen Zugang ins Blüteninnere, und soweit Darwin sehen konnte, mußte ein Insekt, das eindringen wollte, schon sehr klein sein, denn es schien unwahrscheinlich, daß irgendein größeres Insekt seinen Rüssel durch eines der Fenster stecken würde. Als er die Blüte sezierte, fand er einen Haufen Eier, die irgendein Insekt nahe dem Kelchboden abgelegt hatte. Das war eine Überraschung. Trotz aller Bemühungen gelang es Darwin nicht, herauszufinden, wie diese Orchidee bestäubt wurde. Und daran hat sich nichts geändert: Das bestäubende Insekt von *Cryptophoranthus* ist noch immer unbekannt.

Angraecum sesquipedale, eine Orchidee mit großen sternförmigen sechsstrahligen Blüten aus schneeweißen Brakteen, hatte bei Reisenden in Madagaskar viel Bewunderung hervorgerufen (s. Abb. S. 228). Ein grünes, peitschenähnliches Nektarium von erstaunlicher Länge hing unter dem Labellum herab. Bei mehreren Blüten, die ihm James Bateman, Autor eines Buches über mexikanische Orchideen, schickte, fand Darwin das Nektarium 29 Zentimeter lang und nur 3,75 Zentimeter hoch mit Nektar gefüllt. Seiner Ansicht nach konnte nur ein Schwärmer in der Lage sein, die Orchidee zu bestäuben, denn nur sie verfügen über lange Rüssel (Schwärmer besitzen die längsten Rüssel von allen Insekten). Die Entomologen machten sich über eine derartige Annahme lustig, aber Darwin schrieb an seinen Freund Fritz Müller in Brasilien, der ihm mitteilen konnte, daß es ein Insekt gab, dessen Rüssel beinahe lang genug war, nämlich zwischen 25 und 28 Zentimeter lang. Auf Madagaskar lebt ein Schwärmer mit einem Rüssel von genau der richtigen Länge, *Xanthopan morgani praedicta*.

Es schien, als überträfe eine Orchidee die andere an Außergewöhnlichkeit. Dies galt auch für *Catasetum* (s. Abb. S. 226). Erstens hatte sie eine sonderbare Blüte, die Darwin mit den folgenden Worten beschrieb: »Die trüben kupfrigen und organgegeflecktten Färbungen, die klaffende Höhle in dem großen gefransten Labellum – das Vorspringen der einen Antenne, während die andere herabhängt –, alles dies gibt diesen Blüten ein fremdartiges, düsteres und beinahe reptilienartiges Ansehen.«

Die genannten Antennen stellen das interessanteste Organ der Blüte dar und kommen bei keiner anderen Gattung vor. Sie bilden steife, gekrümmte Hörner, die spitz zulaufen und einen Schlitz auf-

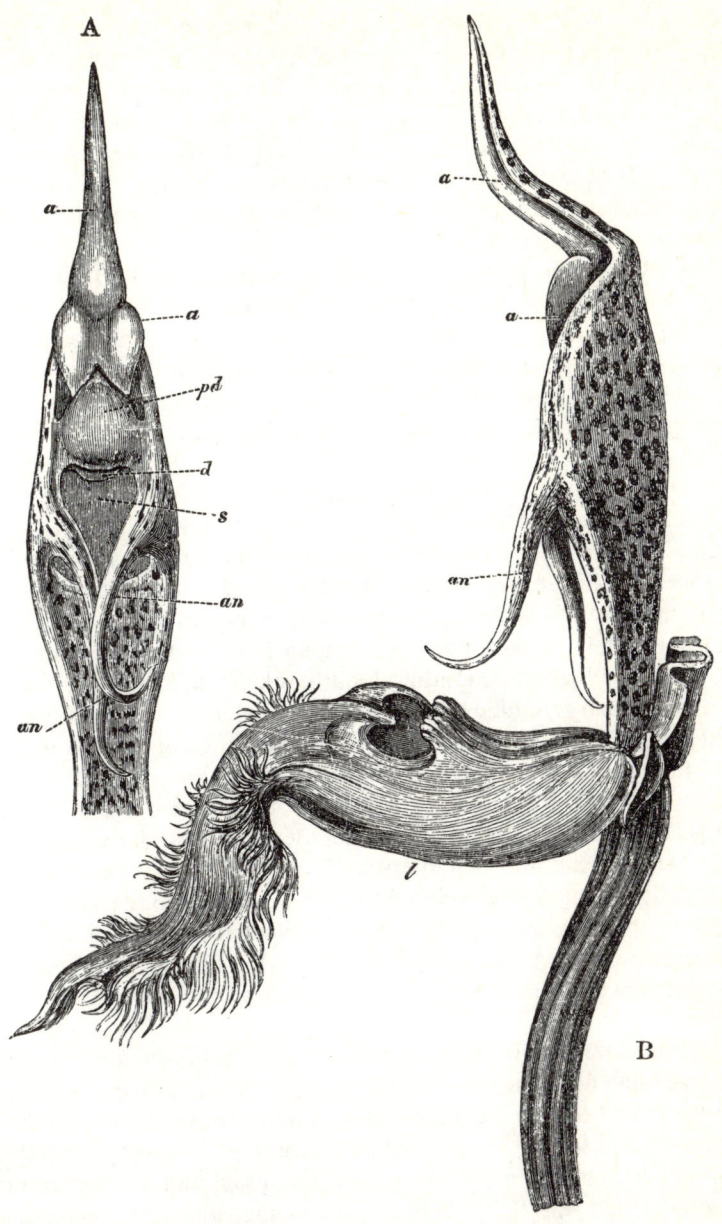

Die Mechanismen von *Catasetum saccatum*. *A.* Vorderansicht des Säulchens. *a.* Anthere; *an.* Antennen des Rostellums; *d.* Klebscheibe des Polliniums; *l.* Labellum; *pd.* Stiel des Polliniums; *s.* Narbenhöhle. *B.* Seitenansicht der Blüte mit Labellum, aber ohne Kelch- und Kronblätter.
(aus: *Charles Darwin, Die verschiedenen Einrichtungen, . . .*)

weisen wie die Zunge einer Viper. Berührt man die linksseitige Antenne, so schleudert sie die schwere Klebscheibe mit solcher Wucht aus der Narbenhöhle, daß das ganze Pollinium zusammen mit zwei Pollenballen herausgeschossen kommt, wobei es die locker befestigte Anthere von der Spitze des Säulchens abreißt. Die Pflanzen waren die Scharfschützen in der Welt der Orchideen: Züchter, die sie in ihren Gewächshäusern zogen, mußten damit rechnen, einen Schuß ins Gesicht zu bekommen.

Sie bildeten ein so faszinierendes Versuchsfeld, daß Darwin um weitere Pflanzenexemplare bitten mußte. Er schrieb an Hooker: »Wenn Sie wirklich auf ein weiteres *Catasetum* verzichten können, wenn es kurz vor der Blüte steht, wäre ich Ihnen sehr dankbar. Sollte ich nicht besser jemanden deswegen zu Ihnen schicken . . . Ein verdammtes Insekt oder irgend etwas anderes brachte meine letzte Blüte gestern nacht zum Explodieren.«

Aber *Catasetum* stellte noch in einer anderen Hinsicht eine eigentümliche Ausnahme dar. »Es handelt sich ausschließlich um eine männliche Form«, erklärte Darwin, »so daß die Pollenmassen zu der weiblichen Pflanze transportiert werden müssen, damit Samen hervorkommen.« Dieser Satz scheint in sich widersprüchlich, aber Darwin antwortete in dieser etwas witzigen Form auf einen früheren Vorgang. Sir Robert Schomburgk hatte erklärt, daß er drei Formen von Orchideen gefunden hätte, von denen er glaubte, daß sie drei verschiedenen Gattungen angehörten, die alle auf einer Pflanze wuchsen. Es waren *Catasetum tridentatum, Monacanthus viridis* und *Myanthus barbatus*. John Lindley reagierte entsetzt und sagte, daß »derartige Fälle alle unsere Ideen von der Beständigkeit der Gattungen und Arten bis auf den Grund erschüttern«. Sir Robert teilte Darwin mit, er habe Hunderte von Pflanzen von *Catasetum* in Essequibo gefunden, aber niemals ein Exemplar mit Samen, dafür aber enorme Samenkapseln an *Monacanthus*. Dr. Hermann Crüger, Direktor des botanischen Gartens auf Trinidad, behauptete im wesentlichen dasselbe.

Es blieb Darwin überlassen, das Rätsel zu lösen. Mit der ihm üblichen Sorgfalt untersuchte er die Blüten von allen drei Pflanzen. Er sezierte sie. Er bewahrte sie in Spiritus auf und untersuchte ihre Zellen. Er verglich ihre Organe. Schließlich konnte er bekanntgeben, daß *Catasetum* der Mann, *Monacanthus* die Frau und *Myanthus* ein Hermaphrodit war. Seit Darwins Entdeckung gibt es nur noch *Cata-*

setum tridentatum (mit dem heutigen Artennamen *macrocarpum*), und *Monacanthus* sowie *Myanthus* sind aus der Taxonomie verschwunden.

Ein anderes Rätsel gab *Mormodes ignea* auf, eine der Vanda-Orchideen. Die in Mittelamerika heimische Pflanze mit ihrem rosarot gestreiften Schlund und dem leuchtend orangefarbenen Labellum ist wunderschön. Darwin erhielt eine Pflanze mit zwei Ähren von Sigismund Rucker, einem Orchideenliebhaber aus West Hill in Wandsworth, die er über einen längeren Zeitraum behalten durfte. Darwin sprach ihm in einer Fußnote seines Buchs seinen Dank dafür aus. Er brauchte die Zeit, denn so außerordentlich die Pflanze aussah, so ungewöhnlich interessant war auch ihr Mechanismus. Jedes Blütenteil war verdreht, so daß alle Organe – Staubbeutel, Rostellum und der obere Teil der Narbe – auf der linken Seite der Ähre nach links zeigten und auf der rechten Seite nach rechts. Das Labellum war verdreht und wölbte sich über dem gedrehten Säulchen. Diese Stellung war wichtig, denn wenn das Säulchen gerade gewesen wäre, wären die Pollinien gegen das Labellum geprallt und zurückgefallen. Und wenn nicht alle Organe jeweils nach der Außenseite gerichtet gewesen wären, wäre den Pollinien beim Ausstoßen der Weg versperrt gewesen, und sie hätten nie ein Insekt getroffen.

Doch wie wurden die Pollinien ausgestoßen? Wo befand sich der Hebel, der den Mechanismus auslöste? Darwin berührte das Rostellum mit verschieden geformten Gegenständen und unterschiedlichem Druck, aber die Scheibe klebte nicht ein einziges Mal richtig fest. Ein breiter Spachtel erbrachte nur die Wirkung, daß das Pollinium sich wand und zuweilen spiralförmig aufrollte, und die Scheibe blieb überhaupt nicht mehr haften. Dann erinnerte er sich an ein winziges Gelenk, daß er entdeckt hatte. Es verband die Spitze des Antherenfachs mit dem Säulchen, und zwar unterhalb des gebogenen oberen Endes. Wenn man davon ausging, daß sich ein Insekt auf dem Kamm niederließ (und sonst gab es keinen geeigneten Landeplatz) und daß es sich dann über die Vorderseite des Säulchens lehnte, um die süße klebrige Flüssigkeit von den Kronblättern abzusaugen? Diese Idee brachte Darwin dazu, das winzige Gelenk mit einer sehr feinen Nadel zu berühren. Sofort wurde das Pollinium heraufgeschleudert und fiel auf den Kamm des Labellums, wo sich das Insekt befinden mußte.

Er experimentierte mit anderen Vanda-Arten, um die verschiedenen Auslösemechanismen zu finden. *Cycnoches ventricosum* sah mit seinen flügelartig ausgebreiteten Kronblättern aus wie ein herrlicher fliegender Schwan, und ihrem Aussehen verdankt die Pflanze auch ihren griechischen Namen. James Harry Veitch schickte ihm bei zwei Gelegenheiten Blüten und Knospen zur Untersuchung, und Darwin stellte fest, daß ein Filament zwischen kleinen blattartigen Anhängen als Auslöser diente. Bei *Mormodes luxata* war es nicht das Gelenk an der Anthere, sondern die Spitze des Säulchens (s. Abb. S. 228).

Das Studium der Vandas und ihrer wunderbar schönen Blüten mit all ihren Anpassungsformen, ihren beweglichen Teilen und Organen, die sich durch eine Art Sensibilität auszeichneten, sei höchst interessant für ihn gewesen, schrieb Darwin.

Bei seiner Arbeit mit den Orchideen hat ihn kaum eine Tatsache so sehr überrascht wie diese »endlosen Verschiedenheiten der Struktur – die verschwenderische Fülle von Hilfsmitteln –, um denselben Zweck zu erreichen, nämlich die Befruchtung einer Blüte durch Pollen von einer anderen Pflanze«. Und er fügte hinzu: »Diese Tatsache wird weitgehend aus dem Grundsatze der Natürlichen Zuchtwahl verständlich.« Die Orchideen hatten ihm einen der bestmöglichen Testfälle für seine Lehre von der Entwicklung durch Anpassung geliefert.

Die Blüte bestand im wesentlichen aus Resten von fünfzehn Primärorganen – Resten, die noch immer sichtbar waren: der Narbe, die sich zum Rostellum umgebildet hatte, dem Säulchen, das aus Staubblatt und Stempeln zusammengewachsen war. »Beinahe jeder Beobachter, der an die allmähliche Entwicklung der Spezies glaubt, wird zugeben, daß deren Anwesenheit Folge der Vererbung von einer frühen elterlichen Form ist«, meinte Darwin abschließend.

Hopfen, Haken und Ranken

»Schlingpflanzen umschlingen Schlingpflanzen . . .«

Um das für den Aufbau von Glucose und
Energie notwendige Chlorophyll zu produzieren, brauchen Pflanzen Licht (Chlorophyll bedeutet wörtlich übersetzt grünes
Blatt). Jedes Blatt dreht sich zum Licht.
Bäume strecken sich über andere Pflanzen
hinaus, um sich ihren Anteil zu sichern.
Kletterpflanzen wie Clematis, Efeu, Brombeere, Rose und Schwarzbeerige Zaunrübe
machen von Blattstielen, Ranken und mit
Haken versehenen Dornen Gebrauch, die
sie wie Seil und Steigeisen einsetzen, um
sich in die Höhe zu ziehen.

(Zeichnung von Brian Hughes)

Das Buch über die Orchideen wurde im Mai 1862 veröffentlicht, demselben Jahr, in dem unter dem Titel *Memoir of Henslow* ein Band mit Erinnerungen an diesen Mann erschien, verfaßt von dessen altem Freund und Schwager Leonard Jenyns.

Henslow war im Mai des vorhergehenden Jahres nach einer heimtückischen Krankheit gestorben. Als einer derer, »die seine Bedeutung so gut einzuschätzen wußten«, war Darwin gebeten worden, einen Beitrag zu leisten. »Es bereitete mir Freude, meinen Eindruck von seinem bewundernswerten Charakter niederzuschreiben«, teilte er Joseph Hooker mit, für den der Tod Henslows »eine Leere in meinem Leben, die niemand anderes ausfüllen kann« hinterließ. Nach seiner Hochzeit mit Frances Henslow waren Hooker und sein Schwiegervater enge Freunde geworden. Hooker empfand Henslow als »einen jener Freunde, die man *spät im Leben* gewinnt – die ein Licht auf unserem Wege sind, das wir nie überholen, wie wir es mit unseren Lehrern tun«.

Darwin hatte ihn überholt, aber er war sich des Dankes zutiefst bewußt, den er ihm schuldete. In seinem Beitrag zu dem Erinnerungsband beschrieb er die Zeit in Cambridge, die Treffen in Henslows Haus, die geprägt waren von der seltenen Liebenswürdigkeit und bewunderungswürdigen Fundiertheit des Wissens seines Gastgebers. Er erinnerte sich mit Wehmut an die Exkursionen, die sie in die Moore geführt hatten. Mehr als zehn Jahre später, als er seines guten Freundes noch einmal in seiner *Autobiographie* gedachte, nannte er ihn »den Mann, der meinen Weg mehr als jeder andere beeinflußt« hatte.

Es war schade, daß Henslow die Veröffentlichung des Orchideenbuchs nicht mehr erlebte, denn es war Darwins erstes Buch, das sich ausschließlich mit Pflanzen beschäftigte. Er hätte die Rezensionen sicher mit Stolz gelesen.

»Die Botaniker loben mein Orchideenbuch in den Himmel«, schrieb der Autor an John Murray. »Einer (vielleicht Sie) schickte mir den ›Parthenon‹ mit einer sehr guten Besprechung. Das *Athenaeum* behandelt mich mit großer Nachsicht und Verachtung; aber die Kritiker verstehen nichts von dem Thema.«

Fünf Tage später, nachdem weitere Kritiken eingegangen waren, schrieb er: »Die ›London Review‹ enthält eine hervorragende, aber wie ich fürchte übertriebene Besprechung. Aber es war wohl doch nicht so dumm von mir, zu veröffentlichen, wie ich erwartet hatte;

denn Asa Gray, wohl der kompetenteste Kritiker der Welt, hält fast ebensoviel von dem Buch wie die ›London Review‹. Das *Athenaeum* wird den Absatz wesentlich beeinträchtigen.« Das war jedoch nicht der Fall. Das Buch erschien in zwei Ausgaben und sieben Auflagen. Joseph Hooker »hielt es wirklich für gut gemacht«, und der Gedanke, daß er, George Bentham, Miles Joseph Berkeley, Daniel Oliver aus Kew und Asa Gray seine Arbeit guthießen, ermutigte Darwin, der schon fast zu der Überzeugung gekommen war, daß er sich selbst zum Narren machte, wenn er ein populärwissenschaftliches Buch herausbrächte. Grays Rezension, in der er die »Faszination, die es selbst auf wenig eingeweihte Leser ausüben muß«, betonte, war ein Beweis. Darwin schrieb ihm: »Nun werde ich der Welt zuversichtlich begegnen.«

In seinem wichtigsten Werk, *The Dictionary of Gardening* (1885–1901), verwies George Nicholson, Mitarbeiter von Kew Gardens, seine Leserschaft an die Autorität im Bereich der »Befruchtung von Orchideen«, indem er schrieb:

> Die wichtigste Informationsquelle zu dieser wie auch zu so vielen anderen bedeutenden und interessanten naturwissenschaftlichen Fragen findet sich unter den Werken von Charles Darwin, der zu diesem Thema das wohlbekannte Buch »On the Contrivances by which British and Foreign Orchids are Fertilised by Insects« geschrieben hat. Dieses Buch muß von jedem zu Rate gezogen werden, der sich um das Verständnis der äußerst eigenartigen Strukturen bemüht, die bei vielen Orchideen die Anpassungen bilden, mit deren Hilfe sie, in besonderer Weise, von den Besuchen der Insekten profitieren, während eine kleinere Anzahl ausschließlich für Selbstbefruchtung eingerichtet ist.

Am anerkennendsten äußerte sich aber Hooker. Im Dezember 1862 schrieb er an seinen Freund Brian Hodgson in Darjeeling, nach dem er *Rhododendron hodgsonii* benannt hatte:

> Darwin beschäftigt sich noch immer mit seinen Experimenten und seiner Theorie, und er überrascht uns mit den erstaunlichen Entdeckungen, die er jetzt auf botanischem Gebiet macht; seine Arbeit über die Befruchtung von Orchideen ist ganz einzigartig – in der ganzen botanischen Literatur gibt es nichts Vergleichbares.

Zusammen mit seinen anderen Arbeiten machte Darwin dieses Buch nach Hookers Meinung zum »ersten Naturforscher Europas«; er fuhr fort:

> Ich frage mich wirklich, ob er nicht als einer der Größten gelten wird, die je gelebt haben; sein Beobachtungs- und Erinnerungsvermögen sowie seine Urteilskraft scheinen überreich, sein Fleiß ist offenbar unermüdlich und seine Klugheit, Versuche anzulegen, das Übermaß an Erfindungsgabe und Sorgfalt, mit der er sie ausführt, sind unübertroffen, und all das bei so beklagenswerter Gesundheit, die ihm sein Leben zum Fluch macht und ihn mehr als die Hälfte seiner Tage und Wochen zur Untätigkeit verdammt – zur erzwungenen Müßigkeit des Geistes und des Körpers.

Für den *Gardeners' Chronicle* schrieb Hooker eine Rezension des Buchs. Darwin wußte den Artikel zu schätzen, meinte aber: »Vielleicht bin ich ein eingebildeter Hund; aber wenn es so ist, sind Sie nicht unwesentlich dafür verantwortlich; ich habe noch nie solches Lob empfangen, und von Ihnen schätze ich es höher als von jedem anderen Menschen.«

Das Variieren der Pflanzen kam nur schleppend voran, von Unterbrechungen immer wieder aufgehalten. Am 7. Oktober 1863 beschäftigte er sich mit »Tatsachen über Varietäten von Pflanzen«, wie er in seinem Tagebuch vermerkte, am 21. Dezember mit der Knospenvariation. Drei Tage später schrieb er an Hooker: »Und nun werde ich Ihnen eine *äußerst* wichtige Neuigkeit mitteilen!! Ich bin so ziemlich entschlossen, ein kleines Treibhaus zu bauen, der wirklich erstklassige Gärtner meines Nachbarn machte den Vorschlag und erbot sich, Pläne anzufertigen und darauf zu achten, daß alles ordentlich ausgeführt wird.« Darwin meinte, es würde »eine großartige Unterhaltung für mich sein, mit Pflanzen zu experimentieren«. Der genannte Nachbar war Sir John Lubbock; er sollte Darwin später seinen »Vater der Wissenschaft« nennen und befaßte sich am Anfang seiner Karriere mit Darwins Sammlungen. Sein Gärtner war Horwood.

Das neue Treibhaus, das an die hohe Wand des Küchengartens angebaut wurde, war Mitte Februar fertig, »und ich kann es nicht erwarten, es zu bepflanzen, genau wie ein Schuljunge«, schrieb Darwin an Hooker. »Können Sie mir möglichst bald mitteilen, welche Pflanzen ich von Ihnen bekommen kann; dann weiß ich, was ich bestellen muß.« Eine Woche später: »Sie können sich nicht vorstellen, welche Freude mir Ihre Pflanzen bereiten.« Und im März 1864: »Ein paar Worte zu den Treibhauspflanzen; sie unterhalten mich bestens. Ich habe mich zwei- oder dreimal hinübergeschleppt, um sie zu betrachten.«

Seine Gesundheit ließ zu wünschen übrig. Er brauchte siebeneinhalb Wochen, um ein Kapitel über Vererbung zu schreiben, acht Wochen für ein Kapitel über Kreuzung und Unfruchtbarkeit, einen Monat für die Zuchtwahl. Im Februar fühlte er sich wohl genug, um zehn Tage in London bei Erasmus zu verbringen und vor der Linnean Society einen Vortrag über *Linum* zu halten.

Dann folgte »um den 20. April« die Eintragung: »Begann, Samen von Lythrum zu zählen.« Unter dem Mikroskop fand er 20 000. Er gab einem Vortrag für die Linnean Society über *Lythrum salicaria* den letzten Schliff, der zusammen mit anderen in das Werk *Die verschiedenen Blütenformen* eingehen sollte, das er Asa Gray widmete und 1877 veröffentlichte.

An Asa Gray dachte Darwin damals häufig, denn er hatte ein neues Gebiet entdeckt und sah sich »veranlaßt, das Thema näher zu beleuchten«, wie er in seiner *Autobiographie* mitteilte, »nachdem ich eine kurze Rede von Asa Gray aus dem Jahre 1858 gelesen hatte«.

Es handelte sich um Kletterpflanzen.

In seiner Rede behandelte Asa Gray »Das Winden von Ranken« und zitierte Hugo von Mohls Behauptung, diese Bewegung resultiere aus »einer Reizempfindlichkeit, hervorgerufen durch Berührung«. Gray meinte, daß dies in den Rahmen der Studien fallen könnte, die Darwin im Hinblick auf sein Werk über *Das Variieren* betrieb. Als ein gutes Beispiel einer Rankenpflanze schickte er ihm Samen von *Echinocystis lobata*. Die Pflanze wuchs schnell. Im Mai 1864 schrieb Darwin an Hooker:

Ich bin dabei, eine kleine Tatsache sorgfältig zu beobachten, die mich überrascht hat; und ich möchte von Ihnen und Oliver wissen, ob sie Ihnen neu oder seltsam erscheint, darum bitte ich Sie, mir in Ihrem nächsten Brief darauf zu antworten; es handelt sich um eine sehr unwesentliche Tatsache, Sie brauchen also nicht extra deswegen zu schreiben.

Ich habe ein Exemplar von *Echinocystis lobata* bekommen, um die Reizempfindlichkeit der Ranken zu beobachten, die Asa Gray

Das Gewächshaus von Down House zu Darwins Lebzeiten

beschrieben hat und die natürlich offensichtlich genug ist. Die Pflanze steht in meinem Arbeitszimmer, und ich habe zu meinem Erstaunen festgestellt, daß der oberste Teil von jedem Zweig (d. h. der Stamm zwischen den zwei obersten Blättern, mit Ausnahme der wachsenden Spitze) *ständig* und langsam rotiert und im Laufe von eineinhalb bis zwei Stunden einen Kreis beschreibt; manchmal rotiert er zwei- bis dreimal, rollt sich dann mit derselben Geschwindigkeit wieder auf und rotiert in umgekehrter Richtung. In der Regel verhält er sich eine halbe Stunde ruhig, bevor er sich zurückspult. Der Stamm bleibt nicht verdreht. Der Stamm unterhalb des rotierenden Abschnitts bewegt sich überhaupt nicht, obwohl er nicht festgebunden ist. Die Bewegungen dauern den ganzen Tag bis zum frühen Abend. Sie sind nicht abhängig vom Licht, denn die Pflanze steht in meinem Fenster und dreht sich ebenso schnell vom Licht weg wie auf das Licht zu. Es mag sich um ein bekanntes Phänomen handeln, ich weiß es nicht, aber es verwirrte mich doch, als ich die Reizempfindlichkeit der Ranken zu untersuchen begann. Ich behaupte nicht, den eigentlichen Grund gefunden zu haben, aber das Ergebnis kann sich sehen lassen, denn die Pflanze beschreibt alle eineinhalb bis zwei Stunden einen Kreis (je nach Länge des geneigten Triebs und Länge der Ranke) von 30 bis 50 Zentimeter Durchmesser, und sowie die Ranke irgendeinen Gegenstand berührt, bewirkt die Reizempfindlichkeit, daß sie ihn sofort ergreift; ein erfahrener Gärtner, nämlich mein Nachbar, der gestern abend die Pflanze auf meinem Tisch sah, sagte: »Ich glaube, Sir, daß die Ranken sehen können, denn wohin auch immer ich eine Pflanze stelle, findet sie jeden Stock, der sich in ihrer erreichbaren Nähe befindet.« Ich glaube, obige Erklärung trifft zu, nämlich daß sie ständig langsam rotiert. Die Ranken haben eine Art Sinn, denn sie umschlingen sich nicht gegenseitig, solange sie jung sind.

Echinocystis faszinierte ihn. Aber jetzt brauchte er noch andere Pflanzen, um seine Beobachtungen ausweiten zu können. Im Juli schrieb er an Hooker, er werde »außerordentlich gut unterhalten von meinen Ranken, das ist genau die Tüftelei, die mir liegt, keine Zeit in Anspruch nimmt und mich beim Schreiben eher entspannt. Würden Sie bitte einmal überlegen, ob Sie irgendeine Pflanze kennen, die Sie mir geben oder leihen könnten beziehungsweise die ich kaufen könn-

Klettermechanismen der Pflanzen:
Der Blattstiel von *Clematis* dient als Haken.

te, mit Ranken, die in irgendeiner Weise hinsichtlich der Entwicklung, eines eigentümlichen oder besonderen Aufbaus oder auch eines eigenartigen Platzes im Haushalt der Natur bemerkenswert sind.«

Er hatte eine Entdeckung gemacht, aber auf einen Brief an Asa Gray bekam er eine unerwartete Antwort. Am 4. August 1864 teilte Darwin Gray in einem Erwiderungsschreiben mit: »Mein derzeitiges Steckenpferd verdanke ich Ihnen, nämlich die Ranken; ihre Reizempfindlichkeit ist wunderbar, in allen ihren Modifikationen ebenso wunderbar wie irgend etwas bei Orchideen.« (»Alle meine Gänse entpuppen sich als Schwäne«, hatte er einmal belustigt gesagt). »Was die *spontane* Bewegung (unabhängig von Berührung) der Ranken und oberen Internodien betrifft, so hat mich Ihre Frage ›Ist das nicht überall bekannt?‹ ziemlich erschüttert. Ich kann in keinem meiner Bücher etwas darüber finden . . .«

Asa Gray informierte ihn, daß es zwei Bücher zu dem Thema gab, beide aus dem Jahre 1827, nämlich *Über das Winden der Pflanzen* von Ludwig H. Palm und *Über den Bau und das Winden der Ranken und Schlingpflanzen* von Hugo von Mohl. Letzterer hatte außerdem eine Abhandlung über »Die vegetabilische Zelle« geschrieben, auf die sich Gray in seiner Arbeit bezogen hatte.

Darwin las sie – und fuhr gelassen mit seinen Beobachtungen und der Arbeit an einer eigenen Abhandlung fort, die er im Mai begonnen hatte. Bescheiden erklärte er Hooker, er verfüge über »eine Menge neuen Materials«. Tatsächlich, so fügte er hinzu, »glaube ich, daß sich eigenartigerweise noch niemand mit der Erklärung der einfachen Schlingpflanzen beschäftigt hat«.

Er machte sich daran, 100 Kletterpflanzen aller möglichen Arten zu untersuchen, denn er war nunmehr entschlossen, das Gebiet gründlich zu erforschen. »Ich war um so mehr davon fasziniert«, schrieb er in seiner *Autobiographie*, »als ich absolut nicht mit der Erklärung zufrieden war, die Henslow uns in seinen Vorlesungen über Schlingpflanzen gegeben hatte, nämlich daß sie eine natürliche Neigung haben, spiralförmig zu wachsen. Diese Erklärung erwies sich als ganz und gar irrig.«

So bildete dieses Gebiet die nächste Unterbrechung seiner Arbeit über das *Variieren der Pflanzen*, und wiederum wurde aus einem Vortrag ein Buch, und zwar *The Movements and Habits of Climbing Plants* (deutscher Titel: »Die Bewegungen und Lebensweise der kletternden Pflanzen«), 1865 von der Linnean Society und zehn Jahre später von Murray herausgegeben. Es war und ist noch heute ein Standardwerk.

Wie das Buch über die Orchideen bildete es ein weiteres Glied in der Kette der Beweise, mit denen er seine Theorie untermauerte. Es diente ihm dazu, zwei der Grundsätze zu demonstrieren – den Kampf ums Dasein und die Abänderung. Entsprechend fügte er das Material in die vierte Auflage von *Die Entstehung der Arten* ein, die 1866 erschien. In freier Natur finden sich Kletterpflanzen grundsätzlich an dichtbewachsenen Stellen, in Hecken, Dickichten und Wäldern, wo der Konkurrenzkampf um Licht und Luft am härtesten ist. Um emporwachsen zu können, setzen sie Haken und Ranken ein, Modifikationen anderer Organe. Eine Ranke war einst ein Blatt.

Down House lag in Kent, und Kent ist als der Garten Englands bekannt – man könnte auch sagen, der Hopfengarten. Überall im Land sieht man die eigentümlichen schiefen Türme der Hopfendarren, die zum Trocknen der Dolden dienen. Im Frühling befestigen Männer auf Stelzen Steig- und Laufdrähte an den Hopfenstangen; wie langbeinige Riesen sehen sie aus, wenn sie von Reihe zu Reihe wandern. Im Sommer bedecken grüne Blätter jeden Zentimeter der Drähte und Stangen und bestimmen kilometerweit das Bild der Landschaft.

Bei der Beschreibung der Kletterpflanzen begann Darwin mit Hopfen *(Humulus lupulus)*.

Sein Wachstum begann im April. Wenn der Schößling aus dem Boden kam, waren die zwei oder drei erstgebildeten Internodien (die Stengelglieder zwischen zwei Nodien oder Blattachseln) gerade und unbeweglich. Das nächstgebildete Internodium neigte sich zu einer Seite und wanderte langsam einmal im Kreis – und zwar im Uhrzeigersinn oder, wie Darwin sagte, mit der Sonne. Die Bewegung erreichte bald ihre volle Geschwindigkeit. Sieben Beobachtungen, die Darwin im April und später im August an den Trieben einer zurückgeschnittenen Hopfenpflanze machte, ergaben tagsüber bei warmem Wetter für jede Umdrehung eine Durchschnittsgeschwindigkeit von 2 Stunden und 8 Minuten. Die Rotationsbewegungen hielten an, solange die Pflanze wuchs; aber jedes einzelne Internodium hörte auf, sich zu bewegen, wenn es alt wurde.

Um genau zu messen, wie viel sich jedes Internodium bewegte, »hielt ich eine eingetopfte Pflanze während der Nacht und des Tags in einem gut geheizten Zimmer, an welches ich durch Krankheit gefes-

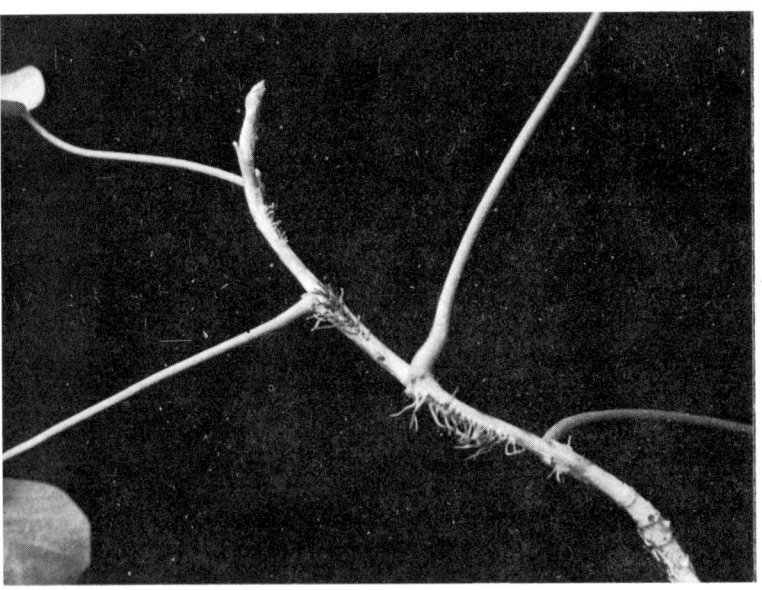

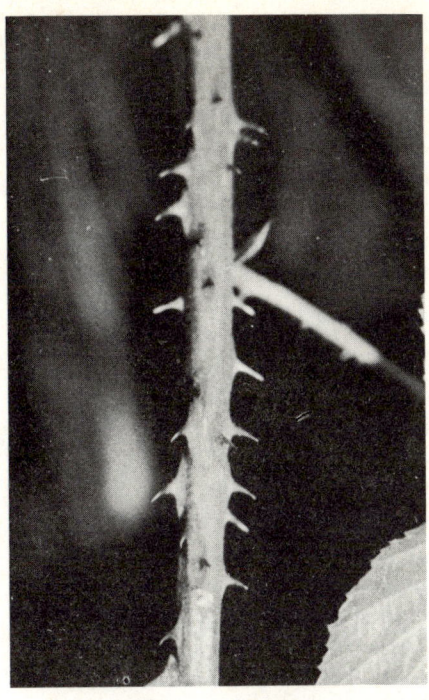

linke Seite oben: Die spiralförmig aufgerollten Ranken der Schwarzbeerigen Zaunrübe sorgen nicht nur für Halt an der Stütze, sondern wirken auch wie elastische Federn, die dem Druck des Windes nachgeben und in ihre ursprüngliche Form zurückkehren können.

linke Seite unten: Efeu sendet Luftwurzeln aus, die die Pflanze in Rissen verankern.

oben links: Die Dornen einer Brombeere dienen als Steigeisen.

oben rechts: Celastrus orbiculatus umschlingt die Stütze wie ein Seil.

(Photos: Grace Woodbridge)

selt war«, schrieb Darwin. Er hatte einen langen Trieb an einem Stützstab befestigt, so daß nur ein sehr junges Internodium von 4,5 Zentimeter Länge frei beweglich war. Er ging davon aus, daß es innerhalb der ersten 24 Stunden mindestens eine Umdrehung vollendete. Früh am nächsten Morgen markierte er die Position, und das Internodium führte eine zweite Umdrehung aus, diesmal wesentlich schneller, nämlich innerhalb von neun Stunden. Die dritte Umdrehung war nach wenig mehr als drei Stunden noch am selben Abend abgeschlossen. Nach 37 Umdrehungen richtete sich das Internodium auf und rührte sich nicht mehr, nachdem es sich zur Mitte bewegt hatte. Er befestigte ein Gewicht an seiner Spitze, um sie leicht umzubiegen und jede weitere eventuelle Bewegung feststellen zu können. Doch da war keine. Einige Zeit, bevor die letzte Umdrehung halb vollendet war, hatte der untere Teil des Internodiums aufgehört, sich zu bewegen.

Darwin hatte das Wachstum der Pflanzen gemessen. Nach der 17. Umdrehung war das Internodium von 4,5 auf 15,5 Zentimeter Länge gewachsen und trug ein 4,85 Zentimeter langes Internodium, das sich gerade noch merklich bewegte; dieses wiederum trug ein sehr kleines Internodium. Bei der 27. Umdrehung war das untere und immer noch bewegliche Internodium 21,7 Zentimeter lang, das mittlere 9,06 Zentimeter und das oberste 6,5 Zentimeter. Er bestimmte außerdem die Neigung des ganzen Triebs: Er hatte einen Kreis von 49 Zentimeter Durchmesser beschrieben. Als die Bewegungen aufhörten, war das untere Internodium 23 Zentimeter und das mittlere 15,5 Zentimeter lang; folglich bewegten sich zwischen der 27. und 37. Umdrehung drei Internodien gleichzeitig. Inzwischen hatte sich der ganze Trieb dreimal im Uhrzeigersinn um die eigene Achse gedreht.

Als das untere Internodium seine Bewegungen einstellte, richtete es sich auf und wurde steif. Der ganze Trieb, der inzwischen über den Stab hinausgewachsen war, neigte sich und nahm eine fast horizontale Lage ein, setzte aber seine Umdrehungen mit leichten, langsamen und schwankenden Bewegungen fort. Je mehr er wuchs, desto tiefer neigte er sich, wobei die wachsende Spitze rotierte und immer mehr nach oben zeigte. An der Oberfläche des Internodiums zeigte sich eine interessante Veränderung: Die Seite, die zunächst konvex geformt war, wurde konkav. Darwin konnte beweisen, daß dies ein sicheres Zeichen für rotierende Bewegung war.

Sein nächstes Versuchsobjekt war *Hoya carnosa*, die bezaubernde

Wachsblume aus Queensland. Ein hängender Trieb von 82,8 Zentimeter Länge schwang in Halbkreisen von einer Seite auf die andere, während seine letzten Internodien vollständige Umdrehungen ausführten. Die schwingende Bewegung resultierte aus der Bewegung der unteren Internodien, die nicht über genügend Kraft verfügten, um den ganzen Trieb um den Stützstab in der Mitte zu schwingen.

Ceropegia gardnerii aus der Familie der Seidenpflanzengewächse, die erst kurz zuvor im Jahre 1860 aus Ceylon eingeführt worden war, gehörte ebenfalls zu seinen Treibhaus-Kletterpflanzen. Sie hatte eigenartige Blüten: Die cremeweißen Kronblätter mit purpurnen Flecken waren gebogen und formten Kelche. Darwin hatte eine Pflanze auf seinem Arbeitstisch stehen. Er ließ die Spitze fast horizontal bis in eine Länge von 80,3 Zentimeter wachsen und stellte fest, daß sie zu einer Umdrehung im Gegenuhrzeigersinn, also entgegen der Hopfenbewegung, zwischen 5 Stunden 15 Minuten und 6 Stunden 45 Minuten brauchte. Die äußerste Spitze beschrieb einen Kreis von mehr als 1,50 Meter im Durchmesser und 4,80 Meter Umfang. Sie bewegte sich mit einer Geschwindigkeit von 83 bis 85 Zentimetern in der Stunde. »Da war es ein interessantes Schauspiel«, schrieb Darwin, »den langen Schoß zu beobachten, wie er Tag und Nacht durch diesen großen Kreis schwang, irgendeinen Gegenstand aufsuchend, um welchen er sich hätte winden können.«

Ceropegia war sein bereitwilligstes Versuchsobjekt. Als er einen langen Stab so aufstellte, daß er die Bewegung der unteren und steifen Internodien behinderte, glitt der gerade Trieb daran langsam und allmählich hinauf, schob sich jedoch nicht über die Spitze hinaus. Nach einer Zeit, die für eine halbe Umdrehung ausgereicht hätte, bog sich der Trieb plötzlich vom Stab weg, kippte um und begann, sich wieder zu heben. Anschließend fing er erneut an, sich zu drehen, kam nach einer halben Umdrehung mit dem Stab in Berührung, glitt wie zuvor daran hinauf, bog sich weg und kippte um. »Diese Bewegung des Sprosses bot einen sehr eigentümlichen Anblick«, schrieb Darwin, »als wäre er über seinen Mißerfolg verärgert, wäre aber doch entschlossen, es noch einmal zu versuchen.«

Seine Experimente brachten viele seltsame Tatsachen ans Tageslicht. Er stellte fest, daß die Mehrzahl der windenden Pflanzen im Gegenuhrzeigersinn rotiert, und daß sich die holzigen Triebe von *Wistaria* schneller bewegen als die der biegsamen *Ipomoea* und *Thunbergia*. Er zog 17 Pflanzen von *Loasa eurantiaca;* acht rotierten von links nach rechts, fünf von rechts nach links, und vier drehten und wanden sich zuerst in die eine Richtung, dann in die entgegengesetzte. Interessant war auch, daß von den englischen windenden Pflanzen sich nur das Geißblatt um Bäume wickelte, während tropische Rankenpflanzen leicht daran emporkletterten, was sie ja auch mußten, wenn sie ans Licht gelangen wollten.

Er hatte die Beobachtungen für sein Buch schon halb beendet, als die oben genannte Nachricht kam, daß das erstaunliche Phänomen der spontanen Drehbewegungen bereits von den zwei deutschen Botanikern beobachtet worden war. Aber von Mohl hatte die Meinung vertreten, daß die Bewegungen auf Grund der Drehung der Achse erfolgten. Darwin bewies, daß diese Annahme falsch war. »Wenn wir einen im Wachsen begriffenen Schößling nehmen, so können wir ihn natürlich nacheinander nach allen Seiten hin biegen, so daß wir die Spitze einen Kreis beschreiben lassen, gleich dem, welchen eine sich spontan drehende Pflanze ausführt. Durch diese Bewegung wird der Schößling nicht im mindesten um seine eigene Achse gedreht. Ich erwähne dies deshalb, weil ein schwarzer Punkt, den man auf die Rinde an der Seite macht, welche, wenn der Schoß nach der Person zu, die ihn hält, gebogen wird, zuoberst sich findet, sich allmählich in dem Maße, als der Kreis beschrieben wird, herumdreht und auf die untere Seite hinabrückt und dann wieder heraufkommt, wenn der Kreis vollendet wird; dies gibt den falschen Anschein eines Drehens, welcher mich bei der Beobachtung sich spontan umdrehender Pflanzen eine Zeitlang getäuscht hat.« Er machte zahlreiche Versuche, um diese spontanen Rotationen zu beweisen, indem er schwarze Linien und farbige Streifen auf die Oberfläche der Stämme malte.

Nachdem er die windenden Pflanzen untersucht hatte, richtete er seine Aufmerksamkeit auf Blattkletterer und Rankenträger. Vermutlich wissen nur wenige Leute, die *Clematis* in ihren Gärten ziehen, daß diese Pflanzen sich mit Hilfe ihrer Blätter emporziehen, indem sie den Blattstiel wie einen Haken um die nächstgelegene Stütze biegen. Auch sie führen rotierende Bewegungen aus, um eine Stütze zu finden. Darwin nahm acht Arten von *Clematis* und sieben von *Tropaeolum* für seine Versuche. Bei *Tropaeolum tricolorum* var. *grandifolium* stellte er fest, daß diese Pflanze wie ein Bergsteiger mit Leine und Steigeisen arbeitete, indem sie nicht nur die Blattstiele zu Haken krümmte und sich mit ihnen festmachte, sondern auch rankenartige

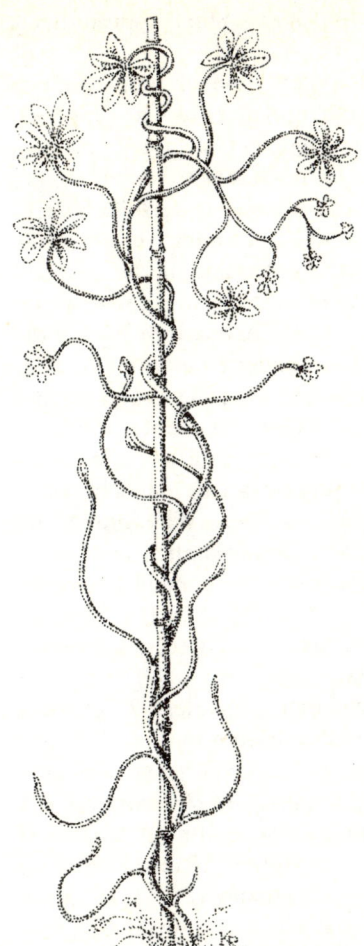

Tropaeolum tricolorum verfügt über drei Klettermechanismen. Der Stamm windet sich um eine Stütze, die Blattstiele werden wie Haken und die rankenartigen Filamente wie Greifer eingesetzt. Blattkletterer waren nach Darwins Feststellung Zwischenformen zwischen windenden Pflanzen und Rankenträgern. Bei *Tropaeolum* war jede Stufe der Entwicklung zu sehen. Die Pflanze streckt zunächst rankenähnliche Blätter aus (am unteren Ende der Zeichnung). Bei höher gewachsenen Pflanzen haben sie abgeplattete Enden. Schließlich bringt die Pflanze richtige Blätter mit Blattstielen hervor, die eine Stütze umfassen, und die rankenartigen Blätter fallen ab.
(Zeichnung von Keith Roberts)

Filamente. Außerdem wand sie sich mit ihrem Stamm spiralförmig um jede erreichbare Stütze.

Blattkletterer, so führte Darwin aus, nehmen eine mittlere Stellung zwischen windenden Pflanzen und Rankenpflanzen ein, und bei *Tropaeolum* ließ sich jede Stufe der Entwicklung beobachten. Der junge Stamm wand sich regelmäßig um einen dünnen senkrechten Stab: An einer Pflanze zählte Darwin acht Spiralwindungen in derselben Richtung. Wenn die Pflanze älter wurde, wuchs der Stamm oft gerade in die Höhe, bis die Blattstiele eine Stütze fanden und ihn befestigten. An dieser Stelle drehte er sich ein- oder zweimal in entgegengesetzter Richtung. Bis zu einer Höhe von 60 bis 90 Zentimetern bildete die Pflanze jedoch keine echten Blätter aus, sondern zunächst nur Filamente mit zugespitzten Enden, ein wenig abgeflacht und an der Oberseite eingekerbt. Später entstanden neue Filamente mit etwas verbreiterter Spitze, dann andere mit dem rudimentären Segment eines Blatts. Kurz darauf erschienen weitere Segmente, bis schließlich ein vollkommenes Blatt hervorgebracht wurde. »Wir können auf diese Weise jede Entwicklungsstufe von rankenähnlich greifenden Filamenten bis zu vollkommenen Blättern mit greifenden Blattstielen beobachten.« War die Pflanze zu einer beträchtlichen Höhe herangewachsen und durch die Stiele der Blätter fest an ihrer Stütze verankert, verdorrten die Filamente und fielen ab.

Andere Arten von *Tropaeolum* verhielten sich anders. *T. azureum* brachte weder Filamente noch rudimentäre Blätter hervor. *T. pentaphyllum* hatte nicht die Fähigkeit, sich zu einer Spirale zu winden – weil, wie Darwin annahm, die Blattstiele ständig für Halt sorgten. Die Internodien einer 22 Zentimeter hohen Pflanze von *T. tuberosum* bewegten sich überhaupt nicht. Bei einer älteren Pflanze ruhten sie manchmal stundenlang und bewegten sich an anderen Tagen nur in unregelmäßiger Linie, während sie sonst kleine unregelmäßige spiral- oder kreisförmige Bewegungen ausführten. Die Internodien einer Varietät mit dem Namen »Dwarf Crimson Nasturtium« bewegten sich am Tag unregelmäßig auf das Licht zu, bei Nacht vom Licht weg.

Eine purpurne Varietät der mexikanischen Maurandie, *Maurandia lophospermum*, stellte einen besonderen Fall dar. Die jungen Internodien waren berührungsempfindlich. Wenn ein Blattstiel dieser Varietät einen Stab erfaßte, zog er die Basis des Internodiums nach; dann neigte sich das Internodium selbst auf den Stab zu, der zwischen

Stamm und Blattstiel wie von einer Zange festgehalten wurde. Das Internodium streckte sich anschließend wieder, außer an dem Teil, der tatsächlichen Kontakt mit dem Stab hatte. Darwin machte 15 verschiedene Versuche, bei denen er mehrere Internodien mit einem dünnen Zweig leicht rieb, und nach etwa zwei Stunden hatten sie sich alle gebogen. Vier Stunden später standen sie wieder aufrecht da. Er rieb einige Internodien an einem Tag auf der einen Seite und am anderen auf der gegenüberliegenden beziehungsweise auf einer seitlich anschließenden; der Stamm bog sich jeweils zu der Seite, an der er gerieben wurde.

Es gab eine kleine, aber interessante Gruppe von Pflanzen, die mit Hilfe ihrer Blattspitzen oder der verlängerten Mittelrippen ihrer Blätter kletterten. Eine von ihnen war *Gloriosa plantii* aus der Familie der *Liliaceae*, eine in Mosambik beheimatete Pflanze mit rötlichgelben Blüten. Wenn die jungen Blätter hervorkamen, standen sie fast senkrecht, nahmen aber bald eine waagerechte Position ein. Am Blattende bildete sich eine schmale, fadenartige, verdickte Verlängerung, die zunächst nahezu gerade war. Sobald das Blatt sich in waagerechte Position gesenkt hatte, stellte sie jedoch einen gutgeformten Haken dar, der ausreichend stark und hart war, um einen Gegenstand zu ergreifen, die Pflanze festzuhalten und die rotierende Bewegung zum Halten zu bringen. Im ersten Stadium des Wachstums brauchte die Pflanze keine Stütze, und an den oberen Blättern einer ausgewachsenen blühenden Pflanze, die keine Veranlassung hatte, noch höher zu klettern, bildeten sich auch keine Haken mehr. »Wir sehen daran«, schrieb Darwin, »wie vollkommen die Ökonomie der Natur ist.«

Er fuhr in das von Veitch geleitete Royal Exotic Nursery in der King's Road in Chelsea, um sich die Kletterweise von Kannenpflanzen anzusehen. Sie bedienten sich der Mittelrippe – die vom Blattende bis zur Kanne reichte und sich um jede erreichbare Stütze rollte. Der gewundene Teil verdickte sich, und der Stengel beschrieb häufig eine Windung, auch wenn er keinen Kontakt fand, wobei sich dieser Abschnitt ebenfalls verdickte. Darwin vertrat die Ansicht, daß die Windungen vor allem dem Zweck dienten, die Kanne mit ihrem flüssigen Inhalt zu tragen.

Dann widmete er sich seinem »Steckenpferd«, den Rankenträgern. Bei den Ranken handelte es sich um modifizierte Blätter mit ihren Stielen, um modifizierte Blütenstengel und sogar modifizierte

Zweige. Die Bignonie *Bignonia venusta* bediente sich ausschließlich modifizierter Blätter. Jede Ranke besaß drei Finger, die sich in verschiedene Ebenen streckten und an der Spitze hakenförmig gekrümmt waren. So stellte jede Ranke einen ausgezeichneten Anker dar.

Bignonia capreolata (heute *Doxantha capreolata*) hatte Ranken, die sich grundsätzlich vom Licht abwandten. Alle Versuche, sie zu überlisten, schlugen fehl. Darwin drehte die Pflanze in die Sonne und stellte sie in einen an einer Seite offenen Kasten, in den das Licht schräg einfiel. »Sechs Windfahnen hätten die Richtung des Windes nicht richtiger angeben können«, schrieb er, »als diese verzweigten Ranken den Lauf des Lichtstroms angaben, der in den Kasten fiel.« Er gab ihnen ein geschwärztes Glasrohr und eine gut geschwärzte Zinkplatte. Sie bogen sich um die Ränder der Platte und rollten sich um das Rohr. »Aber bald bogen sie sich von diesen Gegenständen wieder zurück mit, wie ich es nur bezeichnen kann, ›Widerwillen‹«, berichtete er, »und streckten sich wieder geradeaus.«

Als nächstes stellte er einen Pfahl mit sehr rauher Rinde in der Nähe eines Rankenpaars auf. Zweimal berührten sie ihn für etwa eine oder zwei Stunden, und zweimal zogen sie sich wieder zurück. Schließlich krümmte sich eine der hakenförmigen Spitzen um eine ganz kleine Unregelmäßigkeit in der Rinde und hielt sich daran fest. Unmittelbar darauf streckten sich die anderen Zweige aus und wanderten an jeder kleinen Unebenheit der Oberfläche entlang. Darwin stellte nun einen Pfahl mit tiefen Rissen in die Nähe der Pflanze, der jedoch keine Rinde hatte, und die Rankenspitzen krochen in einzigartiger Weise in sämtliche Spalten.

Das letzte Experiment endete in einem noch überraschenderen Ergebnis. Darwin verdankte die Entdeckung eigentlich dem Zufall, daß er einen Wollrest in der Nähe einer Ranke liegengelassen hatte. Und als er sah, was geschah, befestigte er an einem Pfahl ein Durcheinander von Flachs, Moos und losen Wollfäden und bot das Ganze an. Sofort entstand große Unruhe. Die gekrümmten Spitzen ergriffen selbst locker herumhängende Fäden. Die hakenförmigen Spitzen schwollen an und verwandelten sich innerhalb von wenigen Tagen in weißliche, unregelmäßig geformte Kugeln von etwa 1,3 Millimeter Durchmesser, die eine klebrige, harzartige Substanz abzusondern begannen, die die Fasern umhüllte und umschloß. Er entdeckte eine kleine Kugel, in der zwischen 50 und 60 Flachsfasern, die aus verschiedenen Richtungen zusammenliefen, eingebettet waren. An einer Ranke hatten sich acht solcher Kugeln gebildet, eine andere trug ein Gewicht von fast 200 Gramm. Diese Bignonie kletterte in ihrer Heimat, dem Süden der Vereinigten Staaten, gewöhnlich an Bäumen empor, die mit Flechten und Moosen bewachsen waren. Kein Wunder also, daß sie den von Darwin angebotenen Flachs auf der Stelle akzeptierte. Daß die Ranken sich grundsätzlich vom Licht abwandten, lag an den Vorfahren der Ranken, nämlich Blättern, aus denen sie sich entwickelt hatten. Im Wald beheimatete Kletterpflanzen richten sich, sobald sie aus dem Samen hervorkommen, immer ins Dunkle, in dem Bestreben, eine Stütze zu finden: das heißt, sie wenden sich dem Schatten zu, der für sie mit dem Standort eines Baums identisch ist.

Cobaea scandens war Darwins Meinung nach eine »ausgezeichnet gebaute Kletterpflanze«. Jede ihrer Ranken verfügte über ein Netzwerk von Zweigen, die feineren so dünn und biegsam, daß sie in jedem leichten Luftzug herumflatterten. Dennoch waren sie robust und elastisch. Am Ende eines jeden Zweigs befand sich ein winziger Doppelhaken. Eine gut 28 Zentimeter lange Ranke trug, wie Darwin ermittelte, 94 dieser wunderbar konstruierten kleinen Haken, die, wie es in seinem Buch heißt, »sehr leicht weiches Holz oder Handschuhe oder die Haut der nackten Hand fassen«. Falls die Ranke beim Rotieren keinen Ast fand, an dem sie sich festklammern konnte, sorgte also der Wind dafür, daß die faserleichten Zweigchen eine Stütze erreichten.

Aus den Samen von *Echinocystis lobata*, die Asa Gray ihm geschickt hatte, zog Darwin Pflanzen. Die Ranken, die immer im spitzen Winkel zum Stamm standen, hatten die phantastische Möglichkeit, sich zu versteifen, wenn ihr Weg sie bei der Rotation über den Schößling hinwegführte. Hätten sie diese Fähigkeit nicht besessen, wären sie gegen den Schößling gestoßen und angehalten worden.

Darwin stellte fest, daß die Ranken so berührungsempfindlich waren, daß es ihnen fast immer gelang, einen runden Stab zu ergreifen, der ihnen in den Weg gestellt wurde. Er plazierte einen Bleistift gerade so weit von einer Ranke entfernt, daß sie sich mit der Spitze nur halb darumwickeln konnte. Zu seiner Überraschung sah er einige Stunden später, daß sie sich zwei- oder sogar dreifach um den Stab geschlungen hatte. Er dachte zunächst, daß sie so schnell gewachsen wäre, fand aber dann anhand von farbigen Punkten und genauen

Messungen, daß sie ihre Lage fast gar nicht verändert hatte. Als er sie durch eine Lupe beobachtete, entdeckte er, daß sie sich durch langsame, jeweils entgegengesetzte Bewegungen vorwärts bewegte, »wie ein Mann, der, mit seinen Fingerspitzen an einer horizontalen Stange hängend, sich mit seinen Fingern so lange vorwärtsarbeitet, bis er die Stange mit den Handflächen ergreifen kann«.

Die Ranken von Kletterpflanzen wie der Passionsblume und der Schwarzbeerigen Zaunrübe wuchsen erst in Spiralen, dann gerade und anschließend wieder in Spiralen, allerdings in umgekehrter Richtung. Auf diese Weise gelang es ihnen, den Schößling in die Höhe zu ziehen und sich, wenn er gewachsen war, zusammenzuziehen. Diese Elastizität verhinderte auch, daß die Pflanze von ihrer Stütze weggerissen wurde: Sie konnte dem Druck des Windes nachgeben und in ihre alte Form zurückkehren. Darwin muß an die Zeit auf der *Beagle* gedacht haben, als er schrieb:

Ich bin mehr als einmal während eines Sturmes absichtlich hinausgegangen, um eine *Bryonia* zu beobachten, die an einer sehr exponierten Hecke wuchs und mit ihren Ranken an den umgebenden Sträuchern befestigt war; und wie die dicken und dünnen Zweige vom Winde hin- und hergeschleudert wurden, wären die Ranken, wenn sie nicht ganz exzessiv elastisch gewesen wären, augenblicklich abgerissen, und die Pflanze wäre niedergeworfen worden. Wie aber die Dinge lagen, so überstand die *Bryonia* den Sturm ganz gut, einem Schiffe gleich, das an zwei Ankern liegt und ein langes Stück Tau vorn ausgegeben hat, um als Feder zu dienen, wenn das Schiff dem Sturme nachgebend hin- und herrollt.

Darwin ging dann auf die Pflanzen ein, die mit Hilfe ihrer Haken wie mit Steigeisen kletterten – zum Beispiel Rosen und Brombeersträucher; und mit Hilfe kleiner Wurzeln, wie Efeu. Eine besondere Eigenart zeigte der epophytische Philodendron aus Südbrasilien, dessen Luftwurzeln sich spiralförmig nach unten um einen Baum wanden und nicht nach oben. Die Hakenkletterer bildeten die am wenigsten erfolgreiche Gruppe. Wie Darwin ausführte, gelingt ihnen der Aufstieg nur, wenn sie ein Pflanzendickicht vorfinden, an dem sie sich festhalten können, während Wurzelkletterer sich sogar an nackten Felsflächen emporziehen können.

Die Blattkletterer und Rankenträger übertrafen die zwei vorge-

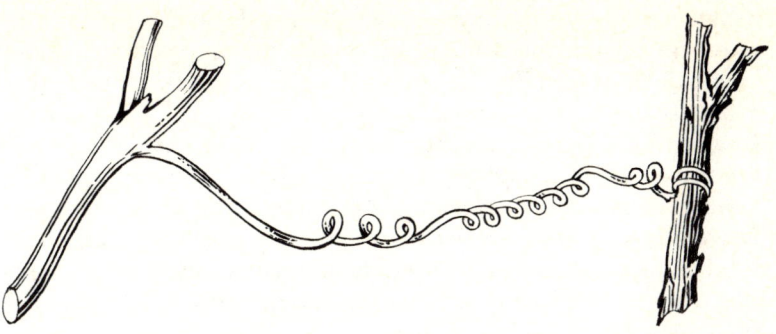

Eine Ranke von *Bryonia dioica* an ihrem Halt. Man beachte den geraden Abschnitt, von dem aus die Spiralen in entgegengesetzte Richtung verlaufen, eine Vorrichtung, wie Darwin erklärte, durch die die Verdrehung der Ranke in sich vermieden wird. (Zeichnung von Vicky Fischer)

nannten bei weitem an Zahl und Perfektion der Mechanismen. Sie waren miteinander und mit den windenden Pflanzen verwandt, denn innerhalb derselben Familie und sogar innerhalb derselben Gattung gab es Blattranken und windende Pflanzen. Zur Mikanie gehörten Blattkletterer und Windepflanzen. Die Blattrankenart *Clematis* war eng verwandt mit der rankentragenden *Naravelia*. Zu den Erdrauchgewächsen gehörten engverwandte Gattungen von Blattranken und Rankenträgern. Eine Art der Bignonie war zugleich Blattranke und Rankenträger, und eng mit ihr verwandte Arten waren Windepflanzen. Und fast alle von ihnen hatten die bemerkenswerte Fähigkeit zur spontanen Rotation.

»Wenn wir allein die Blattkletterer betrachten«, sagte Darwin, »so drängt sich die Idee, daß sie ursprünglich Windepflanzen waren, gewaltsam auf.« Und es war wahrscheinlich, so fuhr er fort, daß Rankenträger ursprünglich windende Pflanzen waren. Warum hatten sie sich dann verändert? Die Antwort war einfach. Hätte *Bryonia* ohne ihre Ranken den Sturm überleben können?

Zusammenfassend schrieb Darwin am Ende seines Werks:

Es ist oft in unbestimmter Allgemeinheit behauptet worden, daß Pflanzen dadurch von den Tieren unterschieden werden, daß sie das Bewegungsvermögen nicht besitzen. Man sollte vielmehr sagen, daß Pflanzen dies Vermögen nur dann erlangen und ausüben, wenn es für sie von irgendwelchem Vorteil ist; dies ist von vergleichsweise seltenem Vorkommen, da sie an den Boden geheftet sind und ihnen Nahrung durch die Luft und den Regen zugeführt wird. Wir sehen, wie hoch auf der Stufenleiter der Organisation eine Pflanze sich erheben kann, wenn wir eine der vollkommeneren rankentragenden Formen betrachten. Es stellt dieselbe zuerst ihre Ranken in Bereitschaft zur Tätigkeit, wie ein Polyp seine Tentakeln ordnet. Wenn die Ranke falsch gestellt ist, so wirkt die Schwerkraft auf sie ein, und sie stellt sich zurecht. Das Licht wirkt auf dieselbe ein und biegt sie zu sich hin oder von sich weg, oder die Ranke beachtet das Licht gar nicht, was jeweils für dieselbe am vorteilhaftesten sein mag. Mehrere Tage lang rotieren die Ranken oder die Internodien oder beide spontan mit einer steten Bewegung. Die Ranke stößt an irgendeinen Gegenstand, rollt sich schnell um ihn herum und ergreift ihn fest. Im Verlaufe einiger Stunden zieht sie sich zu einer Schraubenlinie zusammen, zieht dabei den Stengel in die Höhe und bildet eine ausgezeichnete Feder. Alle Bewegungen hören nun auf. Mit dem Wachstum werden die Gewebe bald wunderbar stark und dauerhaft. Die Ranke hat ihre Arbeit getan, und zwar in wunderbarer Weise.

13. Das gigantische Experiment des Menschen

Aus wilden, teilweise unauffälligen Blumen züchteten Gärtner unsere heutigen Rabattenpflanzen, indem sie die jeweils größten und stärksten Sämlinge auswählten, sie heranzogen, dasselbe im darauffolgenden Jahr wiederholten und ein Jahr später noch einmal.

Doch ihr Vorgehen war aufwendig und vom Zufall bestimmt. Erst Darwin gab den Blumenzüchtern Gesetze an die Hand, nach denen sie arbeiten konnten, und die das Kreuzen von Arten auf eine wissenschaftliche Grundlage stellten.

(Zeichnung von Brian Hughes)

Im Jahre 1868 kam endlich *The Variation of Animals and Plants under Domestication* (im Deutschen unter dem Titel »Das Variieren der Thiere und Pflanzen im Zustande der Domestication« erschienen) an die Reihe, ein zweibändiges Werk von insgesamt 900 Seiten. Bis Anfang 1867 hatte Darwin daran geschrieben, denn infolge immer wiederkehrender Krankheiten ging ihm viel Zeit verloren. So fühlte er sich nach seinen eigenen Worten vom 22. April 1865 »unfähig, irgend etwas zu tun (außer *Entstehung* für die 2. französische Auflage) bis Anfang Dezember, als ich mit der Korrektur der homomorphen Samen begann«.

Mit seinem Werk wollte er zeigen, welchen Veränderungen domestizierte Tiere und kultivierte Pflanzen unterworfen waren, und welche Bedeutung diese Veränderungen im Rahmen des allgemeinen Prinzips der Variation hatten.

Darwin sah sein Buch als einen wesentlichen Beitrag zur Untermauerung seiner Evolutionstheorie, und in seiner Einleitung wies er darauf hin, daß der Mensch nicht in die Natur eingreifen und auf diese Weise Variabilität erzeugen konnte: Er konnte lediglich zulassen, daß ausgewählte Neigungen zum Zuge kamen. Wenn organische Wesen nicht über die inhärente Tendenz zum Variieren verfügten, war der Mensch machtlos. Unbeabsichtigt setzte er seine Tiere und Pflanzen veränderten Lebensbedingungen aus, und sofort erfolgte Variabilität, die er weder verhindern noch aufhalten konnte.

Darwin macht dies an dem einfachen Fall einer Pflanze deutlich, die über einen längeren Zeitraum in ihrer Heimat kultiviert und folglich keinem Klimawechsel ausgesetzt worden war:

Sie wurde in einem gewissen Grade gegen die konkurrierenden Wurzeln anderer Pflanzenarten geschützt; sie wurde meist in gedüngtem Boden gezogen, der aber wahrscheinlich nicht reicher war als der mancher Alluvialebene, und endlich wurde sie Veränderungen in ihren äußeren Lebensbedingungen ausgesetzt, insofern sie manchmal in dem einen, manchmal in dem andern Distrikt in verschiedenen Bodenarten gezogen wurde. Man kann kaum eine Pflanze namhaft machen, welche unter solchen Verhältnissen, selbst in der rohesten Art kultiviert, nicht mehrere Varietäten hätte entstehen lassen. Es kann kaum behauptet werden, daß solche Pflanzen während der mancherlei Veränderungen, die die Erdoberfläche erlitten hat, und während der natürlichen Wanderungen der Pflanzen von einem Lande oder einer Insel zu anderen, von verschiedenen Arten bevölkerten Teilen der Erde, nicht oft Veränderungen in ihren Lebensbedingungen ausgesetzt worden seien, denen analog, welche fast unvermeidlich die kultivierten Pflanzen zum Variieren veranlassen. Ohne Zweifel wählt der Mensch beim Züchten abändernde Individuen aus, sät deren Samen und wählt wiederum deren abändernde Nachkommen. Aber die ursprüngliche Variation, mit der der Mensch arbeitet und ohne die er nichts tun kann, wird durch unbedeutende Veränderungen in den Lebensbedingungen verursacht, welche oft im Naturzustande vorgekommen sein müssen. Man kann daher sagen, daß der Mensch ein Experiment in gigantischem Ausmaß versucht habe, und zwar ist dies ein Experiment, welches auch die Natur selbst während des langen Verlaufs der Zeit unablässig gemacht hat. Hieraus folgt, daß die Grundsätze der Domestikation bedeutungsvoll für uns sind. Das hauptsächlichste Resultat ist, daß so behandelte organische Wesen beträchtlich variiert haben und daß die Abänderungen vererbt worden sind. Allem Anscheine nach ist dies eine der wichtigsten Ursachen der schon lange von einigen wenigen Naturforschern gehegten Ansicht, daß Arten im Naturzustande der Veränderung unterliegen.

Er äußerte die Hoffnung, daß es ihm gelingen würde, seinen Lesern Einblick in die Ursachen der Variabilität zu geben – in die Gesetze, die sie bestimmen, wie die direkte Einwirkung von Klima und Nahrung, die Wirkungen von Gebrauch und Nichtgebrauch von Organen und die Korrelation des Wachstums – und sie über das Ausmaß der Veränderungen zu informieren, das sich bei Tieren und Pflanzen im Zustand der Domestikation erwarten ließ.

Indem er diese Themen jeweils unter das Prinzip der Zuchtwahl stellte, mußte Darwin beweisen, daß seine einzelnen Theorien eine stichhaltige Erklärung für die Tatsachen der Variation boten, und daß diese sich in keiner anderen Weise erklären ließen.

Bei Kulturpflanzen stieß Darwin anfangs auf einige Schwierigkeiten. In manchen Fällen herrschte hinsichtlich der wilden Urform Unkenntnis oder zumindest Zweifel. In anderen Fällen war es kaum möglich, zwischen verwilderten Sämlingen und echten Wildpflanzen zu unterscheiden, so daß ein sicherer Maßstab fehlte, mit dem man ein vermutetes Ausmaß an Veränderung hätte bestimmen können. Viele Botaniker glaubten, daß einige unserer von alters her kultivierten Pflanzen so tiefgreifend modifiziert waren, daß es keine Möglichkeit gab, ihre ursprünglichen elterlichen Formen zu erkennen; und überhaupt hatten Botaniker, so Darwin, den kultivierten Varietäten in der Regel nicht die gebührende Aufmerksamkeit geschenkt.

Ebenso verwirrend war die Frage, ob einige von ihnen von einer Art oder von mehreren, durch Kreuzung und Variation unentwirrbar vermischten Arten abstammten. Variationen gingen oft in Monstrositäten oder abnorme Formen über und ließen sich von solchen nicht unterscheiden. Viele Varietäten wurden durch Pfropfen, Knospen, Ableger und Zwiebeln vermehrt, und oft war unbekannt, inwieweit sich ihre Eigentümlichkeiten durch Samenvermehrung weitergeben ließen.

Andererseits gab es die Aussage von Alphonse de Candolle, der in seiner *Géographie botanique raisonnée* aus dem Jahre 1855 eine Liste von 157 der nützlichsten Kulturpflanzen erstellte, von denen seiner Ansicht nach nur 32 in ihrer Urform unbekannt waren. Darwin hielt dagegen, daß de Candolle verschiedene Pflanzen nicht aufgeführt hatte, die nur ungenau definierte Charaktere aufwiesen, nämlich die verschiedenen Formen von Kürbis, Hirse, Sorghum, Weißer Bohne, Dolichos, Spanischem Pfeffer und Indigo. Außerdem hatte er Zierblumen unbeachtet gelassen. Von alters her kultivierte Blumen wie bestimmte Rosen, die Gemeine Kaiserkrone, die Tuberose und sogar der Türkische Holunder waren angeblich in wildem Zustand nicht bekannt.

De Candolle war zu dem Schluß gekommen, daß sich Pflanzen nur selten so sehr verändert hatten, daß sie in ihrer wilden Urform nicht mehr zu erkennen waren. »Nach dieser Ansicht indes«, meinte Darwin, »und wenn man beachtet, daß die Wilden wahrscheinlich seltene Pflanzen nicht zur Kultivation gewählt haben werden, daß nützliche Pflanzen gewöhnlich auffällig sind und daß sie nicht Bewohner von Wüsten oder von entfernt gelegenen und neuerdings entdeckten Inseln gewesen sein können, erscheint es mir befremdend, daß so viele unserer kultivierten Pflanzen in ihrem wilden Zustande noch immer unbekannt oder nur zweifelhaft bekannt sein sollten.« Wenn man hingegen davon ausging, daß sich die Pflanzen im Zustande der Kultivation stark verändert hatten oder ausgestorben waren, hatte man eine mögliche Erklärung. Bei seinen Reisen hatte Darwin die Art der

Nahrung kennengelernt, von der unzivilisierte Völker lebten. Es gab keinen Grund zu der Annahme, daß unsere Getreidepflanzen ursprünglich bereits in dem für den Menschen so wertvollen Zustand existiert hatten. Betrachtete man die feinen Gemüsepflanzen und köstlichen Früchte in unseren Küchen- und Obstgärten, so war es schwer zu glauben, daß irgend jemand zu irgendeiner Zeit die faserigen Wurzeln von wilder Möhre oder Pastinak beziehungsweise wilde Holzäpfel und Schlehen zu schätzen gewußt haben sollte. Doch nach allem, was Darwin über die unzivilisierten Bewohner Australiens und Südafrikas erfahren hatte, konnte er daran nicht zweifeln. Die Eingeborenen hatten nach zahl- und verlustreichen Versuchen gelernt, welche Pflanzen unschädlich und wohlschmeckend waren, und den ersten Schritt zur Kultivierung getan, indem sie die Samen in der Nähe ihrer Siedlungen aussäten. Darwin erinnerte seine Leser, daß schon in der Antike Columella und Celsus nachdrücklich empfohlen hatten, Saatkörner sorgfältig auszuwählen. Er zitierte Vergils Worte

Selbst die gewähltere Saat, mit Arbeit lange gemustert, sah ich dennoch entarten, wenn menschliche Mühe nicht jährlich Größeres nur mit der Hand auslas.

Seit den Tagen des antiken Griechenland waren unzählige Kohlvarietäten entstanden. Theophrastus kannte lediglich drei, de Candolle mehr als 30. Kohl ist eine sehr variable Pflanze, so daß genauestens darauf geachtet werden muß, Kreuzungen zu verhindern. Um das zu beweisen, zog Darwin 233 Sämlinge verschiedener Kohlarten, die er absichtlich nebeneinander pflanzte, und er erhielt nicht weniger als 155 verschlechterte und nicht reinrassige Pflanzen. Keine der restlichen 78 war absolut rein. Besonderheiten der Kultur und des Klimas beeinflußten das Wachstum des Kohls in beträchtlichem Maße. Auf Jersey erreichten Kohlpflanzen oft eine Höhe von drei bis dreieinhalb Meter, und ihre holzigen Stiele dienten als Holzpfähle und Spazierstöcke – ein solcher befand sich im Museum in Kew. Auf der Insel gab es einen Kohlstamm von 4,80 Meter Höhe, in dessen Trieben sich im Frühling eine Elster ihr Nest gebaut hatte.

Aber dabei handelte es sich um ein Extrem und nicht gerade um das, was wir in unseren Küchengärten haben wollen.

Von der Gemeinen Gartenerbse gab es zahlreiche Varietäten. Darwin pflanzte 41 englische und französische Varietäten an. Ihre

Höhe reichte von zwischen 15 und 30 Zentimeter bis zu 2,50 Meter. Zu seinen Versuchsobjekten gehörte, nebenbei bemerkt, auch die Zuckererbse *Pois sans parchemin*, die sich interessanterweise heute wieder besonderer Beliebtheit erfreut. Darwin stellte fest, daß die Erbsen rein blieben, weil sie sich selbst befruchteten.

Über die Abstammung der Kartoffel gab es wenig Zweifel. Auf dem Chonos-Archipel und in den Anden hatte er sie wild wachsen gesehen und sofort erkannt. Sie gehörten zu der Art *Solanum maglia* »oder Darwin-Kartoffel, wie wir sie angemessener nennen sollten«, schrieb George Nicholson in seinem *Dictionary* und empfahl sie für den Anbau in England und Irland, da sich *Solanum tuberosum* besser für verhältnismäßig trockene Klimagebiete eigne. Es gab unumstößliche Beweise dafür, daß sie einen reichen Ertrag an eßbaren Kartoffeln hervorbrachte.

Unter den zeitgenössischen Züchtern, die sich auf die Kreuzung von Obstbäumen spezialisiert hatten, war Thomas Rivers aus Sawbridgeworth der bekannteste. Im Dezember 1862 tauschte Darwin mit ihm brieflich Ansichten über den Ursprung von Pfirsich und Nektarine aus. »Ich sammele Berichte über das, was man manchmal Spielart nennt, was ich aber ›Knospenvariation‹ nennen werde, d. h. eine Moosrose, die plötzlich an einer Provinzrose auftaucht – eine Nektarine an einem Pfirsichbaum etc. etc. – Was ich nun in Erfahrung bringen möchte und vermutlich nirgendwo gedruckt finden werde, ist, ob sehr geringe Abweichungen, zu gering, um vermehrt zu werden, plötzlich auftauchen durch *Knospen*.« Er erfuhr, daß Rivers aus den Kernen von drei verschiedenen Pfirsich-Varietäten drei verschiedene Nektarinen-Varietäten gezogen hatte, und umgekehrt Pfirsiche aus Nektarinenkernen, sowie einige, die halb Pfirsich, halb Nektarine waren.

Im Jahre 1838 hatte J. C. Loudon in seinem Werk *Arboretum et Fructicetum Britannicum* (unter der Familie *Amygdaleae*) den Pfirsich als *Persica vulgaris* und den »Glatthäutigen Pfirsich oder Nektarinenbaum« als *Persica laevis* aufgeführt. Zu Darwins Zeit kannte man beide als *Amygdalis persica*, aber Loudon war der Ansicht, es könnte sich vielleicht nur um Varietäten handeln, und sprach sogar von »den verschiedenen Modifikationen, denen der Baum unterliegt«. Heute wissen wir, daß Darwin recht hatte, denn die Nektarine ist eine glatthäutige Pfirsichsorte.

Thomas Rivers lenkte Darwins Aufmerksamkeit auf verschiedene

Varietäten, die Mandel und Pfirsich verbinden, beispielsweise die Pfirsichmandel. Aus dieser Abstufung und der Tatsache, daß der Pfirsich niemals wild gefunden wurde, folgerte Darwin, daß der Pfirsich ein wunderbar verbesserter und modifizierter Nachkomme der Mandel war. Seit seiner Zeit werden Pfirsich, Nektarine und Mandel wegen ihrer besonderen Ähnlichkeiten in der Gruppe *Amygdalus* zur Gattung *Prunus* zusammengefaßt.

Im *Gooseberry Grower's Register* von 1862 fand Darwin 243 Varietäten, die zu verschiedenen Zeiten prämiiert worden waren, so daß die Zahl der ausgestellten Exemplare ungeheuer groß gewesen sein mußte. Es erwies sich als Vorteil, daß der Garten von Down House verhältnismäßig groß war, denn Darwin berichtet, daß er 54 Varietäten anpflanzte. Ihm fiel auf, daß sich die Früchte wesentlich voneinander unterschieden, während die Blüten bei allen Arten mehr oder weniger gleich waren. Besonders erstaunlich war jedoch die Gewichtszunahme der Beere. Nach Downing, dem amerikanischen Obstzüchter, wog die wilde Stachelbeere nur etwa sieben Gramm. 1786 hatte sich das Gewicht verdoppelt, wie aus dem Stachelbeerenverzeichnis hervorging. 1852 erreichte eine Stachelbeere in Staffordshire ein Gewicht von 58 Gramm. Die Gewichtszunahme war teilweise auf das Ziehen von Zweigen und Wurzeln sowie auf Düngung und Abdeckung des Bodens mit Stroh zurückzuführen, aber im wesentlichen doch auf die ständige Auslese der besten Sämlinge.
Darwin ging dann auf Nutz- und Zierbäume ein. In ihrem Katalog führte die Firma Lawson's in Edinburgh 21 Varietäten der gemeinen Esche auf. Die Baumschule Paul in Waltham Cross verwies stolz auf ihre 84 Varietäten der Stechpalme. »Bei Bäumen«, schrieb Darwin, »sind alle beschriebenen Varietäten, soweit ich ausfindig machen kann, plötzlich durch einen einzigen Akt des Variierens entstanden. Die bedeutende Zeit, welche nötig ist, um viele Generationen zu erziehen, und der geringe Wert, den man Spielvarietäten beilegt, erklärt, woher es kommt, daß sukzessive Modifikationen nicht durch Zuchtwahl gehäuft worden sind.«
Unsere Nutzbäume, so meinte Darwin, »sind selten irgend großen Veränderungen in den äußeren Bedingungen ausgesetzt worden . . . Untersucht man aber größere Beete von Sämlingen in Baumschulen, so kann man meist beträchtliche Differenzen an ihnen wahrnehmen.« Bei seinen Reisen in England waren ihm immer besonders die Unter-

I.   II.   III.   IV.

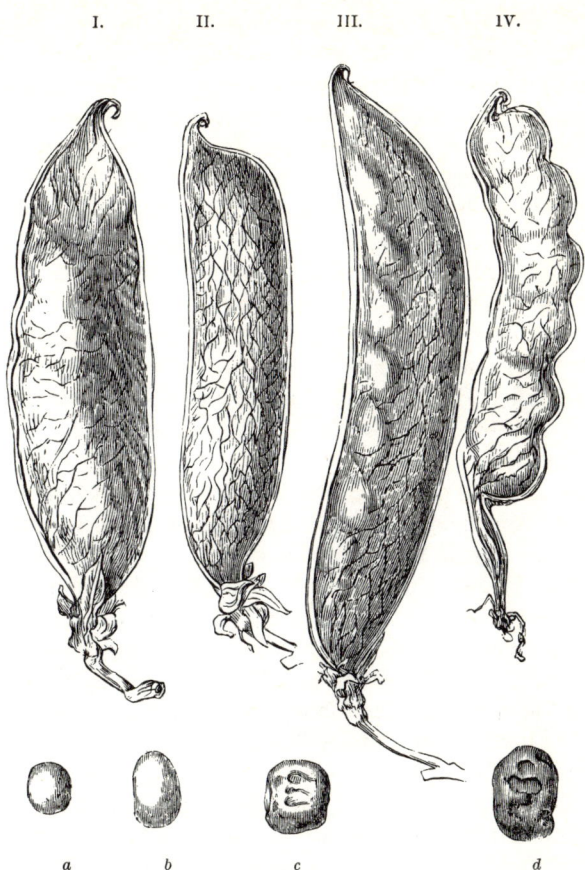

a   b   c   d

Die Erbse ist ohne die Hilfe von Bienen fruchtbar, und auch wenn verschiedene Varietäten nebeneinander gezogen werden, vermehren sich alle reinrassig. Der Mensch
kann dagegen durch Kreuzbestäubung kürzere oder längere, runzlige oder glatte Erbsen züchten. Darwin zog in seinem Garten 41 verschiedene Erbsensorten!
(aus: *Charles Darwin, Das Variieren der Tiere und Pflanzen im Zustande der Domestication*)

schiede aufgefallen, die sich zeigten, wenn ein und dieselbe Baumart mal in Hecken, mal in Wäldern wuchs. Er glaubte, daß Heckenbäume mehr variierten als Bäume in unberührten Wäldern. Waren sie auch nur den geringsten unnatürlichen Bedingungen ausgesetzt, so hatten sie eine größere Anzahl von scharf markierten und eigenartigen Variationen der Struktur hervorgebracht.

Der Weißdorn hatte sowohl hinsichtlich der Blattform als auch der Größe, Farbe und Form seiner Beeren stark variiert. Manche hatten goldgelbe, andere schwarze oder weißliche, und wieder andere wollige Beeren. Loudon, der 29 scharf markierte Varietäten beschrieb, sah den Grund dafür, daß Weißdorn mehr Varietäten hervorgebracht hatte als die meisten anderen Bäume, in der Tatsache, daß die Züchter jede deutliche Varietät aus den immensen Sämlingsbeeten auslasen, die jedes Jahr gezogen und zum Anpflanzen von Hecken gebraucht wurden.

Darwin wies auf die Kürze der Zeit hin, in der sich neue Gartenblumen züchten ließen, und führt als Beispiel das Stiefmütterchen und die kleine weiße Schottische Rose *(Rosa spinosissima)* an. 1793 grub Robert Brown, ein Mitinhaber der Firma Dickson & Brown in Perth, einige dieser wilden Rosen auf dem Hill of Kinnoull aus und pflanzte sie in seinen Zuchtbeeten an. Eine von ihnen hatte leicht rot gefärbte Blüten, und aus dieser zog er eine Pflanze mit halb monströsen, ebenfalls rotgefärbten Blüten. Sämlinge dieser Blume waren halb gefüllt, und durch ständige Auslese wurden innerhalb von neun oder zehn Jahren acht Untervarietäten gezogen. In weniger als 20 Jahren hatten die gefüllten Rosen an Zahl und Artenreichtum derart zugenommen, daß Joseph Sabine, Sekretär der Horticultural Society, 26 verschiedene Varietäten beschrieb, die er in acht Klassen unterteilte. Im Jahre 1841 konnte man in schottischen Gärtnereien unter 300 Varietäten wählen. Sie waren blaßrot, karminrot, purpurrot, rot, marmoriert, zweifarbig, weiß und gelb und unterschieden sich in Größe und Form der Blüte ebenso wie in der Farbe.

1687 zog der Chronist und bekannte Blumenzüchter John Evelyn in seinem Garten in Sayes Court in der Nähe von Deptford Stiefmütterchen. Aber erst um 1810 erkannte man den dekorativen Wert dieses hübschen, kleinen, dreifarbigen Wildlings. Die schöne samtartige *Viola* verdankt ihre Existenz Lady Monke, damals Lady Mary Bennet, die Individuen aus verschiedenen Teilen des Anwesens ihres Vaters bei Walton-on-Thames zu sammeln begann. Sie legte einen kleinen herzförmigen Garten an, in den sie sämtliche Arten verpflanzte, die sie finden konnte. William Richardson, der Gärtner ihres Vaters, half ihr dabei und erhielt durch Kreuzung und Kultivierung einige verbesserte Varietäten. Davon hörte James Lee, ein bekannter Züchter aus Hammersmith; er führte aus Holland eine große blaue Varietät ein und kreuzte sie mit den Stiefmütterchen aus Walton. In wenigen Jahren waren 20 Varietäten im Handel. Andere kamen nach. Das Ergebnis war unsere heutige *Viola*.

Darwin berichtet, daß die erste große Veränderung darin bestand, daß aus den dunklen Linien in der Blütenmitte ein dunkles Auge wurde, heute eins der Hauptmerkmale einer erstklassigen Blüte. 1835 hielt der Handel 400 mit Namen versehene Varietäten bereit.

Die Dahlie verdankt ihren Namen dem schwedischen Botaniker und Linné-Schüler Andreas Gustav Dahl. Sie wurde von Nicholas de Menonville in Mexiko entdeckt, wo man sie wegen ihrer hohlen Blütenstengel Acoctli oder Cocoxochitl – wörtlich übersetzt Wasserrohr – nannte. Darwin nahm an, daß alle zu seiner Zeit existierenden Varietäten von einer einzigen Art abstammten, und er hatte recht. Die Blume wurde 1802 in Frankreich eingeführt, von dort noch im selben Jahr von John Fraser am Sloane Square nach England gebracht und erfolgreich gezogen. Darwin zitierte einen Satz von John Sabine: »Es scheint, als wenn eine gewisse Zeit der Kultur nötig gewesen sei, ehe die fixierten Eigenschaften der wilden Pflanze nachgegeben oder angefangen hatten, in diejenigen Veränderungen auszuarten, welche uns jetzt so entzücken.«

Das Sabine-Zitat stammte aus dem Jahre 1840, und als Darwin es in sein Buch aufnahm, waren mehr als 40 Jahre vergangen. In der Zwischenzeit, so berichtete Darwin, hatten sich die Blumen wesentlich verändert, und zwar von einer flachen zu einer Kugelform. Anemonen- und hahnenfußartige Rassen waren entstanden, die sich in Form und Anordnung der Blütenköpfe unterschieden; es gab außerdem Zwergblumen, von denen eine nur eine Höhe von 46 Zentimetern erreichte. Die Kronblätter, einfarbig oder getupft oder gestreift, wiesen eine fast endlose Zahl von Farbtönen auf. Aus ein und derselben Pflanze hatte man 14 verschiedenfarbige Sämlinge gezogen, während zahlreiche Sämlinge dieselbe Farbe zeigten wie ihre Eltern. Die Blütezeit trat wesentlich früher ein, Folge der, wie Darwin vermutete, fortgesetzten Zuchtwahl. Im Jahre 1808 dauerte die Blüte der Dahlien nur kurz, nämlich von September bis November. 1828 erblühten Zwergvarietäten bereits im Juni, die purpurrote »Zelinda« manchmal sogar noch früher.

Die Hyazinthe gelangte irgendwann vor 1596 aus der Levante nach England (zu dieser Zeit zog John Gerard sie in seinem Londoner Garten). Die Kronblätter der Pflanze waren ursprünglich schmal, runzelig, spitz zulaufend und zart, während sie heute breit, glatt, fest und abgerundet sind. Der Züchter William Paul war der beste Kenner ihrer Geschichte und muß *Die Entstehung der Arten* gründlich gelesen haben. Darwin zitierte eine seiner Stellungnahmen aus dem Jahre 1864: »Diese sehr einfache Blume dient sehr wohl dazu, die Tatsache zu erläutern, daß die ursprünglichen Formen der Natur nicht fixiert und feststehend bleiben, wenigstens nicht, wenn sie in Kultur genommen werden. Wir dürfen aber, während wir die Extreme betrachten, nicht vergessen, daß es Zwischenformen gibt, welche dem größten Teil nach für uns verloren sind. Die Natur gefällt sich zuweilen in einem Sprung, aber der Regel nach ist ihr Gang langsam und allmählich.«

Das war Darwins Theorie in Kurzfassung. Seine eigenen Worte lauteten: »Da die Natürliche Zuchtwahl nur durch Häufung kleiner, aufeinanderfolgender günstiger Abänderungen wirkt, so kann sie keine großen oder plötzlichen Modifikationen hervorrufen; sie kann nur mit sehr langsamen und kurzen Schritten vorgehen. Daher die Regel: *Natura non facit saltum*, die sich mit jeder neuen Erfahrung zu befestigen scheint und nach meiner Theorie auch durchaus verständlich ist.«

Wir wissen, daß Darwin in seinem Brief an Thomas Rivers die Existenz von »Spielarten, was ich aber Knospenvariation nennen werde« einräumte. Warum gestand er dann der Natur nicht auch zu, daß sie manchmal einen *saltus* oder plötzlichen Sprung machte, das, was wir heute eine Mutation nennen würden? Er war inzwischen ein ausgezeichneter Botaniker, zumindest im Bereich der Pflanzenmorphologie, und er wußte, daß eine einfache und normale Metamorphose wie die Umwandlung der Staubblätter in Fruchtblätter, der Blätter in Ranken, der Narbe in ein Rostellum sogar einen erfahrenen Botaniker täuschen kann. Wir erinnern uns an seine klassische Entdeckung, daß *Catasetum* drei verschiedene Formen hatte und nicht, wie die Botaniker glaubten, drei verschiedene Arten. Wenn Darwin heute leben würde, wüßte er, daß schon ein einziges Gen den Aufbau oder das Erscheinungsbild einer Pflanze verändern kann und daß mehrere Gene sie entscheidend verändern können. Für ihn wäre diese Erkenntnis keineswegs überraschend gekommen. Das Zusammenspiel der Gene wäre für ihn gleichbedeutend gewesen mit der Anhäufung von kleinen Variablen, die sich wiederum entsprechend den Gesetzen der Natürlichen Zuchtwahl auswirkten.

Im letzten Kapitel von Band I seines Buchs über das *Variieren* ging er ausführlich auf die Knospenvariation ein. Er verwies auf Bäume, Sträucher und sogar krautige Pflanzen wie Phlox, bei denen dieses Phänomen häufig auftritt. Über die Berberitze sagte er: »Es gibt eine bekannte Varietät mit samenloser Frucht, die durch Schnittreiser oder Senker fortgepflanzt werden kann; Wurzelschößlinge kehren aber immer zu der gewöhnlichen Form zurück, welche Früchte produziert, die Samen enthalten.« Er fügte hinzu: »Mein Vater hat dieses Experiment wiederholt angestellt und immer mit demselben Resultat.«

Demnach waren Pflanzenexperimente nichts Neues in der Darwinschen Familie. Und doch wundern sich viele über Charles Darwins Interesse an Pflanzen und fragen sich, woher es wohl gekommen sei.

Als nächstes stellte er die Frage nach den Gründen für das Variieren von Pflanzen. Dabei kam er zwangsläufig auf die Erbfaktoren zu sprechen. »Das große Prinzip der Vererbung«, schrieb er einleitend, »ist von Landwirten und Schriftstellern verschiedener Nationen anerkannt worden, wie schon aus dem wissenschaftlichen Ausdruck *Atavismus*, der von *atavus*, ein Vorfahre, abgeleitet ist, wie aus den englischen Ausdrücken *Reversion* oder *Throwing-back*, ebenso aus dem französischen *Pas-en-arrière* und aus dem deutschen *Rückschlag* oder *Rückschritt* hervorgeht.« Rückschläge zeigten sich manchmal bei Stiefmütterchen: Aus Samen, die von den schönsten kultivierten Varietäten stammten, kamen häufig Pflanzen hervor, die in ihren Blättern und Blüten vollkommen wild waren. Doch in ihrem Fall handelte es sich nicht um Rückschläge auf eine sehr frühe Periode, denn die Veredelung der Blume war verhältnismäßig jungen Datums. Bei den meisten unserer kultivierten Gemüsearten bestand eine gewisse Tendenz zu Rückschlägen, und sie wäre noch auffallender gewesen, wenn die Züchter nicht die Sämlinge sichten und die »Abarten« ausreißen würden. Bei Rüben- und Möhrenfeldern kam es häufig vor, daß einige Pflanzen ausbrachen – das heißt, zu zeitig blühten und harte, faserige Wurzeln hervorbrachten wie ihre Vorfahren. James Buckman, Experte für landwirtschaftliche Pflanzen, hatte bewiesen, wie einfach es war, Kulturpflanzen wieder in einen wilden oder nahezu wilden Zustand zurückzuführen: Er hatte dies mit Pastinak getan, indem er über einige Generationen die am stärksten vom Rückschlag betroffenen Individuen auslas. Hewett C. Watson hatte dasselbe beim schottischen Kohl versucht: In der dritten Generation ähnelten einige seiner Pflanzen stark dem heimischen Kohl, der wild an alten englischen Schloßmauern wuchs.

Dies waren Fälle von Kulturpflanzen, die vollständig zu ihren wilden Formen zurückkehrten.

Es gab aber noch eine andere Art des Rückschlags, bei dem Hybriden zu beiden oder einer ihrer elterlichen Formen zurückgehen, und zwar nach einigen oder sogar vielen Generationen. Darwin hatte dieses Phänomen oft bei Pflanzen beobachtet und glaubte, daß Charaktere »in einem latenten Zustande existieren, bereit, sich unter gewissen Bedingungen zu entwickeln.« Ausschlaggebend konnten Veränderungen der äußeren Bedingungen, des Klimas oder der Bodenbeschaffenheit sein.

Abnorme Blumen (die botanischen »Monstrositäten« oder »Monster«) zeigten diesen Rückschritt häufig. Im Gegensatz zum Gänseblümchen mit seinen symmetrischen Blüten haben Lerchensporn, Leinkraut und Löwenmaul unregelmäßige Blüten – d. h., die Kronblätter bilden einen Sporn beziehungsweise eine Lippe. Diese Blumen dienten Darwin als Versuchsobjekte in vielen Experimenten. Aus Samen gezogen, wiesen sie manchmal regelmäßige oder pelorische Blüten auf, bei denen anstelle des Sporns beziehungsweise der Lippe auf dem Blütenkelch ein symmetrischer Becher aus Kronblättern saß. Als er die Blüten untersuchte, entdeckte er ein fünftes Staubblatt. Daraus folgerte er (mit Recht, wie wir heute wissen), daß die Blüte des Löwenmauls zu irgendeiner längst vergangenen Zeit der der pelorischen Form geähnelt haben mußte, die er in seinem Garten gezogen hatte.

»Wir müssen annehmen«, schrieb er, »daß eine ungeheure Anzahl von Charakteren, welche der Entwicklung fähig sind, in jedem organischen Wesen verborgen liegen.« Er fuhr fort: »Nach dieser Ansicht von der Natur pelorischer Blüten, und wenn wir uns dessen erinnern, was in bezug auf gewisse Monstrositäten im Tierreich gesagt worden ist, müssen wir schließen, daß die Urzeuger der meisten Pflanzen und Tiere einen der Wiederentwicklung fähigen Eindruck im Keim ihrer Nachkommen zurückgelassen haben, wenn auch diese seitdem sehr tief modifiziert sind.« Diesen Keim betrachtete er als das vielleicht wunderbarste Phänomen der Natur. Unter dem Gesichtspunkt der Rückschlagtheorie gesehen, nahm er jedoch noch wesentlich wunderbarere Züge an, weil wir davon ausgehen müssen, so Darwin, daß er eine Ansammlung unsichtbarer Charaktere enthält, die einer langen Reihe von Ahnen zu eigen waren, welche Hunderte oder sogar Tausende von Generationen früher gelebt hatten; »und diese Charaktere liegen alle wie mit unsichtbarer Tinte auf Papier geschriebene Buchstaben da, bereit, sich unter gewissen bekannten oder unbekannten Bedingungen zu entwickeln.«

Charaktere aller Arten wurden also tendenziell vererbt, und diejenigen, die sich allen ungünstigen Einflüssen widersetzt hatten und rein weitergegeben worden waren, würden sich in der Regel auch weiterhin durchsetzen und folglich rein vererben. Aber manchmal gab es Unterschiede im Übergewicht oder der »Präpotenz« in der Überlieferung von Charakteren zwischen den beiden elterlichen Formen. Genausogut konnte es vorkommen, daß beide Elternteile über dasselbe Maß an Präpotenz verfügten. Auf einem großen Beet zog er Individuen von pelorischem Löwenmaul *(Antirrhinum majus)*, die er künstlich mit ihrem eigenen Pollen bestäubte (s. Abb. S. 229). 16 Pflanzen überlebten den Winter, alle pelorisch wie ihre Eltern. Er bestäubte außerdem pelorischen Löwenmaul mit Pollen der gewöhnlichen Form und letztere wechselseitig mit pelorischem Pollen. Von diesen beiden großen Sämlingsbeeten war nicht ein Individuum pelorisch. Er überließ die Aussaat nun den gekreuzten Pflanzen selbst, und von 127 Sämlingen erwiesen sich 88 als normale Blüten, zwei zeigten eine mittlere Form, und 37 hatten perfekte pelorische Blüten.

Schließlich beschäftigte Darwin sich mit einem der wichtigsten Faktoren der Biologie: dem Unterschied zwischen Embryo und Erwachsenem. Er erklärte, daß Variationen zwar vererbt werden, aber nicht notwendigerweise oder allgemein in einer sehr frühen Wachstumsperiode auftreten. Aus diesem Grund blieb der Embryo, selbst nachdem sich die elterliche Form stark verändert hatte, nur unwesentlich verändert. Viele Sämlinge von außerordentlich verschiedenen Pflanzen stammten von einem gemeinsamen Vorfahren ab und waren einander ähnlich, so wie sie vermutlich ihrem gemeinsamen Vorfahren ähnelten. »Wir können hieraus einsehen«, meinte Darwin, »warum die Embryologie ein so helles Licht auf das natürliche System der Klassifikation wirft; denn diese muß so weit als möglich genealogisch sein.«

Am Ende seines Buchs brachte Darwin eine provisorische Theorie vor, um die Erbfaktoren zu erklären. Er nannte diese Faktoren »Keimchen« und nahm an, daß sie von jeder Einheit oder Zelle des Körpers »abgeworfen« würden, um schließlich »in jeder Knospe, jedem Ei, jeder Samenzelle und jedem Pollenkorn vorhanden zu sein.« »Meine vielgeschmähte Pangenesis-Theorie«, so nannte er sie später. Professor John Heslop-Harrison äußerte sich nachsichtiger. »Wie wir heute sehen«, schrieb er in *A Century of Darwin*, »lag der größte Irrtum der Pangenesis darin, daß sie auf einem Mechanismus beruhte, mit dem sich körperliche Auswirkungen direkt auf das Keimplasma übertragen ließen: aber es war nur ›so eine‹ Theorie, die Darwin anerkannt zu sehen hoffte, und mit seiner Vorstellung von den Keimchen als Vererbungsträgern war er gar nicht so weit von der Konzeption des Gens aus dem 20. Jahrhundert entfernt.«

Zu derselben Zeit, da Darwin seine Erkenntnisse über die Vererbung zusammenfaßte, kreuzte der Mönch Gregor Mendel, der am Brünner Augustinerstift wissenschaftliche Studien betrieb, verschiedene Erbsenarten und hielt die einzelnen Merkmale, so wie sie in den aufeinanderfolgenden Generationen auftraten, sorgfältig fest – lange und kurze Stämme, gelbe und grüne Samen, glatte und runzelige Erbsen. Aus gut 10 000 Pflanzen erhielt er ein konstantes Zahlenverhältnis, dem er entnahm, daß es irgendein natürliches Vererbungsgesetz geben mußte.

Darwin ging ebenfalls methodisch vor. Auch er hielt seine Ergebnisse in Tabellen fest, und es ist überraschend, daß er bei seinen Versuchen mit Kohl und Löwenmaul wie auch anderen Pflanzen genau wie Mendel das Verhältnis 1:3 erhielt.

Mendel stellte fest, daß bei Eltern, die in bestimmten Merkmalen deutlich voneinander abwichen, zum Beispiel lange und kurze Stämme hatten, die hybride Nachkommenschaft der ersten Generation durchweg hochgewachsen war. Darwin hatte dieses Phänomen »Präpotenz« oder »Übergewicht« genannt. (»In einigen Fällen hängt das Überwiegen dem Anscheine nach davon ab, daß derselbe Charakter in einer von zwei miteinander gekreuzten Rassen vorhanden und sichtbar, in der anderen Rasse verborgen und unsichtbar ist.«) Mendel nannte das erste Merkmal dominant, das andere rezessiv.

Es gab noch andere Vererbungsgesetze, auf die Mendel stieß und die Darwin ebenfalls entdeckte, und man hat immer wieder bedauert, daß Darwin keine Schlußfolgerungen aus seinen Ergebnissen zog, die

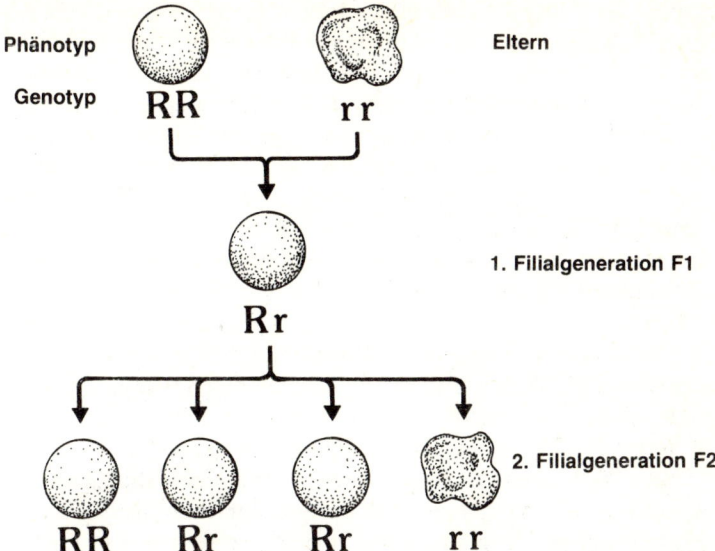

Phänotyp — Genotyp — **RR** — **r r** — Eltern

Rr — 1. Filialgeneration F1

RR — **Rr** — **Rr** — **r r** — 2. Filialgeneration F2

Das Verhältnis von 3 : 1, das Gregor Mendel bei seinen Untersuchungen der Erbfaktoren ermittelte und das sich auch bei Darwins Experimenten ergab. Auf diesem und anderen Verhältnissen beruht die Einführung der Genetik als Wissenschaft. Hier wird
eine reinerbige Erbse vom runden Phänotyp (Genotyp RR) mit einem reinerbigen
runzeligen Phänotyp (rr) gekreuzt. In der 1. Filialgeneration sind alle Nachkommen
vom runden Phänotyp (und Rr-Genotyp), da R gegenüber r dominant ist. Nach Selbstbestäubung der F1-Generation zeigt sich in der zweiten Filialgeneration (F2) das Verhältnis von 3 : 1 bei rund zu runzelig.
(Von Keith Roberts)

ihn zu denselben Erkenntnissen hätten kommen lassen. Aber er war kein Mathematiker. Sonst hätten wiederholte Ergebnisse wie 3:1, 9:3:3:1 oder 1:2:1 sein Interesse geweckt, und er hätte Mendel sein können. Mendel dagegen hätte niemals Darwin sein können.

Es verhielt sich vielmehr so, daß Mendel *Die Entstehung der Arten* las und fest im Gedächtnis behielt, was Darwin über die Kreuzung von Arten zu sagen hatte; der Vortrag, den Mendel 1865 über Hybridenzüchtung vor der Brünner Gesellschaft für Naturwissenschaft hielt, geriet dagegen in Vergessenheit, bis er im Jahre 1900 von drei Botanikern gleichzeitig und unabhängig voneinander – Hugo de Vries, der in Holland arbeitete, Carl Erich Correns und Erich von Tschermak-Seysenegg, die in Deutschland tätig waren – wiederentdeckt und der Welt in Form einer selbständigen Wissenschaft präsentiert wurde, der Genetik. Lange vor dieser Zeit hatte Darwin, der Begründer all dessen, andere Entdeckungen gemacht.

Sein Werk über das *Variieren* betrachtete er nicht als abgeschlossen. Kreuzungen stellten ein so riesiges Forschungsgebiet dar, daß er es, selbst in drei Kapiteln voller in sich geschlossener Argumentationen und Mitteilungen, nicht mehr als anreißen konnte.

Es sollte das Thema eines seiner größten Werke werden – *The Effects of Cross- and Self-Fertilisation* (deutscher Titel: Die Wirkungen der Kreuz- und Selbst-Befruchtung im Pflanzenreich).

14. Mord und Massaker in der Pflanzenwelt

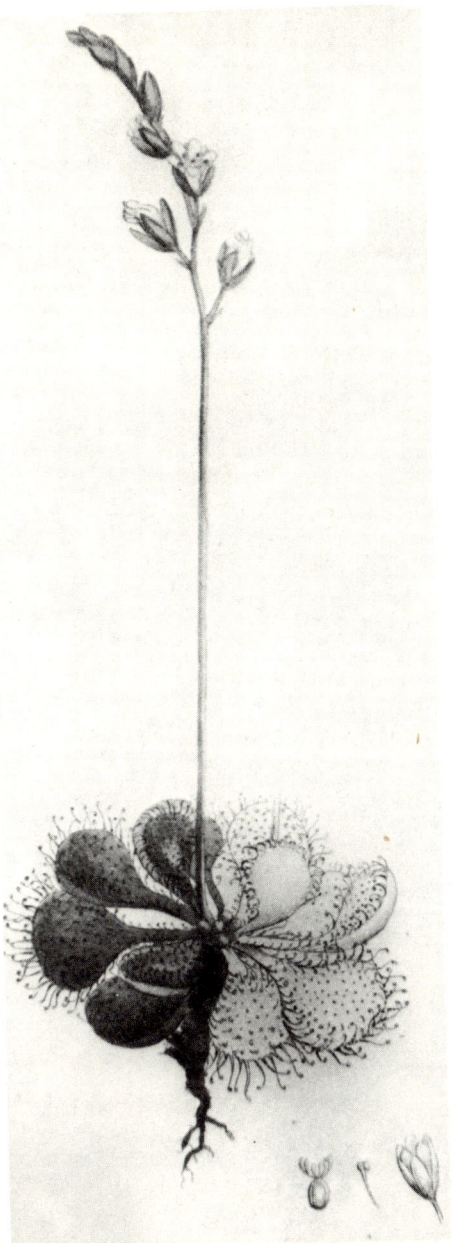

Darwin verdanken wir die Erkenntnis, daß bestimmte Pflanzen, wie beispielsweise der Sonnentau, nicht nur Insekten als Nahrung fangen, sondern auch über ein mit den Nerven der Tiere vergleichbares »Nervenmaterial« verfügen.

Sein Großvater Erasmus Darwin hatte geglaubt, daß die Venusfliegenfalle mit Hilfe ihrer Fangvorrichtungen Raubzüge von Insekten auf ihre Blüten verhindern wollte. Andere Naturforscher hatten sich mit einzelnen insektenfressenden Pflanzen befaßt und interessante Tatsachen herausgefunden.

Aber erst Charles Darwin erforschte sämtliche Zusammenhänge und konnte auf Grund von Tausenden von komplizierten Versuchen die Vorgänge vollständig klären.

(Zeichnung von James Soweby in:
J. E. Smith, English Botany)

1864 erhielt Darwin die höchste Auszeichnung, die in den Naturwissenschaften in England vergeben wird, nämlich die Copley-Medaille der Royal Society. Er wurde damit »für seine bedeutenden Forschungen auf geologischem, zoologischem und botanisch-philosophischem Gebiet« geehrt.

Er hatte einiges zu tun, um alle Gratulationsbriefe zu beantworten. An William Darwin Fox schrieb er: »Es war mir eine Freude, Deine Handschrift zu sehen. Da die Copley ohne Unterschied des wissenschaftlichen Fachbereichs oder der Nationalität verliehen wird, gilt sie als große Ehre; aber abgesehen von mehreren herzlichen Briefen bedeuten mir solche Dinge wenig. Sie beweist jedoch, daß die Natürliche Zuchtwahl in diesem Lande auf dem Vormarsch ist, und das freut mich. Dagegen ist die Angelegenheit im Ausland gesichert.« In jenem Jahr wurde *Die Entstehung der Arten* ins Holländische und Russische übersetzt. In Amerika und Deutschland erschien das Buch schon 1860, in Frankreich 1862.

An Joseph Hooker schrieb er: »Wie nett Sie mir zu dieser Medaille schreiben; ich bin wirklich mit vielen Freunden gesegnet, und ich habe vier oder fünf Briefe erhalten, die mir ans Herz griffen. Ich wundere mich oft, daß ein so alter Hund wie ich noch nicht ganz vergessen ist.« Er war 55 Jahre alt.

Und in seinem Brief an Huxley hieß es: »Ich muß und will Ihnen antworten, denn es ist mir eine echte Freude, Ihnen herzlich für Ihren Brief zu danken. Briefe wie der Ihre und einige andere stellen für mich die eigentliche Medaille dar, und nicht das runde Stückchen Gold.«

Seiner Meinung nach hätte eher Hugh Falconer die Medaille verdient gehabt, oder John Lubbock, der »mir mitteilte, daß einige alte Mitglieder der Royal ziemlich schockiert darüber waren, daß ich die Copley erhalten habe«. Tatsächlich hatten diese Unzufriedenen die Verleihung der Medaille an Darwin im vorhergehenden Jahr verhindert – sehr zu Lyells Empörung. Da Darwin an der Feier nicht teilnahm, entging ihm auch die Ansprache, die Lyell nach dem Essen hielt und in der er »ein Glaubensbekenntnis zur ›Entstehung‹« ablegte. Mit echt schottischer Zurückhaltung berichtete er: »Ich erklärte, ich sei gezwungen gewesen, meinen alten Glauben aufzugeben, ohne den Weg zu einem neuen klar zu sehen. Aber ich glaube, Sie wären zufrieden gewesen zu hören, wie weit ich ging.«

Darwin hatte Bewegung in die Denkweise der Menschen gebracht, und entsprechend war die Entwicklung, auch wenn sich Lyells Buch *The Antiquity of Man*, ein Jahr zuvor erschienen, als eine große Enttäuschung erwies, denn »er hat sich über Arten nicht geäußert, geschweige denn über den Menschen«. In demselben Jahr hatte Huxley sein Werk *Man's Place in Nature* veröffentlicht, ein wichtiges Werk nicht nur hinsichtlich der fehlenden stammesgeschichtlichen Verbindungsglieder zwischen *homo sapiens* und seinen Vorfahren, sondern auch hinsichtlich der Probleme, die sie für den Menschen und seinen Platz in der Welt von morgen darstellten.

Huxley war jetzt ein vielgesehener Gast in Down House. Nach dem Tod seines vierjährigen Sohns Noel, der 1860 an Scharlach gestorben war, hatte sich zwischen den beiden Familien eine feste Freundschaft entwickelt. Die Situation, in der sich Huxley damals befunden hatte – seine Frau im sechsten Monat schwanger und zwei weitere Kinder in Ansteckungsgefahr –, hatte Charles und Emma Darwin eindringlich an den Alptraum von 1851 erinnert, so daß sie Henrietta angeboten hatten, mit den Kindern nach Down zu kommen. Während ihres Aufenthalts waren sich alle sehr nahegekommen.

Auf Lyells und Huxleys Bücher folgte 1864 eine Abhandlung von Wallace in der *Anthropological Review*, dann ein umfangreiches Werk von Erich Häckel zum selben Thema und schließlich Darwins eigenes Buch *The Descent of Man and Selection in Regard to Sex* (Die Abstammung des Menschen und die geschlechtliche Zuchtwahl), an dem er von 1867 an vier Jahre lang gearbeitet hatte. Es erschien 1871 und erreichte im Dezember desselben Jahres seine vierte Auflage. Kaum hatte er das Buch aus den Händen gegeben, da machte er sich auch schon an sein nächstes anthropologisches Werk, *The Expression of the Emotions in Man and Animal* (unter dem Titel »Der Ausdruck der Gemüthsbewegungen bei dem Menschen und den Thieren« in Deutsch erschienen). Es hatte seinen eigentlichen Ursprung in der Geburt seines ersten Sohnes William im Jahre 1839, nach der er »sofort begonnen hatte, Notizen über die ersten Anzeichen der verschiedenen Ausdrucksformen zu machen, die er von sich gab.« Tag für Tag hatte er an der Wiege seines Kindes gestanden, jedoch nicht nur in seiner Eigenschaft als liebevoller Vater, sondern auch als Beobachter und Wissenschaftler, denn die Interpretation der Ausdrucksformen seines Kindes führte ihn direkt zur Interpretation des Ursprungs der menschlichen Natur. Das Buch erschien 1872.

William war inzwischen 32 Jahre alt und Teilhaber der Southampton and Hampshire Bank, die später Lloyd's angegliedert wurde. Alle Söhne hatten das Elternhaus verlassen und entwickelten sich gut. Aus Cambridge war im Januar 1868 die Nachricht gekommen, daß George in Mathematik als Zweitbester abgeschnitten hatte und als Dozent am Trinity College aufgenommen worden war; dort bestätigte er seinen Rang unter den Mathematikdozenten, als er im Februar den zweiten Smith's Prize gewann. Leonard war in Woolwich, nachdem er mit achtzehn Jahren bei der Aufnahmeprüfung für Offiziere auf den zweiten Platz gekommen war. Francis hatte in Cambridge den Grad eines *Baccalaureus artis* erlangt und studierte Medizin am St. George's Hospital, sollte aber kurz darauf Mitarbeiter seines Vaters werden. Horace, der jüngste Sohn, studierte noch am Trinity College. Henrietta ging Anfang 1871 nach London, wo sie Kurse in Geometrie und anderen Fächern belegt hatte. Im August heiratete sie Richard Buckley Litchfield, einen Gelehrten, Philosoph und Philanthrop sowie Gründer des Working Men's College. Bessy blieb unverheiratet.

In Down House war es also ruhig geworden, doch herrschte niemals Langeweile. Emma hatte eine besondere Vorliebe für Gartenarbeiten entwickelt. Sie führte damit eine Familientradition fort – schließlich war ihr Onkel John Wedgwood Gründer der Horticultural Society gewesen. Große Freude bereiteten ihr auch die abendlichen Spaziergänge mit ihrem Ehemann. Wenn Freunde zu Besuch kamen, fühlte sie sich ganz in ihrem Element, und manchmal gelang es ihr sogar, Charles Darwin zu einer Ferienreise zu überreden.

1868 fuhren sie nach Freshwater Bay auf der Isle of Wight und wohnten im Haus Dumbola Lodge, das Julia Cameron gehörte, einer schon damals wegen ihrer Porträts großer Persönlichkeiten berühmten Photographin. Von ihr und aus dieser Zeit stammt auch das bekannte Photo von Darwin mit Bart, den er sich zwei Jahre zuvor hatte wachsen lassen. Das Ehepaar unternahm außerdem Fahrten nach Cambridge, um die Söhne zu besuchen, und ab und zu verbrachten sie eine Woche in London bei Erasmus oder eine Zeitlang bei William in Basset, Southampton, wo sich Darwin immer besonders wohlfühlte. Im Sommer 1861 fuhren sie nach Shrewsbury und besuchten Darwins Elternhaus The Mount. Der neue Eigentümer führte sie herum. Er tat dies in guter Absicht, aber Darwin war tief enttäuscht. »Wenn er mich nur fünf Minuten allein im Gewächshaus gelassen hätte«, so äußerte er sich später, »wäre ich sicherlich in der Lage gewesen, meinen

Vater in seinem Rollstuhl so deutlich vor mir zu sehen, als wenn er anwesend gewesen wäre.«

Die Familienbande lockerten sich. Drei Jahre zuvor waren Darwins Schwestern Catherine und Susan gestorben. Dagegen intensivierten sich die Beziehungen zwischen ihm und seinen Kindern, soweit dies überhaupt noch möglich war. Statt mit »Dein Vater« oder »Papa« unterschrieb er seine Briefe nur noch mit »F«. Wenn seine Söhne die Ferien zu Hause verbrachten, beteiligte er sie an seinen Versuchen. William, Frank und George fertigten Illustrationen für *Die Lebensweise der kletternden Pflanzen* und *Insectenfressende Pflanzen* sowie andere seiner Bücher an – George bei weitem die meisten.

Eine seiner Notizsammlungen war seit 1860 aus Zeitmangel unberücksichtigt geblieben – »Meine geliebte Drosera.« Am 22. August 1872 korrigierte er die letzten Fahnen für den *Ausdruck der Gemüthsbewegungen* und »begann Arbeit an Drosera«, wie aus seinem Tagebuch ersichtlich ist.

Aus der Arbeit wurde ein Buch, das im Juni 1875 wie immer im Verlag Murray erschien und den Titel *Insectivorous Plants* (in Deutschland: »Insectenfressende Pflanzen«) trug; es beschrieb dramatische Ereignisse im Pflanzenreich. Über die Pflanze, die er in seinem Buch als erste beschrieb, den Rundblättrigen Sonnentau *Drosera rotundifolia* (s. Abb. S. 231), schrieb der Autor an Asa Gray: »Es ist eine wundervolle Pflanze, oder vielmehr ein äußerst wildes Tier.« Daß sich eine Pflanze tatsächlich wie ein Tier verhalten konnte, war eine erstaunliche Tatsache. Aber daß eine Pflanze über etwas verfügte, das er mit den Nerven der Tiere verglich und analog dazu nur »Nervenmaterial« nennen konnte, war um so erstaunlicher und bildete den Inhalt von Darwins einzigartiger Entdeckung.

Bereits Linné hatte gewußt, daß *Dionaea*, die Venusfliegenfalle (s. Abb. S. 230), Insekten fing. Sein Briefpartner John Ellis hatte ihm eine Beschreibung der Pflanze und eine Illustration geschickt. Darwins Großvater Erasmus hatte angenommen, daß *Dionaea* Insektenfallen aufstellte, um räuberische Überfälle auf die Blüten zu verhindern. Reverend Dr. Curtis hatte den Verdauungssaft der Pflanze entdeckt. Und andere Naturforscher waren bei anderen insektenfressenden Pflanzen auf interessante Tatsachen gestoßen. Aber es handelte sich um Einzelbeobachtungen, die in keinerlei Zusammenhang standen. Darwin war der erste, der sich dem ganzen Komplex widmete und auf Grund von Tausenden von komplizierten Versuchen die Vorgänge vollständig klären konnte.

Die Geschichte der insektenfressenden Pflanzen war voller makabrer Ereignisse, voller Verstümmelungen und Morde. Wer konnte glauben, daß das hübsche kleine Fettkraut hinter seinen goldenen Blattsternen und aufspringenden blauvioletten Blüten ein so finsteres Wesen verbarg? Oder daß in den stillen Wassern von Teichen Pflanzen existierten, die Netze hinter sich herzogen, mit denen sie Fische fingen? Und schlimmer noch, daß es ein perfektes Horrorkabinett gab, in dem geködert, betäubt und ertränkt wurde?

Darwin entging kein einziges Detail, und er erzählte die Geschichte in unübertroffener Weise.

Als erstes untersuchte er den Sonnentau, der, wie wir wissen, auf dem Heideland in Sussex gedieh. Er sammelte ein Dutzend Pflanzen. Auf 31 ihrer 56 voll ausgebreiteten Blätter fand er tote Insekten oder was davon übriggeblieben war.

An einer entdeckte er auf allen sechs Blättern Beutestücke, und bei mehreren Pflanzen hatten viele der Blätter mehr als ein Insekt gefangen. So wies ein einziges großes Blatt die Überreste von dreizehn Insekten auf. Das größte Tier, das er auf diese Weise gefangen sah, war ein kleiner Schmetterling.

Die Klebrigkeit der Blätter interessierte ihn. Auch bei anderen Pflanzen gab es dieses Merkmal, zum Beispiel bei den Knospen der Roßkastanie, an denen ebenfalls Fliegen hängenblieben, aber der Baum zog daraus keinen unmittelbaren Vorteil. Der Unterschied lag darin, daß *Drosera* eigens für den Zweck, Fliegen zu fangen, ausgerüstet war.

Drosera rotundifolia war eine niedrige Pflanze mit sechs in grundständiger Rosette stehenden runden Blättern. Die Blattoberseite war über und über mit Fanghaaren besetzt – »oder Tentakeln, wie ich sie der Art ihrer Tätigkeit wegen nennen werde«, schrieb Darwin. Jeder Tentakel trug an seiner Spitze eine Drüse, die von einem großen Tropfen einer sehr klebrigen Substanz umgeben war. Den Tropfen, die in der Sonne glitzerten, verdankte die Pflanze ihren poetischen Namen Sonnentau.

Die Tentakeln im mittleren Teil kamen aus grünen Stielen aus dem Blatt hervor; sie waren kurz und standen aufrecht. Je näher sie sich am Blattrand befanden, desto länger waren sie und desto mehr neigten sie sich nach außen. Die Stiele der letzteren waren purpurn.

Die Drüsen waren wegen ihres Baus bemerkenswert und erfüllten mehrere Funktionen: Sie sonderten Substanzen ab, nahmen Substanzen auf und reagierten auf verschiedene Reize. Sie bestanden aus einer äußeren Schicht kleiner polygonaler Zellen, die eine purpurfarbene, mal körnige, mal flüssige Substanz enthielten. Unter dieser Schicht lag eine zweite, aus anders geformten Zellen zusammengesetzte Innenschicht; die Zellen enthielten eine ebenfalls purpurne, wenn auch leicht unterschiedlich getönte Flüssigkeit. In der Mitte befand sich eine Gruppe länglicher, zylindrisch geformter Zellen von ungleicher Länge, die eng zusammengepreßt und von einer spiralförmigen Faser umgeben waren, die sich abtrennen ließ. Diese Zellen enthielten eine klare Flüssigkeit und waren mit den Spiralgefäßen verbunden, die in den Tentakeln aufwärts führten.

Sein erster Versuch diente dem Zweck, festzustellen, auf welche Weise Insekten gefangen wurden. Er plazierte eine lebende Fliege auf die in der Mitte eines Blattes befindlichen Drüsen. Das bewirkte einen motorischen Reiz, auf den als erste die dem Objekt näherstehenden Tentakeln reagierten, indem sie sich auf die Mitte zuneigten, und dann die weiter entfernten, bis die Tentakeln die Fliege wie in einem Käfig einschlossen. Der Vorgang nahm zwischen einer und vier oder fünf Stunden in Anspruch, oder auch mehr, je nachdem, wie groß die Beute beziehungsweise ob sie löslich oder anorganisch war, und je nach Alter des betreffenden Blattes. Eine lebendige Fliege löste mehr Bewegung aus als eine tote, denn in dem Versuch, zu entkommen, berührte sie die Drüsen vieler Tentakeln. Auf Tropfen verschiedener Flüssigkeiten, zum Beispiel Speichel oder Ammoniaksalzlösung, reagierten die Tentakeln jedoch besonders schnell und begannen sich schon nach zehn Sekunden zu neigen. Größere lösliche Objekte veranlaßten manchmal das ganze Blatt, sich zu einer Schale zu biegen, so zum Beispiel, als Darwin Stücke von hartgekochten Eiern auf drei Blätter legte.

Das Sekret der Drüsen war so klebrig, daß es lange Fäden zog. Es war farblos, färbte jedoch kleine Papierkugeln blaßrosa. Die Absonderung verstärkte sich, wenn ein Objekt auf eine Drüse gelegt wurde. Bei Zuckerkörnchen war die Wirkung besonders ausgeprägt; und wenn man die Blätter in Goldchlorid- und andere Salzlösungen eintauchte, reagierten die Drüsen mit einer erheblichen Steigerung der Sekretproduktion. Säurehaltige Lösungen regten die Drüsen so stark an, daß von den Blättern lange klebrige Fäden herabhingen, als er sie wieder herausnahm.

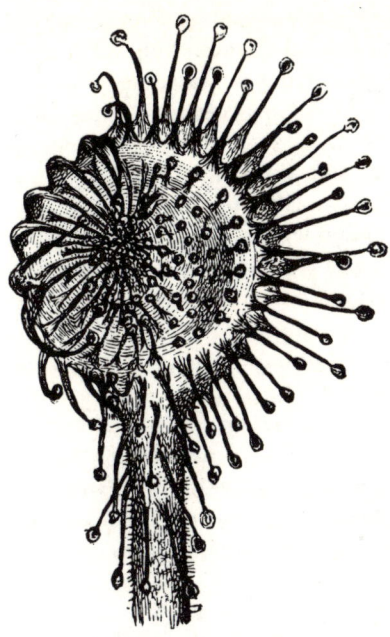

Drosera rotundifolia, der Rundblättrige Sonnentau. Hier ein Blatt, bei dem die Tentakeln über ein Stück Fleisch gebogen sind.
(aus: *Charles Darwin, Insectenfressende Pflanzen*)

Brachte man die Drüsen mit tierischer Substanz in Berührung, so reagierten sie nicht nur mit verstärkter Sekretproduktion, sondern es änderte sich auch die Zusammensetzung des Sekrets, das nunmehr sauer wurde. Das Blatt begann, seine Beute zu verdauen. Aber Darwin entdeckte, daß das Sekret nicht nur als Magensaft diente, sondern auch als Antiseptikum. An einem sehr warmen Tag legte er ein Stückchen rohes Fleisch auf ein *Drosera*-Blatt und ein entsprechendes in feuchtes Moos. Nach 48 Stunden wimmelte das im Moos liegende Fleisch von Wimpertierchen und war mehr oder weniger verwest, während sich das auf dem Blatt befindliche Stückchen als absolut frisch erwies. Der Verdauungsprozeß dauerte mehrere Tage. Danach kehrten die Tentakeln allmählich in ihre normale Position zurück, ihre Drüsen reduzierten die Sekretproduktion und wurden schließlich trocken. Es handelte sich um eine Art Frühjahrsputz des Blattes, denn jeder Windhauch nahm nun unverdauliches Material mit fort, zum Beispiel die harten Flügelpanzer von Käfern. Anschließend fingen die Drüsen wieder an, Sekret zu produzieren, und sobald sie genügend große Tropfen hervorgebracht hatten, standen die Tentakeln für ein neues Opfer bereit.

Die Aufnahme tierischer Substanzen von gefangenen Insekten erklärt, warum der Sonnentau auf magerem Torfboden wächst und in Gebieten, in denen manchmal nichts als *Sphagnum*-Moos leben kann, das wie alle Moose seine Nahrung aus der Luft aufnimmt, wie Darwin bemerkte. Folglich, so erklärte er, ernährt sich der Sonnentau wie ein Tier. Dagegen trinkt er mit Hilfe seiner Wurzeln, und er muß viel Flüssigkeit aufnehmen, um die zahlreichen – manchmal bis zu 260 – Sekrettropfen an seinen Drüsen zu produzieren, die den ganzen Tag über der sengenden Sonne ausgesetzt sind.

Bei seinen Versuchen mit *Drosera* entdeckte Darwin noch ein anderes tierartiges Phänomen. Er stellte fest, daß die Pflanze Muskeln hatte!

Wie er dies bewies, ist eine Geschichte für sich. Alles Leben besteht aus Protoplasma, einer in der Regel klaren, farblosen, geleeartigen oder flüssigen Substanz aus Kohlenstoff, Wasserstoff, Sauerstoff und anderen Elementen. Eine seiner auffälligsten Eigenschaften ist die Fähigkeit, sich zusammenzuziehen, und das geschieht, wenn Protoplasmateilchen so aneinandergefügt sind, daß sie vereint handeln, also eine kumulative Wirkung hervorrufen. Wenn wir also zusehen, wie sich ein Sonnentaublatt aufrollt und eine Schale bildet, beobachten wir tatsächlich das Zusammenziehen der Blattmuskeln.

Bisher hatte Darwin nur die Dinge beobachtet, die sich mit bloßem Auge erkennen ließen. Doch dann legte er ein junges, aber voll entwickeltes Blatt unter sein biologisches Mikroskop. Es war noch nie gereizt worden und hatte sich noch nie gebogen. Darwin wollte die Tentakeln untersuchen. Was er da sah, erregte sein besonderes Interesse. Er entdeckte, daß die Zellen, die die haarartigen Stiele bildeten, genau wie die Drüsenzellen mit einer purpurfarbenen Flüssigkeit gefüllt waren. An den Wänden befand sich eine Schicht aus farblosem, zirkulierendem Protoplasma. Er reizte die Drüsen mehrerer Pflanzen, indem er bestimmte Tentakeln wiederholt berührte, verschiedene Objekte darauf legte oder Tropfen unterschiedlicher Flüssigkeiten auftrug. Nach einigen Stunden hatten die Tentakeln ihr Aussehen von Grund auf verändert. Die purpurfarbene Flüssigkeit war koaguliert und bildete nun purpurfarbene Klümpchen, suspendiert in einer fast farblosen Flüssigkeit. Dieser Vorgang – den er Zusammenballung nannte – begann in der Drüse und setzte sich in den Tentakeln abwärts fort. Bald nachdem sich die Tentakeln wieder gestreckt hatten, lösten sich die kleinen Klümpchen auf, und die purpurfarbene Flüssigkeit wurde so klar wie zuvor. Der Prozeß der Wiederauflösung vollzog sich von der Tentakelbasis nach oben zur Drüse, also in entgegengesetzter Richtung zu dem der Zusammenballung.

Unter dem Mikroskop zeigte sich, daß die Klümpchen aus zusammengeballter Substanz unterschiedliche Formen hatten, mal waren sie rund oder oval, mal länglich oder unregelmäßig mit »faden- oder halsbandartigen oder keulenförmigen« Vorsprüngen. »Diese kleinen Massen verändern unaufhörlich ihre Form und Stellung und ruhen niemals«, schrieb er. »Eine einzige Masse teilt sich oft in zwei, welche sich nachher wieder vereinen. Ihre Bewegungen sind ziemlich langsam und gleichen denen der Amöben oder der weißen Blutkörperchen.«

Er »war imstande, durch Veränderung des Lichts und mit Hilfe einer starken Vergrößerung einen verbindenden Faden von äußerster Zartheit zu entdecken, welcher augenscheinlich als Verkehrskanal zwischen den beiden diente. Auf der anderen Seite sieht man manchmal, daß solche verbindenden Fäden reißen, und ihre Enden werden dann schnell keulenförmig.« Er notierte: »Kleine Kugeln von Protoplasma, augenscheinlich ganz frei, werden oft durch den Strom in den Zellen umhergetrieben; und an die zentralen Massen geheftete Filamente werden hin- und hergeschwungen, als ob sie zu entfliehen suchten. Alles zusammengenommen bietet eine dieser Zellen mit den sich immer verändernden zentralen Massen und mit der den Wänden entlang fließenden Schicht von Protoplasma ein wunderbares Bild einer lebendigen Tätigkeit dar.«

Was er beobachtete, war das bewundernswerte Leben, das sich im Innern einer Zelle abspielt, und die fließenden Bewegungen, durch die Nahrungssubstanzen verteilt werden. Er wußte das alles nicht, aber er war von dem, was er sah, so angetan, daß er seine wissenschaftlichen Freunde um Unterstützung bat. »Es wurden im zusammengeballten Zustande befindliche Tentakeln den Herren Prof. Huxley, Dr. Hooker und Dr. Burdon Sanderson gezeigt«, schrieb er, »letzterer beobachtete die Veränderungen unter dem Mikroskop und war von dem ganzen Phänomen sehr frappiert.«

John Burdon Sanderson, Professor der Botanik am St. Mary's Hospital, stellte Experimente mit der Thermosäule an. Er bat Darwin, zu beobachten, ob sich Wärmestarre einstellte, wenn er die Blätter in erwärmtes Wasser tauchte.

Darwin unternahm einen entsprechenden Versuch und brachte zwei Blätter auf eine Temperatur von 54,4 °Celsius, mit dem Ergebnis, daß sich alle Tentakeln stark nach innen bogen. Dann legte er ein Blatt in kaltes Wasser, und es streckte sich wieder aus. Das andere Blatt brachte er nun auf eine Temperatur von 62,7 °Celsius, und es streckte sich nicht. »Handelt es sich im letzteren Fall nicht um Wärmestarre?« wollte er wissen.

Im September beteiligte sich Burdon Sanderson intensiv an den Untersuchungen. Darwin schickte ihm zwei Individuen der Venusfliegenfalle »mit fünf ganz guten Blättern« und ausführlichen Anweisungen für ihr Wohlergehen, wobei er anfügte: »Wenn Sie ein positives Ergebnis erhalten, sollten Sie es meiner Ansicht nach unabhängig veröffentlichen, und ich könnte es dann zitieren; sonst wäre ich äußerst glücklich, jede Ihrer Anmerkungen in meinen Bereich aufzunehmen.«

Burdon Sanderson entschloß sich schließlich zur eigenen Veröffentlichung. Er hielt 1873 vor der Versammlung der British Association einen Vortrag zu dem Thema.

Madame Luigi Galvani, Ehefrau des italienischen Physiologen, entdeckte im ausgehenden 18. Jahrhundert, daß sich die Muskeln von

Fröschen zusammenzogen, wenn man sie mit zwei Metallen berührte. Ihr Mann erfand die galvanische Batterie. Mit einem Galvanometer konnte Burdon Sanderson nachweisen, daß in den Blättern von fleischfressenden Pflanzen elektrische Spannung bestand. Er schloß ein *Dionaea*-Blatt an das empfindliche Instrument an und berührte die Tentakeln. Die Nadel des Galvanometers zeigte den elektrischen Strom an, als sich das Blatt zusammenzog.

Joseph Hooker war inzwischen Präsident der Royal Society und hatte damit die höchste Stellung innerhalb der Wissenschaften inne. In Belfast sagte er 1874 in seiner Ansprache vor der British Association: »Jeder, der die pflanzliche Seite der organisierten Natur studiert, war erstaunt, als er von Dr. Sanderson erfuhr, daß bestimmte Experimente, die er auf Anregung von Darwin ausgeführt hat, nachweislich ergeben haben, daß die Wirkungen, die durch das Zusammenziehen eines Blattes von *Dionaea* hervorgerufen werden, genau denen entsprechen, die auftreten, wenn ein Muskel kontrahiert. Nicht nur die Verdauungsphänomene dieser wundervollen Pflanze sind also denen der Tiere vergleichbar; sondern auch die Phänomene der Kontraktilität stimmen mit denen der Tiere überein.«

Dionaea muscipula, die finstere Venusfliegenfalle, fing ihre Beute mit einer einfachen, aber tödlichen Methode. Ihr Blatt war in zwei Hälften geteilt, die am Außenrand mit nadelartigen Borsten besetzt waren. Auf der Oberfläche jeder Hälfte ragten drei winzige Stacheln empor. Es waren die »elektrischen Schalter«, die die Reaktion des Blattes auslösten. Wenn ein Insekt nur einen von ihnen mit seinem zarten Beinchen berührte, schnappte die Falle zu – »mit einem förmlich lauten Schlage«, wie Darwin schrieb. Und es nutzte auch nichts, daß das Insekt aufpaßte, wohin es die Füße setzte, denn sobald es sich ein Stück zur Blattmitte hin bewegte, strömte ein klebriges Sekret hervor. In dem Bemühen, Flügel oder Bein zu befreien, berührte es unweigerlich einen der Schalter.

Wie gewöhnlich unternahm Darwin zahlreiche Versuche. Wenn ein Blatt zuschnappte, verwandelte es sich vorübergehend in einen Magen. Durch die Anwesenheit eines Insektes angeregt, produzierten die Drüsen an der Blattoberfläche ein saures Sekret, das wie die Verdauungssäfte im Magen eines Tieres wirkte. Doch da sich der Prozeß sozusagen hinter verschlossenen Türen abspielte, war er nicht so leicht zu beobachten wie bei *Drosera*. Um zu sehen, was geschah, mußte Darwin die Blatthälften öffnen, indem er einen dünnen Keil dazwischen trieb, und die Kraft, mit der sich die Borsten dem widersetzten, überraschte ihn. Tatsächlich brachen sie eher ab, als daß sie nachgaben. Einige Tage, nachdem eine Fliegenfalle ein Insekt gefangen hatte, war dessen Körper erstaunlich aufgeweicht. Die Pflanze konnte sogar Käfer verdauen, wobei sie nur den harten Chitinpanzer unberührt ließ.

Und wie immer versuchte Darwin, sein Objekt irrezuleiten. Die Blatthälften schlossen sich, wenn ein Grashalm sie berührte oder irgend etwas, vom Wind getragen, darauf fiel. Doch *Dionaea* ließ sich nicht täuschen. Das Blatt, das sich sofort schloß, öffnete sich ebenso schnell wieder, eine Fähigkeit, die für das Überleben der Pflanze unerläßlich war, wenn sich der Eindringling als unverdaulich erwies. Denn solange das Blatt geschlossen blieb, konnte es natürlich kein Insekt fangen. »Schnell« war übrigens relativ, denn bei Gegenständen, die die Pflanze zurückwies, wie Holzstückchen, Korken oder Papierkügelchen, dauerte es 24 Stunden, bis sie sich wieder öffnete. Um eine Fliege zu verdauen und sich wieder auszubreiten, brauchte ein Blatt 15 Tage, ein anderes 24 Tage; ein drittes beschäftigte sich dieselbe Zeit mit einer Holzlaus und ein viertes 36 Tage lang mit einem großen Weberknecht. Wenn sehr kleine Insekten auf die Blätter gerieten, öffneten sich die Blatthälften so, als wenn sie nichts gefangen hätten. Darwin vermutete, daß die Opfer zu klein waren, um zerdrückt oder als Fleischlieferant erkannt zu werden. Winzigen Insekten gelang es manchmal, zwischen den Borsten hindurch ins Freie zu entkommen.

Kein Entkommen gab es dagegen bei *Aldrovanda vesiculosa*, einer kleinen im Wasser lebenden *Dionaea*. Die Blätter (der populär Wasserfalle genannten Pflanze) standen in Wirteln rings um den Stamm, die sieben Blattstiele sahen wie Radspeichen aus. Am Ende jeder Speiche befand sich ein winziges, durchsichtiges zweigeteiltes Blatt, das von sechs harten Borsten umgeben war. Wenn eine Larve, ein Wasserinsekt oder ein Krustentier in die Falle schwamm, mußte das Opfer unvermeidlich die Borsten berühren, die es sofort umarmten, ins Innere schoben und den Eingang versperrten. Darwin sah im Innern kleine Lebewesen herumschwimmen wie Fische im Aquarium. Sie waren zum sicheren Tod verdammt. Drei Zellschichten an den Seiten der Blatthälften hatten die Fähigkeit, eine klare Flüssigkeit abzusondern, in der sich die Beute auflöste und verdaut wurde. Die

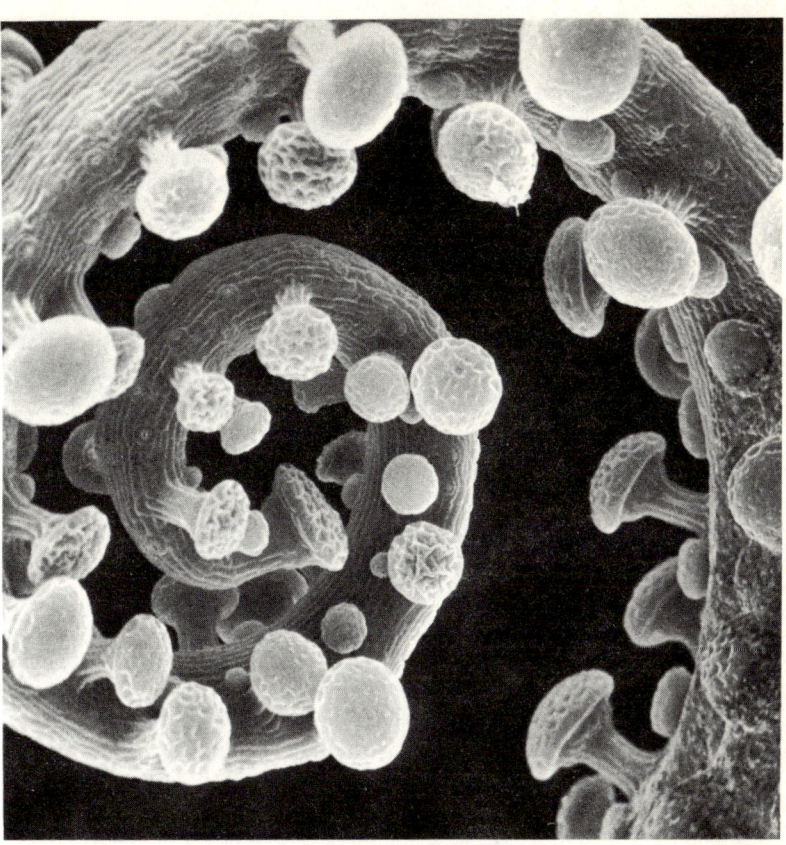

Drosophyllum lusitanicum mit gestielten Drüsen, mit denen die Pflanze Insekten fängt.
(Von Mitgliedern der Botany School, Oxford University)

Blatthälften hatten noch eine andere Fähigkeit. Damit die Verdauungsflüssigkeit nicht zu sehr verdünnt wurde, konnten sie eingeflossenes Wasser wieder herauspressen.

Der Rand jeder Blatthälfte war einwärts gestülpt, eine Tatsache, die sich Darwin zunächst nicht erklären konnte. Bei genauerer Untersuchung entdeckte er, daß sie das herausgepreßte Wasser filterten. Die aufgelösten tierischen Substanzen, die sich im Wasser befanden, konnten an den Blatträndern absorbiert werden, so daß nichts verlorenging. Es war ein bemerkenswerter Fall, bei dem verschiedene Teile desselben Blatts verschiedene Funktionen erfüllten: ein Teil die eigentliche Verdauung, ein anderer die Aufnahme der verdauten Substanz.

»Wir können auch hiernach verstehen«, schrieb Darwin, »wie eine Pflanze durch den allmählichen Verlust einer der beiden Fähigkeiten nach und nach der einen Tätigkeit angepaßt werden kann, mit Ausschluß der anderen.«

Als er später zwei andere fleischfressende Pflanzen untersuchte – das Blaue Fettkraut und eine Art des Wasserschlauchs –, stellte er fest, daß genau dies der Fall war.

Zunächst aber befaßte er sich mit *Drosophyllum lusitanicum*, einer nur in Portugal und Südspanien beheimateten Art. Darwin erhielt lebende Pflanzen von William Chaster Tait, der mit seinem Bruder Alfred in Oporto lebte. Beide waren Botaniker. Alfred interessierte sich vor allem für Narzissen, während sich William hauptsächlich mit Forstwirtschaft beschäftigte: Er führte Eukalyptus als Waldbaum in Portugal ein.

Drosophyllum war angeblich eine seltene Pflanze, bedeckte aber, wie William Tait Darwin mitteilte, sämtliche Hänge der trockenen Berge in der Nähe von Oporto. An ihren Blättern klebte immer eine Unzahl von Fliegen. Die Dorfbewohner nannten sie deshalb »Fliegenfänger« und hängten sie als solche in ihren Häusern auf.

Als die Pflanzen ankamen, brachte Darwin sie in sein Gewächshaus. Es war Anfang April, das Wetter kalt und kaum ein Insekt unterwegs. Dennoch fingen die Pflanzen so viele Fliegen, daß er überrascht war.

Es handelte sich um eine hübsche Pflanze von etwa 30 Zentimeter Höhe mit großen gelben Einzelblüten, die in einer Doldentraube an der Spitze eines mit Blättern besetzten Stamms hingen. Die Blätter waren ungewöhnlich: Nicht nur, daß sie sich wie Farne entrollten, auch ihre Ränder waren eingerollt. Sie entsprangen einem dicken holzigen Stamm und sahen aus einiger Entfernung aus wie lange Grashalme. Bei näherer Betrachtung stellte man fest, daß sie mit Drüsen besetzt waren, die auf Stielen standen und die Form von hellrosa oder purpurnen Kappen hatten; sie wirkten wie Reihen von winzigen Pilzen. Im Gegensatz zu den Tentakeln des Sonnentaus besaßen sie kein Bewegungsvermögen, konnten aber klebrige Sekrettropfen absondern, in die sie ihre Opfer hüllten. *Drosophyllum* spannte ein weites Netz. Alle Blütenstiele und -kelche waren mit diesen pilzförmigen Drüsen ausgestattet, jede mit ihrem lockenden Tautropfen. Andere Fallen, Drüsen ohne Stiele, wuchsen sowohl auf den Ober- als auch den Unterseiten der Blätter. Sie waren farblos und so klein, daß man sie mit bloßem Auge kaum erkennen konnte. Nichtsdestoweniger erfüllten sie einen Zweck. Tatsächlich waren es die Sekrete dieser winzigen Drüsen, die die eigentliche Aufgabe des Auflösens und Verdauens erledigten, wie Darwin feststellte. Wenn ein Insekt auf einem Blatt landete, blieb der zähe Tropfen einer stengeltragenden Drüse an seinen Flügeln, Beinen oder dem Körper hängen; wenn es dann weiterkroch, um sich zu befreien, berührte es einen anderen Tropfen, der ebenfalls klebenblieb. Schließlich konnte es sich nicht mehr bewegen, sank herab und starb, wobei es auf die winzigen, direkt auf der Oberfläche sitzenden Drüsen gelangte, die ihr Mahl verdauten.

Zu den fleischfressenden Pflanzen, die Darwin untersuchte (es war eine überraschende Zahl, einschließlich der unschuldig aussehenden *Primula sinensis* und zwei Arten von Steinbrech), gehörte *Pinquicula vulgaris,* das Blaue Fettkraut. Am Morgen des 23. Juni 1874 erhielt er ein Paket mit Blättern der Pflanze von Amy Ruck aus Pantlludw, der Verlobten seines Sohnes Francis – die beiden heirateten einen Monat später und zogen nach Downe. Von da an war Francis als Mitarbeiter seines Vaters tätig.

Darwin befand sich »in dem Zustand, in dem ich Freund oder Feind opfern würde«, wie er an William Thiselton Dyer schrieb, der inzwischen Stellvertretender Direktor von Kew Gardens war. »Ich habe mit Sicherheit festgestellt, daß kleine Stücke von bestimmten Blättern, zum Beispiel Spinat, bei Pinguicula starke Sekretabsonderung hervorrufen und daß die Drüsen Substanzen der Blätter absorbieren.« An den Blättern, die er aus Wales erhalten hatte, klebte nicht nur eine Anzahl von gefangenen Insekten, sondern auch eine Menge Blätter und sogar zwei Samenkapseln, und er hatte festgestellt, daß das Protoplasma in den Drüsen unter den kleinen Blättern sich in zusammengeballtem Zustand befand. »Aus diesem Grund bin ich, so absurd es auch klingen mag, bereit zu bestätigen, daß *Pinquicula* nicht nur Insektenfresser, sondern auch Gras- und Körnerfresser ist!« Es hörte sich an wie ein Scherz, war aber durchaus ernst gemeint.

Im Juli 1868 erschien im *Quarterly Magazine of the High Wycombe Natural History Society* ein Artikel des Botanikers Robert Holland, der festgestellt hatte, daß in den Blasen von *Utricularia vulgaris* (s. Abb. S. 230) oft Wasserinsekten eingeschlossen waren. Darwin ließ sich lebende Individuen vom New Forest und aus Cornwall schicken, aber sie erwiesen sich als eine sehr seltene britische Art, *Utricularia neglecta*. Die Pflanze hatte keine Wurzeln. Sie bestand aus einem Zweig, auf dem sich kleine gestielte Blasen befanden. Auf der Suche nach Beute schwamm sie im Wasser herum wie ein Pirat auf hoher See. Die Blasen waren immer mit Wasser gefüllt, enthielten aber auch gelegentlich Luftblasen. Wie bei *Aldrovanda* standen an jedem Eingang Borsten, aber hier waren sie gelenkig und biegsam und führten ununterbrochen unregelmäßige Bewegungen aus, und zwar auf Grund von mikroskopisch kleinen Teilchen, die in der Flüssigkeit suspendiert waren (Brownsche Bewegung, d. Ü.). Diese Teilchen änderten langsam ihre Stellung, wie Darwin beobachtete, und wanderten von einem Ende einer Borste zum anderen. Er nannte diese Borsten Antennen: Es waren Sensoren, die genau wie die Antenne eines Radiogeräts Signale aufnahmen. Am Eingang befand sich außerdem eine Klappe, die sich bei der leichtesten Berührung schloß und das Opfer einsperrte.

Eine andere Wasserschlauch-Art lebte in den Bäumen. Ihre Heimat war das tropische Südamerika, und Darwin untersuchte zunächst getrocknete Exemplare, die ihm von Kew zur Verfügung gestellt worden waren, und dann lebende Pflanzen, die er von Lady Dorothy Nevill erhielt, der hilfsbereiten Spenderin zahlreicher Orchideen. An den Rhizomen der getrockneten Pflanzen hingen Erd- und Sandteilchen. Die lebenden Pflanzen wuchsen in Torfboden und brachten an den Rhizomen Blasen hervor. Die falltürartige Klappe war steil geneigt, und über der Öffnung befand sich ein Dach, so daß keine Erde hineinfallen und die Blase verstopfen konnte. Auch bei dieser Art waren die Blasen mit Wasser und gelegentlich einer Luftblase gefüllt.

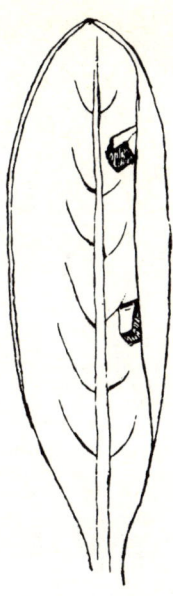

Ein Blatt von *Pinguicula vulgaris*, dem Gemeinen Fettkraut. Der rechte Blattrand biegt sich über zwei Fleischwürfel.
(aus: *Charles Darwin, Insectenfressende Pflanzen*)

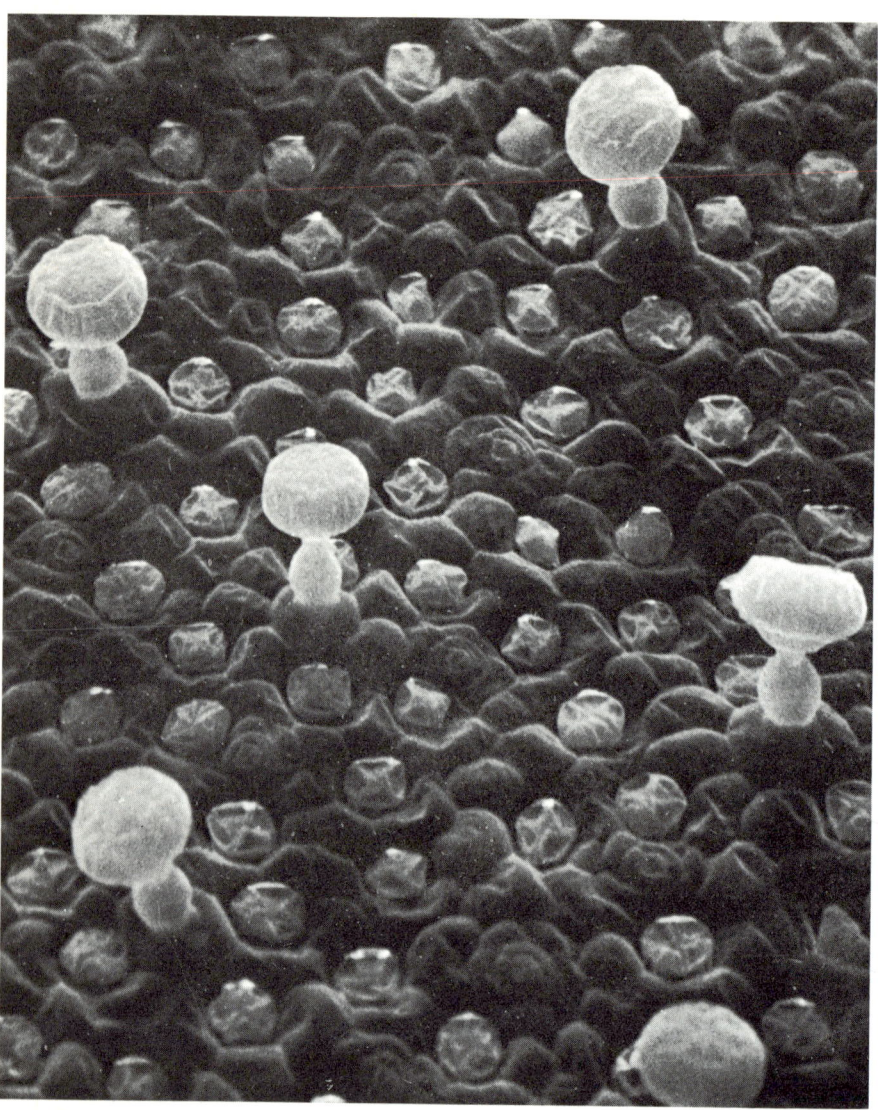

Elektronenbild von der Oberfläche eines Fettkrautblatts in 1420facher Vergrößerung. (Von Mitgliedern der Botany School, Oxford University)

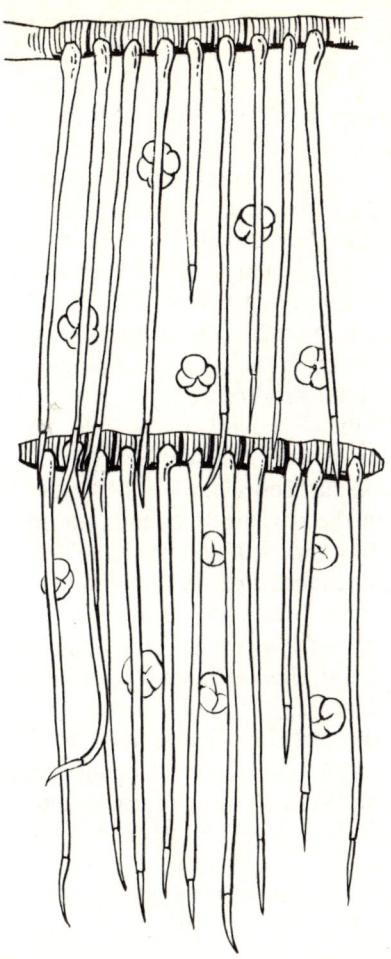

Die Gitter von *Genlisia ornata*, die Darwin mit einem Stecknadelbrief verglich und aus denen es kein Entkommen gibt.
(aus: *Charles Darwin, Insectenfressende Pflanzen*)

Als Darwin und sein Sohn Frank einige von ihnen öffneten, fanden sie die Überreste vieler Tiere.

Utricularia nelumbifolia war vermutlich die bemerkenswerteste aller Wasserschlauch-Arten. Sie lebte in den Orgelbergen von Brasilien, war aber trotz ihres Habitats wasserlebend und wurde ausschließlich in Wasser gefunden, das sich auf dem Grund der Blätter einer großen Tillandsie ansammelte, einer Baumart, die eine feuchte Bergregion in etwa 1500 Meter über dem Meeresspiegel bewohnte. Die *Utricularia* pflanze sich nicht nur durch Samen, sondern auch durch Ausläufer fort, die sie von der Basis des Blütenstiels ausschickte. Die Ausläufer wuchsen grundsätzlich in Richtung auf die nächste Tillandsie der Umgebung, wo sie ihre Spitzen in das Wasser senkten, zu wachsen begannen und neue Ausläufer produzierten.

Als ob nicht genug der Horrorgeschichten, fand er bei *Genlisea ornata* noch etwas Neues. Nichts konnte aus der Falle entfliehen, die sie aufstellte, denn hinter dem Eingang zur Todeskammer befand sich ein mit Gittern ausgekleideter Gang, die aus langen, dünnen transparenten Haaren mit spitzen Enden bestanden. Jede Haarreihe zeigte auf die unter ihr liegende. Einmal im Innern, konnte das Opfer nicht mehr zurück. Darwin verglich diese Konstruktion mit einer aus einem Stecknadelbrief geformten Aalreuse. Selbst wenn das Opfer den langen Weg überlebte – er war 10,583 Millimeter lang –, wartete am Ende der Ertrinkungstod in der Blase.

Wie grausam die Natur doch war, hatte Darwin einmal Joseph Hooker gegenüber bemerkt. Sicher hat sich dieser Gedanke nun wieder aufgedrängt, nachdem er sein Werk über die *Insectenfressenden Pflanzen* beendet hatte und sein Kabinett der verbrecherischen Fleischfresser betrachtete.

Doch auch das gehörte zum Variieren, zum Kampf und zum Überleben und damit zur Evolution.

15. Kreuzungsversuche: Darwins »Heros«

Darwin fand heraus, daß sogar eine zwittrige oder selbstbestäubende Blüte von Zeit zu Zeit gekreuzt werden muß, wenn die Pflanze fruchtbar bleiben soll.

Er führte Tausende von Versuchen aus, wobei er manchmal eine Pflanze über zehn Generationen zog, um Abweichungen von vorhergehenden Ergebnissen zu entdecken.

Diese Experimente, deren Ergebnisse er in seinem Werk über die Kreuz- und Selbst-Befruchtung veröffentlichte, erstreckten sich über elf Jahre. In einem Fall zählte er 20 000 Samen von Blutweiderich (Lythrum salicaria), um eine Annahme zu beweisen.

Die Zeichnung zeigt die Blüte der Trichterwinde (Ipomoea purpurea) und die größere Form von Darwins »Heros«.

(Zeichnung von Brian Hughes)

Als Darwin im Jahre 1876 sein Buch über *Die Wirkungen der Kreuz- und Selbst-Befruchtung im Pflanzenreich* herausgab, begrüßte es der *Gardener's Chronicle* als optimale Informationsquelle für Saat- und Hybridenzüchter, die, »wie wir bereits betont haben und wie wir Gelegenheit haben werden, immer und immer wieder zu betonen, feststellen werden, daß viel von dem, was an ihren Praktiken lediglich dem Versuch und Zufall überlassen blieb, von Darwin auf die Grundlage von Regel und Methode gestellt wird«. Nicht weniger als sieben Nummern enthielten Besprechungen des Buches. Die Zeitschrift nannte es »einen für unsere Zwecke geeigneten Abriß« und wies auf die praktischen Anwendungsmöglichkeiten hin, die sich aus Darwins »sehr zahlreichen, langwierigen und mühevollen Versuchen« ergaben. Rezensent war Henslows Sohn George, wie sein Vater Pastor von Beruf und Botaniker aus Leidenschaft. Als beliebter Schriftsteller und Dozent sollte er später Ehrenprofessor der Royal Horticultural Society werden.

Langwierig war unbedingt das richtige Wort für Darwins Experimente. Elf Jahre lang hatte er sich ihnen gewidmet, und seine Notizen über die Befruchtung reichen sogar noch weiter zurück. 1866 hatte er sich im Rahmen der Untersuchungen für sein Werk über das *Variieren* mit den Vererbungsfaktoren beschäftigt und in dem Zusammenhang zwei Beete mit *Linaria vulgaris,* dem gelbblühenden Frauenflachs, angelegt. Ein Beet enthielt ausschließlich Nachkommen von fremdbestäubten Blüten, das andere die von selbstbestäubten, und er war überrascht, als er feststellte, daß die Nachkommen der selbstbestäubten Pflanzen in auffälliger Weise weniger kräftig waren als die anderen. Es schien ihm unglaublich, daß dies an einem einzigen Akt der Selbstbestäubung gelegen haben könnte. Und als er im folgenden Jahr bei einem entsprechenden Versuch mit der Gartennelke, *Dianthus caryophyllus,* dasselbe Ergebnis erhielt, war sein Interesse so groß, daß er beschloß, die Zusammenhänge durch eine Reihe von Versuchen zu untersuchen.

Das oben genannte Jahr 1866 bezieht sich auf einen Brief, in dem er Asa Gray den Beginn seiner Experimente ankündigte. Aber auf Seite 96 seines ersten Transmutations-Notizbuches, das er im Juli 1837 anfing, finden wir bereits die Frage: »Werden Pflanzen, die sowohl männliche als auch weibliche Organe haben, nicht dennoch von anderen Pflanzen beeinflußt? – Führt nicht Lyell aus, daß Varietäten wegen des Pollens von anderen Pflanzen schwer zu erhalten sind, denn das könnte dazu dienen, zu zeigen, daß doch alle Pflanzen von Mischung betroffen sind.«

Mit diesem Thema befaßte sich sein neues Buch. In seinem Werk über die Orchideen hatte er bewiesen, wie vollkommen die Mittel waren, die Fremdbestäubung zu garantieren. Nun zeigte er die Bedeutung ihrer Auswirkungen.

Er begann mit zwei Pflanzen, die in seinem Gewächshaus gerade blühten: der Gauklerblume, *Mimulus luteus,* und der Kletterpflanze *Ipomoea purpurea,* der Trichterwinde. Er nahm von jeder Art eine Pflanze, deckte sie mit Netzen ab, so daß Insekten sie nicht erreichen konnten, und bestäubte einige Blüten mit ihrem eigenen Pollen und andere mit dem Pollen von anderen Gauklerblumen beziehungsweise Trichterwinden. Die Samen der fremd- und selbstbestäubten Blüten wurden auf gegenüberliegenden Seiten eines Blumentopfes gesät und absolut gleich behandelt. Außerdem achtete er streng darauf, daß sie richtig gereift waren, wenn er sie einsammelte. Als die Pflanzen voll ausgewachsen waren, maß er sie aus und verglich sie miteinander, wobei er feststellte, daß bei beiden Arten die Sämlinge aus den fremdbestäubten Blüten, wie schon vorher bei Frauenflachs und Gartennelke, in auffallender Weise größer und in jeder Beziehung überlegen waren.

Bei seinen Versuchen ging Darwin so wissenschaftlich wie möglich vor. Die selbstbestäubten Pflanzen schützte er stets mit einem Netz, das über einen Rahmen gespannt und groß genug war, um die Pflanze (und gegebenenfalls auch den Topf) zu bedecken, sie aber nicht berührte. Das war eine wichtige Voraussetzung, denn wenn die Blüten bis an das Netz reichten, konnten sich Bienen auf ihnen niederlassen und sie mit fremden Pollen bestäuben, was, wie er erfahren hatte, schon vorgekommen war. Außerdem konnte der Pollen beschädigt werden, wenn das Netz naß wurde. Er verwendete zunächst feine weiße Baumwollgaze und später ein gröberes Gewebe mit 2,5 Millimeter Maschenweite, nachdem er festgestellt hatte, daß er damit wirkungsvoll allen Insekten den Zugang versperrte, mit Ausnahme der winzigen Thrips, die sich offenbar von keinerlei Netz abhalten ließen.

Die Samen der fremd- und selbstbestäubten Blüten legte er in feuchten Sand auf gegenüberliegenden Seiten eines Wasserglases, das er mit einer Glasplatte abdeckte. Er trennte die beiden Seiten durch eine Scheidewand und stellte das Glas auf den warmen Kaminsims in seinem Arbeitszimmer, wo er beobachten konnte, wie die Samen keimten. Wenn es geschah, daß einige Samen auf der einen Seite vor denen auf der anderen Seite keimten, warf er sie fort. Aber sobald ein Paar zur gleichen Zeit keimte, pflanzte er beide Sämlinge auf gegenüberliegenden Seiten eines Blumentopfes an, die grundsätzlich durch eine Scheidewand an der Oberfläche voneinander getrennt waren. Er achtete sogar darauf, daß die Scheidewand immer längs zum Licht stand, damit die Pflanzen auf beiden Seiten dieselbe Menge Licht erhielten. Auf diese Weise ging er weiter vor, bis er mehrere Töpfe mit zahlreichen Sämlingen von genau demselben Alter hatte. Wenn dann einer der Sämlinge kränkelte oder in irgendeiner Weise beschädigt wurde, zog er ihn zusammen mit seinem Gegenstück auf der anderen Topfseite heraus und warf beide fort.

Nachdem er so nach bestem Wissen alles getan hatte, um Bedingungsgleichheit zu garantieren, schrieb Darwin: »Ich glaube nicht, daß es möglich ist, daß zwei Pflanzengruppen noch ähnlicheren Bedingungen ausgesetzt werden können als meine gekreuzten und selbstbefruchteten Sämlinge.«* Er vergewisserte sich, daß der Boden, in dem sie gezogen werden sollten, gründlich gemischt und von gleicher Beschaffenheit war. Er goß die Paare gleichmäßig und zur selben Zeit. Und er wies darauf hin, daß selbst für den Fall, daß durch das Netz geschlüpfte Thrips die Ergebnisse bei den selbstbestäubten Pflanzen beeinflußt hätten, dies lediglich bedeutete, daß einige Sämlinge aus fremdbestäubten Blüten in die falsche Gruppe geraten seien. Die möglicherweise so bewirkte Verschiebung würde jedoch nur die Überlegenheit an mittlerer Höhe und Fruchtbarkeit der fremdbestäubten Pflanzen gegenüber den selbstbestäubten tendenziell verringern, nicht steigern.

Er vergewisserte sich noch hinsichtlich eines letzten Punktes. Die Botaniker Gottlieb Kölreuter und Joseph Gärtner hatten erklärt, daß bei bestimmten Pflanzen zur Befruchtung aller in der Samenlage befindlichen Eier bis zu 50 oder 60 Pollenkörner erforderlich waren. Der Franzose Charles Victor Naudin hatte festgestellt, daß die Nachkommenschaft von *Mirabilis* durchweg zwerghaft war, wenn nur ein oder zwei der sehr großen Pollenkörner auf die Narbe der Pflanze übertragen wurden. Darwin achtete infolgedessen darauf, daß es an Pollen nicht mangelte, und bedeckte in der Regel die ganze Narbe

---

* Darwin selbst spricht von gekreuzten und selbstbefruchteten Samen, weist aber darauf hin, daß er darunter immer das Produkt der entsprechend behandelten Blüten versteht. (Anm. d. Ü.).

damit. Doch dann fiel ihm Gärtners Annahme ein, daß ein Überschuß an Pollen sich möglicherweise nachteilig auswirkte, und er prüfte dies, indem er mal kleine, mal große Mengen Pollen übertrug. Nachdem sich in vielen Versuchen erwiesen hatte, daß die Unterschiede zu unwesentlich waren, um sich auszuwirken, schloß Darwin, daß seine Experimente durch die Pollenmenge nicht beeinträchtigt worden waren, da die Menge in jedem Fall ausgereicht hatte.

Für die grundlegenden Versuche im Rahmen seiner Arbeit wählte er Pflanzen, die zu völlig verschiedenen Familien gehörten und in verschiedenen Ländern der ganzen Welt heimisch waren. Er hatte ursprünglich nicht die Absicht, mehr als eine Generation der fremd- und selbstbestäubten Pflanzen zu ziehen, doch als diese in Blüte standen, entschloß er sich, noch eine weitere Generation zu züchten. Einige der Arten faszinierten ihn dann derart, daß er die Versuche auf zehn aufeinanderfolgende Generationen ausdehnte.

Für ein solches Experiment, das erste einer langen Serie, wählte er wieder die Trichterwinde. Zehn Blüten einer Pflanze wurden mit ihrem eigenen Pollen bestäubt, zehn weitere Blüten derselben Pflanze mit Pollen von einer anderen Trichterwinde. Der erste Teil des Experiments war überflüssig, denn die Winde ist selbstbestäubend. Darwin wußte das zwar, aber er entschloß sich dennoch zu diesem Vorgehen, um die Einheitlichkeit der Versuche zu gewährleisten. Er ermittelte für die Nachkommen der fremdbestäubten Blüten eine mittlere Höhe von 222,74 Zentimetern gegenüber 170,06 Zentimetern bei denen der selbstbestäubten Blüten, so daß sich die Höhe der fremd- zu der der selbstbestäubten Nachkommen wie 100 zu 76 verhielt.

Blüten der fremdbestäubten Pflanzen dieser Generation wurden nun mit Pollen anderer Pflanzen derselben Generation gekreuzt; und Blüten der selbstbestäubten mit ihrem eigenen Pollen. Wieder übertraf jede fremdbestäubte Pflanze ihren Konkurrenten an Höhe, und zwar mit einem Mittel von 217,97 Zentimetern zu 171,79 Zentimetern, also einem Verhältnis von 100 zu 79. (Darwin führte die Verhältnisse im Anschluß an jeden Versuchsabschnitt auf und faßte sie am Ende der ganzen Versuchsreihe in genauen vergleichenden Tabellen zusammen. Wir wissen, daß er kein großer Mathematiker war: Die Tabellen verdankte er seinem begabten und in Statistik erfahrenen Cousin Francis Galton.)

Er setzte den Versuch mit Pflanzen der dritten Generation fort, und wieder waren alle gekreuzten Pflanzen größer als ihre Konkurrenten. Dieses Ergebnis wiederholte sich bis in die zehnte Generation: Die fremdbestäubten Pflanzen waren jeweils wesentlich größer, blühten früher und brachten mehr Samenkapseln mit mehr Samen hervor.

In der sechsten Generation zeigte sich eine interessante Ausnahme, als eine selbstbestäubte Pflanze, die in Topf 2 wuchs, ihr fremdbestäubtes Gegenstück an Höhe überragte (wenn auch nur um 12,5 Millimeter). Dem Sieg ging ein langer Wettstreit voraus. Zunächst war die selbstbestäubte Pflanze einige Zentimeter größer; dann zogen beide gleich, und zwar bei einer Höhe von 137,16 Zentimetern; später überragte die fremdbestäubte die selbstbestäubte Pflanze ein wenig und wurde schließlich um die erwähnten 12,5 Millimeter geschlagen. Darwin war von diesem Ergebnis so überrascht, daß er die Pflanze einen Heros nannte und ihre Samen aufbewahrte, um mit den Nachkommen Versuche anzustellen.

Es ging ihm darum, zu erfahren, ob der Heros seine wachstumsmäßige Überlegenheit an seine Sämlinge weitergab. Verschiedene seiner Blüten wurden deshalb mit eigenem Pollen bestäubt und die daraus gezogenen Sämlinge mit gewöhnlichen selbstbestäubten Pflanzen und miteinander gekreuzten Pflanzen verglichen, die alle derselben Generation angehörten. Es zeigte sich, daß die Kinder des Heros überlegen waren und den Wettstreit mit den gewöhnlichen selbstbestäubten Pflanzen mit mittleren 193,06 Zentimetern zu 162,08 Zentimetern für sich entschieden. In gleicher Weise besiegten sie die gekreuzten Pflanzen mit einer mittleren Höhe von 230,28 Zentimetern zu 217,98 Zentimetern. Auch die Urenkel des Heros führten die Familientradition fort!

Doch dies war wieder nur ein Nebenaspekt. Bei den grundlegenden Experimenten bestätigte sich nach wie vor die Überlegenheit der fremdbestäubten Trichterwinde mit einer mittleren Höhe von 242,68 Zentimetern gegenüber nur 130,54 Zentimetern bei den selbstbestäubten Pflanzen und einem Gesamtergebnis von 1213,14 Zentimetern zu 652,68 Zentimetern.

Darwin hatte die ersten Pflanzen der Trichterwinde aus gekauften Samen gezogen, und er stellte fest, daß die Blüten der ersten Pflanzen und die der nächsten paar Generationen sich hinsichtlich der Tiefe des purpurroten Farbtons erheblich unterschieden. Viele von ihnen waren rosa oder rosarot, ab und zu trat auch eine weiße Varietät auf.

Es war interessant, daß sich diese Unterschiede bei den fremdbestäubten Pflanzen bis in die zehnte Generation fortsetzten, während
alle selbstbestäubten Pflanzen mehr oder weniger dieselbe Farbe
aufwiesen, nämlich ein kräftiges dunkles Purpurrot, und sich dieser
Farbton von der siebenten Generation an stabilisiert hatte.

»Meine Aufmerksamkeit wurde zuerst auf diese Tatsache gelenkt«, schrieb Darwin, »als mein Gärtner die Bemerkung machte,
daß keine Veranlassung vorliege, die selbstbefruchteten Pflanzen zu
etikettieren, da sie stets an ihrer Farbe zu erkennen wären.« Er führte
diese außergewöhnliche Farbkonstanz auf die Tatsache zurück, daß
erbliche Anlagen nicht durch Kreuzung verwässert wurden, wozu un-
terstützend hinzukam, daß alle Pflanzen unter denselben Bedingungen gewachsen waren.

Selbstbestäubungsversuche über mehrere Generationen mit *Petu-
nia violacea*, *Dianthus caryophyllus* und *Mimulus luteus* führten zu
denselben Ergebnissen. »Blumenzüchter können aus den vier ausführlich beschriebenen Fällen lernen«, meinte Darwin, »daß sie das
Vermögen haben, jede flüchtige Varietät in der Färbung zu fixieren,
wenn sie die Blüten der gewünschten Art mit ihrem eigenen Pollen
ein halbes Dutzend Generationen hindurch befruchten und die Sämlinge unter den nämlichen Bedingungen ziehen.«

Für seine nächste Versuchsreihe wählte Darwin sechs Gattungen der
Familie *Scrophularia* aus: *Mimulus*, *Digitalis*, *Calceolaria*, *Linaria*,
Verbascum und *Vandelia*, eine heute nicht mehr gezüchtete Pflanze.

Die Artbezeichnung *luteus* bei *Mimulus* bedeutet zwar gelb, aber
die Pflanzen, die Darwin aus gekauften Samen zog, variierten derart
in der Farbe ihrer Blüten, daß kaum zwei Individuen völlig gleich waren. Sie zeigten alle Schattierungen von Gelb und waren getupft mit
Purpurrot, Karminrot, Orange oder Kupferbraun. Um sich zu verge-
wissern, schickte er mehrere Exemplare nach Kew, wo Joseph Hooker bestätigte, daß sie alle zu *M. luteus* gehörten.

Die Blüten waren offensichtlich gut für die Bestäubung durch Insekten angepaßt, genau wie die einer engverwandten Art, *Mimulus
rosea*, die Darwin ebenfalls zog. Er beobachtete, wie die Bienen in die
Blüten eindrangen und Massen von Pollen auf ihrem Pelz mitnah-
men. Wenn sie dann eine andere Blüte anflogen, schloß sich die zwei-
lippige Narbe wie eine Zange um die Pollenkörner und streifte sie
vom Rücken der Bienen ab. Wenn sich dagegen zwischen den Lippen

kein Pollen befand, öffneten sie sich schnell wieder. Es handelte sich um einen genialen Mechanismus! Denn wenn eine Biene ohne Pollen auf dem Rücken in eine Blüte eindrang, berührte sie die Narbe, die sich sofort schloß und damit die Selbstbestäubung verhinderte. Kam sie mit Pollen von den Staubblättern übersät heraus und drang sie in die nächste Blüte ein, so ließ sie genügend Pollen auf dieser Narbe zurück, daß die Blüte fremdbestäubt wurde. Doch Darwin stellte fest, daß sich die Blüten trotz dieser Einrichtung selbst bestäubten und große Mengen Samen hervorbrachten, wenn er sie mit Netzen abdeckte!

Er zog drei Generationen von *Mimulus rosea* mit dem Ergebnis, daß wie zuvor die fremdbestäubten Sämlinge in jeder Hinsicht überlegen waren. Dann tauchte in der vierten selbstbestäubten Generation eine Varietät mit großen, eigenartig gefärbten Blüten auf. Sie wuchs wesentlich höher als die anderen und erwies sich nach Selbstbefruchtung als hochgradig fruchtbar. Es handelte sich tatsächlich um einen weiteren Heros. Darwin nannte ihn die Weiße Varietät wegen der großen weißen Blüten mit karminroten Tupfen.

Diese vierte Generation bescherte ihm eine Reihe von Überraschungen, denn bei den Pflanzen ergab sich eine vollständige Umkehrung der Verhältnisse. Die fremdbestäubten Pflanzen blühten zwar immer noch früher, aber sie erreichten nicht die Höhe der anderen. Viele der selbstbestäubten Pflanzen gehörten zu der hohen Weißen Varietät. In der fünften Generation trat eine weitere Änderung auf, als sich die selbstbestäubten Pflanzen nunmehr auch fruchtbarer zeigten als die fremdbestäubten. Wieder stellten die selbstbestäubten eindeutig die größten und besten Pflanzen, und die meisten gehörten zu der Weißen Varietät. Die sechste Generation folgte demselben Muster, wobei nun jede einzelne der selbstbestäubten Pflanzen weiße Blüten hervorbrachte. In der siebten, achten und neunten Generation wurde dies zur Regel, während die Blüten der fremdbefruchteten Pflanzen farblich enorm variierten.

Nachdem er in der siebten Generation bewiesen hatte, daß die hohe Weiße Varietät ihre Merkmale unverändert weitergab, begann Darwin mit einer neuen Versuchsreihe, die die Angelegenheit von einer anderen Seite her beleuchten sollte – er wollte sehen, ob Kreuzung von zwei selbstbestäubten Pflanzen der sechsten Generation ihren Nachkommen irgendeinen Vorteil gegenüber den Nachkommen von Blüten von einer derselben Pflanzen verschaffte, die mit ihrem eigenen Pollen bestäubt wurden. Die Ergebnisse zeigten keine Umkehr, die durchschnittliche Höhe der untereinander gekreuzten Pflanzen betrug 25,80 Zentimeter, die der selbstbestäubten 28,39 Zentimeter.

Er fragte sich, welches Ergebnis er wohl durch Kreuzung mit einer Pflanze aus einem anderen Bestand erzielen würde. Er ließ sich Samen aus einem Garten in Chelsea kommen und zog daraus Pflanzen. Mit ihrem Pollen bestäubte er Pflanzen aus der achten selbstbestäubten Generation und verglich ihre Sämlinge mit Sämlingen einer Kreuzung zwischen selbstbestäubten Pflanzen derselben Generation (der achten) und mit Sämlingen von selbstbestäubten Pflanzen der neunten Generation. Die Ergebnisse waren erstaunlich. Die Chelsea-Kreuzungen zeigten sich den anderen weit überlegen, und zwar mit einem Verhältnis von 100 zu 56 gegenüber den untereinander gekreuzten Pflanzen und von 100 zu 52 gegenüber den selbstbestäubten Pflanzen.

Die Chelsea-Kreuzungen ließen bereits Anzeichen ihrer Überlegenheit erkennen, als sie erst zweieinhalb Zentimeter hoch waren. Als voll ausgewachsene Pflanzen waren sie wesentlich verzweigter, hatten größere Blätter und größere Blüten. Mit 272 Samenkapseln gegenüber 24 bei den untereinander gekreuzten und 17 bei den selbstbestäubten Pflanzen waren sie zudem außerordentlich fruchtbar. Die Samen unterschieden sich in fast unglaublicher Weise im Gewicht: Das der Samen aus den Chelsea-Kreuzungen verhielt sich zu dem der untereinander gekreuzten wie 100 zu 4; das der Chelsea-Kreuzungen zu dem der selbstbestäubten wie 100 zu 3; und das der untereinander gekreuzten zu dem der selbstbestäubten dagegen wie 100 zu 73.

Darwin unterwarf seine Pflanzen den härtesten Tests. In den ersten Tagen des Herbstes verpflanzte er die drei Bestände ins Freie, ein Verfahren, das das Leben einer jeden Pflanze bedroht, die im Gewächshaus gehalten wurde. Alle drei Bestände erlitten schwere Verluste, die Chelsea-Kreuzungen jedoch vergleichsweise wenig. Am 3. Oktober begannen sie erneut zu blühen, und die Blüten hielten sich eine ganze Zeit lang. Die beiden anderen Bestände brachten keine einzige Blüte hervor. Ihre Stengel welkten fast bis zum Ansatz, und die Pflanzen schienen mehr oder weniger abgestorben. Anfang Dezember kam strenger Frost, der die Stengel der Chelsea-Kreuzungen nun ebenfalls zum Erlahmen brachte. Aber am 23. Dezember sprossen neue Schößlinge aus den Wurzeln hervor, während die beiden anderen Bestände abgestorben waren. Das Experiment mit den Chelsea-Pflanzen bewies, daß der ursprüngliche Bestand von der Zufuhr »frischen Blutes« von anderen Pflanzen profitiert hatte, die unter andersartigen Bedingungen aufgewachsen waren – mit anderen Worten, von neuer genetischer Variabilität, wie wir heute wissen.

Niemand, der eine Biene in die Blüte von Fingerhut kriechen sieht, macht sich eine Vorstellung von dem komplizierten Mechanismus, der sie im Innern erwartet. Beim Fingerhut ist es wichtig, daß Selbstbestäubung verhindert wird, und das geschieht auf folgende Weise: Die zwei oberen und längeren Staubblätter (die dicht an der Narbe stehen und daher am ehesten zur Selbstbestäubung führen könnten) verteilen ihren Pollen auf den Pelz der Biene, bevor die zwei unteren und kürzeren Staubblätter reif sind. Doch das ist nicht die einzige Sicherheitsmaßnahme; der Pollen der Fingerhutblüte ist reif und zum größten Teil abgefallen, bevor die Narbe derselben Blüte für die Befruchtung bereit ist. Die großen pollenproduzierenden Staubbeutel stehen zunächst quer, und wenn es jetzt zur Dehiszenz (d. h. zur Kapselöffnung und Verstreuung des Pollens) käme, würde sich ihr Inhalt nutzlos auf dem Rücken und den Seiten der Biene verteilen. Aber die Staubbeutel drehen sich um und stellen sich der Länge nach in die Blüte, bevor sie aufplatzen.

Zu alledem verfügt der Fingerhut über eine weitere Vorrichtung. Die Unter- und die Innenseite des Eingangs zu der hängenden Blüte sind dicht mit Haaren besetzt, und an diesen sammelt sich soviel Pollen an, daß die Bienen, die Darwin beobachtete, reichlich davon mitnehmen. Aber dieser Pollen kann nicht auf die Narbe derselben Blüte gelangen, weil die Insekten beim Rückzug ihre Unterseite nicht nach oben drehen. Darwin konnte zunächst nicht verstehen, welchen Sinn diese Haare haben sollten. Die Erklärung lag darin, daß kleinere Bienenarten nicht geeignet sind, den Fingerhut zu bestäuben, und wenn es ihnen leicht gemacht würde, in die Blüten einzudringen, würden sie sich an dem Nektar gütlich tun und infolgedessen weniger Hummeln zu den Blüten kommen. Die große Hummel hat keinerlei Schwierigkeit, in die Blüte zu kriechen, und hält sich an den Haaren fest, während sie Nektar aufnimmt. Für kleinere Bienen stellen die Haare dagegen ein Hindernis dar; und selbst wenn es ihnen gelingt, sie zu überwinden, stehen sie hilflos an der glatten Schräge vor dem Nektarium.

Darwin nahm sich vor, den Plan des Fingerhuts zu vereiteln. Im Juni 1869 war er mit seiner Familie nach Barmouth gefahren, um Ferien zu machen und sich von einem schweren Sturz von seinem normalerweise ruhigen Pferd Tommy zu erholen. Sie wohnten im Haus Caerdeon an der Nordseite der herrlichen Barmouth-Mündung und nicht weit von dem dahinterliegenden wilden Hügelland und den pittoresken bewaldeten Hügeln zwischen den steileren Bergen und dem Fluß. Es war ein idealer Lebensraum für den Fingerhut. Darwin entdeckte ausgedehnte Bestände. Er bedeckte eine Pflanze mit einem Netz, nachdem er die Narben von sechs Blüten mit ihrem eigenen Pollen und von sechs anderen mit dem Pollen einer anderen, wenige Meter entfernt wachsenden Pflanze bestäubt hatte. Von Zeit zu Zeit schüttelte er die bedeckte Pflanze kräftig, um einen Windstoß vorzutäuschen und die Selbstbestäubung zu fördern. Abgesehen von den 12 von ihm bestäubten Blüten hatte die Pflanze noch 92 Blüten, und von diesen brachten nur 24 Samenkapseln hervor, während aus fast allen Blüten der nicht abgedeckten Pflanzen in der Umgebung Früchte hervorgingen. Von den 24 durch Selbstbestäubung entstandenen Kapseln waren nur zwei mit Samen gefüllt, sechs enthielten eine mäßige Zahl von Samenkörnern und die übrigen 16 nur sehr wenige. Darwin vertrat die Ansicht, daß eine kleine Zahl von Pollenkörnern, die nach Eintritt der Dehiszenz an den Staubbeuteln hängengeblieben und zufällig auf die inzwischen gereifte Narbe gefallen waren, die Selbstbestäubung zum Teil bewirkt haben mußten. Er hatte gute Gründe für diese Annahme, denn wenn Fingerhutblüten verwelken, rollen sich weder die Ränder nach innen, noch drehen sich die Blüten, wenn sie abfallen, um die eigene Achse – beides würde die pollenbedeckten Haare mit der Narbe in Berührung bringen und so die Selbstbestäubung unvermeidlich machen.

Als er Ende Juli nach Down House zurückkehrte, nahm er einige reife Kapseln von den gekreuzten und abgedeckten Pflanzen mit, legte die Samen zum Keimen auf Sand und pflanzte die Sämlinge wie üblich paarweise auf den gegenüberliegenden Seiten von fünf Töpfen an, die er ins Gewächshaus stellte. Nach einiger Zeit wirkten die Pflänzchen verhungert, so daß Darwin sie vorsichtig herausnahm und sie, ohne sie zu stören, in zwei parallelen Reihen im Freien anpflanzte. Ihre Blätter waren zu der Zeit zwischen 12 und 20 Zentimeter lang. Ein Vergleich der jeweils längsten Blätter auf jeder Seite eines jeden Topfes zeigte, daß die der gekreuzten Pflanzen im Durchschnitt

Die Yucca-Pflanze, deren phantastische Partnerschaft mit der Yucca-Motte Darwin in seinem Buch über die *Kreuz- und Selbst-Befruchtung* beschrieb.
(Photo: Grace Woodbridge)

um einen Zentimeter länger waren als die der selbstbestäubten Pflanzen. Im folgenden Sommer wurde an jeder vollständig ausgewachsenen Pflanze der höchste Blütenstengel ausgemessen. Darwin hatte 17 gekreuzte Pflanzen, von denen eine jedoch keine Blütenstengel hervorgebracht hatte. Neun der ursprünglich vorhandenen selbstbestäubten Pflanzen waren im Winter beziehungsweise Frühling abgestorben, so daß nur noch acht ausgemessen werden konnten. Die mittlere Höhe der Blütenstengel betrug bei den gekreuzten Pflanzen 132,94 Zentimeter, bei den acht selbstbestäubten Pflanzen nur 92,90 Zentimeter.

»Dieser Unterschied in der Höhe gibt aber durchaus kein richtiges Bild von der ungeheuren Überlegenheit der gekreuzten Pflanzen«, schrieb Darwin. Sie hatten 64 Blütenstengel hervorgebracht, im Durchschnitt vier an jeder Pflanze, während die selbstbestäubten Pflanzen nur 15 Blütenstengel produzierten, im Durchschnitt also 1,87 an jeder Pflanze, und, wie gewöhnlich, auch weniger üppig gediehen.

Nachdem er in weiteren Versuchen mit dem Fingerhut festgestellt hatte, daß sogar durch Kreuzung von Blüten derselben Pflanze bessere Ergebnisse erzielt werden konnten als durch Selbstbefruchtung, wandte sich Darwin anderen Pflanzen zu. Immer und immer wieder bestätigte sich das allgemeine Gesetz der Kreuzung.

Die Kreuzbestäubung hing natürlich von der Mitarbeit der Insekten ab und wurde oft nur durch eine bestimmte Gruppe, manchmal auch Art von Insekten möglich gemacht. Er wies auf die bekannte wunderbare Partnerschaft zwischen der Yucca-Pflanze und der winzigen Yucca-Motte hin, *Tegiticula yuccasella*. Kein anderes Insekt, nicht einmal eine andere Mottenart, ist in der Lage, die Bestäubung der Yucca zu vollziehen.

In der Geschichte der beiden dokumentiert sich die faszinierende, auf die Sekunde genaue Zeiteinteilung der Natur. »Ein äußerst merkwürdiger Instinkt«, so meinte Darwin, »leitet diese Motte dazu an, Pollen auf die Narbe zu bringen, so daß die Eichen sich entwickeln können, von denen sich die Larven ernähren.«

Genau in dem Moment, in dem sich die Motte aus ihrer Verpuppung im Erdboden befreit, beginnen sich die cremeweißen Blüten der Yucca zu öffnen. Die kleine Yucca-Motte breitet ihre glänzend weißen Flügel aus und fliegt umher, bis sie einen männlichen Partner findet. Die Begattung ist grausam, und kurze Zeit später stirbt das

Männchen. Das Weibchen folgt dem schweren Duft einer nun offenen Blüte und sammelt Pollen von den Staubbeuteln. Damit fliegt es
zu einer anderen Blüte, kriecht hinein, legt seine Eier in die Samenanlage, eilt an der Narbe hinauf und legt den Pollen, den es durch
Kaubewegungen zu einer Kugel geformt hat, in die Narbenöffnung.
Auf diese Weise ist die Kreuzbestäubung gesichert. Im Innern der
Samenanlage ernähren sich die ausgeschlüpften Larven von den an-
schwellenden Samen, vernichten dabei aber nicht mehr als 20 von
durchschnittlich 200, die sich in einer Samenkapsel befinden, ein
kleines Entgelt für den Dienst, den die Motte ihrem Partner erwiesen
hat. Denn außer einer Pflegestatt für ihre Eier und Raupen sowie einen Teil der Nahrung, die sie benötigen, verlangt die Yucca-Motte
keine Belohnung. Sie sucht nicht nach Honig: Ihr Mundwerkzeug ist
nicht für die Aufnahme von Flüssigkeiten geeignet, sondern lediglich
für das Formen der Pollenkugel. In England, wo weder Yucca-Mot-
ten existieren noch ein anderes Insekt dieses komplizierte Ritual er-
lernt hat, müssen wir – wenn wir Jahr für Jahr Blüten an unseren
Pflanzen hätten – das Vorgehen der kleinen Motte nachahmen und
den Pollen von einer Blüte auf die andere übertragen. Im übrigen
dürfen wir durchaus an die Legende glauben, derzufolge die Yucca
nur einmal in einer Reihe von Jahren blüht.

Bei ihren Flügen suchen die meisten Insekten in der Regel ausschließlich Pflanzen von ein und derselben Art auf, wie Darwin feststellte.

»Hummeln und Bienen sind gute Botaniker«, schrieb er, »denn sie
wissen, daß Varietäten in der Färbung ihrer Blüten voneinander abweichen können und doch zu einer und derselben Spezies gehören.
Ich habe wiederholt Hummeln geraden Weges von einer Pflanze des
gewöhnlichen roten *Dictamnus fraxinella* (Diptam) zu einer weißen
Varietät hinfliegen sehen, von einer Varietät von *Delphinium conso-
lida* und *Primula veris* zu einer anderen, sehr verschieden gefärbten
Varietät, von einer dunkelpurpurnen Varietät von *Viola tricolor* zu
einer hellgelben Varietät und bei zwei Spezies von einer Varietät zu
einer anderen, welche bedeutend in der Farbe verschieden war. Aber
in diesem letzteren Falle flogen einige von den Bienen ohne Unterschied zu anderen Spezies, obschon sie bei anderen Gattungen vor-
beigingen, und handelten in dieser Weise so, als wenn die zwei Spezies bloße Varietäten wären.«

Er hatte aufgezeigt, daß Kreuzbefruchtung zwischen Pflanzen derselben Art die Regel und Kreuzungen zwischen Pflanzen von zwei
verschiedenen Arten die seltene Ausnahme ist. Auf diese Weise haben sich Arten konstant erhalten.

Wenn man einen Aronstab genau betrachtet, sieht man im Innern
der kapuzenförmigen Spatha einen Kreis von Borsten, die den speer-
artigen Kolben umgeben. Botaniker hatten angenommen, daß Fliegen, die in die Spatha vordrangen, von diesen Borsten gefangen und
niemals wieder freigegeben wurden. Aber da es sich nicht um eine
von Bienen besuchte Pflanze handelte, sondern nur winzige Dipteren
sie aufzusuchen schienen, ergab sich die Frage, wie der Pollen von einem Aronstab zum anderen befördert werden konnte, wenn die Insekten bei ihrem ersten Besuch zu lebenslänglicher Gefangenschaft
verdammt waren.

Im Frühling des Jahres 1842 hatte Darwin mehrere Spathen untersucht und in einigen von ihnen zwischen 30 und 60 Dipteren von drei
verschiedenen Arten gefunden (und viele Fliegen, die tot am Boden
lagen und die Annahme der Botaniker zu bestätigen schienen). Darwin band daraufhin einen feinen Musselinsack fest um eine der Spathen. Als er eine Stunde später zurückkehrte, fand er mehrere kleine
Fliegen, die im Innern des Sackes herumkrochen.

»Ich pflückte dann eine Blüte und hauchte stark hinein«, schrieb
er. »Bald krochen mehrere Fliegen heraus, und alle ohne Ausnahme
mit Arumpollen bedeckt. Diese Fliegen flogen schnell davon, und ich
sah deutlich drei von ihnen zu einer anderen ungefähr einen Yard
(0,91 Meter) entfernten Pflanze fliegen; sie ließen sich auf die innere
oder konkave Oberfläche der Spathe nieder und flogen plötzlich in
die Blüte hinab. Ich öffnete dann diese Blüte, und obgleich nicht eine
einzige Anthere geborsten war, lagen doch mehrere Pollenkörner auf
dem Boden, welche von einer anderen Pflanze durch eine dieser Fliegen oder durch irgendein anderes Insekt dahin gebracht worden sein
müssen. In einer anderen Blüte krochen kleine Fliegen umher, und
ich sah, wie sie Pollen auf der Narbe ließen.«

Doch bevor die Fliegen die Blüte wieder verließen, war im Innern
einiges geschehen. Die meisten Blüten verbreiten einen Duft, mit
dem sie eine ganz bestimmte Art von Insekten anlocken. Der Aronstab übt eine besondere Anziehungskraft auf aasfressende Fliegen
wie die Dipteren aus, indem er einen verwesendem Fleisch ähnlichen
Geruch ausströmt. Wenn die Blüte zur Bestäubung bereit ist, hat der

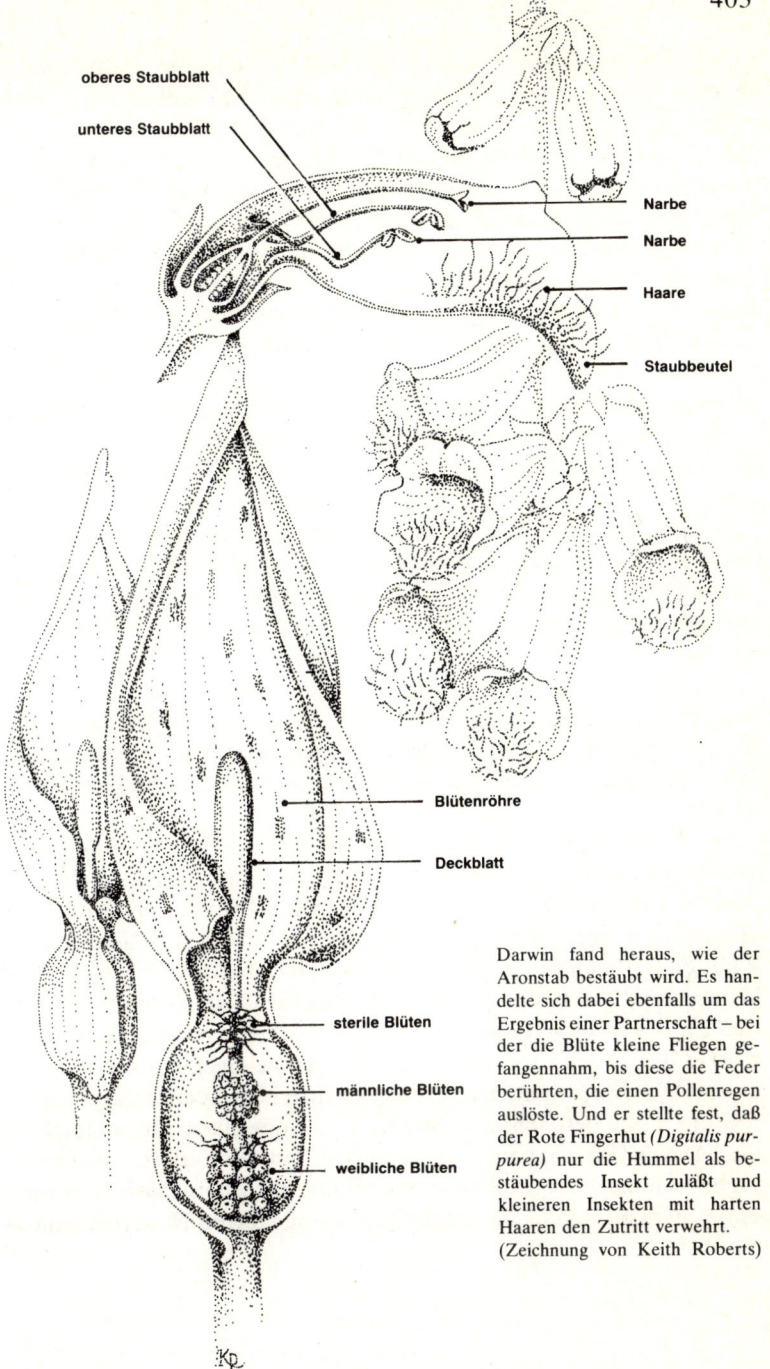

oberes Staubblatt

unteres Staubblatt

Narbe

Narbe

Haare

Staubbeutel

Blütenröhre

Deckblatt

sterile Blüten

männliche Blüten

weibliche Blüten

Darwin fand heraus, wie der Aronstab bestäubt wird. Es handelte sich dabei ebenfalls um das Ergebnis einer Partnerschaft – bei der die Blüte kleine Fliegen gefangennahm, bis diese die Feder berührten, die einen Pollenregen auslöste. Und er stellte fest, daß der Rote Fingerhut *(Digitalis purpurea)* nur die Hummel als bestäubendes Insekt zuläßt und kleineren Insekten mit harten Haaren den Zutritt verwehrt.
(Zeichnung von Keith Roberts)

fleischige Kolben die Aufgabe, sich wie ein elektrisches Instrument aufzuheizen und diesen Geruch abzugeben. In Reaktion auf diese scheinbar eine sättigende Mahlzeit verheißende Einladung läßt sich eine Fliege nieder und purzelt in dem Moment, in dem sie die Innenseite des tiefen Kelchs berührt, auf den Boden, und zwar auf einer Schräge, die auf Grund von winzigen Öltröpfchen so glatt wie eine Rutschbahn ist. Auf halbem Wege nach unten trifft sie auf den Kreis aus harten Borsten, der größere Insekten daran hindert, den Kolben hinunterzukrabbeln. Wenn die kleinen Dipteren nun versuchen würden, über diese Treppe zu entkommen, müßten sie an dieser unüberwindlichen Grenze scheitern. Das Insekt schießt statt dessen zwischen den Borsten hindurch und findet am Boden des Kelchs einen Kreis weiblicher Blüten, die Nektartropfen absondern. Darüber steht ein Kreis männlicher Blüten, und während die Dipteren sich laben, öffnen sich die Staubblätter dieser Blüten und der Pollen regnet herab. Kurze Zeit später beginnen die Borsten, die dem Insekt den Weg in die Freiheit versperren, weich zu werden und machen es ihm nunmehr leicht, am Mittelteil der Blüte emporzukriechen und davonzufliegen. Es begibt sich sofort zu einer anderen Aronblüte, denn es kann dem faulen Geruch nicht widerstehen – und findet sich im nächsten Gefängnis wieder. Aber dieses Mal hinterläßt es den Pollen, mit dem es in der ersten Blüte übersät wurde, auf der Narbe. Die toten Fliegen, die Darwin entdeckt hatte, hatten sich vermutlich so vollgefressen, daß sie zu erschöpft waren, die Treppe in die Freiheit zu ersteigen.

Eine der Lieblingsblumen Darwins war die kleine blaue Lobelie, die zu seiner Zeit häufig in Rabatten angepflanzt wurde, und er dachte viel über die Frage nach, woran Bienen die Blüten derselben Art erkannten. Er glaubte, daß sie sich vor allem an der farbigen Blütenkrone orientierten, und beschloß, ihnen einen Streich zu spielen. Eines schönen Tages, als ununterbrochen Honigbienen zu den kleinen blauen Blüten schwärmten, entfernte er von einigen Pflanzen sämtliche, von anderen nur die unteren gestreiften Kronblätter. Dann wartete er ab, was geschehen würde. Keine einzige Biene saugte bei ihrer Suche nach Nahrung mehr an einer beschnittenen Blüte, obwohl einige von ihnen buchstäblich über sie hinwegkrochen. Die Entfernung der zwei oberen kleinen Kronblätter allein wirkte sich dagegen nicht aus.

Genau das Gegenteil war bei einigen hochgewachsenen Individuen des Braunen Storchschnabels der Fall: Blüten, die ihre Blätter bereits abgeworfen hatten, gaben noch immer reichlich Nektar ab und wurden von Hummeln aufgesucht. Wenn Bienen von diesen Blüten angezogen wurden, könnten sie auch gelernt haben, daß blütenblattlose Lobelien ebenfalls eines Besuchs würdig waren, meinte Darwin.

Manche Insekten, die Darwins Küchengarten aufsuchten, waren schlauer. Im Sommer 1857, als er sich mit der Art und Weise der Befruchtung der Feuerbohne befaßte, sah er, wie Bienen eifrig an der Öffnung der Blüten saugten. »Aber eines Tages«, berichtet er, »fand ich mehrere Hummeln damit beschäftigt, Löcher in eine Blüte nach der anderen einzuschneiden; und am nächsten Tag flog jede einzelne Biene ohne Ausnahme, anstatt sich auf dem linken Flügelkronenblatt niederzulassen und die Blüte in der gehörigen Art und Weise zu saugen, direkt ohne das mindeste Zögern zu dem Kelch und sog durch die Löcher, welche nur einen Tag früher von Hummeln gemacht worden waren; sie setzten diesen Gebrauch für viele folgende Tage fort.« Bis die Nektarien leer waren. Bei ihrem täglichen Rundflug stieß eine Biene häufig auf bereits ausgesaugte Nektarien. Darwin stellte durch Zeitmessungen fest, daß sie auf Grund dieses Abkürzungsverfahrens doppelt so viele Blüten aufsuchen konnten.

Hummeln durchbohrten auch andere Blüten, wie zum Beispiel die von *Stachys coccinea, Penstemon argutus* und *Salvia grahamii,* wie er in den Jahren 1841 und 1842 bei Besuchen in Maer beobachtete, aber nur, wenn sie in großen Beständen wuchsen. Das reichhaltige Angebot zog viele Bienen an, und der Wettbewerb war hart. Zwei einzeln stehende *Stachys*-Pflanzen wiesen dagegen keine Perforationen ihrer Blütenköpfe auf.

Der außerordentliche Fleiß der Bienen und die Zahl der Blüten, die sie innerhalb kurzer Zeit aufsuchten, bewirkte, daß jede Blüte mehrmals nacheinander Besuch bekam, und das mußte, wie Darwin erkannte, die Wahrscheinlichkeit erhöhen, daß jede Pflanze Pollen von einer anderen erhielt. Wenn der Nektar versteckt lag, konnten die Insekten nur nach Einführung ihres langen Rüssels erkennen, ob Vorgänger bereits den ganzen Vorrat mitgenommen hatten. Dies zwang sie, wesentlich mehr Blüten aufzusuchen, als sie normalerweise getan hätten. Aber sie waren bemüht, möglichst wenig Zeit zu verlieren. Wenn sie bei Blüten mit mehreren Nektarien eins leer fanden, versuchten sie es gar nicht erst an den anderen, sondern flogen zu der nächsten Pflanze, wie er häufig beobachtete. Selbst wo Hunderttausende von Blüten nebeneinanderstanden – beispielsweise in Heidegebieten –, erhielt jede einzelne Besuch. Die Insekten bewegten sich so schnell, daß Darwin beschloß, die Zeit zu messen. Er ermittelte, daß Hummeln mit einer Geschwindigkeit von 16 Kilometern in der Stunde fliegen.

Bei der Saatwicke *(Vicia sativa)* konzentrierte er sich auf die Untersuchung der Drüsen an den Stipeln (den Auswüchsen des Blattgrundes). Diese Drüsen sonderten winzige Nektartröpfchen ab, die von zuckerliebenden Ameisen, Honigbienen und Wespen bevorzugt wurden, und Darwin beobachtete wiederholt, daß die Absonderung aufhörte und die Bienen davonflogen, sowie die Sonne hinter Wolken verschwand. Kaum kam die Sonne wieder hervor, da kehrten auch die Bienen zu ihrer Mahlzeit zurück. Auf diese Beobachtung stützte er seine Theorie, daß der Zucker im Nektar ursprünglich als Abfallprodukt chemischer Veränderungen im Saft ausgeschieden wurde, die ihrerseits von der Intensität des Sonnenscheins abhängig waren. Diese Theorie wurde angefochten, doch als Dr. Maxwell Tylden Masters, ein hervorragender Botaniker und Herausgeber des *Gardeners' Chronicle,* bei einer Versammlung der Royal Horticultural Society eine Diskussion über dieses Thema hörte, ließ er Darwin wissen, daß er keinerlei Zweifel hinsichtlich dieses Zusammenhanges hegte.

Darwin verdankte seine Schlußfolgerungen und Beweise allein dieser Arbeitsweise, mit der er die nötige Fülle von Fakten sammelte und kein einziges Detail seiner Aufmerksamkeit entgehen ließ, und zwar selbst in Bereichen, die andere für nebensächlich halten würden. Wahrheit war für ihn das Ganze, die Klärung aller Fragen nach dem Warum und Wozu. Sein Interesse für die Absonderung von Nektar lag in der Tatsache begründet, daß sie der wichtigen Aufgabe der Kreuzbestäubung diente, wenn sie im Innern einer Blüte stattfand.

Es gab natürlich Ausnahmen; die Zwitter, die über männliche und weibliche Organe in derselben Blüte verfügten, konnten sich auf Grund dieses Umstandes ohne Hilfe der Insekten selbst bestäuben. Doch selbst bei ihnen gab es Anzeichen dafür, daß sie einst für Fremdbestäubung angepaßt waren. Schon bevor geflügelte Insekten auftauchten, hatten in Urzeiten Blumen geblüht, bereit, bei Wind massenweise Pollen abzugeben, von dem einige Körner auf den Narben anderer Pflanzen derselben Art landen mußten. Koniferen und Zykadeen gehörten zu den ersten Pflanzen, so erinnerte Darwin, und

oben links: Limnanthes douglasii, eine Sumpfblume, die zwar Bienen anlockte, aber dennoch selbstbestäubend war, wie Darwin herausfand. Nach Kreuzbestäubung durch Bienen blüht sie jedoch früher.

oben rechts: Ähnlich verhielt es sich mit Boretsch. Darwin zählte die Bienen, die *Borago officinalis* aufsuchten, und stellte fest, daß mehr kamen als zu fast jeder anderen Pflanze, die er beobachtet hatte. Doch der Boretsch hatte die Möglichkeit der Selbstbestäubung, falls die Bienen ausblieben, produzierte dann allerdings nur ein Viertel der üblichen Samenmenge.

(Photos: Grace Woodbridge)

sie hatten diese Gewohnheit beibehalten, während der Gemeine Rhabarber sich in einem Zwischenstadium befindet; winzige Dipteren besuchen seine Blüten und ziehen pollenbedeckt von dannen, doch geben die Blüten gleichzeitig, wenn man sie leicht schüttelt, große Pollenwolken ab.

Darwin verlor den Evolutionsprozeß keinen Moment lang aus den Augen. Für ihn stellte er den Schlüssel zu der grundlegenden Pflanzenstruktur dar, und einem allgemeinen Naturgesetz zufolge waren Blüten so gestaltet, daß sie durch Pollen von einer anderen Pflanze befruchtet werden konnten. Er schrieb: »Diese Ausnahmen dürfen uns an der Wahrheit der obigen Regel nicht zweifeln lassen, ebensowenig wie die Existenz einiger weniger Pflanzen, welche Blüten hervorbringen und doch niemals Samen ansetzen, uns daran zweifeln läßt, daß die Blüten zum Hervorbringen von Samen und zur Fortpflanzung der Spezies veranlagt sind.«

In der Einleitung zu seinem Buch *Die Wirkungen der Kreuz- und Selbst-Befruchtung* faßte Darwin zusammen, was er zu beweisen hoffte, und schrieb: »Der bedeutungsvollste Schluß, zu dem ich gelangt bin, ist der, daß der bloße Akt der Kreuzung an und für sich nicht gut tut. Das Gute hängt davon ab, daß die Individuen, welche gekreuzt werden, in ihrer Konstitution geringfügig voneinander abweichen, und zwar als Folge davon, daß ihre Vorfahren mehrere Generationen hindurch geringfügig unterschiedlichen Bedingungen ausgesetzt gewesen sind.«

Der Vorteil, den geringfügige Abweichungen in den Lebensbedingungen mit sich bringen, liegt, wie er ausführte, in der überaus engen Beziehung zum Leben selbst. »Es wirft dies auch Licht auf den Ursprung der beiden Geschlechter und auf ihre Trennung oder Vereinigung in einem einzigen Individuum, und endlich auf den ganzen Gegenstand des Hybridismus, welcher eins der größten Hindernisse für die allgemeine Durchsetzung und Ausbreitung des Evolutionsprinzips darstellt.«

Am Ende seines Buches war es ihm gelungen, alle Zweifel auszuräumen.

16. Legitime und illegitime Verbindungen

Alchimisten des Mittelalters verwendeten die zur Bezeichnung von Planeten benutzten Symbole als eine Art Kurzschrift für bestimmte Metalle: ♂ für Mars und Eisen; ♀ für Venus und Kupfer; und ☿ für Merkur und Quecksilber.

Linné führte diese Symbole in die Biologie ein, als er 1751 in einer Abhandlung über Pflanzenhybriden für die vermutete männliche Elternart das Zeichen von Mars einsetzte, für die weibliche das von Venus und für die hermaphroditische das von Merkur.

Erst Darwin entdeckte, daß einige Pflanzen derselben Art, die in zwei oder sogar drei Formen auftraten – langgriffelige, kurzgriffelige und mittelgriffelige –, reziprok mit Pflanzen gekreuzt werden müssen, deren Staubblätter in derselben Höhe stehen, um vollkommen fruchtbar zu sein.

Sein Buch über dieses Thema hatte eine besondere Bedeutung für die Entstehung der Arten und stellte die Hybridenzüchtung in neuem Lichte dar.

»Keine meiner kleinen Entdeckungen«, schrieb Darwin in seiner *Autobiographie*, »hat mir soviel Freude gemacht wie die Erforschung der Bedeutung von heterostylen Blüten.«

Er bezog sich auf sein Buch *The Different Forms of Flowers on Plants of the Same Species* (deutscher Titel: Die verschiedenen Blüthenformen an Pflanzen der nämlichen Art), das 1877 erschien. Wie immer handelte es sich um das Ergebnis von jahrelangen Beobachtungen und einer fast weltweiten Korrespondenz, mit der er sich Aufschluß über Tatsachen verschaffte, die er in England nicht überprüfen konnte. So schrieb er während der Vorbereitung auf dieses Werk Briefe an den Entomologen und Botaniker Roland Trimen in Kapstadt; den Direktor des Botanischen Gartens Peradeniya auf Ceylon, George Henry Kendrick Thwaites, an John Traherne Moggridge in Menton, William H. Leggett in New York, seine alten Freunde Asa Gray, Fritz Müller in Brasilien und dessen Bruder Hermann in Lippstadt sowie natürlich Joseph Hooker.

In Hookers Leben hatte sich inzwischen vieles verändert. Als sein Vater 1865 starb, übernahm er die Leitung von Kew Gardens und machte sich sofort an die Realisierung der Idee, die Anlage auf dasselbe Niveau wie die moderneren botanischen Einrichtungen in Europa zu bringen. Sein Freund Thomas Jodrell Phillips Jodrell stiftete einen Betrag, der ausreichte, um ein gut ausgerüstetes Versuchslabor zu bauen. Es wurde 1876 eröffnet und unter die Leitung von William Thiselton Dyer gestellt. Im gleichen Jahr heiratete Hooker zum zweitenmal: Frances war auf tragische Weise zwei Jahre zuvor gestorben und hatte sechs mutterlose Kinder zurückgelassen, die unter der Obhut der 22 Jahre alten Harriet aufwuchsen. Darwin hatte sofort angeboten, die ganze Familie in seinem Haus aufzunehmen. Drei Jahre später heirateten Harriet und Thiselton Dyer. Die beiden vertraten den gerade in den Adelsstand erhobenen Sir Joseph, der nach Amerika fuhr, um Asa Gray auf einer botanischen Expedition in die Rocky Mountains zu begleiten.

Im Jahre 1875 war Sir Charles Lyell gestorben. Der Verlust ihres hervorragenden alten Freundes traf Darwin und Hooker gleich schwer. In ihren Briefen finden sich Überlegungen darüber, wie ihm ein passendes Andenken zuteil werden könnte. »Wenn ich daran denke«, schrieb Darwin, »in welcher Weise Lyell die Geologie revolutioniert und zum Fortschritt in so vielen anderen Zweigen der Wissenschaft beigetragen hat, so wünschte ich, daß etwas zu seinen Ehren getan werden könnte.« Lyell wurde in der Westminster Abbey beigesetzt.

Auch in Darwins eigenem Haus hatte sich einiges verändert. Frank verlor im Herbst 1876 nach nur zwei Ehejahren seine Frau und kehrte mit seinem kleinen Sohn Bernard in sein Elternhaus zurück. Der Junge, der in das ehemalige Kinderzimmer einzog, war die ganze Wonne seiner Großmutter wie auch seines Großvaters. Dann kam das Jahr 1877. William heiratete Sara Sedgwick, eine reizende Amerikanerin. Im Februar erhielt Darwin zu seinem 68. Geburtstag aus Deutschland ein aufwendiges, in Samt und Silber gebundenes Photoalbum mit den Aufnahmen von 154 deutschen Wissenschaftlern. Aus Holland kam gleichzeitig ein Album mit den Photographien von 217 bekannten Professoren und Freunden der Wissenschaft an. Auf der prächtig gestalteten Titelseite des deutschen Albums standen die Worte: *Dem Reformator der Naturgeschichte*, Charles Darwin. Die Studenten in Edinburgh baten ihn, sich für den Posten eines Lord-Rektors an der dortigen Universität aufstellen zu lassen, was er jedoch aus Gesundheitsgründen ablehnte. Am 17. November nahm er an der Feier der Universität von Cambridge teil, bei der ihm der Ehrengrad eines LL. D. verliehen wurde. Die Auszeichnung rührte ihn sehr, und Emma, Bessy, George, Horace und Lenny wohnten der Verleihung bei. Trotz »unangenehmer Kopfschmerzen« genoß Emma die Feier sehr.» Ich fühlte mich sehr erhaben, als ich mit meinem LL. D. in seiner Seidenrobe umherging«, schrieb sie William.

Es war nur angemessen, daß »der hervorragende Meister der Naturwissenschaften« nun auch den Titel eines Legum Doctor erhielt, nachdem er so viele Gesetze aufgestellt hatte.

Die verschiedenen Blüthenformen bildete ein weiteres Werk in der Reihe von Darwins *pièces justicatives*. In der *Entstehung* hatte er sich auf eine unbefriedigend kurze Abhandlung des Themas beschränken müssen, gefolgt von fünf Vorträgen vor der Linnean Society zwischen 1861 und 1868. Er empfand das ganze Gebiet als so wichtig, daß er sein Material wesentlich erweiterte und Beobachtungen von neuen Pflanzenexperimenten anfügte, die zwei oder drei verschiedene Blütenformen aufwiesen. Das Werk hatte eine besondere Bedeutung für die Entstehung der Arten und stellte die Hybridenzüchtung in neuem Lichte dar.

Mehrere zu verschiedenen Ordnungen gehörenden Pflanzen bringen zwei Formen hervor. Ein flüchtiger Blick auf ihre Blüten zeigt keinen Unterschied, aber bei genauerer Betrachtung erkennt man, daß eine Form einen langen Griffel und kurze Staubblätter, die andere einen kurzen Griffel und lange Staubblätter hat. Die Pollenkörner bei beiden sind von unterschiedlicher Größe. Darwin nannte Arten mit zwei Blütenformen »dimorph«. Andere Arten mit drei Formen, die sich ebenfalls nach Länge der Griffel und Staubblätter sowie nach Größe und Farbe der Pollenkörner unterscheiden, nannte er »trimorph«. Da bei letzteren jede der drei Formen zwei Anordnungen von Staubblättern aufweist, gibt es insgesamt sechs Anordnungen und drei Arten von Griffeln. Das längenmäßige Verhältnis der Organe zueinander ist so abgestimmt, daß die Hälfte der Staubblätter bei je zwei der Formen in gleicher Höhe mit der Narbe der dritten Form steht.

Damit diese Pflanzen ihre volle Fruchtbarkeit erlangen, ist es notwendig, daß die Narbe der einen Form mit Pollen von Staubblättern entsprechender Höhe einer anderen Form bestäubt wird. Bei dimorphen Spezies gibt es zwei, von Darwin legitim genannte Verbindungen mit voller Fruchtbarkeit und zwei mehr oder weniger unfruchtbare, die er als illegitim bezeichnete. Bei trimorphen Spezies gibt es sechs legitime und zwölf illegitime Verbindungen.

Den Botanikern war seit langem bekannt, daß die Schlüsselblume zwei Formen aufwies, aber sie hatten den Unterschied lediglich der Variabilität zugeschrieben. Blumenzüchter, die Primeln und Aurikeln zogen, waren sich der zwei Blütenformen ebenfalls bewußt und nannten diejenigen, bei denen die kugelförmige Narbe an der Öffnung der Blütenkrone sichtbar war, »pin-eyed« (wörtlich übersetzt etwa »mit einem Auge in Form eines Stecknadelkopfs«), und die anderen, bei denen man die Staubblätter sah, »thrum-eyed« (»mit einem Auge in Form von Weberfäden«) – wohl wegen der Ähnlichkeit der Staubbeutel mit den Enden von Weberfäden. »Bauernkinder beachten diesen Unterschied«, schrieb Darwin, »da sie am besten aus den Korollen der langgriffeligen Blüten Ketten machen können, welche sie auf Fäden reihen und ineinanderstecken.« Sie fertigten diese Ketten aus Frühlings- oder Schaftlosen Schlüsselblumen an, und diese waren es auch, die Darwin als erste beschrieb. Er stellte fest, daß die beiden Formen niemals an derselben Pflanze auftraten, sondern daß jede Form sich Jahr für Jahr an derselben Pflanze zeigte.

Doch welche Bedeutung verbarg sich dahinter? Die erste Erklärung, die Darwin einfiel (und die er später wieder fallenließ), war, daß
Primula auf einen diözischen Zustand zustrebte, bei dem männliche
und weibliche Organe auf verschiedene Pflanzen verteilt sind, denn
es schien ihm, als wäre die langgriffelige Blüte mit ihrer rauheren
Narbenfläche und den kleineren Pollenkörnern ihrer Natur nach
weiblicher und als produzierte sie mehr Samen; und als wäre andererseits die kurzgriffelige Blüte mit ihren längeren Staubblättern und
größeren Pollenkörnern ihrer Natur nach männlicher. 1860 begann
er seine Versuche, indem er einige Schlüsselblumen in seinem Garten, andere auf offenem Felde und wieder andere, die in schattigen
Wäldern wuchsen, markierte, ihre Samen sammelte und wog. Entgegen seinen Erwartungen stellte sich heraus, daß die kurzgriffeligen
oder »männlichen« Pflanzen in allen Wachstumsgebieten weit mehr
Blütenköpfchen hervorbrachten und die meisten Samen produzierten. Die kurzgriffelige Form war also in jeder Beziehung fruchtbarer.
    Im folgenden Jahr führte er einen weiteren Versuch durch. Im vor-
hergehenden Herbst hatte er eine Anzahl wildwachsender Pflanzen
in ein großes Beet in seinem Garten verpflanzt. Da sie nun in gutem
Boden wuchsen und nicht in einem überschatteten Wald oder sich gegen andere Pflanzen auf offenem Feld durchsetzen mußten, überraschte es nicht, daß sie insgesamt mehr Samen hervorbrachten. Un-
geachtet dessen produzierten die kurzgriffeligen Pflanzen eine größere Zahl von Samen als die langgriffeligen. Dasselbe Ergebnis erhielt er in den folgenden zwei Jahren. Professor Daniel Oliver, der in
Kew an der Versuchsreihe teilnahm, stellte fest, daß die Samenanlagen in ungeöffneten langgriffeligen Blüten wesentlich größer waren;
daher die geringere Anzahl von Samen.
    Zur gleichen Zeit widmete sich Darwin anderen Experimenten mit
einigen ausgewählten Frühlings-Schlüsselblumen beider Formen, die
er mit einem Netz abdeckte. Künstlich bestäubte Formen produzierten sehr viele Samen. Die anderen nicht. Das gleiche Experiment mit
Polyanthus und *Primula veris* beider Formen, die er in zehn Töpfen
zog und mit Netzen abgedeckt in sein Gewächshaus stellte, erbrachte
nicht eine Samenkapsel. Damit hatte er bewiesen, daß der Besuch
von Insekten für die Bestäubung unerläßlich war.
    Bei der künstlichen Bestäubung von Frühlings-Schlüsselblumen
ging Darwin alle Möglichkeiten der legitimen und illegitimen Verbindung durch. Die legitimen Verbindungen erwiesen sich als sieg-

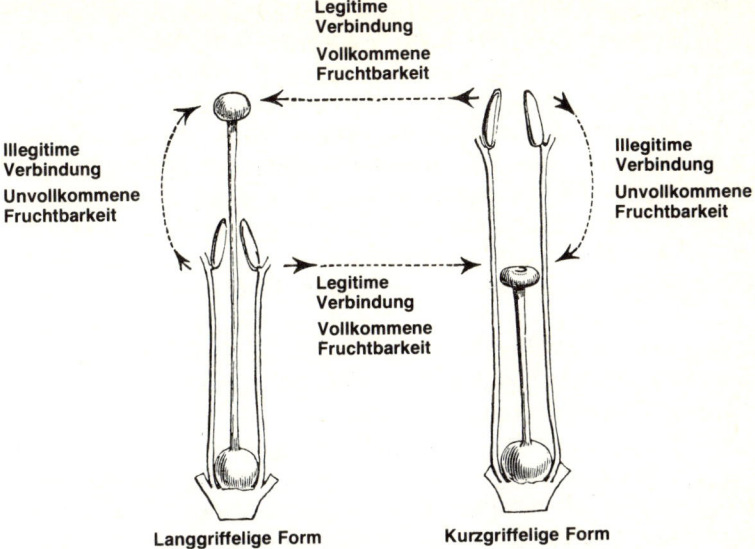

Legitime und illegitime Verbindungen der dimorphen Schlüsselblume.
(aus: *Charles Darwin, Die verschiedenen Blütenformen an Pflanzen der nämlichen Art*)

reich und ließen keinen Zweifel an ihrer Überlegenheit, »und wir haben hier einen Fall vor uns, von welchem im Pflanzenreich und in der Tat auch im Tierreich keine Parallele existiert«, schrieb er. Die Schlüsselblumen teilten sich in zwei Gruppen, die man nicht Geschlechter nennen konnte, denn beide waren hermaphroditisch. Dennoch mußte jedes Individuum aus der einen Gruppe und jedes aus der anderen wechselseitig bestäubt werden, um volle Fruchtbarkeit zu erlangen. Wie bei den Säugetieren zwei Geschlechter existierten, so gab es hier zwittrige Pflanzen, die sich wie männliche und weibliche Formen zueinander verhielten. Darwin wies darauf hin, daß es viele hermaphroditische Tiere wie Schnecken und Würmer und – außer den Schlüsselblumen – viele Pflanzen gab, die sich nicht selbst befruchten konnten, sondern eine Verbindung mit einem anderen Hermaphroditen eingehen mußten.

Für seinen nächsten Versuch nahm er die Hohe Schlüsselblume, *Primula elatior,* eine schon zu seiner Zeit in England seltene Pflanze, die heute nur noch in einigen Teilen von East Anglia gedeiht, obwohl sie in Europa verbreitet ist. Man hielt sie für eine Varietät, nicht für eine eigene Art. Darwin bekam lebende Pflanzen von Henry Doubleday, der sie in seinem Buch *The Phytologist* erwähnte und als erster auf ihre Existenz in England aufmerksam machte. Darwin nannte sie die »Bardfield-Schlüsselblume englischer Botaniker«, um zu vermeiden, daß sie mit der damals sogenannten »Gemeinen Schlüsselblume« verwechselt wurde, die, wie er herausgefunden hatte, eine Hybride zwischen der Schaftlosen Schlüsselblume und der Frühlings-Schlüsselblume war. Die verschiedenen Bestäubungsmöglichkeiten der Bardfield-Schlüsselblume zeigten, daß sie wesentlich unfruchtbarer war als die Frühlings-Schlüsselblume, aber sie erwies sich als eine eigene Art, weil sie reine Nachkommen erzeugte.

Im Jahre 1862 korrespondierte Darwin mit John Scott, der zur der Zeit als Züchter am Royal Botanic Garden in Edinburgh angestellt war. Aus den Briefen des jungen Mannes ging dessen hervorragende Beobachtungsgabe hervor, und Darwin beabsichtigte, ihn an der Klärung verschiedener Probleme zu beteiligen, die bei wechselseitiger Kreuzung auftraten. Aus diesem Grunde begann seine Abhandlung der Schaftlosen Schlüsselblume *(Primula vulgaris)* auch mit den Worten: »Mr. J. Scott untersuchte 100 in der Nähe von Edinburgh wachsende Pflanzen.« Sie tauschten (brieflich) die Ergebnisse zahlreicher Versuche aus, mit der Schlüsselblume und anderen Pflanzen, bis

links: Die Schaftlose Schlüsselblume *(Primula vulgaris)*
unten links: Die Hohe Schlüsselblume *(Primula elatior)*
unten rechts: Die Frühlings-Schlüsselblume *(Primula veris)*

Die Botaniker hielten die Hohe Schlüsselblume für eine Kreuzung der Schaftlosen und der Frühlings-Schlüsselblume. Darwin fand, daß sie sich reinrassig vermehrte und daher eine eigene Art darstellte.
(Photos: Grace Woodbridge)

Scott, der Schwierigkeiten in der Zusammenarbeit mit dem Kurator des Botanischen Gartens, James McNab, hatte, nach Kalkutta ging, um die Leitung des dortigen Botanischen Gartens zu übernehmen. Joseph Hooker verschaffte ihm den Posten, und Darwin bezahlte ihm die Überfahrt. Die Experimente, die Scott und Darwin gemeinsam an der Schlüsselblume durchführten, bewiesen einmal mehr, daß illegitime Befruchtungen nicht annähernd so fruchtbar waren.

Sowohl die Frühlings- als auch die Schaftlose Schlüsselblume bedurften zur Erlangung ihrer vollen Fruchtbarkeit der Hilfe der Insekten, wobei die Frühlings-Schlüsselblume tagsüber von großen Hummeln und nachts von Faltern aufgesucht wurde, während die Schaftlose Schlüsselblume fast ausnahmslos auf Falter angewiesen war. Die Blüten strömten einen unterschiedlichen Duft aus. Beide Formen der Schaftlosen Schlüsselblume produzierten bei legitimer und natürlicher Bestäubung doppelt so viele Samen wie die Frühlings-Schlüsselblume. Bei illegitimer Bestäubung erwiesen sie sich ebenfalls als fruchtbarer als die beiden Formen der Frühlings-Schlüsselblume, und wenn sie mit Netzen abgedeckt wurden, brachte die langgriffelige Schaftlose Schlüsselblume eine größere Menge Samen hervor, die langgriffelige Frühlings-Schlüsselblume dagegen nicht einen einzigen. Als Darwin sie wechselseitig kreuzte, stieß er auf erhebliche Schwierigkeiten (was bei der Kreuzung von Arten in der Regel der Fall ist), und ein hoher Prozentsatz war unfruchtbar. Damit hatte er einen verläßlichen Beweis erbracht, daß es sich bei der Frühlings-, der Schaftlosen und der Bardfield-Schlüsselblume um verschiedene Arten handelte – und nicht, wie die Botaniker glaubten, um Varietäten derselben Art.

Er war den Botanikern immer weit voraus, was ihm jedoch keineswegs Mißgunst, sondern nur tiefen Respekt einbrachte. Wenn bekannt wurde, daß er an einem neuen Thema arbeitete, kamen Informationen oder Pakete mit Pflanzen in Down House an. Im Jahre 1876 schrieb er an Daniel Oliver: »Sie müssen ein Hellseher oder etwas ähnliches sein, daß Sie mir so schöne Pflanzen geschickt haben. Vor fünfundzwanzig Jahren beschrieb ich zwei Formen von *Linum flavum* aus meines Vaters Garten (die ich für einen Fall bloßer Variation hielt); seitdem habe ich mehrfach nach der zweiten Form gesucht, sie aber nie gesehen, bis sie aus Kew ankam.«

Es war bekannt, daß mehrere Arten von *Linum* dimorph waren, was jedoch im Fall von *L. grandiflorum* übersehen worden war, bis

Darwin dies und andere interessante Einzelheiten dazu entdeckte. Sein Sohn William war einer seiner zuverlässigsten Sammler, und er schickte von der Isle of Whight 202 Pflanzen. Als Darwin die herrlichen rosafarbenen Blüten untersuchte, unterschied er sofort zwei Formen. Denn obwohl Blattwerk, Blütenkrone, Staubblätter und Pollenkörner gleich waren, lagen die fünf Narben bei den kurzgriffeligen Formen im Innern der Blütenröhre, während sie bei den langgriffeligen Formen fast aufrecht und auf gleicher Höhe wie die Staubbeutel der Staubblätter standen.

Im Jahre 1861 pflanzte er sie in seinem Garten an. Von elf Pflanzen waren drei kurzgriffelig und acht langgriffelig. Zwei Individuen der letzteren Form wuchsen in einem hundert Meter von den anderen entfernten Beet und waren durch eine Hecke aus immergrünen Pflanzen von ihnen getrennt. Bei seinen Versuchen markierte er zwölf Blüten und übertrug auf ihre Narben etwas Pollen von den kurzgriffeligen Pflanzen. Die Narben der langgriffeligen Blüten waren bereits von ihrem eigenen Pollen blau gefärbt, als er dies tat, und die richtige Jahreszeit eigentlich vorbei, nämlich am 15. September. »Alles zusammengenommen, schien es beinahe kindisch, irgendein Resultat zu erwarten«, schrieb Darwin. Jedenfalls war er sicher nicht auf das Resultat gefaßt, das er erhielt, denn die Samenanlagen aller zwölf Blüten schwollen an, und sechs gute Kapseln wurden hervorgebracht, deren Samen im folgenden Jahr keimten. Im Laufe des nächsten Sommers produzierten die zwei ursprünglichen Pflanzen eine ungeheure Zahl von Blüten, die sich aber ausnahmslos als unfruchtbar erwiesen. Von den neun anderen Pflanzen waren die kurzgriffeligen, die mit eigenem Pollen bestäubt wurden, fruchtbarer als die in derselben Weise behandelten langgriffeligen.

Aus vielen weiteren Untersuchungen, die er in Garten und Gewächshaus vornahm, kristallisierte sich eine bemerkenswerte Tatsache heraus. Obwohl die Pollenkörner der beiden Formen sich selbst unter dem Mikroskop nicht voneinander unterscheiden ließen und die Narben nur in Hinsicht auf ihre Länge wesentlich voneinander differierten, waren sie doch in ihrer Reaktion aufeinander extrem verschieden: »– Die Narben einer jeden Form sind auf ihren eigenen Pollen beinahe unwirksam, veranlassen aber ... dem Anscheine nach durch einfache Berührung (denn ich konnte keine klebrige Absonderung entdecken) das Austreiben der Schläuche aus den Pollenkörnern der entgegengesetzten Form.« Er fügte hinzu: »Man kann sagen, daß diese zwei Pollenarten und die beiden Narben durch irgendwelche Mittel sich gegenseitig erkennen.«

Hier zeigte sich wieder einmal Darwins Einsicht in die Pflanzenphysiologie. Er war in der Lage, zu erkennen, daß es zwei Typen von Pollen gab, von denen einer für die Pflanze annehmbar, der andere unannehmbar war. Das rätselhafte Erkennen »durch irgendwelche Mittel« interessierte später Ronald A. Fisher und Kenneth Mather (Leiter der Abteilung für Genetik am John Innes Institute), die im Jahre 1943 Darwins Experimente an diesem Punkt wieder aufnahmen. Sie fanden heraus, daß nur Pollen eines ähnlichen Genotyps imstande waren, den Griffel hinunterzuwachsen und die Samenanlage zu befruchten. Sie nannten dies das Inkompatibilitätssystem. Die Pflanze brauchte »Pollenkörner der entgegengesetzten Form«, wie Darwin es genannt hatte.

»Botaniker, wenn sie von der Befruchtung verschiedener Blüten sprechen«, schrieb Darwin, »erwähnen oft den Wind oder Insekten, als wenn diese Alternative ganz gleichgültig wäre. Diese Ansicht ist meiner Erfahrung zufolge gänzlich irrig.« Ihm war aufgefallen, daß sich die Blüten, bei denen der Wind als Pollenüberträger diente, deutlich von denen unterschieden, die auf Insekten angewiesen waren. Koniferen, Rhabarber und Spinat brachten ungeheure Mengen feinen, staubartigen Pollens hervor: Der Wind trieb ihn in Wolken davon, und Pflanzen wie Gräser und Ampfer wiesen feine Haare oder Federn auf, mit denen sie angewehte Pollenkörner auffangen konnte. Ihre Blüten sonderten keinen Nektar ab und trugen auch keine leuchtenden Farben, um Insekten anzulocken. Pflanzen, bei denen Insekten die Bestäubung vollzogen, wiesen dagegen mit ihren hellen Farben Tagesbesuchern und mit blassen oder weißen Blüten nachtaktiven Motten den Weg und verfügten darüber hinaus über eine endlose Zahl von Anpassungen, die den sicheren Transport ihres Pollens mit Hilfe der lebenden Arbeiter garantierten. Bei *Linum perenne* fand sich eine ganz besondere Anpassung.

Bei allen drei Lein-Arten, die Darwin untersuchte – *L. grandiflorum, L. flavum* und nun *L. perenne* –, zeigten in beiden Formen die Narbenflächen zum Mittelpunkt der Blüte. Dies galt aber für das langgriffelige *L. perenne* nur, solange die Knospe geschlossen war. Wenn sich die Blüte öffnete, drehten sich alle fünf Narben herum und zeigten nun zur Außenseite. Alle drei Lein-Arten zogen Insekten durch je einen Tropfen Nektar an der Basis der fünf Staubblätter an, so daß jene, um an den Honig zu gelangen, ihren Rüssel außerhalb der im Kreis stehenden Staubblätter zwischen den Staubfäden und den Kronblättern einführen mußten. Bei allen kurzgriffeligen Formen (deren Narben ins Blüteninnere zeigen) hätten die Insekten keinerlei Pollen auf den Griffeln hinterlassen, wenn sie ihre aufrechte Position beibehalten hätten. So aber senkten sich die Griffel nach unten, sobald die Blüte zur Bestäubung bereit war, bis die Narben im Innern der Blütenröhre lagen. Jedes Insekt mußte nun auf der Suche nach Nektar Pollen abstreifen.

In den langgriffeligen Formen von *L. grandiflorum* standen die Staubbeutel und Narben direkt über dem Weg, der zum Nektar führte; bei *L. flavum* war der Stempel nahezu doppelt so lang wie bei der kurzgriffeligen Form. So konnten die Blüten beider leicht bestäubt werden.

»Bei *Linum perenne* sind die Sachen vollkommener hergestellt«, erkannte Darwin, denn die Staubblätter standen in beiden Formen in verschiedenen Höhen, so daß Pollen von den Staubbeuteln der längeren Staubblätter an einem Teil des Insektenkörpers hängenblieb, von dem er anschließend durch die rauhen Narben der längeren Stempel abgebürstet wurde; dagegen blieb Pollen von den Staubbeuteln der kürzeren Staubblätter an verschiedenen Teilen des Insektenkörpers hängen und konnte von den Narben der kürzeren Stempel abgebürstet werden: Das war genau die Voraussetzung für die legitime Bestäubung beider Formen.

Auf diese Weise lehrte Darwin die Blumenzüchter, wissenschaftlich vorzugehen. Indem er ihnen zeigte, wie Bienen die verschiedenen Formen dieser Blüten bestäubten, versetzte er sie in die Lage, den Prozeß nachzuvollziehen und für eine gute Samenernte zu sorgen. Dasselbe galt natürlich auch für den privaten Gärtner.

Nach zahlreichen weiteren Experimenten mit dimorphen Blüten wandte sich Darwin den Pflanzen mit drei Blütenformen zu. M. Vaucher aus Genf hatte als erster das Phänomen des Trimorphismus beobachtet, gefolgt von dem deutschen Botaniker Wirtgen. »Da aber«, bemerkte Darwin, »diese Botaniker durch keinerlei Theorie oder selbst Vermutung ihrer funktionellen Verschiedenheit geleitet wurden, nahmen sie einige der merkwürdigsten Differenzpunkte in der Struktur nicht wahr.« Er erklärte sie anhand der unten abgebildeten schematischen Zeichnung. Sie zeigt in sechsfacher Vergrößerung die drei Formen von *Lythrum salicaria,* Blutweiderich, in ihrer natürlichen Stellung, aber ohne Kronblätter und Blütenkelch auf der dem Betrachter zugewandten Seite.

»In der Art ihrer Befruchtung«, schrieb Darwin, »bieten diese Pflanzen einen merkwürdigeren Fall dar, als bei irgendeiner anderen Pflanze oder einem Tier gefunden werden kann.«

Es handelte sich wirklich um einen bemerkenswerten Fall. »Es hat die Natur«, so führte Darwin aus, »ein äußerst kompliziertes Hochzeitsarrangement getroffen, nämlich eine dreifache Verbindung zwischen drei Hermaphroditen: Jeder Hermaphrodit ist dabei in seinem weiblichen Organe vollständig von den anderen zwei Hermaphroditen und teilweise in seinen männlichen Organen von ihnen unterschieden, und jeder ist mit zwei Gruppen von Männchen versehen.«

In der Zeichnung geben die gestrichelten Pfeile an, von welchem Staubbeutel jeweils Pollen auf die Narben übertragen werden muß, damit volle Fruchtbarkeit erfolgt. Darwin mußte 18 verschiedene Verbindungen herstellen, um das relative Befruchtungsvermögen der drei Formen zu ermitteln, sechs legitime und zwölf illegitime. Und wieder zeigte es sich, daß die zulässigen Verbindungen die unzulässigen mit schöner Regelmäßigkeit übertrafen. Nach seinen Versuchen mit anderen Pflanzen konnte man auch nichts anderes erwarten, aber die Tabellen, die Darwin nun aufstellte, machten auch die bemerkenswerte Tatsache deutlich, daß die Unfruchtbarkeit der Verbindung mit der Entfernung zwischen Narbe und Staubblättern zunahm. Er fand nicht eine einzige Ausnahme zu dieser Regel.

Das ist ein kurzer Bericht über Darwins Experimente mit *Lythrum*-Arten, an deren Ende er schreiben konnte: »Wir müssen in bezug auf die Ursache der Sterilität von Spezies bei ihrer ersten Kreuzung und der ihrer hybriden Nachkommen ausschließlich auf funktionelle Verschiedenheiten in den Sexualelementen blicken. Diese Betrachtungsweise veranlaßte mich, die vielen in diesem Kapitel mitgeteilten Beobachtungen anzustellen, und sie erst macht meine Beobachtungen veröffentlichungswert.«

Die Heterostylie diente dazu, die Fremdbefruchtung zu garantieren. Andere Pflanzen bedienten sich anderer Mittel, um zu demselben Ziel zu gelangen – durch Verschiebung der Reifezeit von Pollen und Narbe in derselben Blüte, durch Verteilung der männlichen und weiblichen Organe auf verschiedene Pflanzen, durch Selbststerilität, durch den Bau der Blüte im Hinblick auf den des befruchtenden In-

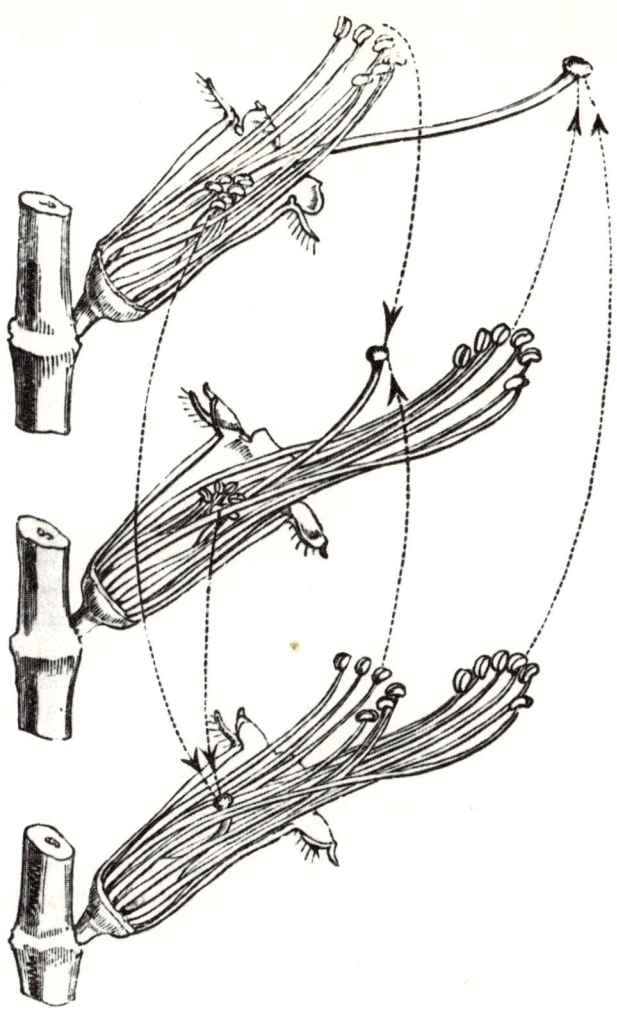

Die drei Arten der Verbindung, legitime und illegitime, am Beispiel des trimorphen Blutweiderich *(Lythrum salicaria)* dargestellt.
(aus: *Charles Darwin, Die verschiedenen Blütenformen . . .*)

sekts und durch die von Darwin so genannte Präpotenz des Pollens von einem fremden Individuum gegenüber dem derselben Pflanze –, was bedeutete, daß nur fremder Pollen für eine Pflanze annehmbar war, und wir haben gesehen, in welcher Weise Fisher und Mather seine phantastische Erkenntnis weiterentwickelt haben.

Pflanzen, die für die Kreuzbefruchtung durch Insekten gut angepaßt waren, trugen oft unregelmäßige Blüten, wie z. B. das Löwenmaul, und Darwin erklärte, daß sie kaum etwas oder gar nichts hätten gewinnen können, wenn sie heterostyl geworden wären. Lippenblütler wie Erbsen und Bohnen, Salbei, Katzenkraut, Lavendel, Orchideen und Fingerhut haben ausnahmslos unregelmäßige (d. h. unregelmäßig geformte) Blüten, und nicht eine einzige zu ihnen gehörige Art ist heterostyl, ausgenommen die Gattung *Pontederia* mit ihrem Mitglied *Ponterderia cordata,* der im Wasser lebenden Herzblättrigen Pontederie.

Die Frage, warum verschiedene Pflanzen mit verschiedenen Merkmalen ausgestattet sind, hat Darwin zu allen Zeiten interessiert, denn an ihnen ließ sich vielleicht ihre lange Ahnenreihe bis in die Urvergangenheit zurückverfolgen. Rudimentäre und abortive Organe bilden in diesem Zusammenhang gewichtige Anhaltspunkte. Viele Artengruppen und einzelne Arten sind eng mit Hermaphroditen verwandt, bei denen die weiblichen Blüten Rudimente von männlichen Organen und umgekehrt die männlichen Blüten Rudimente von weiblichen Organen aufweisen. Darwin meinte, daß sie von Pflanzen abstammen, die ursprünglich beide Geschlechter in einer Blüte vereinten. Wie und warum waren solche Hermaphroditen dann zweigeschlechtlich geworden? Der erste Teil der Frage ließ sich schnell beantworten. Wenn Staubblätter allein verkümmerten, blieben weibliche und hermaphroditische Formen übrig, und dafür gab es viele Beweise; wenn dann die männlichen Organe der hermaphroditischen Formen verkümmerten, entstanden diözische Pflanzen. Wenn andererseits die weiblichen Organe allein verkümmerten, blieben männliche und hermaphroditische Pflanzen übrig. Die Hermaphroditen konnten sich dann unter bestimmten Umständen in weibliche Formen verwandeln. Darwin vertrat die Ansicht, daß die Tatsache, daß eine Pflanzenart, die auf Grund von intensivem Wettbewerb mit anderen Pflanzen oder aus irgendeinem anderen Grund ungünstigen Bedingungen ausgesetzt wurde, sowohl die männliche als auch die weibliche Rolle zu übernehmen und zusätzlich die Samenanlage zum Reifen zu bringen hatte, sich unter Umständen als zu große Belastung erwies. Die Trennung der Geschlechter würde in einem solchen Fall einen erheblichen Vorteil darstellen.

In den Vereinigten Staaten gab es mehrere trimorphe Varietäten der Erdbeere, die auf dem Wege waren, die Geschlechtertrennung durchzuführen. Die Hermaphroditen mit ihren mittelgroßen Blüten »bringen selten etwas anderes als eine sehr dürftige Ernte von untergeordneten und unvollkommenen Beeren hervor«, wie Darwin aus der Schilderung eines Züchters namens Leonard Wray wußte. Die männlichen Pflanzen produzierten zwar große Blüten, aber überhaupt keine Beeren. Die weiblichen Formen entwickelten keine Ausläufer, die beiden anderen dagegen zahlreiche, so daß letztere schnell an Zahl zunahmen und dazu neigten, die weiblichen Formen zu verdrängen. Darwin hielt diese ausgeprägte Tendenz zur Geschlechtertrennung, die in Europa wesentlich seltener war, für das Ergebnis der direkten Klimaeinwirkung auf die Fortpflanzungsorgane. Um diese Schwierigkeit zu überwinden, bepflanzten geschickte Züchter ihre Felder in Amerika immer mit sieben Reihen weiblicher Pflanzen, dann einer Reihe Hermaphroditen usw.

Darwin beschrieb mehrere andere hermaphroditische Pflanzen, die sich auf dem Weg zur Diözie befanden. Aus dem Ausland teilten ihm seine Informanten weitere Beobachtungen mit. In Harvard untersuchte Asa Gray auf Darwins Bitte *Rhamnus lanceolatus*. John Traherne Moggridge in Menton untersuchte den Gartenthymian, Thwaites in Ceylon Brombeeren und Fritz Müller eine *Aegiphila*-Art, ein Mitglied der *Verbenaceae*. In England selbst verfügte er über ein ganzes Heer von Helfern, einschließlich seines Sohnes William, der die Pollenkörner von Lungenkraut maß und »durch Zeichnungen oder vielmehr Markierungen mittels der Camera lucida« zählte.

1864 entdeckte Darwin eine neue Art des Dimorphismus. Asa Gray hatte ihm von dem dimorphen Wegerich berichtet, und da er nur weibliche und hermaphroditische Formen hervorbrachte, meinte Darwin, daß er zu irgendeiner anderen Klasse gehören müßte. »Wie könnte der Wind«, so fragte er, »der die Befruchtung bei *Plantago* bewirkt, ›gegenseitig dimorphe‹ Blüten wie Primula befruchten? Theoretisch ist das nicht möglich.« Daß der Wind Pollen von einem langen Staubblatt genau auf eine langgriffelige Narbe oder von einem kurzen Staubblatt genau auf eine kurzgriffelige Narbe übertrug, war von zu vielen Zufälligkeiten bestimmt. Dazu bedurfte es der Vermittlung der Hummel. Er nannte diese neue Klasse »gyno-diözisch« und fand bei den Botanikern Zustimmung, da sich seine Theorie als zutreffend erwies.

Er begab sich auf die Suche nach anderen gyno-diözischen Pflanzen. Die Minze gehörte dazu, wie er feststellte, und Ysop, Katzenkraut sowie Melisse. Außerdem der Feldthymian, eine der ersten Pflanzen aus dieser Klasse, die ihm aufgefallen war. Bei seinem Ferienaufenthalt in der Nähe von Torquay (jenen »8 Wochen und einen Tag« im Jahre 1861) konnte er »nach ein wenig Übung die zwei Formen unterscheiden, während ich schnell an ihnen vorüberging«. Die weiblichen hatten weniger und etwas kleinere Blüten sowie sehr lange Staubblätter. Abgesehen von einer hervorragenden Beobachtungsgabe verfügte Darwin auch über außerordentlich gute Augen. Sein Bruder Erasmus hatte in diesem Zusammenhang einmal von »den Teleskopen, die du Augen nennst« gesprochen. Er entdeckte eine große hermaphroditische und eine große weibliche Pflanze, beide von nahezu gleichem Umfang, sammelte, nachdem die Samen gereift waren, von ihnen sämtliche Blütenköpfe, nahm sie mit nach Hause und zog daraus Pflanzen. Die Samen der weiblichen Form wogen mehr als doppelt so viel wie die Samen der hermaphroditischen Form; dasselbe war bei anderen gyno-diözischen Arten der Fall.

Nur wenige Menschen wissen wahrscheinlich, daß das Veilchen zwei vollkommen verschiedene Formen von Blüten hervorbringt. Wenn die eine, die wir alle kennen, verwelkt ist, entwickelt sich eine andere heimlich zwischen dem Blattwerk. Sie ist nicht annähernd so hübsch, denn als Kronblätter trägt sie nur fünf winzige Schuppen. Sie weicht auch in vielerlei anderer Hinsicht ab: Sie hat kein spornartiges Nektarium, die Staubblätter sind sehr klein und enthalten sehr wenig Pollen; der Griffel ist hakenförmig. Die Blüte produziert weder Nektar noch strömt sie irgendeinen Duft aus, denn sie braucht weder Bienen noch andere Insekten anzulocken: Diese könnten sie auch gar nicht bestäuben, denn es handelt sich um eine kleistogame, d. h. geschlossene und selbstbestäubende Blüte. Dennoch setzt sie genauso viele Samenkapseln an wie die schmückenderen Blüten, wie Darwin bei seinen Experimenten mit der Pflanze feststellte. »Welch eigenartige kleine Blüten das sind«, schrieb er angetan an Hooker.

Die Kapseln der kleistogamen, einfachen, weißblühenden Varietät (*Viola odorata*) graben sich in den Boden ein, um zu reifen. Hermann

Müller teilte Darwin in einem Brief mit, daß sein Bruder Fritz eine weißblütige Art gefunden hatte, die unterirdische kleistogame Blüten trug. John Scott schickte ihm aus Sikkim Terai Samen der winzigen *Viola nana*, aus denen Darwin Sommer für Sommer viele Pflanzen mit einer Unzahl von kleistogamen Blüten, doch keiner einzigen vollkommenen, mit Kronblättern versehenen Blüte zog. Von allen Veilchen und Stiefmütterchen war *Viola tricolor* die einzige Art, die keine kleistogamen Blüten produzierte.

Er stellte eine Liste aller bekannten Gattungen und deren Arten auf, die diese eigenartigen Blüten hervorbrachten und von denen er viele herangezogen und beobachtet hatte, wie ihre Organe zu Rudimenten reduziert worden waren. In manchen Fällen war nur noch ein einziger Staubbeutel übrig, der nur wenige Pollenkörner von verminderter Größe enthielt. In anderen Fällen war die Narbe verschwunden und hatte einen einfachen offenen Gang zum Ovarium zurückgelassen. Auffallend war der vollständige Verlust bestimmter Teile, die vollkommenen Blüten von Nutzen waren, den kleistogamen jedoch nicht. »Wir sehen hier, wie überall in der Natur«, schrieb Darwin, »daß, sobald irgendein Teil oder Charakter überflüssig wird, er früher oder später zu verschwinden neigt.«

Von den 55 Gattungen, die er in der Liste aufführte, hatten 32 unregelmäßige vollkommene Blüten. Dazu gehörten *Impatiens fulva*, eine Balsamine, Taubnesseln, Wicken und Erbsen, und da sie unregelmäßig waren, handelte es sich um Blüten, die speziell für die Bestäubung durch Insekten angepaßt waren. Warum waren sie dann mit einer zweiten Möglichkeit, Samen anzusetzen, ausgestattet worden? Darwin meinte dazu: »In dieser Weise konstruierte Blüten werden leicht während gewisser Jahre unvollkommen befruchtet, nämlich wenn die gehörigen Insekten selten sind, und es ist schwer, die Annahme zu vermeiden, daß die Produktion kleistogamer Blüten, welche unter allen Umständen einen vollen Ertrag von Samen sichern, zum Teil dadurch bestimmt worden ist, daß die vollkommenen Blüten in bezug auf ihre Befruchtung leicht fehlschlagen.« Damit war die Frage seiner Ansicht nach jedoch noch nicht vollständig beantwortet. Es konnte vorkommen, daß Pflanzen ihre vollkommenen Blüten zu früh oder zu spät in der betreffenden Jahreszeit hervorbrachten und deshalb keinen Pollen produzierten; daß Kälte und Dunkelheit oder zu große Hitze und zu viel Licht die Größe der Blütenkrone einer Pflanze reduzierte. In diesen Fällen, so meinte er, konnte es durchaus

Das Veilchen hat zwei völlig verschiedene Blütenformen, die uns allen vertraute, die im Frühling erscheint und von Bienen bestäubt werden muß, und die kleistogame, die im Herbst hervorgebracht wird und sich selbst bestäubt – eine Maßnahme der Natur, Fruchtbarkeit zu garantieren, auch wenn der Frühling sich naß zeigt und Bienen nicht umherfliegen. (Photo: Grace Woodbridge)

Nicht alle Blüten werden von Bienen bestäubt. Die des Spindelbaums *(Euonymus europea)* werden von Dipteren und Hymenopteren aufgesucht. Im Photo sieht man die Früchte.
(Photo: Grace Woodbridge)

Das Lungenkraut *(Pulmonaria officinalis)* ist dimorph. Die kurzgriffelige Form produziert erheblich mehr Blüten und setzt mehr Früchte an. Aber die Früchte enthalten weniger Samen als die der langgriffeligen Form. Das Lungenkraut wird von Bienen aufgesucht, doch Darwin stellte fest, daß die langgriffeligen Pflanzen auch, wenn sie illegitim bestäubt wurden, hochgradig fruchtbar waren.
(Photo: Grace Woodbridge)

möglich sein, daß die Natürliche Zuchtwahl das Werk vollendete und die Pflanze ausschließlich kleistogam werden ließ, weil diese Blüten in bewundernswerter Weise angepaßt sind, mit einem wunderbar geringen Aufwand für die Pflanze reichlich Samen hervorzubringen. *Die verschiedenen Blüthenformen* war eines der bedeutendsten Werke Darwins. Die Entdeckung der legitimen und illegitimen Verbindungen, von denen erstere einen normalen Samenertrag produzierten und letztere in ihrer Fruchtbarkeit beeinträchtigt waren, versetzte Hybridenzüchter in die Lage, mit ihren Pflanzen erfolgreich zu arbeiten und Unfruchtbarkeit zu vermeiden. Seine Theorie über den Pollen der entgegengesetzten Form, die schließlich zum Verständnis des Phänomens der Inkompatibilität führte, hatte unschätzbaren Wert, insbesondere für die Obstzüchter.

Der Nutzen beziehungsweise die Bedeutung der Heterostylie war bis dahin nicht bekannt. Niemandem war aufgefallen, daß eigener Pollen, auf die Narbe einer derartigen Pflanze übertragen, die »vollkommen gesund und fähig, Samen anzusetzen« ist, nicht mehr Wirkung zeigt als »die gleiche Menge unorganischer Staub«.

17. Der Pflanzenschlaf und anderes

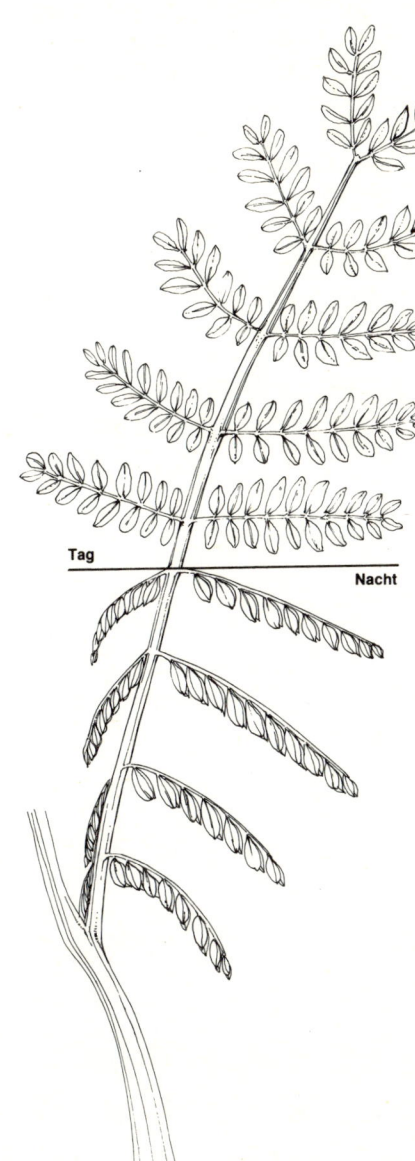

Tag

Nacht

Alles an einer Pflanze bewegt sich. Mit ihrer spiralförmigen Bewegung gelingt es der ersten Wurzel, die aus dem Samen hervorkommt, Feuchtigkeit im Boden aufzuspüren und Hindernisse wie Steine zu umgehen; dieselbe spiralförmige Bewegung hilft dem ersten Trieb, sich den Weg nach oben durch den Boden zu bahnen.

Blätter beschreiben einen Kreis, wenn sie sich dem Licht zuwenden. Kletterpflanzen winden sich beständig auf der Suche nach einem Halt.

Nachts drehen sich die Fiedern eines Blatts, beispielsweise bei einer Akazie, aufeinander zu und falten sich zusammen. Auf diese Weise schützen sie sich vor Ausstrahlung, wie Darwin entdeckte.

(Zeichnung von Brian Hughes)

Kämen Sie – wenn Sie einen Baum betrachten – auf die Idee, daß jeder einzelne seiner unzähligen Triebe kleine ellipsenförmige Bewegungen ausführt? Daß alle Blattstiele und alle Blätter dasselbe tun? Daß wir, wenn wir in den Erdboden blicken könnten, entdecken würden, wie die Spitze jedes Würzelchens sich bemüht, ebenfalls kleine Ellipsen und Kreise zu beschreiben? Wußten Sie, daß Pflanzen am Abend »schlafen« gehen? Daß sie an »Schlaflosigkeit« leiden, wenn sie tagsüber nicht genügend Licht bekommen?

Das waren einige der faszinierenden Verhaltensmuster bei Pflanzen, die Charles Darwin für sein Buch *The Power of Movement in Plants* (deutscher Titel: »Das Bewegungsvermögen der Pflanzen«) untersuchte, das 1880 erschien. Es sollte eine neue Ära in der biologischen Wissenschaft einleiten.

Ausgangspunkt für dieses Buch bildeten Darwins Untersuchungen eines Problems, auf das er im Rahmen seiner Arbeit für sein Werk über die *Kletterpflanzen* gestoßen war. In seiner *Autobiographie* erklärte er dazu: »Entsprechend den Grundprinzipien der Evolution war es unmöglich, die Tatsache zu erklären, daß sich Kletterpflanzen zu so vielen verschiedenen Gruppen entwickelt hatten, wenn nicht alle Pflanzenarten irgendein geringes Bewegungsvermögen analoger Art besaßen.« Er zeigte, daß dies der Fall war, und je weiter er mit seinen Untersuchungen fortschritt, desto allgemeiner formulierte er – daß es sich bei den großen und wesentlichen Gruppen der Bewegungserscheinungen, hervorgerufen durch Faktoren wie Licht und Schwerkraft, um modifizierte Formen einer groben Kreisbewegung handelte. Darwin nannte sie Zirkumnutation, ein Begriff, der in die botanische Fachsprache eingegangen ist.

Im Jahre 1877 begann er mit der Arbeit. Er war inzwischen 71 Jahre alt, und immer wiederkehrende Krankheiten machten ihm zusätzlich zu schaffen. Doch seit drei Jahren half ihm sein Sohn Frank als Sekretär und Forschungsassistent bei der Arbeit. Nach der Veröffentlichung von *Die verschiedenen Blüthenformen* im Juni fanden sie Zeit, sich dem *Bewegungsvermögen der Pflanzen* zu widmen. »Es war ein hartes Stück Arbeit«, erinnerte sich Darwin, aber im Herbst schrieb er voller Begeisterung an William Thiselton Dyer: »Ich bin mit Feuereifer an der Arbeit.« Thiselton Dyer interessierte sich für Darwins Tätigkeit vor allem unter dem Gesichtspunkt der Forschungen, die im Jodrell Laboratory betrieben wurden.

In Down House besaß Darwin sein eigenes »Jodrell«. Für seine

Experimente standen ihm das Treibhaus, das Gewächshaus, das Arbeitszimmer und, wenn Krankheit ihn ans Bett fesselte, das Schlafzimmer zur Verfügung. Eine Liste der Materialien, die er bei seiner Arbeit an der Radikula (der Keimwurzel und dem »Gehirn« einer Pflanze) verwendete, muß Thiselton Dyer in Erstaunen versetzt haben. Heutige Mitarbeiter eines modernen Labors, in dem noch wesentlich kompliziertere Geräte verwendet werden als im Jodrell Laboratory zu Dyers Zeiten, würden Darwins Methoden vermutlich primitiv nennen, aber alle Gegenstände dienten einem ernsten Zweck und erfüllten die an sie gestellten Ansprüche. Dazu gehörten: Schellack, ein Ätzstab (Silbernitrat), ein Rasiermesser, Schere, kleine quadratische Stückchen Sandpapier (etwa 1,25 mal 1,25 Millimeter) von der Stärke dünnen Kartons (zwischen 0,15 und 0,20 Millimeter), normaler Karton, kleine, sehr dünne Glasplättchen, Fadenschlingen, dicke Borsten (0,33 Millimeter im Durchmesser die eine, 0,20 Millimeter die andere), in Abschnitte von etwa 1,25 Millimeter Länge geschnitten, Quadrate aus hauchdünnem Papier (»zu dünn, um darauf zu schreiben«), Löschpapier, Wasser, Tusche, Korkdeckel, an denen er keimende Bohnen aufhängte, so daß ihre Keimwurzeln ins Wasser reichten, Stanniol, Paraffinlampen, Wachskerzen, Zweige, Näh- und Stecknadeln, Blumentöpfe, schwarzes Fett, Glasröhrchen, Sand, Federn, krümeliger Torf, grobe Asche, Olivenöl, Lampenruß, schwarzes Papier sowie mit feuchtem Sägemehl gefüllte Siebe.

Sein erstes Versuchsobjekt war ein Winterkohlsamen. Als die Wurzelspitze eine Länge von 1,27 Millimeter erreicht hatte, klebte er den Samen mit Schellack auf eine kleine Zinkplatte, so daß die Keimwurzel senkrecht in die Höhe stand. Dicht am Samen befestigte er an der Keimwurzel einen feinen Glasfaden, an dessen Ende eine winzige Kugel hing. Rund um den Samen verteilte er angefeuchtete Schwammstückchen, die für die Feuchtigkeit sorgten, die der Samen normalerweise in der Erde finden würde. Abschließend legte er eine berußte Glasplatte darunter, auf der sich die Bewegungen der Kugel ablesen ließen. Während der nächsten 60 Stunden, in denen die Keimwurzel von 1,27 Millimeter auf 2,79 Millimeter wuchs und die Glaskugel, die an ihm befestigt war, auf der geschwärzten Glasplatte herumwanderte, hielten Darwin und sein Sohn Wache. Aufgezeichnet wurde ein unregelmäßiger Zickzackkurs, der eine mehr oder minder spiralförmige Drehung beschrieb. Am Ende der Beobach-

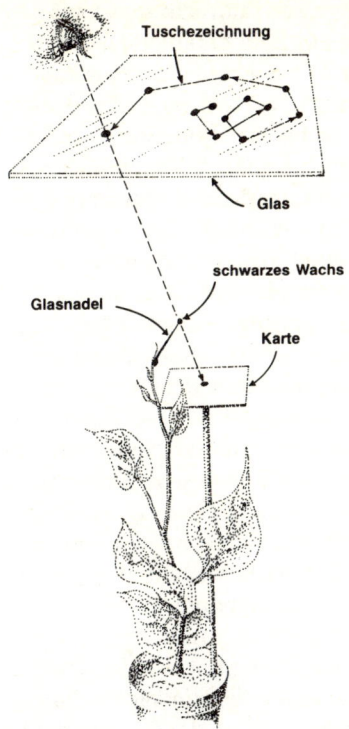

Tuschezeichnung

Glas

schwarzes Wachs

Glasnadel

Karte

Darwins großartige Entdeckung der Zirkumnutation oder kreisenden Bewegung bei Wurzeln, Trieben und Blättern auf der Suche nach Erde, Licht oder Schatten. Er verwendete für die Untersuchung der Zirkumnutation eine einfache, aber wirkungsvolle Vorrichtung. An dem Trieb einer Pflanze wurde mit Klebstoff eine Glasnadel befestigt. Am Ende der Nadel befand sich ein Tropfen Siegelwachs. Auf einer weißen Karte wurde ein Punkt markiert und diese direkt unter der Nadel aufgestellt. In einiger Entfernung, je nach Vergrößerung der Bewegung, wurde über der Pflanze eine Glasplatte angebracht, auf der er mit Tusche einen Punkt markierte, der mit der Position des Punktes auf der Karte und des Siegelwachstropfens übereinstimmte. Punkt für Punkt wurde die Bewegung der Triebspitze nun vergrößert aufgezeichnet.
(Zeichnung von Keith Roberts)

tung hatte sich die Wurzelspitze, die zunächst aufrecht stand, infolge der Schwerkraft so gebogen, daß sie fast die Zinkplatte berührte. Messungen, die mit Hilfe von Zirkeln und anderen Kohlsamen durchgeführt wurden, ergaben, daß nur die Spitze – und zwar auf eine Länge von nicht mehr als 0,50 Millimeter bis 0,76 Millimeter – auf die Schwerkraft reagierte, während sie, wie aus der Aufzeichnung hervorging, ständig zirkumnutierte. Ein anderer Samen, dessen Keimwurzel 2,54 Millimeter lang war, wurde vorbereitet und so befestigt, daß die Wurzel zwar nach oben zeigte, aber nicht senkrecht stand. Ihren Beobachtungen zufolge wirkte sich der Geotropismus aus diesem Grunde unmittelbar aus (Pflanzenwachstum in Richtung der Schwerkraft); aber wieder erhielten sie einen unregelmäßigen Zickzackkurs, der zeigte, daß mal auf der einen Seite, mal auf der anderen Wachstum stattfand. Da sich die Kugel gelegentlich etwa eine Stunde lang überhaupt nicht bewegte, war Wachstum an der Seite vorhanden, die derjenigen gegenüberlag, die die geotropische Krümmung verursachte. Wurden die Samen mit der oberen Seite nach unten befestigt, so daß die Keimwurzel schräg hervorragte, erfolgte nur eine schwach ausgeprägte Zickzacklinie, aber die Bewegung war grundsätzlich nach unten gerichtet. Zusammengefaßt boten die Ergebnisse dieser ersten Versuchsreihe wichtige Erkenntnisse für jeden, der eine Tüte Samen kauft, um sie in seinem Garten auszusäen – nämlich daß die Keimwurzel, der erste Teil der Pflanze, der hervorwächst, immer ihren Weg nach unten ins Erdreich findet, egal ob der Samen richtig oder falschherum liegt, wobei ihr Zirkumnutation und Schwerkraft helfen, die Feuchtigkeit, die sie vor allem braucht, und eine feste Verankerung zu finden.

Für das nächste Experiment nahmen sie Samen eines etwas fortgeschritteneren Entwicklungsstadiums, die bereits ihre Kotyledonen hervorgebracht hatten. Darwin konzentrierte sich auf den Stiel dieser Keimblätter, den die Botaniker seiner Zeit den »hypokotyledonen Stamm« nannten; er selbst gebrauchte die Abkürzung Hypokotyl und beobachtete, daß es auf seinem Weg nach oben zirkumnutierte, soweit es der Druck des umliegenden Erdreichs erlaubte. Interessant war, daß es sich schnell zu einem Bogen formte, ähnlich einem umgekehrten U. Keine Form wäre besser imstande gewesen, die Erdoberfläche zu durchbrechen: Es war wie das Anheben einer Schulter, und wir alle haben schon einmal ein Unkraut gesehen, das sich seinen Weg sogar durch eine durchgehende Asphaltdecke gebahnt hatte.

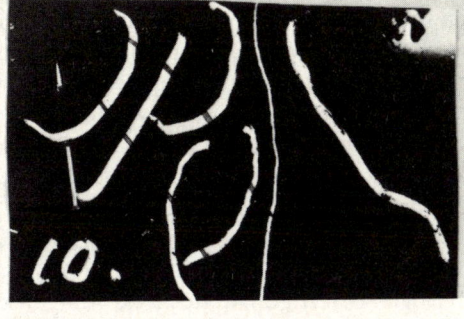

Mit Hilfe von geschwärzten Glasstückchen beobachtete Darwin die Radikula oder erste Wurzel einer Bohne auf ihrem Weg nach unten, wo sie Erde suchte.
(Photo: Leonard Darwin)

Doch die bogenförmige Krümmung hatte noch einen anderen Sinn, wie Darwin feststellte: Sie schützt die zarten Kotyledonen, und sobald sich der Bogen durch die Erdoberfläche schiebt, wächst die innere oder konkave Seite schneller als die obere oder konvexe. Auf diese Weise werden die beiden Schenkel auseinandergezogen und die Kotyledonen aus der unter der Erde liegenden Samenhülle gehoben. Man mag fragen, ob sich die Schwerkraft nun auf einmal nicht mehr auswirkte. Eine andere Kraft war jetzt im Spiel – der Apogeotropismus, der Drang von der Erde weg, beziehungsweise Phototropismus, dem Licht entgegen, wie man heute sagt.

Darwin machte zahlreiche Experimente mit Hypokotylen. Er befeuchtete die Erde mit Wassertropfen und drückte sie fest an. Die Hypokotyle überwanden diese Schwierigkeit. Er band die zwei Bogenschenkel mit einem feinen Seidenfaden zusammen, um zu sehen, wie lange sie weiterwachsen würden und ob die Bewegung, nun durch den Aufrichtungsprozeß nicht behindert, auf Zirkumnutation schließen ließ. Das Hypotkotyl tat sein Bestes: Es bewegte sich in Zickzacklinie zuerst in der einen, dann in der anderen Richtung. Nach zwei Tagen war der obere Teil des Bogens breit und fast flach geworden: Ein Glasfaden, der an der Basis angebracht war, wurde nun entfernt und oben an dem Bogen befestigt. Die zickzackförmigen Bewegungen setzten sich fort und bewiesen, was Darwin ursprünglich hatte zeigen wollen – daß eine Pflanze grundsätzlich ihren Weg aus dem Erdboden ans Sonnenlicht findet, egal was er dagegen unternahm.

Um festzustellen, welchen Einfluß Licht auf die jungen Sämlinge ausübte, hielt er sie in völliger Dunkelheit, mit Ausnahme der ein oder zwei Minuten, die sie zur Beobachtung brauchten und in denen sein Sohn Frank eine Wachskerze darüber hielt. Am ersten Tag änderte ein Hypokotyl dreizehnmal seine Richtung, und zwar auf langen Achsen, die sich im rechten oder beinahe rechten Winkel schnitten. Ein anderer Sämling, der schon ein echtes Blatt gebildet hatte, beschrieb eine sehr komplizierte Figur, obwohl seine Bewegung nicht so ausholend war.

Die Sämlinge wuchsen im Dunkeln weiter. Unter dem Mikroskop maß Darwin die Geschwindigkeit, mit der sie vor und zurückschwangen; er benutzte dabei eine Mikrometereinteilung, bei der jeder Teilstrich 0,05 Millimeter entsprach. Sowohl die Geschwindigkeit, mit der sie sich bewegten, als auch die Entfernung, die sie zurücklegten, überraschte ihn. In sechs Minuten und 40 Sekunden überquerte die

Spitze eines in Dunkelheit gezogenen Sämlings 10 Teilstriche, also 0,5 Millimeter. Diese Schwankungen unterschieden sich deutlich von den durch Erschütterung hervorgerufenen Bewegungen, die beispielsweise entstanden, wenn Frank Lärm im Zimmer machte oder in irgendeinem entfernten Teil des Hauses eine Tür zugeschlagen wurde.

Darwin experimentierte mit den verschiedensten Sämlingen, die das ganze Pflanzenreich mit Ausnahme der blütenlosen Pflanzen wie Moosen und Farnen repräsentierten: Kornrade von einem seiner eigenen Felder, einer tropischen Baumwollpflanze aus dem Treibhaus, einer kleinen Zwergkresse aus dem Garten, vier *Oxalis*-Arten, Erbsen, der Roßkastanie, der Feuerbohne und der Buschbohne *(P. vulgaris)*, um nur ein paar zu nennen. Samen aus Kew Gardens (von *Cassia tora*, einer Küstenpflanze) und von Fritz Müller aus Südamerika, sowie von Lady Dorothy Nevill einige »sehr merkwürdige Monster« von Samen einer Pflanze, die er für eine Verwandte von *Medicago*, Schneckenklee, hielt, vervollständigten die Zahl der Gattungen.

Am Ende dieser Versuchsreihe, der er sich monatelang Tag und Nacht widmete (zum Beispiel notierte er, daß sich der Stamm ihres vierten Baumwollsämlings, der an einem kleinen Stab festgebunden war, um 3.45 Uhr morgens wesentlich aufgerichtet hatte, aber bis 6.20 Uhr wieder etwas gefallen war), erklärte Darwin in einem Brief an Alphonse de Candolle: »Es freut mich immer, Pflanzen auf der organischen Stufenleiter auf einen höheren Rang zu heben, und wenn Sie sich die Mühe machen, mein letztes Kapitel zu lesen, wenn mein Buch (das bedauerlicherweise zu umfangreich wird) erscheint und Ihnen zugeschickt wird, dann hoffe und glaube ich, daß Sie ebenfalls einige der schönen Anpassungen bewundern werden, mit deren Hilfe Sämlinge imstande sind, ihre Funktionen zu erfüllen.« In seiner *Autobiographie* gab er seiner Freude an Pflanzen noch einmal Ausdruck, doch statt der Worte »organische Stufenleiter« schrieb er nun von der Stufenleiter der »organischen Lebewesen«.

Sein nächstes Ziel war, herauszufinden, wie sich die Keimwurzeln von Sämlingen verhalten, wenn sie im Erdboden auf Steine oder andere Hindernisse trafen. Er nahm einige keimende Pferdebohnen *(Vicia faba)* und steckte sie in feuchten Sand. Dann verbarrikadierte er ihnen den Weg durch kleine Glasplatten, die er aufrechtstehend eingrub. Die zarte Keimwurzel war zunächst hilflos, als sie auf dieses Hindernis traf, und versuchte anschließend so verbissen, sich einen Weg hindurchzubahnen, daß sie ganz flach wurde. Nach einer Weile überwand sie die Schwierigkeit jedoch, indem sie an dem Hindernis emporkletterte und über die Spitze glitt. Nun klebte Darwin ein dünnes Holzstückchen auf das Glas, und zwar im rechten Winkel zu der Keimwurzel, die an der Platte herunterglitt. Bei der Berührung mit dem Holz plattete sich die Wurzelspitze erneut ab, löste dann aber nach fünf Stunden auch dieses Problem, indem sie eine weitere rechwinklige Richtungsänderung vornahm, an dem Holzstückchen entlangwuchs, bis sie das Ende erreichte, und wieder im rechten Winkel abbog. Vor ihr lag nun nur noch ein Hindernis. Als sie den Fuß der Glasplatte erreichte, bog sie sich ein weiteres Mal und senkte sich dann direkt in den feuchten Sand. Ein beruhigender Gedanke für alle, die Samen in einem steinigen Boden aussäen.

Im Anschluß an diese Experimente beschloß Darwin, die Empfindlichkeit der Keimwurzel zu testen, die der Aufmerksamkeit des deutschen Botanikers Julius Sachs völlig entgangen war. Nach Hunderten von Versuchen (»Ein kleines Stückchen Stanniol wurde mit Gummi auf eine Seite der Spitze eines jungen und kurzen Würzelchens befestigt«; »Ein schmales Stück einer Federspule wurde . . . befestigt« – insgesamt waren es 44 solcher Gegenstände) war es Darwin gelungen, die Empfindlichkeit nachzuweisen, und er lieferte damit eine wertvolle Information für zukünftige Generationen von Gärtnern und Züchtern. Ihm war aufgefallen, daß die Keimwurzeln wesentlich schneller wuchsen, wenn sie beträchtlicher Wärme ausgesetzt wurden, und er ging zunächst davon aus, daß die Wärme zugleich auch die Empfindlichkeit steigern würde. Gläser, in denen Bohnen in feuchter Luft keimten, wurden auf einen Kaminsockel gestellt und Temperaturen von 20,5° bis 22,2° Celsius ausgesetzt. Andere stellte er in sein Treibhaus, in dem noch höhere Temperaturen herrschten. Er führte zwischen fünf und sechs Dutzend Versuche durch, um die Ablenkungen der Wurzelspitze von den kleinen Kartonstückchen und Holzsplittern zu messen, die er daran anbrachte. Zu seiner Überraschung ließ sich von allen nur eine Keimwurzel einigermaßen deutlich ablenken, während fünf andere nur unbedeutende und zweifelhafte Ablenkungen zeigten. Dies war keineswegs das Ergebnis, das er erwartet hatte, und er zog den Schluß, daß ihm irgendwo ein unerklärlicher Fehler in der Durchführung der Experimente unterlaufen war. Er besann sich dann darauf, daß Keimwurzeln, die sich unter natürlichen Bedingungen im Boden entwickelten, niemals Temperaturen von 21° Celsius erlebten, und entschloß sich zu einem letzten Versuch, bei dem die Keimwurzeln von zwölf Bohnen in Temperaturen von 12,7° und 15,5° Celsius wuchsen. Es zeigte sich, daß in jedem Fall die Keimwurzel innerhalb von wenigen Stunden von dem betreffenden angehefteten Gegenstand abwich. Aus dieser Tatsache ergab sich, daß hohe Temperaturen zwar das Wachstum ungewöhnlich beschleunigten, die Empfindlichkeit der Keimwurzel jedoch bei 21° Celsius zerstört wurde. Sachs hatte ausdrücklich darauf hingewiesen, daß seine Bohnen unter hohen Temperaturen gehalten wurden, hatte aber versäumt, dieses entscheidende Experiment zu unternehmen. Es war dagegen typisch für Darwin, daß er Versuche über Versuche anstellte, um sich ein vollständiges Bild zu verschaffen. Wenn man also eine Bohne oder irgendeinen anderen Samen zu stark erhitzt – wird er zwar keimen. Aber wenn man ihn anschließend verpflanzt, wird die Radikula nicht wissen, was sie tun soll, nachdem das »Gehirn« der Pflanze zerstört ist. Der Sämling wird welken und absterben.

Doch damit war die Arbeit an der Keimwurzel noch nicht abgeschlossen. Eine weitere Frage beschäftigte Darwin: Angenommen, die Keimwurzel ist sozusagen das Gehirn der Pflanze, was geschieht dann, wenn man einen Teil davon verletzt – reagiert sie in dem Fall immer noch auf die Schwerkraft? Er stellte mit 59 Feuerbohnen Versuche an, indem er eine Seite der Wurzel mit einem Ätzstift und anderen Reizmitteln rieb oder eine ganze Seite mit dem Rasiermesser entfernte. Er stellte fest, daß die unbeschädigte Seite die Aufgabe im vollen Umfang übernahm: Sie wuchs weiter und neigte sich zum Boden. Somit erwies sich der Geotropismus letztlich als Sieger – selbst bei zwei Keimwurzeln, von denen er Scheibchen abschnitt und die er damit fast zum Wahnsinn trieb, so sehr drehten und wanden sie sich, bis auch sie sich nach unten neigten.

Eine andere Versuchsreihe sollte zeigen, ob die Keimwurzel ihren Weg zur Feuchtigkeit fand; sie wurde mit positivem Ergebnis abgeschlossen.

Zusammenfassend schrieb Darwin über seine Arbeit mit der wunderbaren Radikula: »Ein Würzelchen kann mit einem grabenden Tiere, beispielsweise einem Maulwurfe, verglichen werden, welches wünscht, senkrecht in den Boden hinabzudringen. Durch beständige

Bewegung seines Kopfes von einer Seite zur anderen oder durch Zirkumnutieren wird es jeden Stein oder jedes andere Hindernis im Boden ebenso wie jede Verschiedenheit in der Härte des Bodens fühlen und wird sich von dieser Seite wegwenden; wenn die Erde auf einer Seite feuchter ist als auf der anderen, wird es sich dahin als nach einem besseren Jagdgrund wenden. Trotzdem wird es nach jeder Unterbrechung durch das Gefühl der Schwerkraft imstande sein, seinen Lauf abwärts wieder anzunehmen und sich in eine größere Tiefe einzugraben.«

Darwin wandte sich nun dem Phänomen der Zirkumnutation bei ausgewachsenen Pflanzen zu, bei ihren Stämmen und Blättern. Eine Wurzel muß ihren Weg in die Tiefe des Bodens finden: Der erste Blattkomplex muß sich aus dem Boden herauswühlen. Aber warum beschreiben Blätter und Stämme diese Kreise?

Das war die Frage, die Darwin sich stellte.

Zunächst einmal hielt er es für unwahrscheinlich, daß Pflanzen mit zunehmendem Alter ihre Wachstumsweise ändern sollten, und vermutete, daß die verschiedenen Organe sämtlicher Pflanzen in allen Altersstufen, solange sie noch wuchsen, zirkumnutierten. Um diese Frage zu klären, begann er mit sorgfältigen Beobachtungen an etwa einem Dutzend Gattungen, die zu völlig verschiedenen Pflanzenfamilien gehörten und in völlig verschiedenen Ländern heimisch waren. Bis zu diesem Zeitpunkt hatte noch niemand darüber nachgedacht, ob Stämme und Blätter sich in dieser Weise bewegten.

Er wählte einige Strauchpflanzen mit holzigen Stämmen aus, weil er sie für diejenigen hielt, bei denen Zirkumnutation am unwahrscheinlichsten war. Darunter befanden sich einige Kletterpflanzen, einige beerentragende Sträucher, einige perennierende und annuelle Pflanzen, Koniferen und Zwiebelgewächse. Er zog auch *Verbena melindres* in die Versuche ein, die er aus der Umgebung von Montevideo kannte, wo sie ganze Gebiete mit ihren scharlachroten Blüten überzogen hatte. Zu seinen Versuchsobjekten gehörte außerdem ein mexikanischer Kaktus, ebenfalls ein nicht sehr aussichtsreicher Kandidat, und eine Wasserpflanze.

Er beschäftigte sich zuerst mit ihren Stämmen und stellte sie, wie zuvor die Sämlinge, auf eine geschwärzte Glasplatte, um zu sehen, ob und welche Muster sie hinterlassen würden. Jede Pflanze beschrieb eine Reihe von Zickzacklinien, die, wären die Sämlinge nicht auf eine ebene Fläche beschränkt gewesen, natürlich kreisförmig verlaufen wären. Selbst die holzigen Stämme von *Deutzia gracilis* änderten im Laufe von zehn Stunden und 30 Minuten elfmal deutlich ihre Richtung, während der Stamm einer wilden Himbeere an einem einzigen Vormittag fast einen kompletten Kreis beschrieb und sich dann ganz nach rechts wandte, um von neuem zu beginnen. Auch der Kaktus *Cereus speciosissimus,* dessen Zweige absolut starr aussahen, zirkumnutierte deutlich, wenn auch mit weniger als 1,25 Millimeter in einem sehr viel kleineren Ausmaß. Das Eisenkraut beendete jeweils nach vier Stunden einen vollen Kreis. Überraschend war, daß die Doldige Schleifenblume, *Iberis umbellata,* eine annuelle Pflanze, innerhalb von 24 Stunden nur eine einzige große Ellipse beschrieb.

Er fand heraus, daß Stolonen in ähnlicher Weise zirkumnutieren, jene biegsamen Ausläufer von Pflanzen wie der Erdbeere, die auf der Bodenoberfläche entlangwandern und in einiger Entfernung von der Mutterpflanze neue Wurzeln bilden. Wie die Keimwurzeln der Bohnen überwanden sie die Hindernisse, indem sie darüber hinwegkletterten. Darwin legte ihnen unter anderem Steine und Glasstückchen in den Weg. Nur ein Stolon mußte wirklich kämpfen. Er wand sich in geschwungener Linie die Glasplatte hinauf, schaffte es nicht, rollte sich wieder zusammen und versuchte es noch einmal. Schließlich überwand er das Hindernis, indem er sich an einer Seite vorbeischlängelte, anstatt darüber hinwegzusteigen. Darwin steckte eine Anzahl langer Stecknadeln in den Boden. Die Stolonen fanden ihren Weg leicht zwischen ihnen hindurch. Die Ausnahme bildete diesmal ein dicker Stolon, der in seinem Vormarsch erheblich aufgehalten wurde. An einer Stelle war er gezwungen, im rechten Winkel abzubiegen, an einer anderen, wo er sich nicht zwischen den Nadeln hindurchschlängeln konnte, bog sich sein hinterer Teil. Danach geschah eine ganze Weile gar nichts, so daß man hätte schwören mögen, daß der Stolon innehielt, um sich über seine Situation klarzuwerden. Vielleicht war das auch der Fall, denn anschließend bog er sich aufwärts und wanderte über die Nadelköpfe, bis er zwischen zwei oder drei weiter voneinander entfernten eine passende Lücke fand. Nun wanderte er erleichtert nach unten und konnte dem Weg folgen, den auch die anderen Stolonen genommen hatten. Bei einem weiteren Versuch mußten sich die Stolonen ihren Weg durch einen Dschungel aus Pflanzenstielen bahnen, was ihnen mit Hilfe ihrer wunderbaren Zirkumnutationsfähigkeit auch gelang. Wären die Stolonen nicht imstande gewesen, sich auf der Suche nach einem Ausweg hin und her zu bewegen, so wären sie, ohne ein Stück voranzukommen, an einem Punkt so lange im Kreis gewandert, bis sie sich verausgabt hätten.

Nachdem Darwin herausgefunden hatte, daß die Blütenstiele demselben nützlichen Gesetz folgten, unternahm er ausführliche Versuche mit den Blattstielen und wandte sich, nachdem er bewiesen hatte, daß auch sie zirkumnutierten, dem eigenartigen Phänomen des Pflanzenschlafs zu.

Sind Sie schon einmal in einer hellen Mondnacht in Ihrem Garten spazierengegangen? Wenn ja, haben Sie bemerkt, welch eine große Zahl von Pflanzen ihr Aussehen vollkommen verändert hatten? Schauen Sie sich einmal ein Lupinenbeet an. Sie werden erschreckt sein, wenn Sie sehen, daß ihre hübschen Blätter nicht mehr fächerförmig ausgebreitet sind, sondern schlaff herabhängen. Zweifellos werden Sie die Schuld bei sich suchen und sich sofort vornehmen, die Pflanzen als erstes am nächsten Morgen zu gießen, in der Annahme, daß sie verdursten. Doch wie verhält es sich mit dem Gurkenbaum, der sein Wurzelsystem in weitem Umkreis tief in den Boden treibt und irgendwo Feuchtigkeit finden muß? Auch seine gefiederten Blättchen hängen herab wie Wäschestücke von einer Leine. Eine andere Überraschung erwartet Sie im Küchengarten, wo Salat- und Rettichblätter senkrecht in die Höhe stehen und sich eng aneinanderklammern. Sie werden außerdem feststellen, daß jede kleine *Oxalis*-Pflanze ihre Blätter ordentlich wie einen Regenschirm zusammengelegt hat. Wenn Sie nicht wußten, daß Pflanzen nachts schlafen gehen, können Sie sich so davon überzeugen, wenn Darwin auch nicht der Meinung war, daß Pflanzen genauso schlafen wie wir. »Kaum irgend jemand nimmt an«, schrieb er, »daß irgendeine wirkliche Analogie zwischen dem Schlafe der Tiere und dem der Pflanzen, mögen es Blätter oder Blüten sein, besteht.« Aus diesem Grunde erfand er den Ausdruck »Nyktitropismus« und davon abgeleitet »nyktitropisch«, um die nächtlichen Bewegungen oder die »sogenannte Schlafbewegung der Pflanzen« zu umschreiben. Nachdem er dies erklärt hatte, erinnerte er daran, daß schon Plinius der Ältere diesen »Schlaf der Pflanzen« im 1. Jahrhundert vor Chr. beobachtet hatte. Und im 18. Jahrhundert hatte der berühmte Linné, bekannt wegen seines Klassifikationssystems für Pflanzen, in seinem Werk *Somnus Plantarum* darauf hingewiesen, daß sich Blätter zusammenfalten

Darwins Methode, die Winkel von Blättern im schlafenden und wachen Zustand zu messen.
(Photos: Leonard Darwin)

oder herabhängen, um die jungen Stiele und Knospen vor kalten Winden zu schützen.

Darwin hielt das für keine erschöpfende Erklärung und brachte in einer langen Reihe von sorgfältig angelegten Versuchen einige erstaunliche Tatsachen ans Tageslicht. Es traf zwar zu, daß Blätter sich zusammenfalten oder herabhängen, um sich vor der Kälte zu schützen. Doch hatte dies Verhalten den Zweck, die Blattoberseiten vom Himmel beziehungsweise der Richtung der Ausstrahlung abzukehren. Darwin wählte einige wertvolle Pflanzen aus seinem Gewächshaus aus und stellte sie nachts auf den Rasen, nachdem er ihre Blätter so befestigt hatte, daß sie sich weder zusammenfalten noch herabhängen konnten. Eine lange Liste von »toten, schwarz verfärbten und geschrumpften« Blättern war die Folge, und er schrieb an Hooker: »Ich glaube, wir haben *bewiesen,* daß der Schlaf der Pflanzen dazu dient, die Verletzung der Blätter durch Ausstrahlung zu mindern. Dies hat mich sehr interessiert, denn es stellte sich seit der Zeit von Linnaeus als Problem dar. Aber«, so fügte er reumütig an, »wir haben eine Vielzahl von Pflanzen getötet oder ernsthaft beschädigt: Notabene – *Oxalis carnosa* war überaus wertvoll, wurde aber letzte Nacht getötet.«

Wie schwer muß es den drei Gärtnern in Down House gefallen sein, Schönheiten aus dem Gewächshaus Topf für Topf auf diese Weise hingemetzelt zu sehen! Eigenartigerweise erlitt *Lotus jacobaeus,* Bewohner der tropischen Kapverdischen Inseln, überhaupt keinen Schaden. Die Pflanze verbrachte eine Nacht unter klarem Himmel bei einer Bodentemperatur von 1,6° Celsius, und in einer anderen Nacht stand sie eine halbe Stunde lang im Gras, dessen Temperatur zwischen 2,7° und 3,8° Celsius lag. Doch nicht ein einziges Blatt, weder die mit Nadeln offengehaltenen, noch die freien, wurde im mindesten verletzt. Dasselbe war bei der tropischen *Cassia laevigata* und *C. calliantha* der Fall. Der Grund dafür lag in der Tatsache, daß die Temperaturen in tropischen Klimazonen nachts empfindlich absinken können.

Seine Versuche führten Darwin jedoch nicht nur zur Entdeckung der Gründe für den Pflanzenschlaf, sondern auch einer weiteren bemerkenswerten Tatsache, nämlich daß nicht nur der Einfluß der Dunkelheit und die drohende Ausstrahlung die Pflanzen veranlaßten, sich zu schließen, sondern daß sie tagsüber auch eine ausreichende Menge Licht brauchten. In der großen Eingangshalle seines

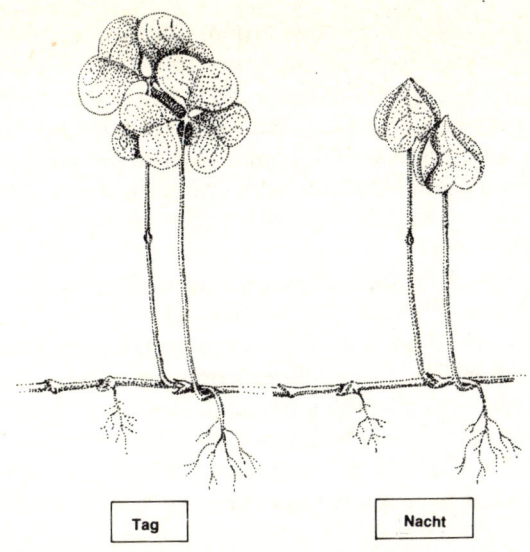

Die Blätter von Sauerklee *(Oxalis acetosella)* im wachen und im schlafenden Zustand –
wenn sie sich wie ein Regenschirm zusammenklappen.
(Zeichnung von Keith Roberts)

Die Telegraphierpflanze *(Desmodium gyrans)*, deren Blätter sich bei Tag der Sonne
zuwenden und nachts herunterhängen, zum Schutz vor Ausstrahlung.
(aus: *Charles Darwin, Das Bewegungsvermögen der Pflanzen*)

Hauses, die am Tage nur durch Lichteinfall durch die im Dach befindliche Glaskuppel erleuchtet wurde, standen einige schöne Exemplare von *Abutilon darwinii* (eine weitere Entdeckung von John Tweedie, einem Anhänger Darwins). Diese Pflanzen gingen niemals schlafen, genausowenig wie die Kresse, die er in Töpfen in einem Wohnzimmer mit Fenster nach Nordosten hielt. Als er sie jedoch ins Freie stellte, wo sie in den Genuß des vollen Tageslichts kamen, schliefen sie in der Nacht tief und fest.

Übrigens entdeckte er im Laufe dieser Untersuchungen zufällig, daß heftig geschüttelte Pflanzen des Schlafs beraubt werden. Er stellte eine *Maranta arundinacea* ins Freie auf den Rasen, die bis dahin ein ruhiges Leben im Treibhaus geführt hatte. Plötzlich kam starker Wind auf und zerrte grob an ihren Blättern. Die *Maranta* konnte die nächsten zwei Nächte nicht schlafen, was ihr nicht guttat. Sollten Sie also einmal in Ihr Glashaus gehen und Ihre Pflanzen verstaubt finden, empfiehlt es sich nicht, sie zu schütteln – wischen Sie die Blätter lieber vorsichtig ab.

Bei seinen Versuchen stieß Darwin auch auf Pflanzen, die am Tage so aussahen, als ob sie schliefen. Wenn Sie das bei ihren Pflanzen entdecken, ist es höchste Zeit, die Gießkanne zu holen, denn die Pflanzen leiden dann tatsächlich an Wassermangel. Das Zusammenfalten oder Hängenlassen der Blätter zeigt den Mechanismus an, mit dem sie die Verdunstung auf ein Minimum reduzieren.

An dieser Stelle ergibt sich die Frage, auf welche Weise Blätter ihre hängende oder aufrechte Stellung einnchmen. An der Basis der Petiole oder des Blattstiels befindet sich eine Gruppe kleiner Zellen, die man zusammenfassend Blattkissen oder Blattpolster nennt. Darwin erklärte, daß das Kissen an der unteren Seite, wo die Zellwände dünner sind, Wasser sammelt, wenn sich ein Blatt aufrichtet. Umgekehrt senkt sich das Blatt, wenn die Zellwände Wasser abgeben.

Wir haben gesehen, daß sich die Blätter von Pflanzen dem Licht zuwenden, d. h. der Sonne, wenn sie im Freien, und dem Fenster, wenn sie im Hausinnern stehen. Doch es gibt auch Ausnahmen. Einige Pflanzen wenden, wenn man sie mit einer starken Lichtquelle anstrahlt, ihre Blätter ab, indem sie sie aufrichten, hängen lassen oder verdrehen.

Um Beweise für den Heliotropismus oder die Zuwendung zum Licht zu finden, stellte Darwin mehrere Sämlinge in sein Nordostfenster, das er mit einem Leinenrollo, zwei Musselinvorhängen und einem Handtuch verhängt hatte. Es fiel so wenig Licht hindurch, daß ein Bleistift auf weißem Papier kaum einen Schatten warf, und die wachsende Spitze wandte sich überhaupt nicht zum Fenster. Dann entfernte er das Handtuch und ersetzte es durch zwei weitere Musselinvorhänge, so daß das Licht jetzt durch vier Musselinvorhänge und das Leinenrollo fiel. Der Bleistift warf nunmehr einen gerade erkennbaren Schatten. Doch diese geringfügige Intensivierung des Lichteinfalls reichte aus, um die Sämlinge zu veranlassen, sich sofort in Zickzacklinien auf das Fenster zuzubewegen. Er unternahm Dutzende von Experimenten mit verschiedenen Sämlingsarten, und alle erwiesen sich als lichtempfindlich. Einige stellte er in einen Karton, in den durch ein Nadelloch nur ein winziger Lichtstrahl gelangte, und die Sämlinge richteten sich fast gerade auf ihn aus.

Dann widmete sich Darwin den Pflanzen, die sich genau umgekehrt verhielten. Er untersuchte den Apheliotropismus oder die Abneigung gegen das Licht anhand von zwei Pflanzen, darunter *Doxantha capreolata (Bignonia capreolata),* ein kletternder immergrüner Strauch. Er ermittelte, daß Apheliotropismus für diese Pflanze lebenswichtig war, weil sie sie zum nächsten Baumstamm führte, in dessen Schatten es dunkel war. Bei der anderen Pflanze handelte es sich um das zarte, kleine Persische Alpenveilchen, *Cyclamen persicum.* Gärtner mit einer Vorliebe für alpine Pflanzen wissen, daß die Blütenstiele in dem Moment, wo die Samenkapseln zu schwellen beginnen, an Länge zunehmen und sich dann langsam nach unten neigen, bis die Kapseln den Boden berühren, wo jene sich, wenn möglich, eingraben. Darwin begründete dieses Verhalten zunächst mit dem Geotropismus, der Wirkung der Schwerkraft. Dann aber drehte er einen Topf, der waagerecht gelegen hatte und in dem sich alle Kapseln dem Boden zugewandt hatten, liegend um, so daß die Kapseln direkt nach oben zeigten. In derselben horizontalen Position legte er den Topf dann in einen dunklen Schrank. Nach vier Tagen und vier Nächten zeigten die Kapseln immer noch nach oben. Der Topf wurde wieder ans Tageslicht gebracht, und zwei Tage später beobachtete er die ersten Abwärtsbewegungen. Nach einigen Tagen wiesen sämtliche Kapseln nach unten. Nach weiteren Experimenten mit Alpenveilchen derselben Art kam Darwin zu dem Schluß, daß die nach unten gerichtete Bewegung tatsächlich auf Apheliotropismus, und nicht die Schwerkraft, zurückzuführen sei.

Zu jener Zeit herrschte allgemein die Ansicht, daß Apheliotropismus und Heliotropismus Bewegungsarten seien, die mit der Zirkumnutation nichts zu tun hatten. Darwin erkannte, daß es sich bei beiden Bewegungen um Erweiterungsformen der letzteren handelte. In Versuchen bewies er, daß Sämlingspflanzen stark heliotrop waren, eine Tatsache, die ihnen in dem Bemühen, die Kotyledonen so schnell und vollständig wie möglich ans Licht zu bringen, enorm zugute kam. Apogeotropismus allein beinhaltete eine blind nach oben gerichtete Bewegung, die dazu führte, daß die Sämlinge bei Berührung mit einem über ihnen liegenden Hindernis wild zirkumnutieren würden. Nur durch die Kombination von Heliotropismus und Zirkumnutation waren die Sämlinge imstande, Hindernisse zu überwinden und ans Licht zu gelangen.

Dies war eine der Nebenwirkungen oder, wie Darwin sie nannte, übertragenen Wirkungen des Heliotropismus, und ihr widmete er seine folgenden Untersuchungen. »Niemand kann die Pflanzen an einem Abhange oder an den Rändern eines dichten Waldes wachsen sehen und daran zweifeln, daß sich die jungen Stämme und Blätter so stellen, daß die Blätter gut beleuchtet werden können. Sie werden dadurch in den Stand gesetzt, Kohlensäure zu zersetzen.« Insektenfressende Pflanzen wie Sonnentau und Fettkraut waren nicht heliotrop, wie er ermittelte. Für sie bestand auch dafür gar keine Notwendigkeit: Da sie nicht allein darauf angewiesen waren, Kohlensäure aus der Luft zu zersetzen, war es wichtiger für sie, ihre Blätter in die wie auch immer geartete Stellung zu bringen, in der sie am besten Insekten fingen.

Bei seinen diesbezüglichen Untersuchungen, genauer, bei Experimenten mit den Kotyledonen von *Phalaris canariensis,* dem Kanarien-Glanzgras, stieß Darwin auf eine bedeutsame Tatsache, die ein völlig neues Feld in der Pflanzenbiologie eröffnen sollte. Als er die Zuwendung der Kotyledonen zum Licht einer kleinen Lampe beobachtete, erkannte er, daß der obere Pflanzenteil bestimmte, in welche Richtung sich der untere bewegte. Versuche mit Kotyledonen von nur 2,54 Millimeter Länge ergaben, daß der obere Teil sich erst in umgekehrter Richtung bog und dann streckte. Hätten sie dies nicht getan, hätte die Wachstumsspitze irgendwann zum Boden gezeigt und nicht zum Licht. Dieses Verhalten half dem Sämling, den kürzesten Weg von dem vergrabenen Samenkorn zum Licht zu finden, »beinahe nach demselben Grundsatze«, schrieb Darwin, »nach wel-

chem die Augen der meisten von den niederen kriechenden Tieren an
den vorderen Enden ihrer Körper angebracht sind« – er zog oft Vergleiche zwischen Pflanzen und Tieren. Versuche ergaben, daß sich die
Kotyledonen nicht im mindesten nach unten neigten, wenn ihre untere Hälfte mit einem hellen Licht angestrahlt wurde. Dagegen
brauchte nur schwaches Licht auf einen schmalen Teil oder auch nur
eine Seite des oberen Teils zu fallen, damit er sich entsprechend bog.
Die Übertragung einer vom Licht ausgehenden Wirkung war eine
neue physiologische Erkenntnis – und ein Durchbruch.

»Diese Resultate«, folgerte Darwin, »scheinen das Vorhandensein
irgendeiner Substanz im oberen Teile vorauszusetzen, welche vom
Lichte beeinflußt wird und welche ihre Einwirkungen auf den unteren Teil überleitet. Es ist gezeigt worden, daß diese Übertragung von
der Biegung des oberen empfindlichen Teils unabhängig ist.«

Darwin hatte recht. Tatsächlich stellte er, ohne es zu wissen, eine
Untersuchungsreihe an, die zur Entdeckung der Hormone führen
sollte – ein halbes Jahrhundert später. Die »Substanz«, von deren
Existenz er überzeugt war, war das Wachstumshormon Auxin, dessen
Aufgabe es ist, in der Pflanze zu zirkulieren und Anweisungen wie
»Wachsen!« oder »Nicht wachsen!« zu erteilen. Auxin, das erste
Pflanzenhormon, das isoliert wurde, wurde erst im Jahre 1928 ent-
deckt, als Fritz W. Went, Professor der Botanik in Utrecht, Darwins
Experimente mit derselben Pflanze, *Phalaris canariensis,* wieder aufnahm. Aber es bedurfte der Mitarbeit von vielen Helfern und der
Möglichkeit der Biochemie des 20. Jahrhunderts, damit die Entdek-
kung zustande kam und das Auxin isoliert und schließlich identifiziert
wurde. Darwins Kanarien-Glanzgras war ein hervorragendes Versuchsobjekt, denn Gräser verfügen über ein besonderes Organ, die
Koleoptile oder Keimscheide, ein umgewandeltes erstes Blatt, das in
seiner Spitze Auxin produziert. Bei der Bohne verhält es sich nicht
anders. Als Darwin also eine Seite des Würzelchens einer Feuerbohne mit dem Rasiermesser entfernte und feststellte, daß sich die
Keimwurzel dennoch auf der unbeschädigten Seite bog (d. h. weiter-
wuchs), war dies die Wirkung des Auxins.

Hinterließ diese Behandlung der Keimwurzel bleibende Schäden?
Darwin fand in einer weiteren Versuchsreihe heraus, daß die Natur
über ein so ausgezeichnetes Regenerationsvermögen verfügte, daß
sich die Spitze sogar nach Amputation innerhalb von drei Tagen vollständig erholte und ihre Wachstumsrate pro Tag oft verdoppelte, so

als ob sie einen Ausgleich schaffen wollte. Schnitt man sie vollständig ab, so bildeten sich nach vier Tagen neue Wachstumspunkte, und diese neuen Wurzelspitzen folgten dem üblichen Verhaltensmuster und bogen sich nach unten zur Erde. Zum Glück für den Sämling schnitt Darwin nur einen Bruchteil der Wurzelspitze ab, nämlich bis zu einer Länge von »weniger als 1 bis 1,5 Millimeter«: Heute weiß man, daß die Grenze der Empfindlichkeit bei 1,5 Millimeter liegt.

Drei Jahre dauerten Darwins Experimente, und am 6. November 1880 erschien sein Buch *Das Bewegungsvermögen der Pflanzen,* in dem er bewies, daß Pflanzen sich wie Tiere bewegen, daß sie wie Tiere empfindlich sind, daß sie Nahrung und Wasser brauchen. Tiere haben ein Gedächtnis; Pflanzen verfügen über einen Mechanismus, der denselben Zweck erfüllt.

Einige dieser Tatsachen waren bekannt, jedoch nur in Form von Einzelbeobachtungen. Erst Darwin zeigte den Zusammenhang, in dem sie stehen, und gab ihnen neue Bedeutung. In seinem Buch *Charles Darwin,* das 1882 erschien, schrieb William Thiselton Dyer: »Ob sich diese meisterhafte Konzeption von der Einheit dessen, was bisher als ein Chaos unzusammenhängender Phänomene erschien, durchsetzen kann, kann nur die Zeit beweisen. Aber niemand kann bezweifeln, daß das, was Darwin getan hat, wichtig war, da er zeigte, daß die Phänomene der Pflanzenbewegung in Zukunft unter einem einzigen Gesichtspunkt untersucht werden können und auch müssen.«

Seine Hoffnungen in bezug auf *Das Bewegungsvermögen der Pflanzen* haben sich erfüllt. Die Zeit hat das voll und ganz erwiesen.

18. In memoriam

Ob man zurückschauend seine Leistung mit den Bemühungen seiner Vorgänger vergleicht oder vorausschauend den von der modernen Wissenschaft eingeschlagenen Weg verfolgt, unsere Hochachtung wird weniger dem Verdienst gelten, eine abgerundete Leistung erbracht zu haben, sondern der kreativen Kraft, mit der er vielfältige und umfassende Entdeckungsrichtungen einleitete.

Zu allen Zeiten soll man seiner als desjenigen gedenken, der als erster eindeutig bewiesen hat, daß die Probleme von Vererbung und Variation durch Beobachtung lösbar sind, und den Weg vorzeichnete, den wir zu ihrer Lösung beschreiten müssen . . . Evolution ist ein Prozeß von Variation und Vererbung. Die früheren Autoren hatten zwar eine vage Vorstellung davon, daß dies der Fall sein mußte, aber sie beschäftigten sich nicht mit der Erforschung von Variation und Vererbung. Darwin tat es, und er begründete nicht eine Theorie, sondern eine Wissenschaft.

Seine durchdachten Spekulationen über die genetische Bedeutung der zytologischen Erscheinungen führten zu einer genauen Untersuchung der sichtbaren Phänomene, die in jenen Zellteilungen auftreten, durch die Keimzellen entstehen.

William Bateson

Mit seiner Vorstellung von den »Keimchen« als Vererbungsträgern war er gar nicht so weit von der Konzeption des Gens aus dem 20. Jahrhundert entfernt.

Darwins spätere Arbeit über die Bewegungen der Pflanzen hatten eine besondere Bedeutung für die Pflanzenphysiologen unter den Botanikern, die sich mit seinen Aussagen über die Evolution in der Tat kaum befassen mußten. Die heutigen Forschungen auf dem Gebiet der Tropismen, die unter anderem zu der Entdeckung der pflanzlichen Wachstumshormone führten, lassen sich über eine Reihe von hervorragenden Persönlichkeiten mit Darwins Arbeit über die Bewegungen der Pflanzen in Verbindung bringen.

John Heslop-Harrison

Im Juli 1881 schrieb Darwin an Alfred Russel Wallace, den Joseph Hooker »Darwins wahren Gefolgsmann« nannte: »Was ich mit den wenigen Jahren meines Lebens tun soll, die mir noch verbleiben, weiß ich kaum zu sagen. Ich habe alles, um glücklich und zufrieden zu sein, aber das Leben ist für mich sehr anstrengend geworden.«

Die ersten Monate des Jahres beschäftigte er sich mit der Fertigstellung seines letzten Buchs, das er im vorausgegangenen Herbst begonnen hatte: *The Formation of Vegetable Mould through the Action of Worms* (deutscher Titel: »Die Bildung der Ackererde durch die Thätigkeit der Würmer mit Beobachtungen über deren Lebensweise«). Darin verglich er ihre Arbeit mit der von »einem Gärtner, welcher feine Erde für seine ausgesuchtesten Pflanzen zubereitet«. Er hielt sehr viel von Würmern. »Wenn wir eine weite, mit Rasen bedeckte Fläche betrachten, so müssen wir dessen eingedenk sein, daß ihre Glätte, auf welcher ihre Schönheit in so hohem Grade beruht, hauptsächlich dem zuzuschreiben ist, daß alle die Ungleichheiten langsam von den Regenwürmern geebnet worden sind. Es ist wohl wunderbar, wenn wir uns überlegen, daß die ganze Masse des oberflächlichen Humus durch die Körper der Regenwürmer hindurchgegangen ist und alle paar Jahre wiederum durch sie hindurchgehen wird.« Er verwies auf den Pflug als die älteste und wertvollste Erfindung des Menschen und die Tatsache, daß das Land lange vor der Existenz des Menschen tatsächlich von den Regenwürmern regelmäßig gepflügt wurde und immer noch gepflügt wird. »Man kann wohl bezweifeln«, so führte er aus, »ob es noch viele andere Tiere gibt, welche eine so bedeutungsvolle Rolle in der Geschichte der Erde gespielt haben wie diese niedrig organisierten Geschöpfe.«

Sir Leslie Stephen hatte das Buch gelesen, denn in seiner Biographie des angloirischen Dichters und Schriftstellers Jonathan Swift verglich er dessen Betrachtungen über das Verhalten und die Gebräuche von Bediensteten mit Darwins Beobachtungen der Regenwürmer. »Der Unterschied liegt darin«, schrieb er, »daß Darwin Würmern gegenüber nur freundliche Gefühle hegte.«

Diese Freundlichkeit der Gefühle erstreckte sich auf alle Lebewesen. Seinen Kindern brachte er bei, alles Leben zu achten und zu lieben, so daß ihnen, auch als sie älter wurden, nichts »gemein oder unrein« erschien. Ob ein Insekt kroch oder flog, ob seine Farben prächtig oder unauffällig waren, ob es über oder unter dem Erdboden lebte, das Verhältnis der Kinder Darwins zu ihm schien sozusagen von

Respekt geprägt, weil es lebte. Wann immer Darwin bei einem jungen Menschen die Spur einer naturwissenschaftlichen Neigung entdeckte, wußte er sie zu fördern. Bei seinen Spaziergängen traf er gelegentlich den kleinen Sohn seines Nachbarn, John Lubbock, bei der Untersuchung irgendeines Tiers, das er gefunden hatte. Er bestärkte ihn, seine jungenhaften Forschungen weiter zu betreiben, und aus dem Knaben wurde einer der größten wissenschaftlichen Beobachter der Welt.

Jedermann gegenüber war er höflich, egal um wen es sich handelte. Francis Darwin erinnerte sich, daß sein Vater immer wieder Briefe von dummen, skrupellosen Menschen erhielt, die er dennoch stets beantwortete. »Er pflegte zu sagen, daß sie ihm später auf dem Gewissen lasteten, wenn er sie nicht beantwortete, und zweifellos war es in starkem Maße auf die Höflichkeit zurückzuführen, mit der er auf jeden einzelnen einging, daß allgemein und weitverbreitet der Eindruck von der Milde seines Wesens entstand, der nach seinem Tode so deutlich hervortrat.« Später diktierte er die Briefe seinem Sohn Frank, und wenn es sich bei dem Empfänger um einen Naturforscher aus Europa handelte, sagte er fast immer dazu: »Du versuchst besser, gut leserlich zu schreiben, denn der ist an einen Ausländer gerichtet.« Mit derselben Höflichkeit behandelte er auch seine erbittertsten und unfairsten Gegner, und er zeigte sich stets bereit, Entschuldigungen für sie zu finden. Seine Freunde konnten sich immer auf ihn verlassen. Als Huxley wegen Überarbeitung dringend eine lange Ruhepause brauchte, gründete er einen Fonds, der 2100 Pfund aufbrachte und ihm den Urlaub ermöglichte. Als Wallace, wieder in England, vor dem finanziellen Ruin stand, setzte er sich für eine Anwartschaft auf eine staatliche Pension ein, die ihm die schlimmsten Sorgen nahm. Jeder im Dorf, ob krank oder in anderen Schwierigkeiten, konnte auf seine bereitwillige Hilfe zählen. 30 Jahre lang war Darwin Schatzmeister des Down[e] Friendly Club und führte die Bücher gewissenhaft und mit äußerster Genauigkeit. Es war üblich, daß sich die Mitglieder des Clubs jedes Jahr am Pfingstmontag zu einem offiziellen Zug durch das Dorf trafen und auf dem Rasen vor seinem Haus aufmarschierten. Dort begrüßte er sie und erstattete Bericht über die finanzielle Lage. Daß die Bilanz positiv war, bedeutete für ihn eine persönliche Befriedigung, denn damit war eine sichere Rücklage für die Mitglieder geschaffen.

Einmal im Jahr durften sich die Schulkinder des Dorfes auf dem

Das Porträtphoto des 59jährigen Charles Darwin entstand 1868 auf der Isle of Wight – zwei Jahre zuvor hatte er sich einen Bart wachsen lassen.
Darwin schrieb unter diese Aufnahme: »Mir gefällt dieses Photo wesentlich besser als jedes andere, das je von mir gemacht wurde.«
(Photo: Julia Margaret Cameron)

Rasen von Down House austoben. Zu ihrer Unterhaltung wurden
zwei Spielgeräte herbeigeschafft, die noch aus der Zeit von Darwins
eigenen Kindern stammten: Ein glattgehobeltes Brett von etwa 35
Zentimeter Breite und 2,50 oder 2,80 Meter Länge und einer Leiste
an jeder Seite, das ihr Vater für sie angefertigt hatte, um die Treppen
hinunterzurutschen, und eine Schiffsschaukel.

Trotz seiner Bedeutung schenkte der große Mann auch den kleinsten Dingen seine Aufmerksamkeit. Die Amerikanerin L. A. Nash,
die mit ihrem Ehemann vier Jahre lang in Downe lebte, faßte zehn
Jahre nach ihrer Rückkehr nach San Francisco im Jahre 1890 für die
Zeitschrift *Overland Monthly* ihre »Erinnerungen an Charles Darwin« zusammen: »Jenen großen Mann umgab eine so rührende,
kindliche Einfachheit, daß man seine Größe vergaß, weil er immer an
kleinen Dingen interessiert war, die einen so großen Teil des Lebens
ausmachen.« Sie beschrieb einen Tag, an dem sie mit einer jungen
Nichte, die zufällig einen Zweig wilder Beeren in der Hand hielt, in
Down House vorsprach. »Als wir wieder gegangen waren und gerade
das Tor zur Straße erreicht hatten, kam Darwin im Laufschritt hinter
uns her. ›Sie werden mich für verrückt halten, aber nachdem Sie gegangen waren, fiel mir ein, daß ich von Ihrer Nichte gern ein paar von
den Beeren hätte; die Blüte ist nämlich noch dran, wissen Sie.‹ Zu jener Zeit untersuchte er gerade die Gründe für das Vorhandensein
von Blüten an Früchten. Wenn er sich mit irgendeinem Thema beschäftigte, entging seiner Aufmerksamkeit nichts, das damit in Zusammenhang stand.«

1880 sah sie ihn zum letztenmal. Im Oktober des folgenden Jahres
untersuchte er die Wirkung von Ammoniumkarbonat auf die Wurzeln bestimmter Pflanzen, Thema von zwei Vorträgen, die Frank am
6. und 16. März vor der Linnean Society hielt.

Es waren seine letzten veröffentlichten Arbeiten. Aber nicht seine
letzte Tat für die Wissenschaft. In seinem Bericht von 1880 über die
Arbeiten in Kew Gardens hatte Hooker um Unterstützung gebeten,
damit die Ausgabe von Steudels *Nomenclator* auf dem laufenden gehalten werden konnte. Es handelte sich um einen Katalog aller bekannten Pflanzen bis 1840. Auch Pritzels *Index Iconum*, ein Katalog
aller veröffentlichten Pflanzenabbildungen bis 1866, bedurfte der
Aufarbeitung. Hooker vertrat die Ansicht, daß ein neuer vollständi-
ger Katalog nötig sei, und Darwin schloß sich seiner Meinung an. Er
erklärte, daß er das erforderliche Geld zur Verfügung stellen werde,

und übersandte ihm im Januar 1882 die ersten 250 Pfund, so daß das gigantische Werk in Angriff genommen werden konnte. Er hinterließ einen Brief »An meine Nachlaßverwalter und anderen Kinder«, in dem es hieß, er habe versprochen, jährlich 250 Pfund bereitzustellen, und zwar »für 4 oder 5 Jahre«, und in dem er sich für den Fall seines Todes vor Beendigung der Arbeit wünschte, »daß sich meine Kinder zusammentun und dafür sorgen, daß die jährliche Zahlung der obengenannten Summe erfolgt«. Der *Index Kewensis*, ständig in Gebrauch und fortlaufend ergänzt und auf dem letzten Stand gehalten, ist ein bleibendes Andenken an Charles Darwin.

Bei einem seiner täglichen Rundgänge auf dem Sandweg erlitt er am 7. März 1882 einen Schlaganfall. Es war sein letzter Spaziergang auf dem »Philosophenweg«, wo er in seinem niemals ruhenden Geist so viele revolutionierende Ideen entwickelt hatte. Er erholte sich und notierte noch am 17. April den Fortschritt eines Experiments, da Frank, der es angelegt hatte, vorübergehend abwesend war. In der folgenden Nacht erlitt er einen schweren Anfall, verlor das Bewußtsein und erwachte aus einer tiefen Ohnmacht in dem Bewußtsein, daß sein Ende nahe sei. »Ich habe nicht die geringste Angst zu sterben«, sagte er. Gegen 14.30 Uhr verließ er am Mittwoch, dem 19. April, in seinem 74. Lebensjahr die Welt, der er so viel gegeben hatte.

Emma und die Kinder wünschten, daß er in Down begraben würde, wo schon einige Angehörige Darwins lagen, darunter sein Bruder Erasmus, den er um acht Monate überlebt hatte. Aber die Nation erhob Anspruch auf ihn – er sollte neben seinen illustren Kollegen aus der Wissenschaft in der Westminster Abbey beigesetzt werden: Newton, Faraday, Herschel und seinem Freund Sir Charles Lyell. Den Sarg trugen Sir Joseph Hooker, Sir John Lubbock und Alfred Russel Wallace zusammen mit dem Duke of Devonshire und dem Duke of Argyll, dem Earl of Derby, dem amerikanischen Minister J. Russell Lowell, William Spottiswoode, Präsident der Royal Society, und Frederic William Farrar, Kanonikus von Westminster. Ihm folgten seine fünf Söhne und zwei Töchter.

Westminster Abbey war überfüllt. Alle wissenschaftlichen Gesellschaften hatten Vertreter geschickt; Lord Spencer, Präsident des Kronrates, war in Vertretung von Königin Victoria erschienen; außerdem Mitglieder des Parlaments und der Universitäten sowie ausländischer Botschaften und viele Menschen, die gekommen waren, um ihm die letzte Ehre zu erweisen. Der bekannte Organist J. Frederick Bridge hatte für die Beisetzung ein Anthem komponiert, zu dem Worte aus dem Buch Salomons gesungen wurden: »Selig sei gepriesen, wer die Weisheit fand, und jeder Mensch, dem Einsicht ward zuteil!«

Zu den Verfassern der Nachrufe, die die Spalten und Seiten aller Zeitungen und Zeitschriften füllten, zählten nicht nur führende Wissenschaftler aller Länder. Ein Nachruf unter vielen stammte von einem Mann, dessen Name uns heute nichts mehr bedeutet. In der Ausgabe vom 29. April des *Gardeners' Chronicle* finden wir seine Worte: »Möge es einem praktischen Gärtner gestattet sein, einen Kranz auf die Bahre unseres großen Lehrers zu legen. Es ist mir unmöglich, in Worten auszudrücken, in welchem Maße ich ihm verpflichtet bin.« Er versuchte es. Er sprach von dem Umfang von Darwins Forschungen und dem außerordentlichen Wert seiner Arbeiten. »Aber es läßt sich nicht abschätzen, welche geistige Anregung und Freude Darwin Hunderten – vermutlich Tausenden – von unbekannten praktischen Gärtnern vermittelte. Seine Ergebnisse, so sorgfältig gesammelt, so überaus methodisch angeordnet, vermittelten den ungezählten geduldigen Arbeitern, die das Feld der Pflanzenzucht bestellen, neue Einsichten, neue Anregungen und ein höheres intellektuelles Dasein.« Er äußerte sich mit Bewunderung über die respektvolle Zurückhaltung, die Darwin bei der Sammlung von Tatsachen walten ließ, »bis sie so hoch wie ein Berg gestapelt schienen«, um daraus anstelle einer dogmatischen Schlußfolgerung oder Theorie »lediglich eine vorsichtige Annahme oder ein ›Möglicherweise‹« abzuleiten. Er fuhr fort:

> Erst wenn der größte Teil der von Darwin ermittelten Tatsachen bekannt und gründlich verstanden und ihre weitreichenden Ergebnisse in die Praxis der Gärtner eingegangen sind, werden sich die reicheren Früchte seiner Arbeit allmählich zeigen. Denn Darwins Tatsachen sind nicht nur als solche wertvoll, sondern sie gleichen in der Mehrzahl lebenden Samen und werden Arten, Gattungen, Varietäten vergleichbarer oder damit verbundener Tatsachen hervorbringen; und dieses gärtnerische Wissen wird tiefer wurzeln, sich weiter verbreiten und größere Höhen erreichen, und seine praktische Anwendung wird zu allen Zeiten verbessert werden durch die Arbeit und das Beispiel von Charles Darwin, denn nicht nur die geleistete Arbeit, sondern auch die Art und Weise, in der sie geleistet wird, ist unschätzbar.

Ein besonderer Wesenszug hatte Darwin ihm, wie auch vielen anderen, vor allem sympathisch gemacht. »Kein Praktiker, wie bescheiden auch seine Position, der etwas zu berichten hatte, galt ihm seiner Aufmerksamkeit oder eines Dankesschreibens als unwürdig.«
Er schloß mit den Worten:

Es gibt nur wenige unter uns, die den Verlust Darwins nicht als den Verlust eines Freundes und eines großen Lehrers empfinden. Niemand hat mehr zur Förderung der Pflanzenzucht getan als er, der nun an seinem angestammten Platz in der Großen Abtei begraben liegt. Seinen Freunden sei gesagt, daß er in den Herzen vieler von uns weiterleben und auch nach seinem Tode weiter zu uns sprechen wird durch seine hervorragenden Arbeiten, die so sehr dazu beigetragen haben und in verstärktem Maße beitragen werden, die wissenschaftliche und praktische Seite der Pflanzenzucht wie auch die Botanik auf einen höheren, nobleren Stand zu heben, als sie je zuvor erreicht hatten.

Er unterzeichnete mit D. T. Fish.
Im Leitartikel des *Gardeners' Chronicle* wurde Darwin als »der Physiologe« gepriesen, »der den größten Beitrag unserer Zeit leistete, die Wissenschaft der Pflanzenzucht zu fördern«. Am Tage von Darwins Beerdigung schrieb Asa Gray einen Nachruf, in dem er auf den Arbeitsumfang hinwies, den jener aus reiner Liebe zur Sache geleistet habe, und erklärte, daß als Philosoph und wissenschaftlicher Forscher »was Galilei für die Wissenschaft seiner Zeit war, Darwin für die Wissenschaft der Biologie unserer Zeit ist«.
Huxleys Nachruf in *Nature* ist das beste Dokument seines zähen und kämpferischen Einsatzes für Darwin. Er begann formal:

Sehr wenige selbst unter denen, die mit dem größten Interesse den Verlauf der Revolution in der naturwissenschaftlichen Erkenntnis verfolgt haben, die durch die Veröffentlichung der »Entstehung der Arten« ausgelöst wurde, und die, nicht ohne Erstaunen, den schnellen und totalen Wandel beobachtet haben, der sich sowohl innerhalb als auch außerhalb der Grenzen der wissenschaftlichen Welt in der Einstellung des Menschen zu den Lehren vollzog, die in jenem großartigen Werk vorgebracht wurden, hatten mit dem außerordentlichen Beweis der Zuneigung zu dem Mann und der tiefen Verehrung für den Philosophen gerechnet, der nach Bekanntgabe des Todes von Darwin am letzten Donnerstag erbracht wurde.

Dann fuhr er kämpferisch fort:

Es scheint doch, als ob jene, deren Aufgabe es ist, die Gedanken und Interessen der Mehrzahl der Menschen in ihrem Lande wiederzugeben und zu befriedigen, wohl erkannt haben, daß Tausende ihrer Leser die Welt nach dem Tode Darwins für ärmer halten und sich jedem Aspekt seines Lebens und Werdegangs mit größter Aufmerksamkeit widmen werden; das gilt nicht nur für diese Inseln, auf denen viele die Faszination, die von dem unübertroffenen Intellekt und dem noch nobleren Charakter ausging, im persönlichen Kontakt erfahren durften, sondern für alle Teile der zivilisierten Welt. In Frankreich, in Deutschland, in Österreich-Ungarn, in Italien, in den Vereinigten Staaten zollten Autoren aller Meinungsrichtungen, in diesem Falle einmütig, der Bedeutung unseres großen Landsmannes bereitwillig Tribut, der in seinem Leben von den offiziellen Vertretern des Königreiches ignoriert, nach seinem Tode aber neben seinesgleichen in der Westminster Abbey beigesetzt wurde, und zwar durch den Willen der Intelligenz in diesem Land.

Er erwähnte Darwins »äußerste und fast leidenschaftliche Ehrlichkeit, die alle seine Gedanken überstrahlte, wie von einem inneren Feuer«. Gerade diese seltenste und größte aller Gaben, meinte er, war es, die seine lebhafte Vorstellungskraft und ausgeprägte Spekulationsfähigkeit in angemessenen Grenzen hielt; die ihn zwang, sich der mühevollen Prozedur der Primärforschung und des Studiums von Schriften zu unterziehen, auf die sich alle seine veröffentlichten Werke stützen; die ihn veranlaßte, weder sich noch andere durch Phrasen täuschen zu lassen und nicht Zeit und Mühe zu sparen, um über jedes Thema, mit dem er sich beschäftigte, klare und eindeutige Ansichten zu gewinnen.

Er beendete seinen Nachruf mit den Worten: »Er fand eine große Wahrheit, die mit Füßen getreten, von Bigotten verehrt und von aller Welt verlacht wurde; er erlebte noch, daß sie, vor allem infolge seiner eigenen Bemühungen, einen festen Platz in der Wissenschaft erhielt und untrennbar in das allgemeine Gedankengut der Menschen einging.«

Irrtümlicherweise war neben Huxley auch Hooker aufgefordert worden, einen Nachruf für *Nature* zu schreiben. Zum Glück blieb er von der Aufgabe verschont, denn Darwins Tod hatte ihn schwer erschüttert. Er fühlte sich »total aus der Bahn geworfen und unfähig zu arbeiten«, wie er Huxley berichtete. Darüber hinaus war er schwer krank.

Doch Joseph Hooker hatte schon viel früher, im Jahre 1868, als Präsident der British Association bei einer Versammlung in Norwich eine Ansprache gehalten, in der er auf die großen Fortschritte verwies, die in den vergangenen Jahren in der Botanik gemacht worden waren. Die bedeutendsten Entdeckungen lagen auf dem Gebiet der Physiologie, wie er sagte, und »ich beziehe mich dabei auf die Reihe von Vorträgen über die Befruchtung von Pflanzen, die wir Darwin verdanken«. Auf sein Buch über die Orchideen eingehend, meinte er, daß die Arbeit »mehr Licht auf die Struktur und Funktionen der Blütenorgane dieser immensen und anomalen Pflanzenfamilie geworfen hat, als von den Arbeiten aller vorhergehenden botanischen Verfasser ausgegangen war. Es hat darüber hinaus völlig neue Forschungsgebiete eröffnet und neue und wichtige Grundsätze dargelegt, die für das ganze Pflanzenreich gelten.« Was Darwins Untersuchungen der Schaftlosen und der Frühlings-Schlüsselblume anging, so hätten die Ergebnisse die Botaniker überrascht, da die Pflanzen so verbreitet und ihre Blütenformen jedem verständigen Beobachter so bekannt gewesen seien und er eine so einfache Erklärung gefunden habe. »Ich persönlich hatte den Eindruck, daß meine botanische Kenntnis dieser vertrauten Pflanze kaum tiefer ging als die von Peter Bell, für den

Eine Primel am Flußufer stand,
Eine gelbe Primel, wie er fand,
Und sonst für ihn nichts mehr.«

Das waren die Worte eines Mannes, der als der größte Botaniker seiner Zeit galt, der in bezug auf Pflanzen über ein enzyklopädisches Wissen verfügte, dessen Floren noch heute als Standardwerke geschätzt sind. Außerdem hatte Darwin zu jener Zeit seine Arbeiten über die *Insectenfressenden Pflanzen*, die *Kreuz- und Selbst-Befruchtung*, sein weiterleitendes Buch *Die verschiedenen Blüthenformen* und *Das Bewegungsvermögen der Pflanzen* noch nicht geschrieben, die alle als Meisterwerke gepriesen werden sollten.

Eine Darwin-Medaille wurde geprägt, einen Darwin-Preis gab es
bereits, und das Natural History Museum im Stadtteil South Kensing-
ton von London erhielt eine ausgezeichnete Statue von Darwin als
Denkmal. In Holland benannte man eine Tulpe nach ihm. J. C. Leng-
lart, ein Tulpenliebhaber aus Lille, besaß eine hellrote Tulpe mit dem
Namen »Princesse Aldobrandini«, die von Messrs. Krelage in Haarlem gekauft wurde. Aus ihr zog man eine neue Sorte, und im April
1889 schrieb Dr. E. H. Krelage an Francis Darwin, um zu fragen, ob
es ihm recht sei, wenn er die neue Tulpe nach seinem bekannten Vater benannte. In demselben Jahr wurden die Darwin-Tulpen in England eingeführt. Eine sehr widerstandsfähige Sorte, sind sie inzwischen zu der beliebtesten aller Tulpen geworden.

Seit jener Zeit sind ihm viele Ehrungen zuteil geworden. Sein 100.
Geburtstag, der mit dem Jubiläum der Veröffentlichung der *Entstehung der Arten* zusammenfiel, wurde in Cambridge zum Anlaß genommen, einen großen internationalen Kongreß abzuhalten, ebenso
wie die 100. Wiederkehr des Tages der Veröffentlichung desselben
Werks, zu dem die Botanical Society of the British Isles eine Konfe-
renz veranstaltete.

Anläßlich von Darwins 100. Geburtstag und dem Buchjubiläum im
Jahre 1909 gab die Cambridge University Press eine Sammlung von
Aufsätzen führender Wissenschaftler unter dem Titel *Darwin and
Modern Science* heraus. Am Vorabend der Hundertjahrfeier für die
Entstehung der Arten wurden zwei Aufsatzbände veröffentlicht:
Darwin's Biological Work und *A Century of Darwin*. Für den letzte-
ren verfaßte Professor John Heslop-Harrison, zur Zeit der Nieder-
schrift dieses Buchs Direktor von Kew Gardens, eine meisterhafte
Analyse, in der er Darwin einen Platz im Rahmen der modernen For-
schung zuwies: Er machte unter anderem darauf aufmerksam, daß
Darwins Theorie vom Vordringen und Zurückkehren der Pflanzen
während der Eiszeit, die er in der *Entstehung der Arten* innerhalb der
Kapitel über die geographische Verbreitung dargelegt hatte und die
lange keine allgemeine Anerkennung fand, erst vor relativ kurzer
Zeit durch das Auffinden von Beweismaterial in subfossilen Überre-
sten bestätigt wurde, die zeigten, daß es in jener Zeit tatsächlich eine
Aus- und Einwanderung von Pflanzen gegeben hatte; Beweismaterial auch für die isolierten Pflanzenkolonien, von denen er geschrieben hatte. Er wies auf Darwins Arbeit über die Bewegungen von
Pflanzen hin und ihre Verbindung mit heutigen Vorhaben auf dem

Gebiet der Tropismen, in deren Verlauf unter anderem die Entdek-kung der Pflanzenhormone gelang. In bezug auf Darwins außerordentliche Beobachtungsgabe meinte er, es sei zweifelhaft, ob sie von irgendeinem Biologen jemals übertroffen worden sei. Er warnte Systematiker und Morphologen, sich den Implikationen der Evolution bei der Arbeit mit niederen Stufen der organischen Variation gegenüber blindzustellen, und analytisch orientierte Physiologen, phylogenetische Spekulationen zu verhöhnen, denn beide könnten aus dem Geiste – vorsichtig, doch kühn, spekulativ, doch begründet – lernen, in dem Darwin die Evolutionshypothese, die wichtigste Verallgemeinerung in der Biologie, in seinen eigenen botanischen Forschungen anwandte.

Es bleibt vielleicht noch die Frage, warum gerade Charles Darwin, der ja kein ausgebildeter Botaniker war, so umfassende Entdeckungen im Pflanzenreich gelangen.

Bei der Ausarbeitung seiner Theorie von der Natürlichen Zuchtwahl sagte er, »ich teste sie bei Pflanzen«. Sie stellten gute Beobachtungsobjekte für die Untersuchung organischer Phänomene dar, und sie ließen sich leicht beschaffen. Er konnte sie in kurzer Zeit ziehen und isoliert züchten. Er experimentierte mit Pflanzen aller Arten, aus jedem Land und jeder Klimazone, aus Lebensräumen in den Bergen und Tälern aller Welt. Und bei Pflanzen konnte er den Evolutionsfaktor bis in eine einzelne Zelle zurückverfolgen.

Wenn er mit ihnen arbeitete, sei es in seinem Gewächshaus, sei es in einem seiner Versuchstöpfe, sei es auf seinem Arbeitstisch, so behandelte er sie fast wie menschliche Wesen, indem er sie lobte, wenn sie sich wie erwartet verhielten, und schalt, wenn sie ein anderes Verhalten zeigten. Frank erinnerte sich, wie er in halb zorniger, halb bewundernder Weise über den Einfallsreichtum eines Mimosenblatts sprach, mit dem es sich aus einem Wasserbehälter drehte, in dem er es zu befestigen versucht hatte.

Doch es gab noch einen anderen Gesichtspunkt. Neben seinem überragenden Genie, dem Arbeitsaufwand und der unendlichen Geduld, die er aufbrachte, so William Thiselton Dyer, »schien sich Darwin – wenn es erlaubt ist, eine Sprache zu gebrauchen, die niemandem, der ihn kannte, übertrieben vorkommt – mit sanftem Druck Zugang zu jenem Bereich der Natur verschafft zu haben, der weniger großen Menschen verschlossen bleibt«.

Anhang

Abbildungsverzeichnis

Farbphotos

Schwarzweißphotos und Zeichnungen

470

Quellennachweis der Abbildungen

Für die Genehmigung zur Wiedergabe von Originalzeichnungen, Photographien und Auszügen aus Darwins Manuskripten danke ich den Syndizi der Cambridge University Library, darunter insbesondere D. B. Ceadel, Bibliothekar, und Peter J. Gautrey für ihre Mitarbeit und Hilfe. Mein Dank gilt der Botany School der University of Cambridge für die Photographie des *Scalesia*-Herbarbogens; Lady Barlow für die freundliche Bereitstellung der Familienphotos; George Darwin für die Genehmigung zur Wiedergabe von drei Kreidezeichnungen Darwins, die von Stephen Moreton Pritchard photographiert wurden, und Professor R. D. Keynes für die Bereitstellung des von Julia Margaret Cameron angefertigten Porträtphotos. Die Wiedergabe der von Leonard Darwin angefertigten Photos von Down House und der Miniatur von Robert Waring Darwin verdanke ich der freundlichen Genehmigung durch den Präsidenten und Rat des Royal College of Surgeons of England; für die Reproduktion von zehn Zeichnungen aus Charles Darwins Büchern bin ich Messrs. William Clowes and Sons Ltd. verpflichtet. Mein Dank gilt außerdem dem Ipswich Museum für die Genehmigung, das Porträt von J. S. Henslow wiederzugeben, der Linnean Society of London für das von T. H. Huxley, dem National Maritime Museum of London für die Darstellung der *Beagle*, der National Portrait Gallery für das Porträt von Erasmus Darwin, der Wedgwood Society für das von Josiah Wedgwood, dem Darwin-Museum, Moskau, für das Gruppenbild von Darwin, Hooker und Lyell sowie das Bild von A. R. Wallace; außerdem der Stanford University Press, Kalifornien, für die Genehmigung zur Reproduktion von zwei Zeichnungen auf *Flora of the Galápagos Islands*.

Ich danke Professor R. Markham, Direktor des John Innes Institute, für die Bereitstellung der hervorragenden Aufnahmen von *Antirrhinum* und Professor Uno Eliasson, Abteilung für Systematische Botanik an der Universität Göteborg, für die Abbildungen von Galapagos-Pflanzen. Ich bin darüber hinaus Dr. E. A. Ellis und Clare Williams für die Dias von wilden Orchideen Englands und George Hurn für sein Dia von *Catasetum macrocarpum* zu Dank verpflichtet.

Mein aufrichtiger Dank gilt Gavin Wakley und Richard Robins vom Electron Microscope Unit, Botany School, University of Oxford, für die Elektronenbilder, die sie speziell für mich anfertigten, und Dr. B. E. Juniper, der dies ermöglichte; ich danke den Oxford Scientific Films für ihre Mitarbeit bei der Beschaffung von interessanten Photos von insektenfressenden Pflanzen.

Schließlich gilt mein Dank Dr. Keith Roberts und Brian Hughes für die unschätzbare Mühe, die Kunstfertigkeit und den Einfallsreichtum, die sie bei der Übertragung von Darwins Ideen in bildliche Darstellungen walten ließen,

474

und für ihre ausgezeichnete Arbeit bei der Reproduktion einiger der älteren Photos und Porträts bin ich meinen Freunden Grace Woodbridge und Ford Jenkins zu Dank verpflichtet. Nicht zuletzt habe ich den Trustees des Botanical Research Fund für die finanzielle Unterstützung zur Deckung der Kosten für Reisen und Photoarbeiten, die bei vielen der Abbildungen erforderlich waren, zu danken.

Anmerkung des Übersetzers:

Die Zitate aus den Werken Darwins wurden zum größten Teil wörtlich den Übersetzungen von Victor Carus aus den Jahren 1862 bis 1882 entnommen.

Glossar

Anthere: Staubbeutel. Siehe *Staubblatt.*

Apheliotropismus: Die Abwendung der Pflanzen vom Licht.

Apogeotropismus: Die Zuwendung der Pflanzen zum Licht. Heute Phototropismus genannt.

Art: Siehe *Familie.*

Auslese: Siehe *Zuchtwahl.*

Austreiben: Das Hervorkommen des Schlauchs aus einem Pollenkorn.

Auxin: Ein wachstumsregulierendes Pflanzenhormon.

Blattpolster: Eine Gruppe kleiner Zellen an der Basis eines Blattstiels, die sich mit Wasser füllt, um ein Blatt aufzurichten, und die Wasser abgibt, damit das Blatt herunterhängt.

Blütenstiel: Der Stiel einer Einzelblüte.

Braktee: Deckblatt. Blatt oder Schuppe unterhalb des Blütenkelchs. In der Regel grün, aber manchmal von leuchtender Farbe wie beim Weihnachtsstern, dessen »Blüte« aus Brakteen besteht.

Clinandrium: Bei Orchideen die Grube im Apex (Scheitel) des Säulchens, in der sich oft die Narbenfläche befindet.

Cultivar: Siehe *Varietät.*

Dehiszenz: Das Öffnen eines Staubbeutels zur Freisetzung des Pollens, eines Pollenkorns zum Austreiben des Pollenschlauchs; das Aufspringen einer reifen Frucht.

Dikotyledone: Eine Blütenpflanze mit zwei Keimblättern.

Dimorphismus: Das Auftreten von zwei Blüten- oder Blattformen bei Pflanzen derselben Art.

Diözisch: Zweihäusig. Mit männlichen und weiblichen Blüten auf verschiedenen Individuen derselben Pflanzenart.

Doldentraube: Ein in einer Ebene ausgebreiteter Blütenstand, bei dem die Blütenstiele radial von verschiedenen Punkten der Hauptachse ausgehen, im Gegensatz zur Dolde, bei der sie wie die Streben eines Schirms von einem Punkt ausgehen.

Edentaten: Zahnarme. Tiere ohne Schneide- und Eckzähne.

Familie: (Früher Natürliche Ordnung genannt.), Genus (pl. Genera) oder Gattung und Spezies oder Art: die drei Hauptkategorien des biologischen Klassifikationssystems. Eine Familie (z. B. Orchidazeae) hat eine oder mehrere Gattungen (z. B. *Orchis*, *Habenaria*), und eine Gattung hat eine oder mehr Arten (z. B. *Orchis mascula, O. militaris*, etc.). *Siehe auch* Varietät, Tribus.

Fiederblatt: Ein zusammengesetztes Blatt mit einzelnen Blättchen auf jeder Seite der Mittelrippe, z. B. Akazien- und Ebereschenblätter.

476

Filament: Staubfaden. Siehe *Staubblatt.*

Flora: Die Gesamtheit der in einem Land oder Gebiet heimischen Pflanzen. Auch Bezeichnung für ein Bestimmungsbuch für diese Pflanzen.

Gastropode: Eine Molluske (Weichtier) mit am Bauch befindlichem Fortbewegungsorgan.

Gattung: Siehe *Familie.*

Gen. Erbfaktor: Ein »Teilchen« im Zellkern, das über die Existenz oder das Fehlen eines bestimmten Merkmals in Organismen entscheidet.

Genotyp: Die Gesamtheit der Erbfaktoren eines Individuums, d. h. alle vorhandenen Gene, ob aktiviert oder nicht.

Genus: Siehe *Gattung.*

Geotropismus: Erdwendigkeit. Die Wirkung der Schwerkraft auf eine Wurzelspitze.

Griffel: Siehe *Stempel.*

Gynodiözisch: Mit weiblichen und hermaphroditischen Blüten auf verschiedenen Individuen derselben Pflanzenart.

Heliotropismus: Siehe *Phototropismus.*

Hemipteren: Halbflügler (Blattläuse, Schaumzirpen etc.)

Hermaphrodit: Zwitter. Mit männlichen und weiblichen Organen.

Heterostyl, Heterostylie: Mit Griffeln verschiedener Länge bei Pflanzen derselben Art. Siehe *Stempel.*

Homolog: Übereinstimmend oder von übereinstimmender Lage, entsprechend.

Homomorph: Gleichgestaltig. Mit nur einem Typ von vollkommenen Blüten.

Hypokotyl: Keimachse. Der Stamm einer Kotyledone (Keimblatt).

Internodium: Stengelglied. Der Teil des Stengels zwischen zwei Knoten.

Kalyx: Blütenkelch. Der Ring von Kelchblättern an der Außenseite einer Blüte.

Karpell: Fruchtblatt. Ein Teil des Stempels, der ein geschlossenes Rezeptakulum für die Samenanlage bildet.

Keimchen: Darwins Ausdruck für die Vererbungsträger, die, wie er glaubte, von jedem einzelnen Teil des Körpers oder der Pflanze »abgeworfen« wurden und sich später in jeder Knospe, jeder Samenanlage und jedem Pollenkorn befanden.

Kelchblatt: Die blattartigen Gebilde, die unterhalb der Kronblätter einen Quirl (Blütenkelch) bilden und die Blütenknospe schützen.

Kleistogam: Ausdruck für Blüten, die immer geschlossen bleiben. Sie sind selbstbestäubend, und manchmal fehlen ihnen viele Teile der vollkommenen Blüte. Manche Pflanzen, z. B. das Veilchen, bringt kleistogame und vollkommene Blüten hervor.

Knospenvariation: So nannte Darwin, was in der gärtnerischen Praxis als »Sport« und in der Wissenschaft als Mutation gilt: eine zufällige Änderung im genetischen Aufbau einer Pflanze.

Koleoptile: Keimscheide. Die schützende Hülle um den Sproß eines Gras- oder Getreidesamens. Sie produziert Auxin in der Spitze.

Korolle: Blumenkrone. Die Kronblätter einer Blüte, die einzeln stehen oder vereint sein können.

Kotyledone: Keimblatt, das sich in der Regel im Aussehen von dem ausgewachsenen Blatt unterscheidet.

Kreuzblüter: Kruzifere. Jede Pflanze aus der Familie der Cruciferae, bei deren Blüten die vier Kronblätter über Kreuz gestellt sind.

Kryptogame: Sporenpflanze. Eine blütenlose Pflanze, z. B. Flechten, Moose, Farne.

Kurzgriffelig: Blüten, bei denen am Eingang zur Blumenkrone die Staubbeutel sichtbar sind. z. B. bei *Primula*-Arten.

Langgriffelig: Blüten, bei denen am Eingang zur Blumenkrone die kugelförmige Narbe sichtbar ist, z. B. bei *Primula*-Arten.

Monokotyledone: Eine Blütenpflanze mit nur einer Kotyledone (Keimblatt).

Monözisch: Einhäusig. Mit männlichen und weiblichen Blüten, aber auf demselben Individuum einer Pflanzenart.

Monster: Eine anomale Blüte, die von der normalen Form der Art abweicht.

Mutation: Veränderung eines Gens oder Chromosoms. Das Ergebnis nennt man allgemein•»Sport«. Es handelt sich um eine spontane Variation gegenüber der Normalform.

Narbe: Siehe *Stempel.*

Natürliche Ordnung: Siehe *Familie.*

Nodus: Ein Knoten, der Punkt am Stamm einer erwachsenen Pflanze, an dem Blätter oder Wachstumsknospen entstehen.

Nyktinastie: Die sogenannte Schlafbewegung der Pflanzen, bei der Blätter ihre Oberfläche aus der Richtung der Ausstrahlung wegdrehen, indem Fiedern sich paarweise zusammenfalten und Blätter sich eng aneinander und aufrecht stellen oder herabhängen.

Ovar: Fruchtknoten. Siehe *Stempel.*

Perlorie: Eine regelmäßige oder symmetrische Blüte bei Pflanzen, die normalerweise unregelmäßig geformte Blüten hervorbringen, z. B. beim Löwenmaul.

Phänotyp: Erscheinungstyp. Die sichtbaren Merkmale eines Organismus.

Phototropismus: Die Zuwendung von Pflanzen zum Licht.

Phyllodium: Blattstielblatt. Ein flächig augebildeter Blattstiel anstelle der Blattspreite eines Laubblatts.

Phylogenie: Stammesgeschichte. Die Entwicklungsgeschichte von Pflanzen und Tieren.

Pistillum: Siehe *Stempel.*

Plumula: Sproßknospe. Die winzige Knospe zwischen den ersten Blättern eines Sämlings.

Pollen: Siehe *Staubblatt.*

Pollinium: Plural Pollinien. Die Pollenmassen bei Orchideen. Jedes Pollinium steht auf einem Stielchen, der sogenannten Caudicula, und ist durch einen Klebkörper befestigt.

Präpotenz: Darwins Ausdruck für die Vererbung der dominanten Merkmale.

Radikula: Keimwurzel. Die embryonale Wurzel eines Sämlings.

Rhizom: Wurzelstock. Ein unterirdisch und horizontal wachsender Stamm: Bei Weißwurz und Schwertlilie dick und fleischig, bei Quecke weiß und fadenförmig.

Rostellum: Bei Orchideen das Haftorgan, in dem sich die beiden Pollinien befinden.

Samenanlage: Die unreifen Samen innerhalb des Fruchtknotens.

Säulchen: Bei allen gemeinen Orchideen sind die weiblichen Stempel und die männlichen Staubblätter vereint und bilden zusammen das Säulchen.

Selektion: Siehe *Zuchtwahl.*

Sorte: Ein allgemeiner Ausdruck für eine Variante innerhalb einer Art.

Spadix: Kolben. Eine dicke Säule in Pflanzen wie dem *Arum*, die dadurch entstand, daß männliche und weibliche Blüten zusammenwuchsen.

Spatha: Ein Deckblatt, das eine oder mehrere Blüten umhüllt. Beim *Arum* in Form einer Kapuze über dem Kolben (Spadix), bei Narzissen in Form einer Hülle um die Blütenknospe.

Spezies: Siehe *Art.*

Stamen: Siehe *Staubblatt.*

Staubblatt: Das männliche Organ einer Blüte. Normalerweise bestehend aus einem dünnen Stiel (*Filament* oder Staubfaden), einem Kopf (*Anthere* oder Staubbeutel), der den *Pollen* produziert und freisetzt, in dem sich die Spermazellen befinden.

Stempel: Das weibliche Organ einer Blüte. Bestehend aus (1) der *Narbe* an der Spitze, die den Pollen aufnimmt; (2) dem *Griffel*, dem Schlauch, den das Pollenkorn hinunterwächst, um (3) den *Fruchtknoten* zu erreichen, der sich am unteren Ende befindet, und so die Samenanlage zu befruchten.

Stielchen: Der schlanke Stengel, auf dem bei Orchidazeen die Pollenmassen befestigt sind.

Stipel: Nebenblatt. Auswuchs an der Basis eines Blattstiels bei Pflanzen wie der Erbse.

Stolon: Ein biegsamer Ausläufer bei Pflanzen wie der Erdbeere, der in einiger Entfernung von der Mutterpflanze neue Wurzeln bildet.

Taxonomie: Die Grundsätze und die Praxis der Klassifikation.

Tribus: Eine Klassifikationskategorie zwischen Familie und Gattung.

Trimorph: Mit drei Blütenformen an Pflanzen derselben Art.

Tropismus: Veränderung der Wachstumsrichtung in Reaktion auf Licht, Dunkelheit oder andere Reize.

Trugdolde: Ein Ausdruck für Blumenköpfe, bei denen die Wachstumspunkte in einer Blüte enden, wobei sich die zentrale Gipfelblüte zuerst öffnet.

Varietät: Eine Variante innerhalb einer Art. Ausschließlich anwendbar auf Varianten, die im Wildzustand entstehen, allgemein aber auf ausgewählte und gezüchtete Varianten angewendet, die in der Fachsprache Cultivar heißen.

Vollkommene Blüte: Eine Blüte, bei der im Gegensatz beispielsweise zur kleistogamen Blüte alle Organe vorhanden sind.

Zirkumnutation: Die von Wurzeln und Trieben ausgeführten kreisenden Bewegungen.

Zuchtwahl: Auslese, Selektion. Der Prozeß, in dem Arten mit besonderen Eigenschaften über Generationen bevorzugt zur Fortpflanzung kommen und dadurch die sie bestimmenden Erbanlagen ausgewählt und kombiniert werden. Voraussetzung für die Zuchtwahl sind Variabilität und Erblichkeit sowie Faktoren, die die Richtung bestimmen. Darwin stellt die Natürliche Zuchtwahl, die im Laufe der Zeit zu allmählichen Veränderungen der Organismen führt, modellhaft der vom Menschen betriebenen künstlichen Zuchtwahl gegenüber.

Zwitter: Siehe *Hermaphrodit.*

Zytologie: Die Lehre von den Zellen.

Bibliographie

Außer den Originalmanuskripten Charles Darwins in der Universitätsbibliothek Cambridge, seiner Korrespondenz und den Briefen der Familie Darwin, welche ebenfalls in Cambridge, in Kew und andernorts aufbewahrt werden, wurden als Hauptquellen folgende Werke benutzt:

The Life and Letters of Charles Darwin, hrsg. von Francis Darwin. 3 Bde. Murray, 1888
  deutsch: *Leben und Briefe von Charles Darwin mit einem seine Autobiographie enthaltenden Capitel.* Aus dem Engl. übers. von Julius Victor Carus. Bd. 1–3. Schweizerbart, Stuttgart, 1887
More Letters of Charles Darwin, hrsg. von Francis Darwin und A. C. Seward. 2 Bde. Murray, 1903
Emma Darwin: a Century of Family Letters, hrsg. von Henrietta Litchfield. 2 Bde. Murray, 1915
Extracts from Letters addressed to Professor Henslow by C. Darwin, Esq. (Beagle letters). CUP, 1960
›Some unpublished letters of Charles Darwin‹, hrsg. von Sir Gavin de Beer. *Notes and Records of the Royal Society of London*, Bd. 14, 1959
›Further unpublished letters of Charles Darwin‹, hrsg. von Sir Gavin de Beer. *Annals of Science*, Bd. 14, Juni 1958, Nr. 2. Veröffentlicht 1960
›The Darwin letters at Shrewsbury School‹, Sir Gavin de Beer. *Notes and Records of the Royal Society of London.* Bd. 23, Nr. 1, Juni 1968
Darwin and Henslow: the Growth of an Idea (Letters 1831–1860), hrsg. von Nora Barlow. Murray, 1967
Life and Letters of Sir Joseph Dalton Hooker, hrsg. von Leonard Huxley. Murray, 1918
›Darwins's Journal‹, hrsg. von Sir Gavin de Beer. *Bulletin of The British Museum (Natural History)*, Bd. 2, Nr. 1, Historical Series, Nov. 1959
The Autobiography of Charles Darwin, hrsg. von Nora Barlow. Collins, 1958
  deutsch: *Darwin, Charles. Autobiographie,* hrsg. von S. L. Sobol. Urania-Verlag, Leipzig und Jena, 1959
Charles Darwin and the Voyage of the Beagle, hrsg. von Nora Barlow. Pilot Press, 1945
Charles Darwin's Diary of the Voyage of H.M.S. ›Beagle‹, hrsg. von Nora Barlow. CUP, 1933
›Darwin's Notebooks on Transmutation of Species‹, hrsg. von Sir Gavin de Beer. *Bulletins of the British Museum (Natural History)*, Historical Series, 1960–8

Foundations of the Origin of Species (the Essays of 1842 and 1844), hrsg. von Darwin. CUP, 1909

    deutsch: *Fundamente zur Entstehung der Arten.* Essays von 1822 und 1844, hrsg. von Francis Darwin. Übers. von Maria Semon. Leipzig und Berlin, 1911

Charles Darwin's Natural Selection, hrsg. von R. C. Stauffer. CUP, 1975

The Works of Charles Darwin, R. B. Freeman. Dawsons of Pall Mall, 1965

Appleman, Philip *Darwin.* Norton Critical Editions, 1970

Ashworth, J. H. ›Charles Darwin as a student in Edinburgh‹, *Proc. Roy. Soc. Edin.*, Bd. 65, 1935

Barnett, S. A. (Hrsg.) *A Century of Darwin.* Heinemann, 1958

Barrett, Paul H. ›The Sedgwick-Darwin Geologic Tour of North Wales‹. *Proc. Amer. Phil. Soc.*; Bd. 118, Nr. 2, April 1974

Beddall, Barbara G. ›Wallace, Darwin, and the Theory of Natural Selection‹. *Journal of the History of Biology*, Herbst 1968, Bd. 1, Nr. 2

Bell, P. R. (Hrsg.) *Darwin's Biological Work: Some Aspects Reconsidered.* CUP, 1959

Briggs, D., und Walters, S. M. *Plant Variation and Evolution.* Weidenfeld & Nicolson, 1969

    deutsch: *Die Abstammung der Pflanzen.* Fischer, Frankfurt/M., 1973

Chambers, Robert *Vestiges of the Natural History of Creation.* Churchill, 1951

    deutsch: *Natürliche Geschichte der Schöpfung des Weltalls, der Erde und der auf ihr befindlichen Organismen, begründet auf die durch die Wissenschaft errungenen Thatsachen.* Aus dem Engl. nach der 6. Aufl. von Carl Vogt. Vieweg, Braunschweig, 1851

Darwin, Charles (Die folg. Jahresangaben bezeichnen das Jahr der Erstveröffentlichung.)

1839   *Journal of researches into the geology and natural history of the various countries visited during the voyage of H.M.S. Beagle round the world.* Henry Colburn, London, 1839; und Ward Lock, Minerva Library Nr. 2 (Text der 2. Aufl.), mit einer Einführung von G. T. Bettany

1840–   *The zoology of the voyage of H.M.S. Beagle under the command of*
1843   *Captain FitzRoy, R. N., during the years 1832 to 1836 . . .* hrsg. und bearb. von Charles Darwin. Smith Elder & Co., London, 1840–43

1842   *The structure and distribution of coral reefs, being the first part of the geology of the voyage of the Beagle.* Smith Elder & Co., London, 1842; und *Geological observations on coral reefs, volcanic islands, and on South America etc.,* 1851

1851,   *A monograph of the sub-class Cirripedia . . .* The Ray Society, Lon-
1854   don, 1851, 1854 [Lebende C.]

1851, *A monograph of the fossil Lepadidae . . .* The Palaeontographical
1854 Society, London, 1851, 1854 [Fossile C.]
1858 ›On the tendency of species to form varieties, and on the perpetua-
tion of varieties and species by natural means of selection.‹ Charles
Darwin und Alfred Wallace. *Journal of the Proceedings of the Linnean Society of London, Zoology.* Bd. III, Nr. 9, S. 45–62, 1859
1859 *On the origin of species by means of natural selection, or the preservation of favoured races in the struggle for life.* John Murray, London. 1.
Aufl., 1859; 2., 5. u. 6.
1862 *The various contrivances by which orchids are fertilised by insects.*
John Murray, London. 2. Aufl., 1877
1865 *The movements and habits of Climbing Plants.* John Murray, London. 2. Aufl., 1875
1868 *The variation of animals and plants under domestication.* 2 Bde. John
Murray, London. 2. Aufl., 1875
1875 *Insectivorous plants.* John Murray, London. 1875
1876 *The Effects of Cross- and Self-Fertilisation in the Vegetable King-
dom.* John Murray, London. 1. Aufl., 1876
1877 *The different forms of flowers on plants of the same species.* John
Murray, London. 1. Aufl., 1877
1880 *The power of movement in plants.* John Murray, London. 1. Aufl.,
1880
1881 *The formation of vegetable mould, through the action of worms, with
observations on their habits.* John Murray, London. 1904

Deutsch: *Ch. Darwins gesammelte Werke.* Aus dem Engl. übers. von Julius
Victor Carus. E. Schweizerbart, Stuttgart, 1875–1887

Bd. 1 *Reise eines Naturforschers um die Welt.* 1875
Bd. 2 *Über die Entstehung der Arten durch natürliche Zuchtwahl oder Die
Erhaltung der begünstigten Rassen im Kampfe ums Dasein.* 1876
Bd. 3,4 *Das Variieren der Thiere und Pflanzen im Zustande der Domestica-
tion.* 2 Bde. 1878
Bd. 5,6 *Die Abstammung des Menschen und die geschlechtliche Zuchtwahl.*
2. Bde. 1875
Bd. 7 *Der Ausdruck der Gemüthsbewegungen bei dem Menschen und den
Thieren.* 1877
Bd. 8 *Insectenfressende Pflanzen.* 1876
Bd. 9 Abth. 1 *Die Bewegungen und Lebensweise der kletternden Pflanzen.*
1876. Abth. 2 *Die verschiedenen Einrichtungen, durch welche Or-
chideen von Insecten befruchtet werden.* 1877. Abth. 3 *Die verschiedenen Blüthenformen an Pflanzen der nämlichen Art.* 1877

484

Bd. 10 *Die Wirkungen der Kreuz- und Selbst-Befruchtung im Pflanzenreich.*
1877
Bd. 11 1. Hälfte *Über den Bau und die Verbreitung der Corallen-Riffe.* Nach
der 2. Aufl. übers. 1876. 2. Hälfte *Geologische Beobachtungen über
die vulkanischen Inseln*, mit kurzen Bemerkungen über die Geologie
von Australien und dem Cap der Guten Hoffnung. Nach der 2. Aufl.
übers. 1877
Bd. 12 Abth. 1 *Geologische Beobachtungen über Süd-America*, angestellt
während der Reise der »Beagle« in den Jahren 1833–36. 1878.
Abth. 2 *Kleinere geologische Abhandlungen.* 1881
Bd. 13 *Das Bewegungsvermögen der Pflanzen.* 1881
Bd. 14 Abth. 1 *Die Bildung der Ackererde durch die Thätigkeit der Würmer*
Mit Beobachtungen über deren Lebensweise. 1882. Abth. 2 *Leben
und Briefe von Charles Darwin.* Hrsg. von Francis Darwin
Bd. 15, *Leben und Briefe von Charles Darwin.* Hrsg. von Francis Darwin.
16 2 Bde. 1887

Verschiedene Ausgaben und Auflagen von ›Die Entstehung der Arten‹:
Darwin, Charles: *Die Entstehung der Arten durch Naturauslese oder die
Erhaltung der begünstigten Rassen im Kampf ums Dasein.* Nach der 6.
verm. u. verb. Ausgabe übers. von Richard Böhme. Bibliographische An-
stalt, Berlin, 1902
Darwin, Charles: *Über die Entstehung der Arten im Thier- und Pflanzen-
Reich durch natürliche Züchtung, oder Erhaltung der vervollkommneten
Rassen im Kampfe um's Daseyn.* Nach der 3. engl. Aufl. übers. von Hein-
rich Georg Bronn. 2. erg. u. verm. Aufl. Schweizerbart, Stuttgart, 1863
Darwin, Charles: *Über die Entstehung der Arten durch natürliche Zuchtwahl, oder die Erhaltung der begünstigten Rassen im Kampfe um's Dasein.*
Übers. von Heinrich Georg Bronn. Nach der 4. engl. verm. Aufl. durchges.
u. berichtigt von Julius Victor Carus. 3. Aufl. Schweizerbart, Stuttgart,
1867
Darwin, Charles: *Über die Entstehung der Arten durch natürliche Zuchtwahl, oder die Erhaltung der begünstigten Rassen im Kampfe um's Dasein.*
Übers. von Heinrich Georg Bronn. Nach der 5. engl. sehr verm. Aufl.
durchges. von Julius Victor Carus. 4. Aufl. Schweizerbart, Stuttgart, 1870
Darwin, Charles: *Über die Entstehung der Arten durch natürliche Zuchtwahl, oder die Erhaltung der begünstigten Rassen im Kampfe um's Dasein.*
Übers. von Heinrich Georg Bronn. Nach der letzten engl. Aufl. wiederh.
durchges. von Julius Victor Carus. 7. Aufl. Schweizerbart, Stuttgart, 1884
Darwin, Charles: *Über die Entstehung der Arten durch natürliche Zuchtwahl oder die Erhaltung der begünstigten Rassen im Kampf ums Dasein.*
Deutsch nach der letzten engl. Ausgabe von Georg Gärtner. Hendel Verlag, Halle, 1892

Eine Aufstellung von Darwins wissenschaftlichen Arbeiten einschließlich der Aufsätze üb. Botanik findet sich in: *The collected papers of Charles Darwin*, hrsg. von Paul H. Barrett, Chicago, University of Chicago Press, 1977; und in: *Life and Letters*, Bd. III, Anhang II

Darwin, Erasmus *The Botanic Garden*. Johnson, 1791; *Zoonomia*. Johnson, 1794–6; *The Temple of Nature*. Johnson, 1803

Darwin, Francis ›The Botanical Work of Darwin‹. *Annals of Botany*, 1899; *Rustic Sounds and Other Studies*. Murray, 1917

de Beer, Sir Gavin *Charles Darwin*. Nelson, 1963

Galston, Arthur W. und Davies, Peter J. *Control Mechanisms in Plant Development*. Prentice-Hall, 1970

Geikie, Sir Archibald ›Charles Darwin as Geologist‹. Rede Lecture, CUP, 1909

Ghiselin, Michael T. *The Triumph of the Darwinian Method*. University of California Press, 1969

Gray, Asa ›Charles Darwin‹. *Proc. Amer. Acad. of Arts and Sciences*. Bd. XVII, Mai 1882

Greene, John C. *The Death of Adam: Evolution and its Impact on Western Thought*. Iowa State University Press, 1959

Gustafsson, Åke ›The Life of Gregor Johann Mendel – Tragic or Not?‹ *Hereditas*, Bd. 62, 1969

Henslow, George ›Darwin as Ecologist‹. *Journal of the Royal Hort. Soc.*, 1912–13

Herbert, Sandra ›Darwin, Malthus, and Selection‹. *Journal of the History of Biology*. 1. Quart. 1971, Bd. 4, Nr. 1

Keith, Sir Arthur *Darwin Revalued*. Watts, 1955

King-Hele, Desmond *Erasmus Darwin*. Macmillan, 1963; ›The Lunar Society of Birmingham‹. *Nature*. 15. Okt. 1966

Krause, Ernst *Life of Erasmus Darwin, with a preliminary notice by Charles Darwin*. Murray, 1879

Lyell, Sir Charles *Priniples of Geology*, 5. u. 6. Aufl. Murray, 1837, 1840 deutsch: *Geologie oder Entwicklungsgeschichte der Erde und ihrer Bewohner*. Nach der 5. Aufl. d. Orig. von Verf. umgearbeitete Übers. von B. Cotta. Bd. 1–2. Duncker & Humblot, Berlin, 1857–1858

Malthus, Thomas *An Essay on the Principle of Population*. Chivers-Penguin, 1970

Marchant, James *Alfred Russel Wallace: Letters and Reminiscences*. Cassell, 1916

Meteyard, Eliza *A Group of Englishmen*. Longmans Green, 1871

Olby, Robert, und Gautrey, Peter ›Eleven References to Mendel before 1900‹. *Annals of Science*. Bd. 24, Nr. 1, März 1968

Pfeffer, W. ›Geotropic Sensitiveness of the Root-tip‹. *Annals of Botany*. Sept. 1894

486

Raverat, Gwen *Period Piece*. Faber & Faber, 1960
Ridley, H. N. *The Dispersal of Plants Throughout the World*. Reeve, 1930
Romer, Alfred Sherwood *Vertebrate Palaeontology*. University of Chicago Press
  deutsch: *Vergleichende Anatomie der Wirbeltiere*, 3. Aufl. Parey, Hamburg, 1971, 4. Aufl. 1976
Seward, A. C. (Hrsg.) *Darwin and Modern Science*. CUP, 1909
Sheppard, P. M. *Natural Selection and Heredity*. Hutchinson, 1971
Steward, F. C. *Growth and Organisation in Plants*. Addison-Wesley, 1968
Vorzimmer, Peter J. *Charles Darwin: The Years of Controversy*. Temple University Press, Philadelphia, 1970; ›Darwin and Mendel: the Historical Connection‹. *Isis,* 1965
Wallace, Alfred Russel *Darwinism: an Exposition of the Theory of Natural Selection*. Macmillan, 1889
Wiggins, Ira L., und Porter, Duncan M. *Flora of the Galápagos Islands*. Stanford University Press, 1971
Williams-Ellis, Amabel *Darwin's Moon*. Blackie, 1966
Wilson, J. Tuzo (Hrsg.) *Continents Adrift*. Scientific American, 1972

Register

Personenregister

Sachregister